AutoCAD 2018 中文版
园林设计实战手册

马丽　菅锐　陈英杰　编著

清华大学出版社
北　京

内 容 简 介

本书主要针对的是园林设计领域，通过实际工程案例，系统地介绍AutoCAD在园林设计领域的具体应用技术。

全书共18章。第1~6章内容包括园林设计的基本概念和AutoCAD入门，介绍园林设计的基本知识要点和AutoCAD的基本操作，为后面的具体设计做必要的知识准备；第7~14章分别讲解园林道路、园林水体、园林山石、园林小品、园林铺装、园林植物配置、园林竖向设计和园林施工详图等内容；第15~17章以居住小区、屋顶花园和城市广场景观设计三个大型案例，综合演练前面所学知识；第18章介绍图形打印输出内容。

本书内容丰富，结构层次清晰，讲解深入细致，具有很强的实用性，可以作为园林技术人员的参考书，也可以作为高校相关专业师生计算机辅助设计和园林设计课程参考用书，以及社会上AutoCAD培训班的配套教材。

图书在版编目(CIP)数据

AutoCAD 2018中文版园林设计实战手册 / 马丽，菅锐，陈英杰编著. — 北京：清华大学出版社，2019
ISBN 978-7-302-53004-6

Ⅰ. ①A… Ⅱ. ①马… ②菅… ③陈… Ⅲ. ①园林设计—计算机辅助设计—AutoCAD软件—手册 Ⅳ. ①TU986.2-39

中国版本图书馆 CIP 数据核字（2019）第 093938 号

责任编辑：韩宜波
封面设计：杨玉兰
责任校对：吴春华
责任印制：宋　林

出版发行：清华大学出版社
　　　　　网　　　址：http://www.tup.com.cn，http://www.wqbook.com
　　　　　地　　　址：北京清华大学学研大厦 A 座　　　　　邮　　编：100084
　　　　　社 总 机：010-62770175　　　　　邮　　购：010-62786544
　　　　　投稿与读者服务：010-62776969，c-service@tup.tsinghua.edu.cn
　　　　　质 量 反 馈：010-62772015，zhiliang@tup.tsinghua.edu.cn
印 刷 者：清华大学印刷厂
装 订 者：三河市铭诚印务有限公司
经　　销：全国新华书店
开　　本：185mm×260mm　　印　　张：29　　字　　数：702 千字
版　　次：2019 年 8 月第 1 版　　印　　次：2019 年 8 月第 1 次印刷
定　　价：68.00 元

产品编号：078720-01

前 言·········
Preface

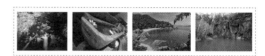

关于AutoCAD 2018

AutoCAD是Autodesk公司开发的计算机辅助绘图和设计软件，被广泛应用于机械、建筑、电子、航天、石油化工、土木工程、冶金、纺织、轻工业等领域。在中国，AutoCAD已成为工程设计领域应用最广泛的计算机辅助设计软件之一。

AutoCAD 2018是Autodesk公司开发的AutoCAD最新版本。与以前的版本相比较，AutoCAD 2018具有更完善的绘图界面和设计环境，在性能和功能方面较低版本都有较大的改进，同时可以与低版本完全兼容。

本书内容

本书通过多个练习，系统地讲解了利用AutoCAD 2018绘制园林景观图纸的技术精髓。全书内容如下。

● 第1章：讲解园林设计的基本概念，包括园林景观设计概述、园林景观设计原则、园林景观设计图的类型等内容，使用户对园林景观设计有一个全面的了解和认识。

● 第2章：主要介绍AutoCAD 2018的入门知识，包括AutoCAD 2018的启动与退出、工作界面、文件管理和绘图环境设置等内容，以及AutoCAD 2018的基本操作，例如AutoCAD命令的使用、视图的操作等。

● 第3章：主要介绍绘制基本二维图形的方法，包括点、直线、构造线、圆、椭圆、多边形、矩形等。

● 第4章：介绍编辑二维图形的方法，包括对象的选择、图形修剪、移动和拉伸、倒角和圆角、夹点编辑、图形复制等内容。

● 第5章：介绍为图形添加尺寸标注与文字标注的方法，包括创建标注样式、创建各类尺寸标注、编辑尺寸标注、创建多重引线标注、创建文字标注等内容。

● 第6章：主要介绍块的使用方法、设计中心的应用。

● 第7章：介绍绘制园林道路的方法。

● 第8章：介绍绘制园林水体的方法。

● 第9章：介绍绘制园林山石的方法。

● 第10章：介绍绘制园林小品的方法。

- 第11章：介绍绘制园林铺装的方法。
- 第12章：介绍园林植物配置的方法。
- 第13章：介绍园林竖向设计的方法。
- 第14章：介绍绘制园林施工详图的方法。
- 第15章：介绍绘制居住小区景观设计图的方法。
- 第16章：介绍绘制屋顶花园景观设计图的方法。
- 第17章：介绍绘制城市广场景观设计图的方法。
- 第18章：介绍室内施工图的打印方法和技巧。

本书特色

- 零点起步、轻松入门。本书内容讲解由浅入深、通俗易懂，每个重要的知识点都有实例辅助讲解，读者可以边学边练，通过实际操作理解各种功能的应用。
- 实战演练、逐步精通。书中安排了行业中大量经典的实例，每个章节都有实例示范来提升读者的实战经验。用实例串起多个知识点，可以提高读者的应用水平。
- 视频教学、身临其境。配备资源内容丰富、超值，不仅有实例的素材文件和结果文件，还有由专业领域的工程师录制的全程同步语音视频教学。工程师"手把手"带领您完成行业实例，让您的学习之旅轻松而愉快。
- 以一抵四、物超所值。学习一门知识，通常需要购买一本教程来入门，掌握相关知识和应用技巧；需要一本实例书来提高，把所学的知识应用到实际中；需要一本手册来参考，在学习和工作中随时查阅；还要有视频教学来辅助练习。现在，您只需花一本书的价钱，就能满足上述所有需求，绝对物超所值。

本书作者

　　本书由马丽、菅锐、陈英杰编著，具体参与编写的人员还有薛成森、江凡、张洁、马梅桂、戴京京、骆天、胡丹、陈运炳、申玉秀、李红萍、李红艺、陈云香、陈文香、陈军云、彭斌全、林小群、刘清平、钟睦、刘里锋、朱海涛、廖博、喻文明、易盛、陈晶、张绍华、陈文轶、杨少波、杨芳、刘有良、刘珊、赵祖欣、毛琼健、江涛、张范、田燕等。

　　由于作者水平有限，书中错误、疏漏之处在所难免。在感谢您选择本书的同时，也希望您能够把对本书的意见和建议告诉我们。

　　本书提供了案例所需的素材文件和效果文件，扫一扫右侧的二维码，推送到自己的邮箱后下载获取。

编　者

目 录
Contents

||| 第9章 园林山石

||| 第10章 园林小品

||| 第11章 园林铺装

||| 第12章 园林植物配置

随着经济水平的不断提高，人们对自己所居住、生存的环境表现出越来越普遍的关注，并提出越来越高的要求。作为一门环境艺术，园林设计的目的就是创造出景色如画、环境舒适、健康文明的优美环境。

作为全书的开篇，本章将介绍园林设计入门知识与制图的一些基础知识，使读者对园林设计和AutoCAD园林制图及制图规范有一个大概的了解。

01

第 1 章

园林设计与AutoCAD制图

1.1　园林景观设计概述

园林，就是在一定的地域运用工程技术和艺术手段，通过改造地形（或进一步筑山、叠石、理水）、种植树木花草、营造建筑和布置园路等途径创造而成的美的自然环境和游憩境域。园林包括庭园、宅园、小游园、花园、公园、植物园、动物园等，如图1-1所示为杭州太子湾公园园林景观一角。随着园林学科的发展，园林还包括森林公园、风景名胜区、自然保护区和国家公园的游览区以及休养胜地。

现代园林不仅可作为游憩场所，而且还具有保护和改善环境的功能。植物可以吸收二氧化碳，释放氧气，净化空气；能够在一定程度上吸收有害气体、吸附尘埃、减轻污染；可以调节空气的温度、湿度，改善小气候；还有减弱噪声和防风、防火等防护作用。尤为重要的是，园林在人们心理上和精神上有有益作用，游憩在景色优美和安静的园林中，有助于消除长时间工作带来的紧张和疲乏，使脑力和体力均得到恢复。此外，园林中的文化、游乐、体育、科普教育等活动，更可以丰富知识、充实精神生活，如图1-2所示为济南泉城广场。

图1-1　杭州太子湾公园

图1-2　济南泉城广场

1.2 园林景观设计原则

"适用、经济、美观"是园林设计必须遵循的原则。

在园林设计过程中，"适用、经济、美观"三者之间不是孤立的，而是紧密联系、不可分割的整体。单纯地追求"适用、经济"，不考虑园林艺术的美感，就会降低园林艺术水准，失去吸引力；如果单纯地追求美观，不全面考虑适用和经济问题，就可能产生某种偏差或缺乏经济基础，进而导致设计方案成为一纸空文。所以，园林设计工作必须在适用和经济的前提下，尽可能地做到美观，并且只有将美观与适用、经济协调起来，统一考虑，最终才能创造出理想的园林艺术作品。

1.3 园林景观设计图的类型

园林景观设计图按其内容和作用不同可以分为以下几类。

1. 总体规划设计图

总体规划设计图是体现园林总体布局的图样，简称总平面图，如图1-3所示。具体内容如下。

（1）表明用地区域现状及规划的范围。

（2）表现对原有地形地貌等自然状况的改造和新的规划。

（3）以详细尺寸或坐标网格标明建筑、道路、水体系统及地下或架空管线的位置和外轮廓，并注明其标高。

（4）标明园林植物的种植位置。

2. 竖向设计图

竖向设计图也属于总体设计的范畴，它反映了地形设计、等高线、水池山石的位置、道路及建筑物的标高等，能够为地形改造施工和土石方调配预算提供依据。

3. 种植设计图

种植设计图是园林景观设计中的核心，属于平面设计的范畴。主要表明各种园林植物的种类、数量、规格、种植位置和配植形式等，是定点放线和种植施工的依据，如图1-4所示为别墅种植设计图。

4. 立面图

立面图用于进一步表明园林设计意图和设计效果，着重反映立面设计的形态和层次变化。

5. 剖面图

剖面图用于园林土方工程、园林水景、园林建筑、园林小品、园桥、园路等单体设计。它主要提示某个单体的内部空间设置、分层情况、结构内容、构造形式、断面轮廓、位置关系以及造型尺度，是具体施工的重要依据。

6. 透视图

透视图是反映某一透视角度设计效果的图样，绘制出的效果就像一幅风景图片，如图1-5所示。这种图纸具有直观的立体景象，能够清楚地表明设计意图，不过因为并不标注各部分的尺度参数，因而不是具体施工的依据。

7. 鸟瞰图

鸟瞰图与透视图的性质相同，但视点较高，能够反映园林的全貌，主要可以帮助人们了解整个园林的设计效果，如图1-6所示为某学校鸟瞰图。

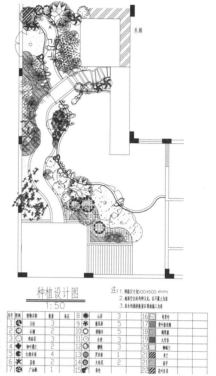

图1-3 总平面图

图1-4 种植设计图

图1-5 透视图

图1-6 鸟瞰图

1.4 园林制图的要求和规范

工程图样是工程界的技术语言，为了便于生产、经营、管理和技术交流，必须在图样的画法、图线、字体、尺寸标注、采用的符号等方面有一个统一的标准。

1.4.1 图纸

1. 图纸的幅面

规定绘图时，图样大小规定用符合如表1-1所示的图纸幅面尺寸。

表 1-1　图纸幅面尺寸

尺寸代号	幅面代号				
	A0	A1	A2	A3	A4
b×1	841×1189	594×841	420×594	297×420	210×297
c	10			5	
a	25				

2. 图框规格

规定每张图样都要画出图框，图框线用粗实线绘制。图纸分横式和立式两种幅面。以短边作垂直边，称为横式幅面，如图1-7所示。以短边作水平边，称为立式幅面，如图1-8所示。

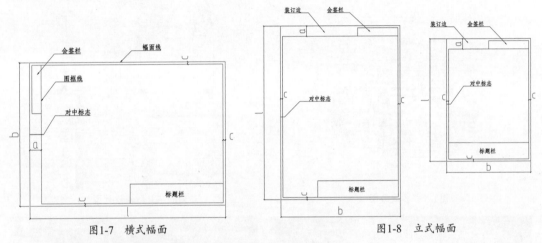

图1-7　横式幅面　　　　　　　　　　　图1-8　立式幅面

一般A0～A3幅面的图纸宜横式使用，必要时也可立式使用。

需要缩微复制的图纸，其中的一条边应附上一段准确的米制尺度。四条边均应附有对中标志，米制尺度的总长应为100mm，分格为10mm。对中标志应画在幅面线中点处，线宽0.35mm，伸入框内应为5mm。

3. 标题栏和会签栏

标题栏应按如图1-9、如图1-10所示，根据工程需要选择确定其尺寸、格式及分区。签字区包含实名列和签名列。涉外工程的标题栏内，各项主要内容的中文下方应附有译文，设计单位的上方或左方，应加"中华人民共和国"字样。

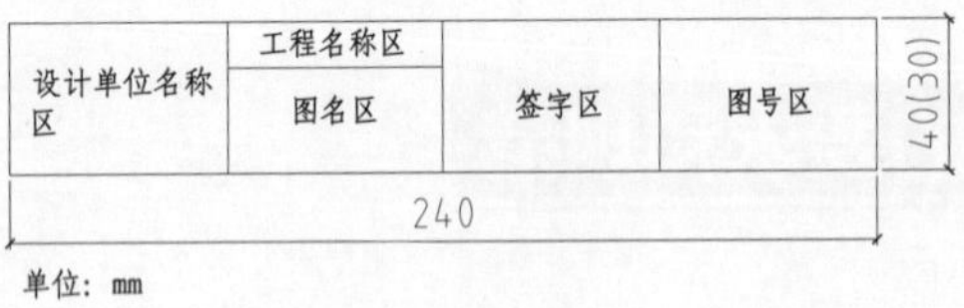

图1-9　标题栏1

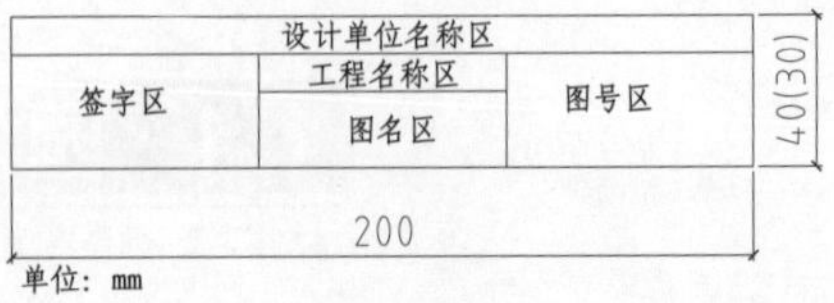

图1-10　标题栏2

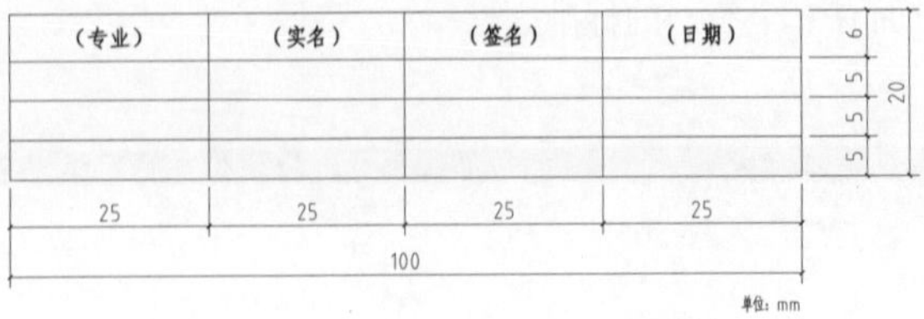

图1-11　会签栏

会签栏应按如图1-11所示的格式绘制，其尺寸应为100mm×20mm，栏内应填写会签人员所代表的专业、姓名、日期（年、月、日）；一个会签栏不够时，可另加一个，两个会签栏应并列；不需要会签栏的图纸可不设会签栏。

1.4.2 图线

1. 线型与线宽

《房屋建筑制图统一标准》（GB/T 50001—2001）规定工程建设图应选用表 1-2中规定的线型。每个图样都应根据复杂程度与比例大小，先确定基本线宽b，再选用表 1-3中适当的线宽组。

表 1-2　线型

名　称		线　型	线　宽	一般用途
实线	粗		b	可见轮廓线
	中		0.5b	可见轮廓线
	细		0.25b	可见轮廓线、图例线等
虚线	粗		b	见有关专业制图标准
	中		0.5b	不可见轮廓线
	细		0.25b	不可见轮廓线、图例线等
点画线	粗		b	见有关专业制图标准
	中		0.5b	见有关专业制图标准
	细		0.25b	中心线、对称线等
双点画线	粗		B	见有关专业制图标准
	中		0.5b	见有关专业制图标准
	细		0.25b	假想轮廓线、成型前原始轮廓线
折断线			0.25b	断开界线
波浪线			0.25b	断开界线

表 1-3　线宽

线 宽 比	线宽组/mm					
b	2.0	1.4	1.0	0.7	0.5	0.35
0.5b	1.0	0.7	0.5	0.35	0.25	0.18
0.25b	0.5	0.35	0.25	0.18	—	—

2. 图线的画法

（1）在同一张图纸内，相同比例的各图样，应选用相同的线宽组。

（2）互相平行的图线，其间隙不宜小于其中粗线的宽度，且不宜小于0.7mm。

（3）虚线、点画线或双点画线的间隙，宜各自相等。

（4）如图形较小，画点画线或双点画线有困难时，可用实线代替。

（5）点画线或双点画线的两端不应是点，点画线与点画线交接或点画线与其他图线交接时，应是线段交接。

（6）虚线与虚线交接或虚线与其他图线交接时，应是线段交接。虚线为实线段的延长线时，不得与实线连接。

（7）图线不得与文字、数字符号重叠、混淆，不可避免时，应首先保证文字等的清晰。

1.4.3 比例

平面施工图常用比例有1∶100和1∶50，大样图的比例为1∶20或1∶30；楼梯比例为1∶50或1∶60；单元平面比例为1∶50；节点大样比例为1∶20或1∶30，其他可视具体情况而定。

1.4.4 剖面剖切符号

用一个假想的平行于某一投影面的剖切平面，把物体切成两部分，然后摒弃观者和剖切平面之间的一部分，将剩下的另一部分向该投影面进行投影，所得到的投影图称为剖面图，如图1-12所示。

剖视图的剖切符号应由剖切位置线及剖视方向线组成，均应以粗实线绘制，如图1-13所示。剖视的剖切符号应符合以下规定。

（1）剖切位置线的长度宜为6～10mm，剖视方向线应垂直于剖切位置线，长度应短于剖切位置线，宜为4～6mm。

（2）剖视剖切符号的编号宜采用粗阿拉伯数字，标注在剖视方向线的端部。

（3）需要转折的剖切位置线，应在转角的外侧加注与该符号相同的编号。

（4）局部剖面图的剖切符号应注在包含剖切部位最下面一层的平面图上。

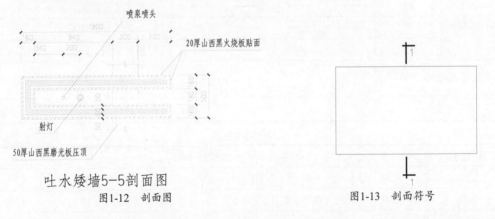

吐水矮墙5-5剖面图

图1-12　剖面图　　　　　　　　　　　　　　图1-13　剖面符号

1.4.5 断面剖切符号

用一个假想的平行于某一投影面的剖切面把物体剖开，画出剖切平面与形体截切所得到的断面图形的投影图称为断面图，如图1-14所示。

关于断面剖切符号的一些规定如下。

（1）断面的剖切符号只用于剖切位置线表示，并以粗实线绘制，长度宜为6～10mm。

（2）断面剖切符号的编号宜采用阿拉伯数字，按顺序连续编排，并应标注在剖切位置线的一侧，如图1-15所示。

如果与被剖切的图样不在同一张图纸内，应该在剖切位置线的另一侧注明其所在图纸的编号，也可以在图上集中说明。

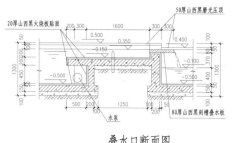

图1-14　断面图

图1-15　断面符号

1.4.6　引出线

引出线要以细实线来绘制，可采用与水平方向成30°、40°、60°、90°的直线，或者经由上述角度再转为水平线。文字说明宜标注在水平线的端部，如图1-16（a）所示；也可标注在水平线的上方，如图1-16（b）所示。索引详图的引出线应与水平直径线相连，如图1-16（c）所示。

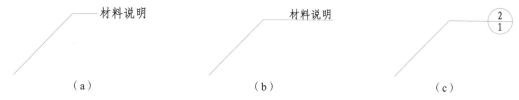

图1-16　引出线

在同时引出几个相同部分的引出线时，要相互平行，如图1-17（a）所示；也可以化成集中于一点的放射线，如图1-17（b）所示。

图1-17　共用引出线

多层构造共用引出线，要通过被引出的各层。文字说明宜标注在水平线的上方，或者标注在水平线的顶端，说明顺序应该由上至下，并且应该与说明的层次相互一致，如图1-18（a）所示；如果为横向层次排序，则上下的说明顺序应与自左至右的层次相互一致，如图1-18（b）所示。

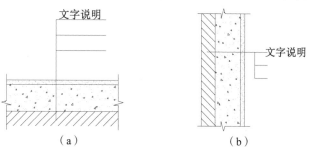

图1-18　多层构造引出线

1.4.7 索引符号与详图

在图样中的某一布局构件或者部分图形，假如需要另见详图，要以索引符号引出，如图1-19（a）所示。索引符号是由直径为10mm的圆和水平直线组成，圆及水平直线应该以细实线来绘制。

索引符号的绘制有以下规定。

（1）索引出的详图，如果与被索引的详图同在一张图纸内，则应在索引符号的上半圆中使用阿拉伯数字标注该详图的编号，且要在下半圆中绘制一条水平的细实线，如图1-19（b）所示。

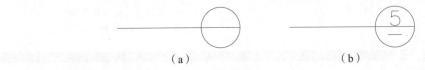

（a）   （b）

图1-19 索引符号

（2）索引出的详图，如果与被索引的详图不在一张图纸内，则应在索引符号的上半圆中使用阿拉伯数字标注该详图的编号，在下半圆中标明该详图所在的图纸编号，如图1-20（a）所示。

（3）索引出的详图，如果采用标准图，应在索引符号水平直线的延长线上标注该标准图册的编号，如图1-20（b）所示。

（a）   （b）

图1-20 索引符号

（4）索引符号如果用于索引剖视详图，宜在被剖切部位绘制剖切位置线，并以引出线引出索引符号，引出线所在的一侧应为投射的方向，如图1-21所示。

图1-21 剖面索引符号

1.4.8 尺寸标注

图纸中的尺寸标注应按制图标准正确、规范地进行绘制。标注要醒目准确，不可模棱两可。

1. 线性标注

1）尺寸界线、尺寸线、尺寸起止符号

线段的尺寸包括尺寸界线、尺寸线、尺寸起止符号和尺寸数字，如图1-22所示。设置尺寸样式的时候需注意以下几点。

（1）尺寸界线应用细实线绘制，一般应与被注长度垂直，其一端应离开图样轮廓线且不应小于2mm，另一端宜超出尺寸线2～3mm。图样轮廓线可用作尺寸界线，如图1-23所示。

（2）尺寸线应用细实线绘制，并且与被注长度平行。图样本身的任何图线均不得用作尺寸线。

（3）尺寸起止符号一般用中粗斜短线绘制，其倾斜方向应与尺寸界线成顺时针45°角，长度宜为2～3mm。

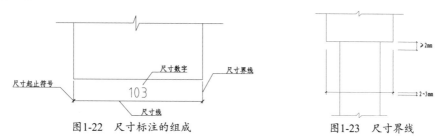

图1-22　尺寸标注的组成　　　　　　　　　　图1-23　尺寸界线

2）尺寸数字

关于尺寸数字的一些规范如下。

（1）图样上的尺寸，应以尺寸数字为准，不得从图上直接量取。

（2）图样上的尺寸单位，除标高及总平面以米为单位外，其他必须以毫米为单位。

（3）尺寸数字的方向，应按如图1-24（a）所示的规定标注。若尺寸数字在30°斜线区内，也可按图1-24（b）的形式标注。

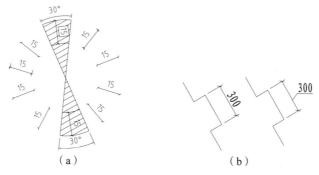

图1-24　尺寸数字的标注方向

（4）尺寸数字一般应根据其方向标注在靠近尺寸线的上方中部。如果没有足够的标注位置，最外边的尺寸数字可标注在尺寸线的外侧，中间相邻的尺寸数字可上下错开标注，引出线端部用圆点表示标注尺寸的位置，如图1-25所示。

图1-25　尺寸数字的标注位置

3）尺寸的排列与布置

尺寸的排列与布置应注意以下几点。

（1）尺寸宜标注在图样轮廓以外，不宜与图线文字及符号等相交。

（2）互相平行的尺寸线，应从被注写的图样轮廓线由近向远整齐排列，较小尺寸应离轮廓线较近，较大尺寸应离轮廓线较远。

（3）图样轮廓线以外的尺寸界线，距图样最外轮廓之间的距离，不宜小于10mm。平行排列的尺寸线的间距，宜为7～10mm，并应保持一致。

（4）总尺寸的尺寸界线应靠近所指部位，中间的分尺寸的尺寸界线可稍短，但其长度应相等。

2. 半径、直径标注

标注半径、直径应注意以下几点。

（1）半径的尺寸线应一端从圆心开始，另一端画箭头指向圆弧。半径数字前应加注半径符号

"R"，如图1-26所示。

（2）较小圆弧的半径，可按如图1-27所示形式标注。

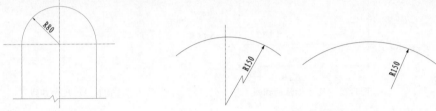

图1-26 半径标注的方法   图1-27 小圆弧半径的标注方法

（3）标注圆的直径尺寸时，直径数字前应加直径符号"φ"。在圆内标注的尺寸线应通过圆心，两端画箭头指至圆弧，如图1-28所示。

（4）较小圆的直径尺寸，可标注在圆外，如图1-29所示。

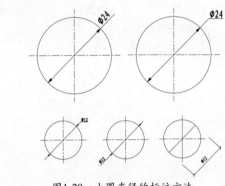

图1-28 圆直径标注的方法   图1-29 小圆直径的标注方法

3. 角度、弧度、弦长的标注

（1）角度的尺寸线应以圆弧表示。该圆弧的圆心应是该角的顶点，角的两条边为尺寸界线。起止符号应以箭头表示，如果没有足够的位置画箭头，可用圆点代替角度数字并沿尺寸线方向标注，如图1-30所示。

（2）标注圆弧的弧长时，尺寸线应以与该圆弧同心的圆弧线表示，尺寸界线应指向圆心，起止符号用箭头表示，弧形数字上方应加注圆弧符号"⌒"，如图1-31所示。

（3）标注圆弧的弦长时，尺寸线应以平行于该弦的直线表示，尺寸界线应垂直于该弦，起止符号用中粗斜短线表示，如图1-32所示。

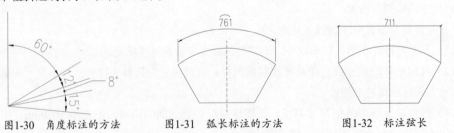

图1-30 角度标注的方法   图1-31 弧长标注的方法   图1-32 标注弦长

1.4.9 标高

标高标注有两种形式。一是将某水平面如室内地面作为起始零点，主要用于个体建筑物图样上。标高符号为细实线绘制的倒三角形，其尖端应指至备注的高度，倒三角的水平延伸线为数字标注线。

标高数字应以m为单位，注写到小数点以后第三位。二是以大地水准面或某水准点为起始零点，多用在地形图和总平面图中。标注方法与第一种相同，但标高符号宜用涂黑的三角形表示，如图1-33所示，标高数字可注写到小数点以后第三位。

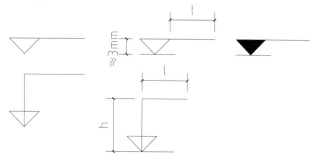

1—注写标高数字的长度，应做到注写后匀称
h—高度，据需要而写

图1-33　标高标注

1.5　思考与练习

（1）园林设计必须遵循的原则不包括（　　）。

A．适用　　　　　　　　B．经济　　　　　　　　C．美观　　　　　　　　D．大方

（2）多层构造引出线的表示方法为（　　）。

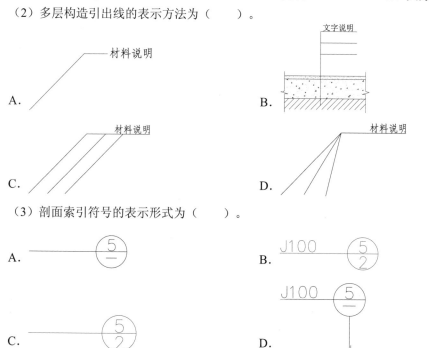

（3）剖面索引符号的表示形式为（　　）。

（4）标注圆的直径的方法为（　　）。

A.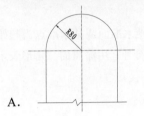

B.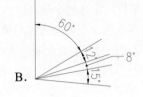

C.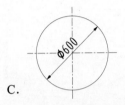

D.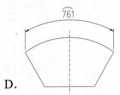

（5）与尺寸数字有关的规范不包括（　　）。

A. 图样上的尺寸，应以尺寸数字为准

B. 图样上的尺寸，不得从图上直接量取

C. 尺寸数字一般应根据其方向注写在靠近尺寸线的上方中部

D. 尺寸数字的字体应使用宋体

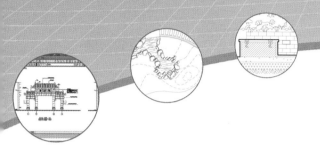

AutoCAD基础入门主要介绍AutoCAD 2018的基本操作，包括软件启动与退出、图形文件的管理、绘图环境的设置、基本命令的调用方式、图形显示的控制方法、图层管理、绘制辅助工具的使用方法等，是后面绘图命令学习的基础知识。熟练掌握这些基础知识，可使读者学习起来更加得心应手。

02

第 2 章
AutoCAD基础入门

2.1 初识AutoCAD

AutoCAD是由美国Autodesk公司开发的通用计算机辅助设计软件，使用它可以绘制二维图形和三维图形、标注尺寸、渲染图形以及打印输出图纸等。该软件具有易掌握、使用方便、体系结构开放等优点，被广泛应用于机械、建筑、电子、航空等领域。

2.1.1 AutoCAD的启动和退出

1. 启动AutoCAD 2018

启动AutoCAD方法如下。

➢ 【开始】菜单：单击【开始】按钮，在菜单中执行【程序】| Autodesk | AutoCAD 2018-Simplified Chinese | AutoCAD 2014-Simplified Chinese命令。

➢ 快捷方式：双击桌面上的快捷图标**A**。

➢ 双击已经存在的AutoCAD 2018图形文件（.dwg格式）。

2. 退出AutoCAD 2018

退出AutoCAD方法如下。

➢ 命令行：QUIT或EXIT。

➢ 标题栏：单击标题栏内的【关闭】按钮✕。

➢ 菜单栏：执行【文件】|【退出】命令。

➢ 快捷键：Alt+F4或Ctrl+Q。

➢ 应用程序：在应用程序列表中选择【关闭】选项，如图2-1所示。

图2-1　选择【关闭】选项

2.1.2 AutoCAD的工作界面

启动AutoCAD 2018后即可进入如图2-2所示的工作空间与界面。

AutoCAD 2018提供了【草图与注释】、【三维基础】、【三维建模】3种工作空间，默认情况下使用的为【草图与注释】工作空间，该空间提供了十分强大的功能区，非常方便初学者的使用。本章主要介绍【草图与注释】工作空间的一些操作技巧。

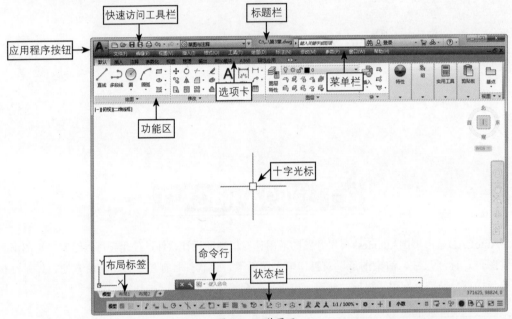

图2-2　工作界面

AutoCAD的操作界面是AutoCAD显示、编辑图形的区域。一个完整的操作界面，包括标题栏、菜单栏、工具栏、快速访问工具栏、交互信息工具栏、标签栏、应用程序按钮、绘图区、光标、坐标系、命令行、状态栏、布局标签、滚动条等部分。

2.2 图形文件的管理

图形文件管理是软件操作的基础，包括新建文件、打开文件、保存文件、查找文件和输出文件等。

2.2.1 创建新文件

启动AutoCAD 2018后，系统将自动新建一个名为"Drawing1.dwg"的图形文件，该图形文件默认以acadiso.dwt为模板。

a. 执行方式

创建新图形文件的方法如下。

➢ 命令行：NEW或QNEW。

> 工具栏：单击快速访问工具栏中的【新建】按钮，如图2-3所示。
> 菜单栏：执行【文件】|【新建】命令，如图2-4所示。
> 应用程序：单击应用程序按钮，在下拉菜单中选择【新建】|【图形】命令，如图2-5所示。
> 快捷键：Ctrl+N。

图2-3　单击按钮

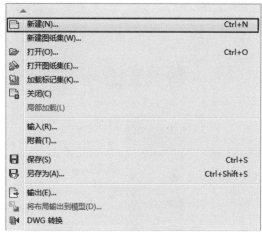

图2-4　选择【新建】命令

图2-5　选择命令

b. 操作步骤

执行上述任意一项操作命令后，都会弹出如图2-6所示的对话框，可以根据需要选择不同的样板打开。

用户可以根据绘图需要，在对话框中选择不同的绘图样板，即可以用样板文件创建一个新的图形文件。单击【打开】右侧的下拉按钮，在下拉菜单中可以选择打开样板文件的方式，共有【打开】、【无样板打开-英制】、【无样板打开-公制】三种方式，如图2-7所示。一般应选择默认的【打开】方式。

图2-6　【选择样板】对话框

图2-7　选择打开方式

2.2.2　打开图形文件

在使用AutoCAD 2018进行图形编辑时，常需要对图形文件进行查看或编辑，这时就需要打开相应的图形文件。

a. 执行方式

打开文件的方法如下。

图2-8　单击按钮

- ➢ 工具栏：单击快速访问工具栏中的【打开】按钮 ![img]，如图2-8所示。
- ➢ 菜单栏：执行【文件】|【打开】命令，如图2-9所示。
- ➢ 应用程序：单击应用程序按钮 ![img]，在下拉菜单中选择【打开】命令，如图2-10所示。
- ➢ 快捷键：Ctrl+O。

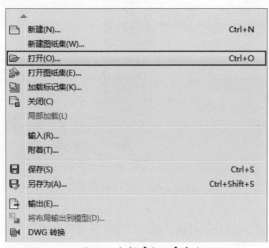

图2-9　选择【打开】命令

图2-10　选择命令

b. 操作步骤

选择上述任意一项操作后，就可打开【选择文件】对话框。在对话框中选择文件，单击右下角的【打开】按钮，打开选中的文件。

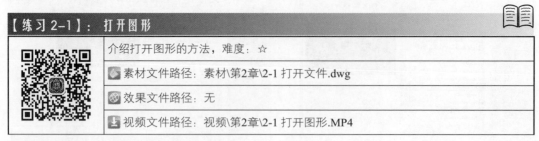

【练习2-1】：打开图形

介绍打开图形的方法，难度：☆

素材文件路径：素材\第2章\2-1 打开文件.dwg

效果文件路径：无

视频文件路径：视频\第2章\2-1 打开图形.MP4

下面介绍打开图形的操作步骤。

01 启动AutoCAD 2018后，执行【文件】|【打开】命令，系统弹出【选择文件】对话框，在【名称】选项区域选择名称为"素材\第2章\2-1 打开文件"的文件夹，然后单击【打开】按钮。

02 选择"2-1 打开文件"文件，如图2-11所示。

03 单击【打开】按钮，即可打开文件，结果如图2-12所示。

图2-11　选择文件

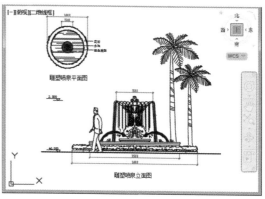

图2-12　打开文件

2.2.3　保存图形

保存文件就是将新绘制或编辑过的文件保存在电脑中，以便再次使用。或在绘制图形的过程中随时对图形进行保存，以避免因发生意外情况而导致文件丢失。

1. 保存新的图形文件

保存新图形文件也就是对没有保存过的文件进行保存，调用此命令的方法如下。

➢ 命令行：SAVE。

➢ 工具栏：单击快速访问工具栏中的【保存】
　按钮🖫，如图2-13所示。

➢ 菜单栏：执行【文件】|【保存】命令，如图2-14
　所示。

➢ 应用程序：单击应用程序按钮🅰，在下拉菜单
　中选择【保存】命令，如图2-15所示。

➢ 快捷键：Ctrl+S。

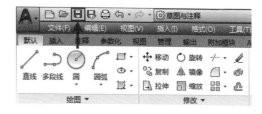

图2-13　单击按钮

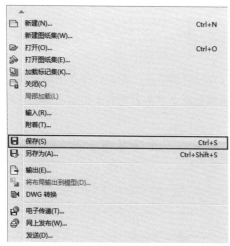

图2-14　选择【保存】命令

图2-15　选择命令

2. 另存为其他文件

另存为图形这种保存方式可以将文件以新的路径或新的文件名进行保存。例如把原来保存的文件进行编辑之后，但是又不想覆盖原文件，就可以把修改后的文件另存一份，这样原文件也将继续保留。

调用【另存为】命令的方法如下。

- 命令行：SAVE。
- 工具栏：单击快速访问工具栏中的【另存为】按钮，如图2-16所示。
- 菜单栏：选择【文件】|【另存为】命令，如图2-17所示。
- 应用程序：单击应用程序按钮，在下拉菜单中选择【另存为】命令，如图2-18所示。
- 快捷键：Ctrl+Shift+S。

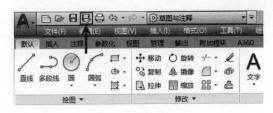

图2-16 单击按钮

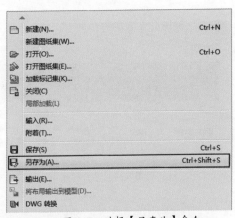

图2-17 选择【另存为】命令

图2-18 选择命令

> **提示**
>
> 如果另存为的文件与原文件保存在同一文件夹中，则不能使用相同的文件名称。

3. 自动保存图形文件

除了以上两种保存方法外，还有一种比较好的保存文件的方法，即定时保存图形文件，它可以免去随时手动保存的麻烦。设置了定时保存后，系统会在一定的时间间隔内自动保存当前的文件内容，以避免因发生意外情况而导致文件丢失。

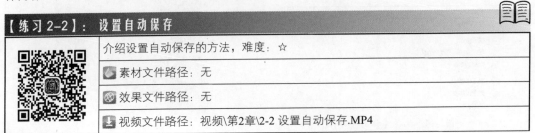

【练习2-2】：设置自动保存

介绍设置自动保存的方法，难度：☆

素材文件路径：无
效果文件路径：无
视频文件路径：视频\第2章\2-2 设置自动保存.MP4

下面介绍设置自动保存文件的操作步骤。

01 在绘图区域空白处单击鼠标右键，在快捷菜单中选择【选项】命令，如图2-19所示，系统弹出【选项】对话框。

02 打开【打开和保存】选项卡，在【文件安全措施】选项组中选中【自动保存】复选框，根据需要在文本框中输入参数，如图2-20所示。

03 单击【确定】按钮，关闭对话框，自动保存设置即可生效。

图2-19　选择【选项】命令

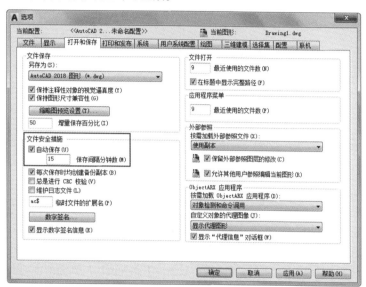

图2-20　参数设置

2.3　设置绘图环境

为了保证绘制图形文件的规范性、准确性和绘图的高效性，需要在绘图之前对绘图环境进行设置。

2.3.1　设置图形单位

在AutoCAD 2018中，为了便于不同领域的设计人员进行设计创作，AutoCAD允许灵活更改工作单位，以适应不同的工作需求。工作单位可分为两种格式，对应的设置方法也不相同。

在命令行中输入UN，打开【图形单位】对话框，如图2-21所示。在该对话框中可分别设置图形长度、精度、角度，以及长度单位的显示格式等参数。

1. 设置【长度】单位格式

【类型】下拉列表中包括小数、工程、建筑、科学和分数等选项。

【精度】是设置线性测量值显示的小数位数或分数大小。

基于要绘制图形的大小，确定一个图形单位代表的实际大小，然后据此创建图形。在AutoCAD中，可以使用二维坐标的输入格式输入三维坐标，同样包括科学、小数、工程、建筑或分数等标记法。

2. 设置【角度】单位格式

要设置一个角度单位，则可以在【角度】选项组中展开【类型】下拉列表，并选择其中的一种角度类型，在【精度】下拉列表框中选择精度类型，此时在【输出样例】区域显示了当前精度下角度类型的样例。

此外，在AutoCAD 2018中，图形单位的起始角度可根据设计的需要进行调整。其操作方法是单击【图形单位】对话框中的【方向】按钮，打开如图2-22所示的【方向控制】对话框。

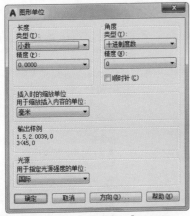

图2-21 【图形单位】对话框

图2-22 【方向控制】对话框

角度方向将控制测量角度的起点和测量方向。默认起点角度为0度，方向正东。如果选中【其他】单选按钮，则可以单击【拾取角度】按钮切换到图形窗口中，通过拾取两个点来确定基准角度为0°的方向。

2.3.2 设置图形界限

图形界限就是AutoCAD绘图区域，也称为图限。对于初学者而言，在绘制图形时【出界】的现象时有发生，为了避免绘制的图形超出用户工作区域或图纸的边界，需要使用绘图界线来标明边界。

通常在设置图形界限之前，需要启用状态栏中的【栅格】功能。只有启用该功能，才能查看图形界限的设置效果。图形界限确定的区域是可见栅格指示的区域。

调用【图形界限】命令常用以下两种方法。

➢ 命令行：LIMITS。

➢ 菜单栏：执行【格式】|【图形界限】命令，如图2-23所示。

图2-23 选择命令

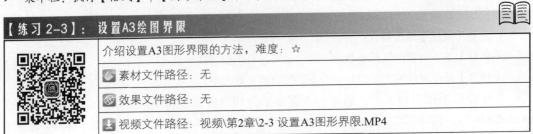

【练习2-3】：设置A3绘图界限	
	介绍设置A3图形界限的方法，难度：☆
	素材文件路径：无
	效果文件路径：无
	视频文件路径：视频\第2章\2-3 设置A3图形界限.MP4

下面介绍设置A3图形界限的操作步骤。

01 单击快速访问工具栏中的【新建】按钮 ，新建文件。

02 执行【格式】|【图形界限】命令，命令行提示如下：

```
命令：LIMITS↙                                    //调用【图形界限】命令
重新设置模型空间界限：
指定左下角点或 [开(ON)/关(OFF)] <0.0000, 0.0000>: 0, 0↙
                                               //指定坐标原点为图形界限左下角点
指定右上角点 <370015.9128, 198716.4419>: 420, 297↙  //指定右上角点
```

03 在命令行中输入DS，打开【草图设置】对话框。打开【捕捉和栅格】选项卡，在【栅格行为】选项组中取消选中【显示超出界限的栅格】复选框，如图2-24所示。

04 单击【确定】按钮，A3绘图界限设置效果如图2-25所示。

图2-24 【草图设置】对话框

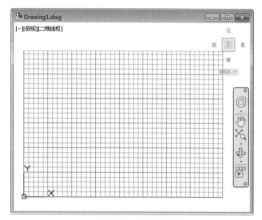

图2-25 显示栅格

2.3.3 设置工作空间

AutoCAD 2018根据绘图时侧重点的不同，提供了3种不同的工作空间：草图与注释、三维基础和三维建模。操作人员可以根据工作方式进行选择，首次打开AutoCAD 2018的默认工作空间为草图与注释空间。

切换工作空间的方法有以下几种。

➤ 菜单栏：选择【工具】|【工作空间】命令，在子菜单中选择相应的工作空间，如图2-26所示。

➤ 状态栏：单击状态栏中的【切换工作空间】按钮 ，在列表中选择相应的命令，如图2-27所示。

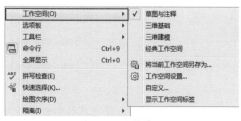

图2-26 子菜单

图2-27 显示列表

> 快速访问工具栏：单击快速访问工具栏中的 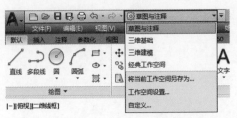 按钮，在弹出的列表中选择所需工作空间，如图2-28所示。

图2-28　工作空间列表

2.4　命令的调用方法

命令是AutoCAD用户与软件交换信息的重要方式，本小节将介绍执行命令的方式，以及如何终止当前命令、如何退出命令和如何重复执行命令。

2.4.1　使用菜单栏调用命令

执行命令是进行AutoCAD绘图工作的基础，例如执行【圆】命令的方式有以下4种。

> 命令行：CIRCLE或C。
> 菜单栏：执行【绘图】|【圆】命令，如图2-29所示。
> 工具栏：单击【绘图】工具栏中的【圆】按钮 ⊙。
> 功能区：在【默认】选项卡中，单击【绘图】面板中的【圆】按钮，如图2-30所示。

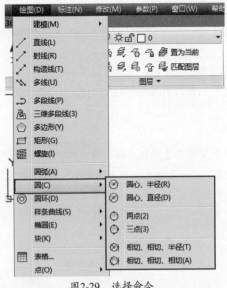

图2-29　选择命令

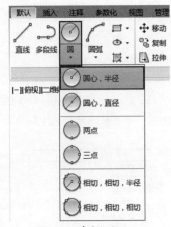

图2-30　单击按钮

通过菜单栏调用命令是最直接和最全面的方式，其对于新手来说比其他命令调用方式更加方便与简单。单击快速访问工具栏右侧的 ▼ 按钮，向下弹出列表。选择【显示菜单栏】选项，如图2-31所示，可以调出菜单栏。

图2-31 选择选项

2.4.2 使用工具栏调用命令

默认状态下，【草图与注释】工作空间没有显示工具栏。可启用【工具】|【工具栏】|AutoCAD命令，在弹出的子菜单中选择命令，如图2-32所示。

选中的工具栏显示在工作界面中，例如选择【修改】选项，【修改】工具栏显示在绘图区域的右侧，如图2-33所示。

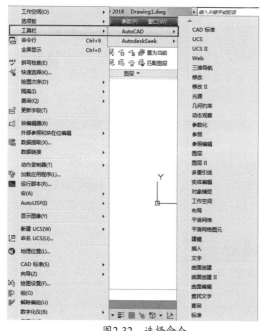

图2-32 选择命令

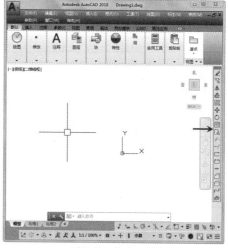

图2-33 显示工具栏

2.4.3 使用命令行调用命令

在默认状态下，在命令行中输入命令快捷键，在当前命令行提示界面输入指令、设置对象参数等，按Enter键就能完成命令的调用，并有效地提高绘图速度。

在命令行中输入命令快捷键，稍等几秒，向上弹出命令列表，显示以所输入快捷键为开头的命令。例如在命令行中输入L，在列表中显示以L开头的命令，如图2-34所示。

根据命令行的提示，用户在绘图区域中可执行绘图或者编辑操作，如图2-35所示。

图2-34　显示列表

图2-35　显示命令行提示

假如想要查看已执行的命令提示，按F2键，向上弹出窗口，如图2-36所示。在窗口中可显示用户最近执行过的命令。在空白区域单击鼠标左键，窗口关闭。

```
命令: _u INTELLIZOOM
命令: 指定对角点或 [栏选(F)/圈围(WP)/圈交(CP)]:
命令:
命令: _cui
命令: _WSCURRENT
输入 WSCURRENT 的新值 <"草图与注释">: 三维基础
命令: _WSCURRENT
输入 WSCURRENT 的新值 <"三维基础">: 草图与注释
命令: _u WSCURRENT
命令: _WSCURRENT
输入 WSCURRENT 的新值 <"三维基础">: 草图与注释
命令:
自动保存到 C:\Users\Administrator\appdata\local\temp\Drawing1_1_22628_5611.sv$ ...
命令:
命令: L LINE
指定第一个点:
指定下一点或 [放弃(U)]:
指定下一点或 [放弃(U)]: *取消*
```

图2-36　命令窗口

2.4.4　使用键盘快捷键执行命令

AutoCAD 2018还可以通过键盘直接执行一些命令，有一些快捷键是和Windows程序通用的，如使用Ctrl+O快捷键可以打开文件，使用Ctrl+Z快捷键可以撤销操作等。此外，AutoCAD 2018还赋予了键盘上的功能键对应的快捷功能，如按F7键可以打开或关闭栅格。键盘的功能键及其功能，如表2-1所示。

表 2-1　键盘功能键及其功能

快 捷 键	命 令 说 明	快 捷 键	命 令 说 明
Esc	取消命令执行	Ctrl＋G	栅格显示<开或关>，功能同F7
F1	帮助	Ctrl＋H	Pickstyle<开或关>
F2	图形、本窗口切换	Ctrl＋K	超链接
F3	对象捕捉<开或关>	Ctrl＋L	正交模式，功能同F8
F4	数字化仪作用开关	Ctrl＋M	同Enter键

续表

快 捷 键	命令说明	快 捷 键	命令说明
F5	等轴测平面切换<上/右/左>	Ctrl＋N	新建
F6	坐标显示<开或关>	Ctrl＋O	打开旧文件
F7	栅格显示<开或关>	Ctrl＋P	打印输出
F8	正交模式<开或关>	Ctrl＋Q	退出AutoCAD
F9	捕捉模式<开或关>	Ctrl＋S	快速保存
F10	极轴追踪<开或关>	Ctrl＋T	数字化仪模式
F11	对象捕捉追踪<开或关>	Ctrl＋U	极轴追踪<开或关>，功能同F10
F12	动态输入<开或关>	Ctrl＋V	从剪贴板粘贴
窗口键＋D	Windows桌面显示	Ctrl＋W	对象捕捉追踪<开或关>
窗口键＋E	Windows文件管理	Ctrl＋X	剪切到剪贴板
窗口键＋F	Windows查找功能	Ctrl＋Y	取消上一次的撤销操作
窗口键＋R	Windows运行功能	Ctrl＋Z	取消上一次的命令操作
Ctrl＋0	全屏显示<开或关>	Ctrl＋Shift＋C	带基点复制
Ctrl＋1	特性<开或关>	Ctrl＋Shift＋S	另存为
Ctrl＋2	AutoCAD设计中心<开或关>	Ctrl＋Shift＋V	粘贴为块
Ctrl＋3	工具选项板<开或关>	Alt＋F8	VBA宏管理器
Ctrl＋4	图纸管理器<开或关>	Alt＋F11	AutoCAD和VAB编辑器切换
Ctrl＋5	信息选项板<开或关>	Alt＋F	【文件】下拉菜单
Ctrl＋6	数据库链接<开或关>	Alt＋E	【编辑】下拉菜单
Ctrl＋7	标记集管理器<开或关>	Alt＋V	【视图】下拉菜单
Ctrl＋8	快速计算机<开或关>	Alt＋I	【插入】下拉菜单
Ctrl＋9	命令行<开或关>	Alt＋O	【格式】下拉菜单
Ctrl＋A	选择全部对象	Alt＋T	【工具】下拉菜单
Ctrl＋B	捕捉模式<开或关>，功能同F9	Alt＋D	【绘图】下拉菜单
Ctrl＋C	复制内容到剪贴板	Alt＋N	【标注】下拉菜单
Ctrl＋D	坐标显示<开或关>，功能同F6	Alt＋M	【修改】下拉菜单
Ctrl＋E	等轴测平面切换<上/左/右>	Alt＋W	【窗口】下拉菜单
Ctrl＋F	对象捕捉<开或关>，功能同F3	Alt＋H	【帮助】下拉菜单

2.4.5 使用鼠标按键执行命令

除了通过键盘按键直接执行命令外，在AutoCAD中通过鼠标左、中、右三个按键单独或是配合键盘按键还可以执行一些常用的命令，具体按键与其对应的功能如下。

> 单击鼠标左键：拾取键。
> 双击鼠标左键：进入对象特性修改对话框。
> 单击鼠标右键：快捷菜单或者Enter功能键。
> Shift+右键：对象捕捉快捷菜单。
> 在工具栏中单击鼠标右键：快捷菜单。
> 向前、向后滚动鼠标滚轮：实时缩放。
> 按住鼠标滚轮不放和拖曳：实时平移。
> Shift+按住鼠标滚轮不放和拖曳：垂直或水平实时平移。
> 双击鼠标滚轮：缩放成实际范围。

合理地选择执行命令的方式可以提高工作效率，对于AutoCAD初学者而言，通过使用工具栏中全面而形象的工具按钮，能比较快速地熟悉相关命令的使用。如果是AutoCAD使用熟练的用户，通过键盘在命令行输入命令，则能大幅度提高工作的效率。

2.5　图形的显示控制方式

绘图过程中经常需要对视图进行如平移、缩放等操作，以方便观察视图和更好地绘图。

2.5.1　缩放对象

缩放显示就是将图形进行放大或缩小，但不改变实际图形的大小，以便于观察和继续绘制。

执行视图【缩放】命令的方法如下。

> 命令行：ZOOM或Z。
> 菜单栏：执行【视图】|【缩放】命令，如图2-37所示。
> 工具栏：单击【缩放】工具栏中相应的按钮，如图2-38所示。

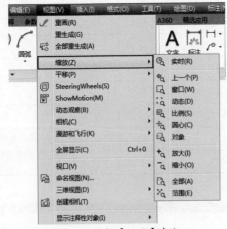

图2-37　选择【缩放】命令

图2-38　工具栏

【缩放】工具栏中各个选项的含义如下。

1. 全部缩放

【全部缩放】就是最大化显示整个模型空间的所有图形对象（包括绘图界限范围内和范围外

的所有对象）和视图辅助工具（例如，栅格），缩放前后对比效果如图2-39所示。

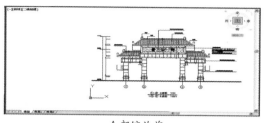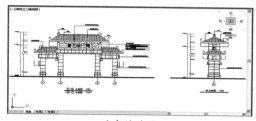

| 全部缩放前 | 全部缩放后 |

图2-39　全部缩放的前后对比

2. 中心缩放

以指定点为中心点，整个图形按照指定的比例缩放，而这个点在缩放操作之后将成为新视图的中心点。

命令行的提示如下。

```
命令：ZOOM↙                                          //调用【缩放】命令
指定窗口的角点，输入比例因子(nX 或 nXP)，或者
[全部(A)/中心(C)/动态(D)/范围(E)/上一个(P)/比例(S)/窗口(W)/对象(O)]<实时>：c
                                                    //激活中心缩放
指定中心点：                                         //指定一点作为新视图显示的中心点
输入比例或高度<当前值>：                              //输入比例或高度
```

【当前值】就是当前视图的纵向高度。如果输入的高度值比当前值小，则视图将放大；若输入的高度值比当前值大，则视图将缩小。缩放系数等于【当前窗口高度/输入高度】的比值。也可以直接输入缩放系数或者后跟字母X/XP。

3. 动态缩放

对图形进行动态缩放。选择该选项后，绘图区域将显示几个不同颜色的方框，拖动鼠标移动当前视区框到所需位置，单击鼠标左键调整大小后按Enter键即可将当前视区框内的图形最大化显示，如图2-40所示为缩放前后的对比效果。

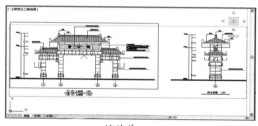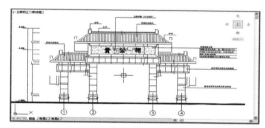

| 缩放前 | 缩放后 |

图2-40　动态缩放的前后对比

4. 范围缩放

单击该按钮，使所有图形对象在视口中最大化显示，用户可以在视口中查看图形的细部构造。

5. 缩放上一个

恢复到前一个视图显示的图形状态。

6. 比例缩放

按输入的比例值进行缩放。有以下3种输入方法。

➢ 直接输入数值，表示相对于图形界限进行缩放。

➢ 在数值后加X，表示相对于当前视图进行缩放。

➢ 在数值后加XP，表示相对于图纸空间单位进行缩放。

如图2-41所示为相当于图纸空间单位缩放前后的对比效果。

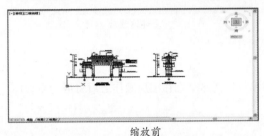

缩放前　　　　　　　　　　　缩放后

图2-41　比例缩放的前后对比

7. 窗口缩放

窗口缩放命令可以将矩形窗口内选择的图形充满当前视窗。

执行窗口缩放操作后，用光标确定窗口对角点，再确定一个矩形框窗口，系统可以自动将矩形框窗口内的图形放大至整个屏幕，如图2-42所示。

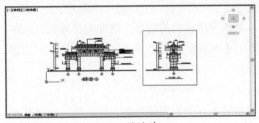
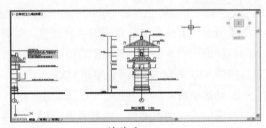

缩放前　　　　　　　　　　　缩放后

图2-42　窗口缩放的前后对比

8. 缩放对象

选择的图形对象最大限度地显示在屏幕上，如图2-43所示为将所选对象缩放前后的对比效果。

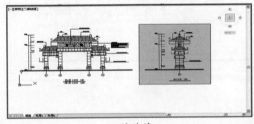

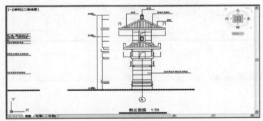

缩放前　　　　　　　　　　　缩放后

图2-43　缩放对象的前后对比

9. 实时缩放

该项为默认选项。执行缩放命令后直接按Enter键即可使用该选项。在屏幕上会出现一个 🔍 形状的光标，按住鼠标左键向上或向下移动，则可实现图形的放大或缩小。

10. 放大

单击该按钮一次，视图中的实体显示比当前视图大一倍。

11. 缩小

单击该按钮一次，视图中的实体显示比当前视图小一半。

2.5.2 平移对象

视图平移即不改变视图的大小，只改变其位置，以便观察图形的其他组成部分，如图2-44所示。图形显示不全面，且部分区域不可见时，就可以使用视图平移功能，在不改变图形大小的前提下，很好地观察图形。

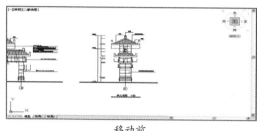
移动前

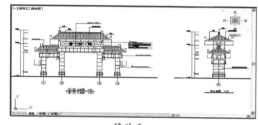
移动后

图2-44 移动对象的前后对比

视图平移可以分为【实时平移】和【定点平移】两种，其含义如下。

➤ 实时平移：光标形状变为手型🖑，按住鼠标左键拖动可以使图形的显示位置随鼠标向同一方向移动。

➤ 定点平移：通过指定平移起始点和目标点的方式进行平移。

【上】、【下】、【左】、【右】4个平移命令表示将图形分别向左、右、上、下方向平移一段距离。必须注意的是，该命令并不是真的移动图形对象，也不是真正改变图形，而是通过位移对图形进行平移。

执行【平移视图】命令的方法如下。

➤ 命令行：PAN或P。

➤ 菜单栏：选择【视图】|【平移】命令，如图2-45所示。

➤ 工具栏：单击【标准】工具栏中的【实时平移】按钮🖑，如图2-46所示。

图2-45 【平移】选择命令

图2-46 【标准】工具栏

2.6 图层的管理与使用

图层是AutoCAD提供给用户的组织图形的强有力工具。AutoCAD的图形对象必须绘制在某个图层上，它可以是默认的图层，也可以是用户自己创建的图层。利用图层的特性，如颜色、线宽、线型等，可以非常方便地区分不同的对象。

2.6.1 创建新图层

【图层特性管理器】选项板是管理和组织AutoCAD图层的强有力工具。建立新图层，首先必须先调用【图层特性管理器】。

a. 执行方式

打开【图层特性管理器】选项板的方法如下。

➢ 命令行：LAYER或LA

➢ 菜单栏：执行【格式】|【图层】命令，如图2-47所示。

➢ 工具栏：单击【图层】工具栏中的【图层特性管理器】按钮 。

➢ 功能区：在【默认】选项卡中，单击【图层】面板中的【图层特性管理器】按钮 ，如图2-48所示。

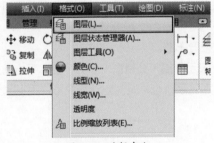

图2-47 选择命令

图2-48 单击按钮

AutoCAD规定以下四类图层不能被删除。

➢ 0层和Defpoints图层。

➢ 当前层。要删除当前层，可以先改变当前层为其他图层。

➢ 插入了外部参照的图层。要删除该层，必须先删除外部参照。

➢ 包含了可见图形对象的图层。要删除该层，必须先删除该层中的所有图形对象。

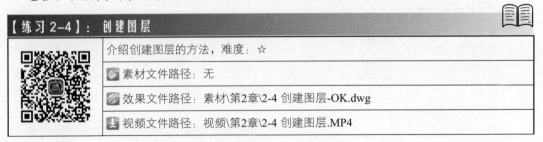

【练习2-4】：创建图层	
介绍创建图层的方法，难度：☆	
素材文件路径：无	
效果文件路径：素材\第2章\2-4 创建图层-OK.dwg	
视频文件路径：视频\第2章\2-4 创建图层.MP4	

下面介绍创建图层的操作步骤。

01 单击【图层】工具栏中的【图层特性管理器】按钮 ，打开【图层特性管理器】选项板，如图2-49所示。

02 单击【图层特性管理器】选项板中的【新建图层】按钮 ，新建【图层1】。此时，【图层1】名称框呈可编辑状态，如图2-50所示。

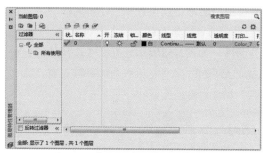

图2-49　【图层特性管理器】选项板

图2-50　新建图层

03 输入新图层的名称为【轴线】，然后按Enter键，新建图层如图2-51所示。

04 重复上述操作，继续创建其他图形，如图2-52所示。

图2-51　设置名称

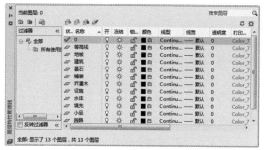

图2-52　创建其他图层

b. 选项说明

【图层特性管理器】选项板中各属性的功能如下所述。

➢ 状态：用来指示和设置当前层，双击某个图层【状态】列图标，可以快速设置该图层为当前层。

➢ 名称：用于设置图层名称。选中一个图层使其以蓝色高亮显示，再单击【名称】列图标或按F2键，层名变为可编辑，输入新名称后，按Enter键即可。单击【名称】列的表头，可以让图层按照图层名称进行升序或降序排列。

➢ 打开/关闭：用于控制图层是否在屏幕上显示。隐藏的图层将不被打印输出。

➢ 冻结/解冻：用于将长期不需要显示的图层冻结。执行该操作后，可以提高系统运行速度，减少图形刷新的时间。AutoCAD不会在被冻结的图层上显示、打印或重生成对象。

➢ 锁定/解锁：如果某个图层上的对象只需要显示，不需要选择和编辑，那么可以锁定该图层。

➢ 颜色、线型、线宽：用于设置图层的颜色、线型及线宽属性。如单击【颜色】列图标，可以打开【选择颜色】对话框，选择需要的图层颜色即可。使用颜色可以非常方便地区分各图层上的对象。

➢ 打印样式：用于为每个图层选择不同的打印样式。如同每个图层都有颜色值一样，每个图层也都具有打印样式特性。AutoCAD有颜色打印样式和图层打印样式两种，如果当前文档使用颜色打印样式，该属性不可用。

➢ 打印：对于那些没有隐藏也没有冻结的可见图层，可以通过单击【打印】列图标来控制打印时该图层是否打印输出。

➢ 图层说明：用于为每个图层添加单独的解释、说明性文字。

2.6.2 设置图层颜色

图层的颜色实际上就是图层中图形对象的颜色。每个图层都可以设置颜色，不同图层可以设置相同的颜色，也可以设置不同的颜色，使用颜色可以非常方便地区分各图层上的对象。

单击【图层特性管理器】选项板中的【颜色】列图标，如图2-53所示。打开【选择颜色】对话框，如图2-54所示，选择需要的图层颜色即可。AutoCAD提供了7种标准颜色，即红、黄、绿、青、蓝、紫和白色。

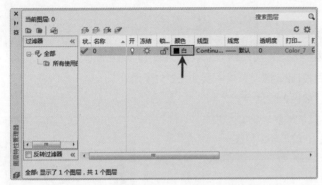

图2-53 单击列图标

图2-54 【选择颜色】对话框

在【选择颜色】对话框中，可以使用【索引颜色】、【真彩色】和【配色系统】3个选项卡为图层设置颜色。

➢ 【配色系统】选项卡：使用标准Pantone配色系统设置图层的颜色。

➢ 【索引颜色】选项卡：【索引颜色】选项卡实际上是一张包含256种颜色的颜色表。它可以使用AutoCAD的标准颜色（ACI颜色）。在ACI颜色表中，每一种颜色用一个ACI编号（1～255之间的整数）标识。

➢ 【真彩色】选项卡：使用24位颜色定义显示颜色。指定真彩色时，可以使用RGB或HSL颜色模式。如果使用RGB颜色模式，则可以指定颜色的红、绿、蓝数值；如果使用HSL颜色模式，则可以指定颜色的色调、饱和度和亮度要素，如图2-55所示。在这两种颜色模式下，可以得到同一种所需的颜色，但是组合颜色的方式不同。

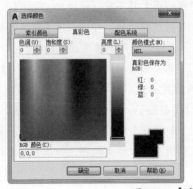

图2-55 【真彩色】颜色模式

【练习2-5】：设置图层颜色

介绍设置图层颜色的方法，难度：☆☆

素材文件路径：素材\第2章\2-4 创建图层-OK.dwg

效果文件路径：素材\第2章\2-5 设置图层颜色-OK.dwg

视频文件路径：视频\第2章\2-5 设置图层颜色.MP4

下面介绍设置图层颜色的操作步骤。

01 单击快速访问工具栏中的【打开】按钮▨，打开"素材\第2章\2-4 创建图层-OK.dwg"素材文件。

02 单击【图层】工具栏中的【图层特性管理器】按钮▨，弹出【图层特性管理器】选项板。单击【轴线】栏中的【颜色】列图标，在弹出的【选择颜色】对话框中选择【红色】，【轴线】图层颜色设置如图2-56所示。

03 使用相同的方法，设置其他图层颜色，结果如图2-57所示。

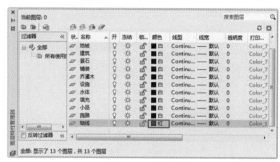

图2-56　设置颜色

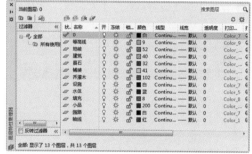

图2-57　操作结果

2.6.3　设置图层线型、比例和线宽

1. 设置图层线型

图层线型表示图层中图形线条的特性，不同的线型表示的含义不同，默认情况下是Continuous线型，设置图层的线型可以区别不同的对象。在AutoCAD中既有简单线型，也有由一些特殊符号组成的复杂线型，以满足不同国家或行业标准的要求，如图2-58所示为虚线表示的等高线效果。

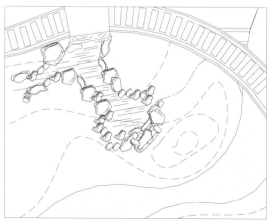

图2-58　利用虚线表示等高线

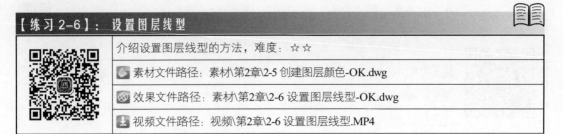

下面介绍设置图层线型的操作步骤。

01 单击快速访问工具栏中的【打开】按钮，打开"素材\第2章\2-5 创建图层颜色-OK.dwg"素材文件。

02 单击【图层】工具栏中的【图层特性管理器】按钮，弹出【图层特性管理器】选项板。单击【轴线】栏中的【线型】列图标，弹出【选择线型】对话框，单击【加载】按钮，如图2-59所示。

03 弹出【加载或重载线型】对话框，选择ACAD_ISO04W100线型，如图2-60所示。

图2-59 【选择线型】对话框

图2-60 选择线型

04 单击【确定】按钮，返回【选择线型】对话框。选择上一步加载的ACAD_ISO04W100线型，然后单击【确定】按钮，完成轴线线型的设置，效果如图2-61所示。

05 使用相同的方法，设置等高线线型为DASHED，效果如图2-62所示。

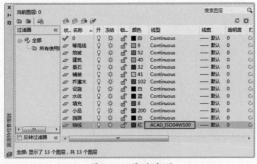

图2-61 更改线型

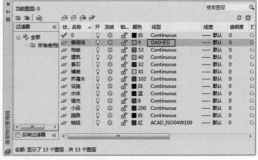

图2-62 操作结果

2. 设置线型比例

系统默认所有的线型比例均为1，但因为绘制的图形尺寸大小的关系，致使线型的样式有时不能被显现出来，这时就需要通过调整线型的比例使其显现。

执行菜单栏中的【格式】|【线型】命令，如图2-63所示。打开如图2-64所示的【线型管理器】对话框。该对话框显示了当前使用的线型和可以选择的其他线型，它同样可以用来设置线型。

图2-63　选择命令

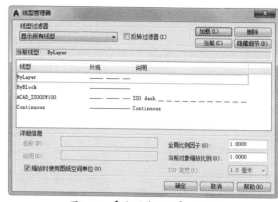

图2-64　【线型管理器】对话框

在线型列表中选择某一线型，单击【显示／隐藏细节】按钮，可以显示或隐藏【详细信息】选项区域，在此区域内可以设置线型的【全局比例因子】和【当前对象缩放比例】。其中，【全局比例因子】用于设置图形中所有线型的比例，即图层的线型比例。【当前对象缩放比例】用于设置当前选中线型的比例，即图层中单个对象的比例因子。

3. 设置线宽

线宽设置就是改变图层线条的宽度，通常在对图层进行颜色和线型设置后，还需对图层的线宽进行设置，这样可以在打印时不必再设置线宽。同时，使用不同宽度的线条表现对象的大小或类型，可以提高图形的表达能力及可读性，如图2-65所示为剖面图剖切轮廓线宽显示的不同效果。

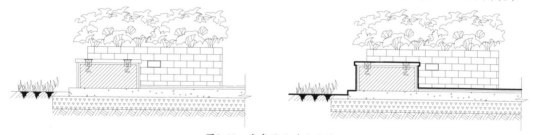

图2-65　线宽显示对比效果

【练习2-7】：设置图层线宽

介绍设置图层线宽的方法，难度：☆
素材文件路径：素材\第2章\2-6 设置图层线型-OK.dwg
效果文件路径：素材\第2章\2-7 设置图层线宽-OK.dwg
视频文件路径：视频\第2章\2-7 设置图层线宽.MP4

下面介绍设置图层线宽的操作步骤。

01 单击快速访问工具栏中的【打开】按钮，打开"素材\第2章\2-6 设置图层线型-OK.dwg"素材文件。

02 单击【图层】工具栏中的【图层特性管理器】按钮，弹出【图层特性管理器】选项板。单击【建筑】栏中的【线宽】列图标，在弹出的【线宽】对话框中选择0.30mm，如图2-66所示。

03 单击【确定】按钮，【建筑】图层线宽设置如图2-67所示。

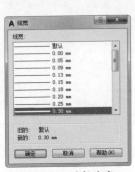

图2-66　选择线宽

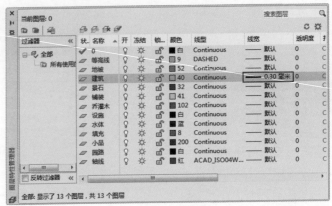

图2-67　设置线宽

2.6.4　控制图层的状态

1. 打开和关闭图层

在绘图的过程中可以将暂时不用的图层关闭，被关闭的图层中其图形对象将不可见，并且不能被选择、编辑、修改以及打印。

【打开/关闭】图层的常用方法如下。

➤ 在【图层特性管理器】选项板中选中要关闭的图层，单击 💡 按钮即可关闭选择图层，图层被关闭后该按钮将显示为 💡，表明该图层已经被关闭，如图2-68所示。

➤ 在【默认】选项卡中，打开【图层】面板中的【图层控制】下拉列表，单击目标图层的 💡 图标即可关闭图层，如图2-69所示。

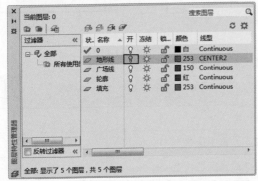

图2-68　通过【图层特性管理器】选项板关闭图层

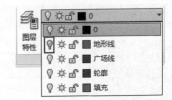

图2-69　通过功能面板图标关闭图层

当关闭的图层为【当前图层】时，将弹出如图2-70所示的提示对话框，此时单击【关闭当前图层】选项即可。

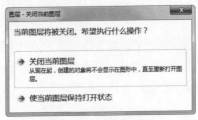

图2-70　提示对话框

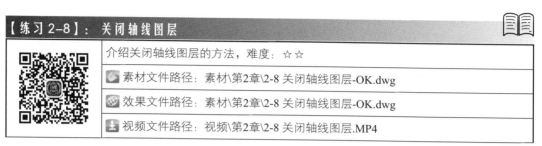

【练习2-8】：关闭轴线图层

	介绍关闭轴线图层的方法，难度：☆☆
	素材文件路径：素材\第2章\2-8 关闭轴线图层-OK.dwg
	效果文件路径：素材\第2章\2-8 关闭轴线图层-OK.dwg
	视频文件路径：视频\第2章\2-8 关闭轴线图层.MP4

下面介绍关闭轴线图层的操作步骤。

01 单击快速访问工具栏中的【打开】按钮📂，打开"素材\第2章\2-8 关闭轴线图层-OK.dwg"素材文件，如图2-71所示。

02 单击【图层】工具栏中的【图层控制】下拉列表，光标指向【中轴线】图层，单击【开/关图层】按钮💡，此时按钮变成💡，则【中轴线】图层被关闭，效果如图2-72所示。

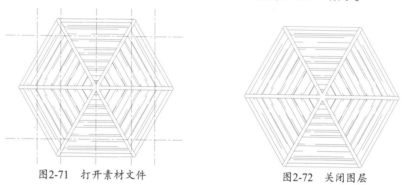

图2-71 打开素材文件   图2-72 关闭图层

2. 冻结与解冻图层

将长期不需要显示的图层冻结，可以提高系统运行速度，减少了图形刷新的时间，因为这些图层将不会被加载到内存中。AutoCAD不会在被冻结的图层上显示、打印或重生成对象。

【冻结/解冻】图层的常用方法如下。

➢ 在【图层特性管理器】选项板中单击要冻结的图层前的【冻结】图标☀，即可冻结该图层，图层冻结后将显示为❄，如图2-73所示。

➢ 在【默认】选项卡中，打开【图层】面板中的【图层控制】下拉列表，单击目标图层的☀图标，如图2-74所示。

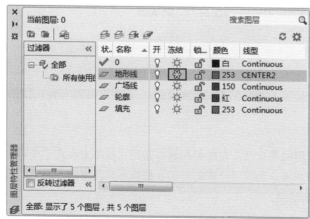

图2-73 通过【图层特性管理器】选项板冻结图层   图2-74 通过功能面板图标冻结图层

　　如果要冻结的图层为当前图层时，将弹出如图2-75所示的提示对话框，提示无法冻结当前图层。此时需要将其他图层设置为当前图层才能冻结该图层。

　　如果要恢复冻结的图层，重复以上操作，单击图层前的【解冻】图标❀即可解冻图层。

图2-75　提示对话框

3.锁定和解锁图层

　　如果某个图层上的对象只需要显示，不需要选择和编辑，那么可以锁定该图层。被锁定图层上的对象不能被编辑、选择和删除，但该层的对象仍然可见，而且可以在该层上添加新的图形对象。

　　【锁定】图层的常用方法如下。

> 在【图层特性管理器】选项板中单击【锁定】图标🔓，即可锁定该图层，图层锁定后该图标将显示为🔒，如图2-76所示。

> 在【默认】选项卡中，打开【图层】面板中的【图层控制】下拉列表，单击🔓图标即可锁定该图层，如图2-77所示。

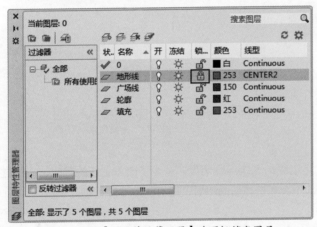

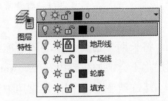

图2-76　通过【图层特性管理器】选项板锁定图层　　　图2-77　通过功能面板图标锁定图层

　　如果要解除图层锁定，重复以上的操作单击【解锁】图标🔒，即可解锁已经锁定的图层。

2.7　常用制图辅助工具

　　辅助工具可以帮助用户在绘图过程中减少不必要的麻烦，提高绘图效率和准确率。

2.7.1　栅格和捕捉

1.栅格

　　栅格的作用如同传统纸面制图中使用的坐标纸，它按照相等的间距在屏幕上设置了栅格点，使用者可以通过栅格点数目确定距离，从而达到精确绘图的目的。栅格不是图形的一部分，打印时不会被输出，如图2-78所示为栅格显示结果。

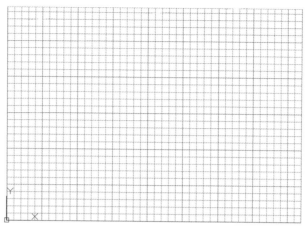

图2-78　显示栅格

控制栅格是否显示，常用方法如下。

➢　快捷键：F7。

➢　状态栏：单击状态栏中的【栅格显示开关】按钮▦。

2. 捕捉

【捕捉】功能（不是对象捕捉）经常和【栅格】功能联用。当【捕捉】功能打开时，光标只能停留在栅格点上，使其按照用户定义的间距移动。当【捕捉】模式打开时，光标就可附着或捕捉到不可见的栅格。捕捉模式有助于使用箭头键或定点设备来精确地定位点。

【捕捉】功能可以控制光标移动的距离，打开和关闭【捕捉】功能的常用方法如下。

➢　快捷键：F9。

➢　状态栏：单击状态栏中的【捕捉开关】按钮▦。

【练习2-9】：利用栅格捕捉绘制简单图形
介绍利用栅格捕捉绘制简单图形的方法，难度：☆☆
素材文件路径：无
效果文件路径：素材\第2章\2-9 利用栅格捕捉绘制简单图形-OK.dwg
视频文件路径：视频\第2章\2-9 利用栅格捕捉绘制简单图形.MP4

下面介绍利用栅格捕捉绘制简单图形的操作步骤。

01 单击快速访问工具栏中的【新建】按钮▢，新建空白文件。

02 单击状态栏中的【栅格】按钮▦和【捕捉】按钮▦，使之呈激活状态。

03 在状态栏的【栅格】按钮上单击鼠标右键，然后在弹出的快捷菜单中选择【设置】命令。

04 打开【草图设置】对话框，切换至【捕捉和栅格】选项卡，在【捕捉间距】选项组中设置参数，如图2-79所示。

05 执行【绘图】|【直线】命令，配合【栅格】和【捕捉】，绘制直线，如图2-80所示。

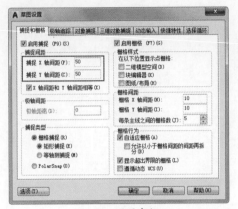

图2-79　设置参数

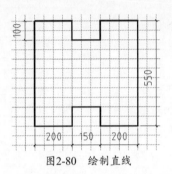

图2-80　绘制直线

2.7.2　正交工具

在进行园林绘图时，有相当一部分直线是水平或垂直的，如规则的广场、阶梯剖面等。针对这种情况，AutoCAD提供了一个正交开关，控制光标在垂直方向或者水平方向上移动，如图2-81所示，方便绘制水平或垂直直线。

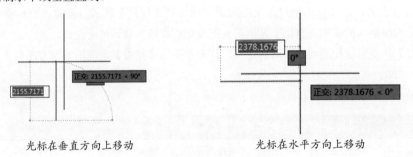

光标在垂直方向上移动　　　　　　　　光标在水平方向上移动

图2-81　控制光标的移动方向

打开和关闭正交开关的方法如下。

➢ 快捷键：F8。

➢ 状态栏：单击状态栏中的【正交开关】按钮██。

正交开关打开以后，系统就只能画出水平或垂直的直线，如图2-82所示为阶梯剖面轮廓。更方便的是，由于正交功能已经限制了直线的方向，所以要绘制一定长度的直线，只需直接输入长度值即可，而不再需要输入完整的相对坐标了。

图2-82　阶梯剖面轮廓

2.7.3　对象捕捉

在绘图的过程中，经常要指定一些对象上已有的点，例如中点、圆心和两个对象的交点等。AutoCAD提供了对象捕捉功能，将光标移动到这些特征点附近时，系统能够自动地捕捉到这些点的位置，从而为精确绘图提供了条件。

使用【对象捕捉】必须激活该功能，而打开或关闭【对象捕捉】功能常用的方法如下。

➢　快捷键：F3。

➢　状态栏：单击状态栏中的【对象捕捉开关】按钮 ▭ 。

除此之外，执行【工具】|【绘图设置】命令，或在命令行中输入OSNAP，打开【草图设置】对话框。切换至【对象捕捉】选项卡，选中或取消选中【启用对象捕捉】复选框，如图2-83所示。也可以打开或关闭【对象捕捉追踪】，但由于操作麻烦，在实际工作中并不常用。

AutoCAD提供了两种对象捕捉模式：【自动捕捉】和【临时捕捉】。

➢　自动捕捉：要求使用者先在如图2-83所示对话框中设置好需要的对象捕捉点，以后当光标移动到这些对象捕捉点附近时，系统就会自动捕捉到这些点。

➢　临时捕捉：这是一种一次性的捕捉模式，这种捕捉模式不是自动的。当用户需要临时捕捉某个特征点时，需要在捕捉之前手动设置需要捕捉的特征点，然后进行对象捕捉。而且这种捕捉设置是一次性的，不能反复使用。在下一次遇到相同的对象捕捉点时，需要再次设置。

在命令行提示输入点的坐标时，如果要使用【临时捕捉】模式，可按Shift+鼠标右键，系统会弹出如图2-84所示的快捷菜单。选择需要捕捉的点，系统将会捕捉到该点。

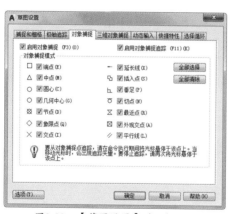

图2-83　【草图设置】对话框

图2-84　快捷菜单

【练习2-10】：绘制圆形广场　

	介绍利用对象捕捉功能绘制圆形广场的方法，难度：☆☆
	🖼 素材文件路径：　素材\第2章\2-10 绘制圆形广场.dwg
	◎ 效果文件路径：　素材\第2章\2-10 绘制圆形广场-OK.dwg
	⬇ 视频文件路径：　视频\第2章\2-10 绘制圆形广场.MP4

下面介绍利用对象捕捉功能绘制圆形广场的操作步骤。

01 单击快速访问工具栏中的【打开】按钮，打开"素材\第2章\2-10 绘制圆形广场.dwg"素材文件，如图2-85所示。

02 在状态栏中的【对象捕捉】按钮 ▭ 上单击右键，在弹出的快捷菜单中选择【设置】选项，在

【对象捕捉】选项卡中选中【端点】复选框、【圆心】复选框和【启用对象捕捉】复选框，如
图2-86所示，单击【确定】按钮，关闭对话框。

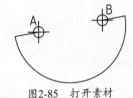

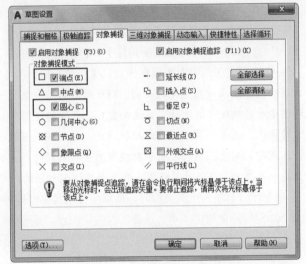

图2-85　打开素材　　　　　　　　　　　　图2-86　【草图设置】对话框

03 执行【绘图】|【圆】|【两点】命令，绘制圆，命令行操作方法如下。

```
命令：_circle✓                    //调用【圆】命令
指定圆的圆心或 [三点(3P)/两点(2P)/切点、切点、半径(T)]: _2p
                                 //输入2P，激活两点选项
指定圆直径的第一个端点：          //单击A作为第一个端点
指定圆直径的第二个端点：          //单击B作为第二个端点，效果如图2-87所示
```

04 继续执行【绘图】|【圆】|【圆心、半径】命令，绘制圆，命令行操作方法如下。

```
命令：_circle✓                    //调用【圆】命令
指定圆的圆心或 [三点(3P)/两点(2P)/切点、切点、半径(T)]:
                                 //指定C为圆心
指定圆的半径或 [直径(D)] <8633.6086>: 3000   //输入半径为3000，效果如图2-88所示
```

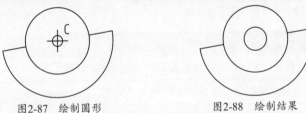

图2-87　绘制圆形　　　　　　　　　　　图2-88　绘制结果

2.7.4　极轴追踪

　　【极轴追踪】实际上是极坐标的一个应用。该功能可以使光标沿着指定角度的方向移动，从
而很快找到需要的点。可以通过下列方法打开/关闭极轴追踪功能。

➢　快捷键：F10。
➢　状态栏：单击状态栏中的【极轴追踪开关】按钮。

在【草图设置】对话框中选择【极轴追踪】选项卡，可以设置极轴追踪属性，如图2-89所示。在状态栏上单击【极轴追踪】按钮 右侧的向下箭头，弹出角度列表，如图2-90所示。选择选项，指定极轴追踪的角度。

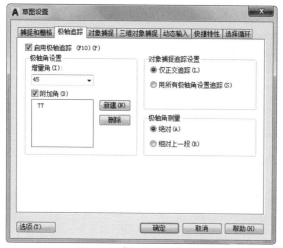

图2-89 【极轴追踪】选项卡

图2-90 角度列表

【极轴追踪】选项卡中各选项含义如下。

> 【增量角】下拉列表框：选择极轴追踪角度。当光标的相对角度等于该角，或者是该角的整数倍时，屏幕上将显示追踪路径。
> 【附加角】复选框：增加任意角度值作为极轴追踪角度。选中【附加角】复选框，并单击【新建】按钮，然后输入所需追踪的角度值。
> 【仅正交追踪】单选按钮：当对象捕捉追踪打开时，仅显示已获得的对象捕捉点的正交(水平和垂直方向)对象捕捉追踪路径。
> 【用所有极轴角设置追踪】单选按钮：对象捕捉追踪打开时，将从对象捕捉点起沿任何极轴追踪角进行追踪。
> 【极轴角测量】选项组：设置极角的参照标准。【绝对】选项表示使用绝对极坐标，以X轴正方向为0°。【相对上一段】选项根据上一段绘制的直线确定极轴追踪角，上一段直线所在的方向为0°。

2.7.5 动态输入

使用动态输入功能可以在指针位置处显示坐标、标注输入和命令提示等信息，从而极大地方便绘图。可以在【草图设置】对话框的【动态输入】选项卡中进行设置，如图2-91所示。

启用【动态输入】时，命令行提示将在光标附近显示信息，该信息会随着光标移动而动态更新。当某条命令为活动项时，工具栏提示将为用户提供输入的位置，如图2-92所示。

动态输入不会取代命令窗口。可以隐藏命令窗口以增加绘图屏幕区域，但是在有些操作中还是需要显示命令窗口的。按F2键可根据需要，隐藏和显示命令提示和错误消息。另外，也可以浮动命令窗口，并使用【自动隐藏】功能来展开或卷起该窗口。

打开或关闭【动态输入】功能可以选择以下几种方法。

> 快捷键：F12。

➤ 状态栏：单击状态栏中的【动态输入】按钮 。

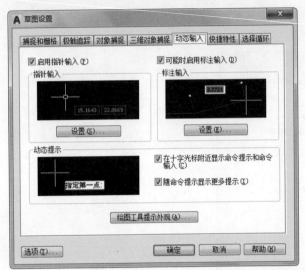

图2-91 【动态输入】选项卡

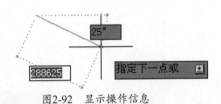

图2-92 显示操作信息

2.8 思考与练习

1. 选择题

（1）在AutoCAD 2018中，一共有（ ）个工作空间。

A. 1   B. 2   C. 3   D. 4

（2）在AutoCAD 2018中，【新建文件】的快捷键是（ ）。

A. Ctrl+A   B. Ctrl+N   C. Ctrl+V   D. Ctrl+C

（3）在AutoCAD 2018中，【保存文件】的工具按钮是（ ）。

A.   B.   C.   D.

（4）使用AutoCAD 2018绘制室内装饰施工图一般使用（ ）为单位。

A. mm   B. cm   C. m   D. km

（5）在（ ）对话框中设置AutoCAD十字光标的大小。

A. 选项   B. 选择文件   C. 选择样板   D. 草图设置

（6）在（ ）中不能执行命令。

A. 菜单栏   B. 工具栏   C. 命令行   D. 状态栏

（7）重复执行命令的方式有（ ）。

A. 按Enter键   B. 按Esc键   C. 按Ctrl键   D. 按Delete键

（8）退出正在执行的命令的方式是（ ）。

A. 按Esc键   B. 按Ctrl键   C. 按空格键   D. 按Alt键

（9）【实时缩放】命令位于【标准】工具栏上的按钮为（ ）。

A.   B.   C.   D.

（10）【实时平移】的快捷键为（ ）。

A. W键   B. Y键   C. S键   D. P键

2. 操作题

（1）参考2.2.1小节的内容，新建一个空白文件。

（2）参考2.3节的内容，设置绘图环境。

（3）参考2.2.3小节的内容，保存图形文件。

（4）参考2.4节的内容，练习调用命令的操作方法。

（5）参考2.5节的内容，熟练掌握控制视图显示的方法。

（6）参考2.6节的内容，熟悉【图层特性管理器】选项板的使用方法。

绘图是AutoCAD的主要功能，也是最基本的功能，而二维平面
图形的形状都很简单，如直线、矩形等，创建起来也很容易，是整个
AutoCAD的绘图基础。本章将详细介绍这些图形的绘制方法，掌握简单
的绘图命令，才能更好地绘制园林设计中更加复杂的图形。

03

第 3 章

绘制二维图形

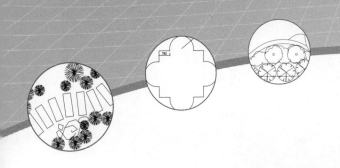

3.1 绘 制 点

在AutoCAD中，点不仅是组成图形的最基本元素，还经常用来标识某些特殊的部分，如绘制
直线时需要确定端点、绘制圆或圆弧时需要确定圆心等。

默认状态下，点是没有长度和大小的，在绘图区域仅显示为一个小圆点，因此很难识别。
在AutoCAD中，可以为点设置不同的显示样式，这样就可以清楚地知道点的位置，也使点
显得更加直观和易于辨认。点包括【单点】、【多点】、【定数等分点】和【定距等分点】
4种。

3.1.1 设置点的样式和大小

设置点样式首先需要执行点样式命令。

a. 执行方式

执行【点样式】命令的方法如下。

➤ 命令行：DDPTYPE。

➤ 菜单栏：执行【格式】|【点样式】命令，如图3-1所示。

➤ 功能区：在【默认】选项卡中，单击【实用工具】面板中的【点样式】按钮 点样式 ，如
图3-2所示。

b. 操作步骤

执行该命令后，打开如图3-3所示的【点样式】对话框，可以在其中更改点的显示样式和
大小。

图3-1　选择命令

图3-2　单击按钮

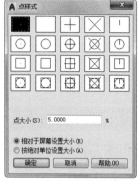
图3-3　【点样式】对话框

【练习3-1】：设置点样式

介绍设置点样式的方法，难度：☆
素材文件路径：素材\第3章\3-1 设置点样式.dwg
效果文件路径：素材\第3章\3-1 设置点样式-OK.dwg
视频文件路径：视频\第3章\3-1 设置点样式.MP4

下面介绍设置点样式的操作步骤。

01 单击快速访问工具栏中的【打开】按钮，打开"素材\第3章\3-1 设置点样式.dwg"素材文件，如图3-4所示。

02 执行【格式】|【点样式】命令，打开【点样式】对话框，选择如图3-5所示图例。

03 单击【确定】按钮，点样式修改效果如图3-6所示。

图3-4　打开素材

图3-5　设置点样式

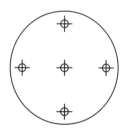
图3-6　修改效果

3.1.2　点的绘制

1. 绘制单点

【单点】命令就是执行一次命令只能指定一个点。默认状态下，所绘制的点以一个点进行显示。

执行【单点】命令的方法如下。

➢ 命令行：POINT或PO。

➢ 菜单栏：执行【绘图】|【点】|【单点】命令，如图3-7所示。

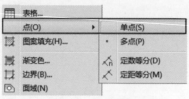

图3-7　选择命令

【练习3-2】：绘制单点

介绍绘制单点的方法，难度：☆

素材文件路径：素材\第3章\3-2 绘制单点.dwg

效果文件路径：素材\第3章\3-2 绘制单点-OK.dwg

视频文件路径：视频\第3章\3-2 绘制单点.MP4

下面介绍绘制单点的操作步骤。

01 单击快速访问工具栏中的【打开】按钮📂，打开"素材\第3章\3-2 绘制单点.dwg"素材文件，如图3-8所示。

02 执行【绘图】|【点】|【单点】命令，绘制单点，效果如图3-9所示。

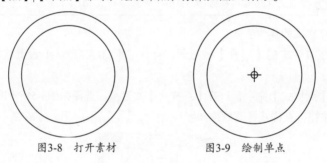

图3-8　打开素材　　　　　　　图3-9　绘制单点

2. 绘制多点

【多点】命令是指调用绘制命令后一次能指定多个点，直到按Esc键结束多点绘制状态为止。

执行【多点】命令的方法如下。

➢ 菜单栏：执行【绘图】|【点】|【多点】命令，如图3-10所示。

➢ 工具栏：单击【绘图】工具栏中的【点】按钮．。

➢ 功能区：在【默认】选项卡中，单击【绘图】面板中的【多点】按钮．，如图3-11所示。

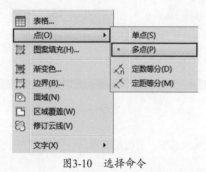　　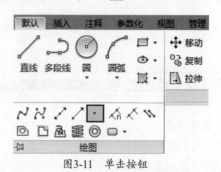

图3-10　选择命令　　　　　　图3-11　单击按钮

【练习3-3】：绘制多点

	介绍绘制多点的方法，难度：☆
	素材文件路径：素材\第3章\3-3 绘制多点.dwg
	效果文件路径：素材\第3章\3-3 绘制多点-OK.dwg
	视频文件路径：视频\第3章\3-3 绘制多点.MP4

下面介绍绘制多点的操作步骤。

01 单击快速访问工具栏中的【打开】按钮，打开"素材\第3章\3-3 绘制多点.dwg"素材文件，如图3-12所示。

02 执行【绘图】|【点】|【多点】命令，绘制多点，效果如图3-13所示。

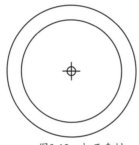
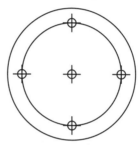

图3-12　打开素材　　　　　　图3-13　绘制多点

3.1.3　定数等分对象

定数等分对象是指在指定的对象上绘制指定数目的点，每个点的距离保持相等。

a. 执行方式

执行【定数等分】命令的方法如下。

➢ 命令行：DIVIDE或DIV。

➢ 菜单栏：执行【绘图】|【点】|【定数等分】命令，如图3-14所示。

➢ 功能区：在【默认】选项卡中，单击【绘图】面板中的【定数等分】按钮，如图3-15所示。

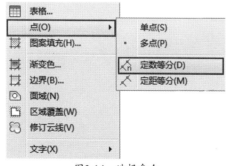

图3-14　选择命令　　　　　　图3-15　单击按钮

b. 操作步骤

执行上述任意一项操作，启用【定数等分】命令，命令行操作方法如下。

命令：DIV✓	//调用【定数等分】命令
DIVIDE	
选择要定数等分的对象：	//选择对象
输入线段数目或 [块(B)]: 5	//指定数目

输入等分的总段数后，可自动计算每段的长度。一条长1000的线段，现将其等分成5段，则每段长200。将样条曲线定数等分成10份，其效果如图3-16所示。

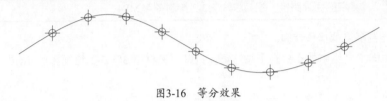

图3-16 等分效果

c. 技巧延伸

在执行命令的过程中，命令行提示"输入线段数目或 [块（B）]"，输入B，选择【块】选项，命令行操作方法如下。

命令：DIV✓	//调用【定数等分】命令
DIVIDE	
选择要定数等分的对象：	//选择对象
输入线段数目或 [块(B)]: B	//选择【块】选项
输入要插入的块名：圆凳	//输入块名称
是否对齐块和对象? [是(Y)/否(N)] <Y>:	//按Enter键
输入线段数目: 5	//输入数值

执行上述操作后，即可在每个等分点插入指定的块。此处需要注意的是，只能插入图形文件的内部块，不支持插入外部块。

【练习3-4】：绘制花架

	介绍绘制花架的方法，难度：☆
	素材文件路径：素材\第3章\3-4 绘制花架.dwg
	效果文件路径：素材\第3章\3-4 绘制花架-OK.dwg
	视频文件路径：视频\第3章\3-4 绘制花架.MP4

下面介绍绘制花架的操作步骤。

01 单击快速访问工具栏中的【打开】按钮，打开"素材\第3章\3-4 绘制花架.dwg"素材文件，如图3-17所示。

02 执行【绘图】|【点】|【定数等分】命令，命令行操作方法如下。

命令：_divide✓	//调用【定数等分】命令
选择要定数等分的对象： //选择轴线	
输入线段数目或 [块(B)]: B✓	//输入B，并按Enter键
输入要插入的块名：花架✓	//输入块名"花架"
是否对齐块和对象? [是(Y)/否(N)] <Y>:✓	//按空格键默认选择Y选项
输入线段数目: 25✓	//输入定数等分数目为25

03 在命令行中输入E，调用【删除】命令。选择轴线，按Enter键，绘制花架的效果如图3-18所示。

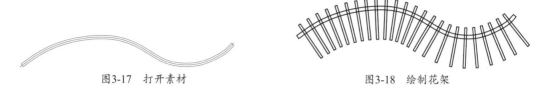

图3-17　打开素材　　　　　　　　　　　　　图3-18　绘制花架

3.1.4　定距等分对象

　　【定距等分】命令是在指定的对象上按确定的长度进行等分，即该操作是先指定所要创建的点与点之间的距离，再根据该间距值分隔所选对象。等分后的子线段的数量是原线段长度除以等分距的数量，如果等分后有多余的线段则为剩余线段。

a. 执行方式

　　执行【定距等分】命令方法如下。

> 命令行：MEASURE或ME。
> 菜单栏：执行【绘图】|【点】|【定距等分】命令，如图3-19所示。
> 功能区：在【默认】选项卡中，单击【绘图】面板中的【定距等分】按钮，如图3-20所示。

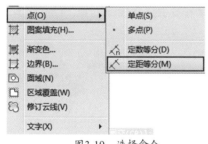

图3-19　选择命令

图3-20　单击按钮

b. 操作步骤

　　执行上述任意一项操作，即可执行【定距等分】命令，命令行操作方法如下。

```
命令：ME↙                                    //调用【定距等分】命令
MEASURE
选择要定距等分的对象：                         //选择对象
指定线段长度或 [块(B)]：400↙                  //指定长度
```

　　对图形执行【定距等分】操作，所创建的每个等分点之间的间距都是相等的，如图3-21所示。

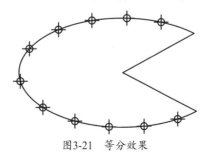

图3-21　等分效果

【练习3-5】： 绘制汀步

| 介绍绘制汀步的方法，难度：☆ |
| 素材文件路径：素材\第3章\3-5 绘制汀步.dwg |
| 效果文件路径：素材\第3章\3-5 绘制汀步-OK.dwg |
| 视频文件路径：视频\第3章\3-5 绘制汀步.MP4 |

下面介绍绘制汀步的操作步骤。

01 单击快速访问工具栏中的【打开】按钮 📂，打开"素材\第3章\3-5 绘制汀步.dwg"素材文件，如图3-22所示。

02 执行【绘图】|【点】|【定距等分】命令，命令行操作如下：

```
命令：_measure↙                          //调用【定距等分】命令
选择要定距等分的对象：                      //选择样条曲线
指定线段长度或 [块(B)]: b↙                //输入B，并按Enter键
输入要插入的块名：tingbu↙                  //输入块名为tingbu
是否对齐块和对象? [是(Y)/否(N)] <Y>:↙     //按Enter键默认选择Y选项
指定线段长度：700↙                        //输入线段长度为700
```

03 在命令行中输入E，调用【删除】命令。选择辅助样条曲线，按Enter键，绘制汀步的效果如图3-23所示。

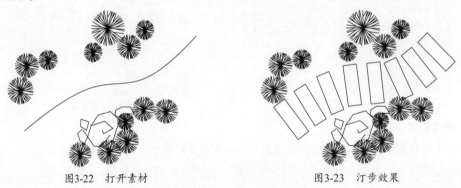

图3-22 打开素材   图3-23 汀步效果

3.2 绘 制 线

直线型对象是所有图形的基础，在AutoCAD中直线型对象包括直线、射线、构造线、多段线和多线等。各线型具有不同的特征，应根据实际绘图需要选择不同的线型。

3.2.1 绘制直线

直线是所有绘图中最简单、最常用的图形对象，在绘图区域指定直线的起点和终点即可绘制一条直线。

a. 执行方式

执行【直线】命令的方法如下。

➢ 命令行：LINE或L。

➢ 菜单栏：执行【绘图】|【直线】命令，如图3-24所示。

➢ 工具栏：单击【绘图】工具栏中的【直线】按钮✎。

➢ 功能区：在【默认】选项卡中，单击【绘图】面板中的【直线】按钮✎，如图3-25所示。

图3-24　选择命令

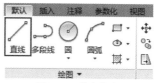

图3-25　单击按钮

b. 操作步骤

执行上述任意一项操作，调用【直线】命令，命令行操作方法如下。

命令:LINE↙	//调用【直线】命令
指定第一个点：	//指定起点
指定下一点或 [放弃(U)]：	//指定下一点
指定下一点或 [闭合(C)/放弃(U)]：	//输入C，选择【闭合】选项，闭合图形

绘制直线的时候，可以借助【正交】功能与【极轴追踪】功能，确定线段端点的位置。

借助【极轴追踪】功能，能够确定线段的角度，指定线段的起点。移动鼠标，可以指定线段的下一点。此时在绘图区域中显示的是蓝色的虚线，借助虚线，可以确定线段位置。在移动光标的过程中，在光标的右下角显示的是当前的极轴追踪角度，如图3-26所示。

随着光标位置的变化，极轴追踪角度也会实时更新，如图3-27所示。

单击鼠标左键，可以指定端点的位置，绘制一段线段。

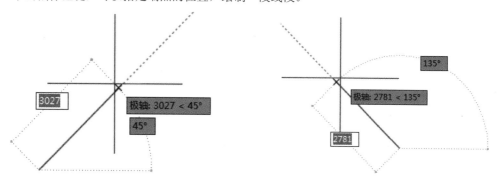

图3-26　配合【极轴追踪】功能绘制线段

图3-27　更新角度

启用【正交】功能，光标的位置被限制在水平方向与垂直方向。向右移动光标，在光标的右下角，显示线段的角度为0°。向左移动鼠标，显示当前的角度为180°，如图3-28所示。

　　向上移动鼠标，角度可随之更新，显示为90°。单击鼠标左键，可绘制垂直线段，如图3-29所示。

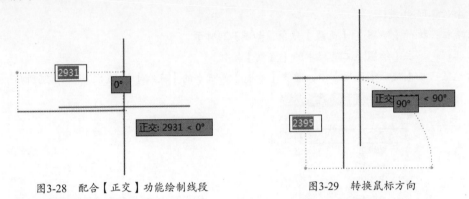

　　图3-28　配合【正交】功能绘制线段　　　　　　图3-29　转换鼠标方向

c. 技巧延伸

　　配合【极轴追踪】功能，在确定线段的角度时，也能控制线段的长度。在命令行指示【指定下一点】时，输入线段的长度，如图3-30所示，按Enter键，创建指定长度的线段。

　　启用【正交】功能，同样可以在指定线段的方向后，输入长度参数，如图3-31所示，确定端点的位置，控制线段的长度。

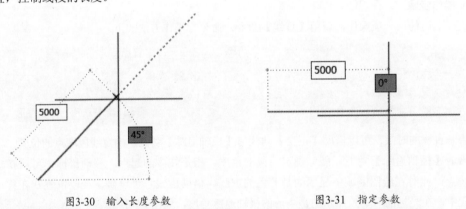

　　图3-30　输入长度参数　　　　　　　　图3-31　指定参数

延伸讲解
　　【正交】功能与【极轴追踪】功能不能同时启用。

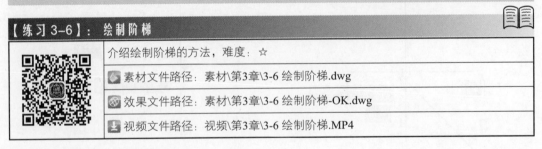

【练习3-6】：绘制阶梯

	介绍绘制阶梯的方法，难度：☆
	素材文件路径：素材\第3章\3-6 绘制阶梯.dwg
	效果文件路径：素材\第3章\3-6 绘制阶梯-OK.dwg
	视频文件路径：视频\第3章\3-6 绘制阶梯.MP4

　　下面介绍绘制阶梯的操作步骤。

01 单击快速访问工具栏中的【打开】按钮，打开"素材\第3章\3-6 绘制阶梯.dwg"素材文件，如图3-32所示。

02 执行【绘图】|【直线】命令，绘制直线，如图3-33所示，命令行提示如下。

命令：L↙	//调用【直线】命令
LINE	
指定第一个点：	//指定A点为起点
指定下一点或 [放弃(U)]：	//指定B点为下一点

03 继续执行【直线】命令，绘制直线，结果如图3-34所示。

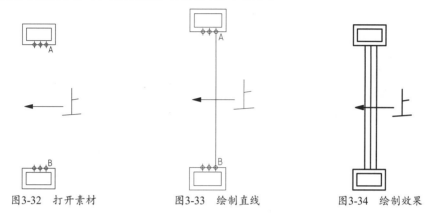

图3-32　打开素材　　　　图3-33　绘制直线　　　　图3-34　绘制效果

3.2.2　绘制射线

　　射线只有起点和方向但没有终点，即射线为一端固定而另一端无限延长的直线。射线常作为辅助线，绘制射线后按Esc键可退出绘制状态。

a. 执行方式

　　执行【射线】命令的方法如下。

➢　命令行：RAY。

➢　菜单栏：执行【绘图】|【射线】命令，如图3-35所示。

➢　功能区：在【默认】选项卡中，单击【绘图】面板中的【射线】按钮，如图3-36所示。

图3-35　选择命令

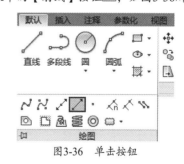

图3-36　单击按钮

b. 操作步骤

　　执行上述任意一种操作后，命令提示行及操作方法如下。

命令：_ray↙	//调用绘制【射线】命令
指定起点：	//在绘图区域拾取一点作为射线的起点
指定通过点：	//确定射线的方向

3.2.3 绘制构造线

构造线没有起点和终点，两端可以无限延长，常作为辅助线来使用。

a. 执行方式

执行【构造线】命令的方法如下。

- ➤ 命令行：XLINE或XL。
- ➤ 菜单栏：执行【绘图】|【构造线】命令，如图3-37所示。
- ➤ 工具栏：单击【绘图】工具栏中的【构造线】按钮。
- ➤ 功能区：在【默认】选项卡中，单击【绘图】面板中的【构造线】按钮，如图3-38所示。

图3-37 选择命令

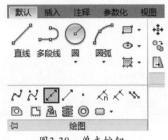

图3-38 单击按钮

b. 操作步骤

执行上述任意一项操作，即可调用【构造线】命令，命令行操作方法如下。

```
命令：XL↙                                        //调用【构造线】命令
XLINE
指定点或 [水平(H)/垂直(V)/角度(A)/二等分(B)/偏移(O)]：  //指定端点
指定通过点：                                       //指定通过点
```

c. 选项说明

执行【构造线】命令，各选项的含义如下。

- ➤ 水平（H）：可绘制水平构造线。
- ➤ 垂直（V）：可绘制垂直的构造线。
- ➤ 角度（A）：可按指定的角度创建一条构造线。
- ➤ 二等分（B）：可创建已知角的角平分线。使用该选项创建的构造线平分指定的两条线间的夹角，且通过该夹角的顶点。绘制角平分线时，系统要求用户依次指定已知角的顶点、起点及终点。
- ➤ 偏移（O）：可创建平行于另一个对象的平行线，这条平行线可以偏移一段距离与对象平行，也可以通过指定的点与对象平行。

【练习3-7】：绘制凉亭剖面辅助线

	介绍绘制凉亭剖面辅助线的方法，难度：☆
	素材文件路径：素材\第3章\3-7 绘制凉亭剖面辅助线.dwg
	效果文件路径：素材\第3章\3-7 绘制凉亭剖面辅助线-OK.dwg
	视频文件路径：视频\第3章\3-7 绘制凉亭剖面辅助线.MP4

下面介绍绘制凉亭剖面辅助线的操作步骤。

01 单击快速访问工具栏中的【打开】按钮 📂，打开"素材\第3章\3-7 绘制凉亭剖面辅助线.dwg"素材文件，如图3-39所示。

02 执行【绘图】|【构造线】命令，绘制辅助线，如图3-40所示，命令行操作方法如下。

```
命令：_xline↙                                    //调用【构造线】命令
指定点或 [水平(H)/垂直(V)/角度(A)/二等分(B)/偏移(O)]：  //拾取A点为构造线起点
指定通过点：                                       //指定构造线通过点B
```

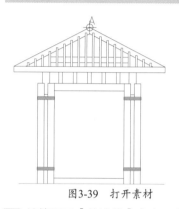

图3-39 打开素材

图3-40 绘制构造线

03 继续调用【构造线】命令，完成辅助线的绘制，结果如图3-41所示。

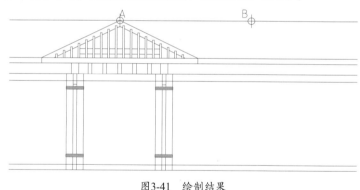

图3-41 绘制结果

3.2.4 绘制多段线

多段线是由等宽或不等宽的直线或圆弧等多条线段构成的特殊线段，这些线段所构成的图形是一个整体，可对其进行编辑。

a. 执行方式

执行【多段线】命令的方法如下。

➤ 命令行：PLINE或PL。

➤ 菜单栏：执行【绘图】|【多段线】命令，如图3-42所示。

➤ 工具栏：单击【绘图】工具栏中的【多段线】按钮 ⟫。

➤ 功能区：在【默认】选项卡中，单击【绘图】面板中的【多段线】按钮 ⟫，如图3-43所示。

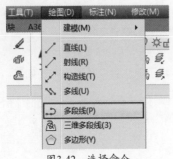

图3-42　选择命令

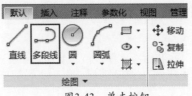

图3-43　单击按钮

b. 操作步骤

执行上述任意一项操作，即可调用【多段线】命令，命令行操作方法如下。

```
命令：PL↙                                        //调用【多段线】命令
PLINE
指定起点：                                        //指定起点
当前线宽为 0
指定下一个点或 [圆弧(A)/半宽(H)/长度(L)/放弃(U)/宽度(W)]：    //指定下一个点
```

c. 选项说明

【多段线】命令行主要选项介绍如下。

➢ 圆弧（A）：将以绘制圆弧的方式绘制多段线，其下的【半宽】、【长度】、【放弃】与【宽度】选项与主提示中的各选项含义相同。

➢ 半宽（H）：将指定多段线的半宽值，AutoCAD将提示用户输入多段线的起点半宽值与终点半宽值。

➢ 长度（L）：将定义下一条多段线的长度。AutoCAD将按照上一条线段的方向绘制这一条多段线。若上一段是圆弧，将绘制与此圆弧相切的线段。

➢ 放弃（U）：将取消上一次绘制的一段多段线。

➢ 宽度（W）：可以设置多段线宽度值。

【练习3-8】： 绘制游泳池轮廓线

	介绍绘制游泳池轮廓线的方法，难度：☆☆
	📁 素材文件路径：无
	◎ 效果文件路径：素材\第3章\3-8 绘制游泳池轮廓线-OK.dwg
	⬇ 视频文件路径：视频\第3章\3-8 绘制游泳池轮廓线.MP4

下面介绍绘制游泳池轮廓线的操作步骤。

01 单击快速访问工具栏中的【新建】按钮▢，新建空白文件。

02 执行【绘图】|【多段线】命令，绘制多段线，命令行操作方法如下。

```
命令：PLINE↙                                     //调用【多段线】命令
指定起点：                                        //在绘图区域指定起点
当前线宽为 0.0000
指定下一个点或 [圆弧(A)/半宽(H)/长度(L)/放弃(U)/宽度(W)]：782↙
                                                //输入下一点相对长度为782
```

指定下一点或 [圆弧(A)/闭合(C)/半宽(H)/长度(L)/放弃(U)/宽度(W)]：a☑
　　　　　　　　　　　　　　　　　　　　　　//选择【圆弧】选项

指定圆弧的端点或
[角度(A)/圆心(CE)/闭合(CL)/方向(D)/半宽(H)/直线(L)/半径(R)/第二个点(S)/放弃(U)/宽
度(W)]：a☑　　　　　　　　　　　　　　　//选择【角度】选项

指定包含角：180☑　　　　　　　　　　　　//输入角度为180

指定圆弧的端点或 [圆心(CE)/半径(R)]：r☑　//选择【半径】选项

指定圆弧的半径：870☑　　　　　　　　　　//输入圆弧半径为870

……　　　　　　　　　　　　　　　　　　　//重复操作步骤

03 重复操作步骤，完成规则泳池轮廓的绘制，如图3-44所示。

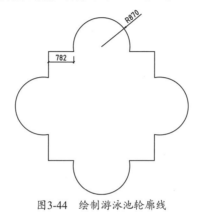

图3-44　绘制游泳池轮廓线

3.2.5　绘制多线

多线是一种由多条平行线组成的组合图形对象。它可以由1～16条平行直线组成，每一条直线都称为多线的一个元素。多线在实际工程设计中的应用非常广泛，如建筑平面图中绘制墙体，规划设计中绘制道路，管道工程设计中绘制管道剖面等。

1. 设置多线样式

系统默认的多线样式称为STANDARD样式，它由两条直线组成。在绘制多线前，通常会根据不同的需要对样式进行专门设置。

a. 执行方式

执行【多线样式】命令的方法如下。

➢ 命令行：MLSTYLE。

➢ 菜单栏：执行【格式】|【多线样式】命令，如图3-45所示。

图3-45　选择命令

【练习3-9】：设置道路多线样式

	介绍设置道路多线样式的方法，难度：☆☆
	素材文件路径：无
	效果文件路径：素材\第3章\3-9 设置道路多线样式-OK.dwg
	视频文件路径：视频\第3章\3-9 设置道路多线样式.MP4

下面介绍设置道路多线样式的操作步骤。

01 单击快速访问工具栏中的【新建】按钮，新建空白文件。

02 执行【格式】|【多线样式】命令，会弹出【多线样式】对话框，如图3-46所示。

图3-46 【多线样式】对话框

03 单击【新建】按钮，弹出【创建新的多线样式】对话框，新建名称为15000的多线样式，如图3-47所示。

04 单击【继续】按钮，系统进入【新建多线样式：15000】对话框，设置参数如图3-48所示。

05 单击【确定】按钮，返回【多线样式】对话框，在【样式】列表框中显示新建的多线样式，如图3-49所示。

图3-47 设置样式名称

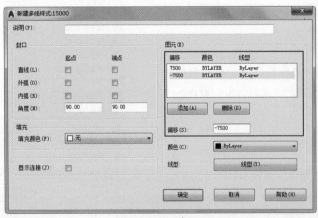

图3-48 设置参数

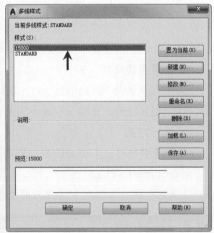

图3-49 查看创建结果

06 使用相同的方法，继续新建8000、6000多线样式，如图3-50和图3-51所示。

07 道路多线样式设置完成。

图3-50　设置参数　　　　　　　　　　　图3-51　指定参数

b. 选项说明

【新建多线样式: 15000】对话框中各选项的含义如下。

直线封口

➢ 封口: 设置多线的平行线段之间两端封口的样式。各封口样式如图3-52所示。

外弧封口

➢ 填充: 设置封闭的多线内的填充颜色, 选择【无】, 表示使用透明颜色填充。

内弧封口

➢ 显示连接: 显示或隐藏每条多线段顶点处的连接。

图3-52　封口样式

➢ 图元: 构成多线的元素, 通过单击【添加】按钮可以添加多线构成元素, 也可以通过单击【删除】按钮删除这些元素。

➢ 偏移: 设置多线元素从中线的偏移值, 值为正表示向上偏移, 值为负表示向下偏移。

➢ 颜色: 设置组成多线元素的直线线条颜色。

➢ 线型: 设置组成多线元素的直线线条线型。

2. 绘制多线

多线设置完成后, 就可以进行多线的绘制。

多线的绘制方法与直线的绘制方法相似, 不同的是多线由两条线型相同的平行线组成。绘制的每一条多线都是一个完整的整体, 不能对其进行偏移、倒角、延伸和剪切等编辑操作, 只能使用分解命令将其分解成多条直线后再编辑。

a. 执行方式

执行【多线】命令的方法如下。

➢ 命令行: MLINE或ML。

➢ 菜单栏: 执行【绘图】|【多线】命令, 如图3-53所示。

图3-53　选择命令

b. 操作步骤

执行上述任意一项操作, 即可调用【多线】命令, 命令行操作方法如下。

```
命令: ML↙                                    //调用【多线】命令
MLINE
当前设置: 对正 = 上, 比例 = 20.00, 样式 = STANDARD
指定起点或 [对正(J)/比例(S)/样式(ST)]:        //指定起点
指定下一点:
指定下一点或 [放弃(U)]:                        //在合适的位置按Enter键, 结束绘制
```

c.选项说明

在执行命令的过程中，命令行中各选项含义如下。

➤ 对正：输入J，选择【对正】选项，命令行操作方法如下：

```
命令：ML✓                                    //调用【多线】命令
MLINE
当前设置：对正 = 上，比例 = 20.00，样式 = STANDARD
指定起点或 [对正(J)/比例(S)/样式(ST)]：J✓         //选择【对正】选项
输入对正类型 [上(T)/无(Z)/下(B)] <上>：T✓         //选择【无】选项
当前设置：对正 = 上，比例 = 20.00，样式 = STANDARD
指定起点或 [对正(J)/比例(S)/样式(ST)]：
指定下一点：                                  //指定起点与下一点绘制多线
```

选择对正方式为【上】，光标停留在多线的左上角或者右上角。以光标所在的角点为基础，确定多线的对正效果。选择对正方式为【无】，光标停留在多线的中线位置。选择对正方式为【下】，光标停留在多线的左下角或者右下角，如图3-54所示。

选择【无】对正方式的情况比较多，用户根据绘图要求自由选择对正方式。

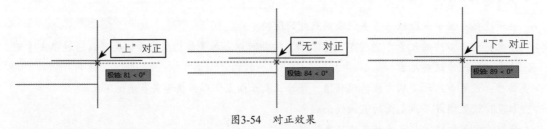

图3-54　对正效果

➤ 比例：输入S，选择【比例】选项，命令行操作方法如下。

```
命令：ML✓                                    //调用【多线】命令
MLINE
当前设置：对正 = 无，比例 = 20.00，样式 = STANDARD
指定起点或 [对正(J)/比例(S)/样式(ST)]：S✓         //选择【比例】选项
输入多线比例 <20.00>：200✓                      //输入比例
当前设置：对正 = 无，比例 = 200.00，样式 = STANDARD
指定起点或 [对正(J)/比例(S)/样式(ST)]：
指定下一点：
指定下一点或 [放弃(U)]：                        //指定起点与下一点，绘制多线
```

名称为STANDARD的多线样式是默认使用的多线样式，该样式的偏移距离分别是0.5、-0.5。在AutoCAD中，利用该样式所绘制的多线，宽度为1。

为了在绘制多线的过程中实时控制多线的宽度，需要利用【比例】选项。将比例设置为20，系统在宽度为1的基础上，将多线的宽度放大20倍，结果是所绘制的多线宽度为20。

以此类推，将比例设置为100，多线的宽度为100。将比例设置为200，多线的宽度为200，如图3-55所示。

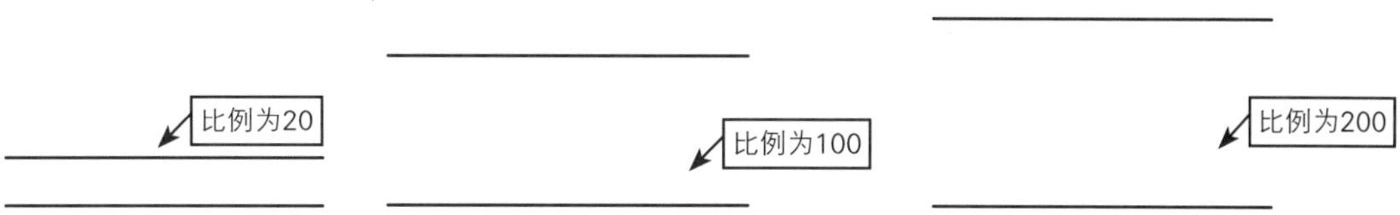

比例为20　　　　　　比例为100　　　　　　比例为200

图3-55　设置多线比例

➢ 样式：输入ST，选择【样式】选项，命令行提示如下。

```
命令：ML↙                                    //调用【多线】命令
MLINE
当前设置：对正 = 无，比例 =1，样式 = STANDARD
指定起点或 [对正(J)/比例(S)/样式(ST)]：ST↙    //选择【样式】选项
输入多线样式名或 [?]：6000↙                  //输入样式名称
当前设置：对正 = 无，比例 = 1，样式 = 6000
指定起点或 [对正(J)/比例(S)/样式(ST)]：
指定下一点：
指定下一点或 [放弃(U)]：                      //指定起点与下一点，绘制多线
```

STANDARD是默认使用的多线样式，如果需要调用其他已创建的多线样式，可以选择【样式】选项。除此之外，在【多线样式】对话框中，选择样式，单击【置为当前】按钮，也可将样式设置为当前正在使用的样式。

【练习3-10】：　绘制道路

介绍绘制道路的方法，难度：☆☆
📂 素材文件路径：素材\第3章\3-10 绘制道路.dwg
🔷 效果文件路径：素材\第3章\3-10 绘制道路-OK.dwg
⬇ 视频文件路径：视频\第3章\3-10 绘制道路.MP4

下面介绍绘制道路的操作步骤。

01 单击快速访问工具栏中的【打开】按钮📁，打开"素材\第3章\3-10 绘制道路.dwg"素材文件，如图3-56所示。

02 执行【格式】|【多线样式】命令，将名称为15000的多线样式设置为当前正在使用的样式。

03 执行【绘图】|【多线】命令，绘制一级道路，如图3-57所示，命令行操作方法如下。

```
命令：_ MLINE↙                               //调用【多线】命令
当前设置：对正 = 上，比例 = 1.00，样式 = 15000
指定起点或 [对正(J)/比例(S)/样式(ST)]：J↙    //选择【对正】选项
输入对正类型 [上(T)/无(Z)/下(B)] <上>：Z↙    //选择【无】选项
当前设置：对正 = 无，比例 = 1.00，样式 = 15000
指定起点或 [对正(J)/比例(S)/样式(ST)]：
指定下一点：                                  //根据轴线指定起点
指定下一点或 [放弃(U)]：                      //指定终点
```

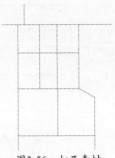 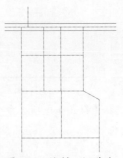

图3-56　打开素材　　　　　　　　图3-57　绘制一级道路

04 继续调用【多线】命令，完成主道路的绘制，效果如图3-58所示。

05 将名称为8000的多线样式置为当前，绘制次级道路，如图3-59所示。

06 将名称为6000的多线样式置为当前，完成次级道路的绘制，结果如图3-60所示。

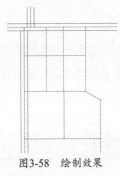 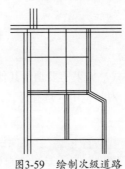 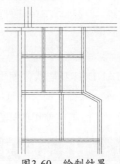

图3-58　绘制效果　　　　　图3-59　绘制次级道路　　　　图3-60　绘制结果

3. 编辑多线

多线绘制完成后，需要根据实际情况对多线进行编辑。除了可以使用【分解】等命令编辑多线以外，还可以在AutoCAD中自带的【多线编辑工具】对话框中编辑。

调用【多线编辑工具】对话框的方法如下。

➢ 命令行：MLEDIT。

➢ 菜单栏：执行【修改】|【对象】|【多线】命令，如图3-61所示。

执行以上命令，系统将自动弹出【多线编辑工具】对话框，如图3-62所示。根据图样选择适合的样式编辑多线。双击多线，也可以打开【多线编辑工具】对话框。

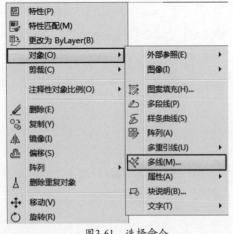 

图3-61　选择命令　　　　　　　　图3-62　【多线编辑工具】对话框

【T形闭合】、【T形打开】和【T形合并】的选择对象顺序应先选择T字的下半部分，再选择T字的上半部分，如图3-63所示。

图形相交结果   正确选择结果   错误选择结果

图3-63　选择顺序

【练习3-11】: 编辑多线	
	介绍绘制编辑多线的方法，难度：☆☆
	📄 素材文件路径：素材\第3章\3-10 绘制道路-OK.dwg
	⊗ 效果文件路径：素材\第3章\3-11 编辑多线-OK.dwg
	⬇ 视频文件路径：视频\第3章\3-11 编辑多线.MP4

下面介绍编辑多线的操作步骤。

01 单击快速访问工具栏中的【打开】按钮📂，打开"素材\第3章\3-10 绘制道路-OK.dwg"素材文件。

02 执行【修改】|【对象】|【多线】命令，在弹出的【多线编辑工具】对话框中单击【T形打开】按钮🖼，然后选择需要编辑的多线，编辑效果如图3-64所示。

03 在对话框中单击【十字打开】按钮╬，编辑多线的效果如图3-65所示。

04 单击【修改】工具栏中的【分解】按钮🗗，对上一步未能编辑的多线进行分解，命令行操作方法如下。

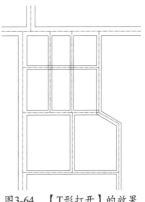

图3-64　【T形打开】的效果

```
命令: _explode↙                    //调用【分解】命令
选择对象: 找到 1 个                  //选择需要分解对象
选择对象: 找到 1 个,总计 2 个        //选择需要分解的对象
```

05 单击【修改】工具栏中的【修剪】按钮✂，修剪多余线段，效果如图3-66所示。命令行操作方法如下。

```
命令: _trim↙                       //调用【修剪】命令
当前设置:投影=UCS,边=无
选择剪切边...
选择对象或 <全部选择>:               //按空格键确定【全部选择】对象
选择要修剪的对象,或按住 Shift 键选择要延伸的对象,或
[栏选(F)/窗交(C)/投影(P)/边(E)/删除(R)/放弃(U)]:   //选择需要修剪的对象
```

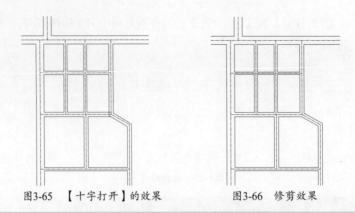

图3-65　【十字打开】的效果　　　　图3-66　修剪效果

说明

　　本实例中所涉及的【分解】命令、【修剪】命令，是图形编辑部分将要详细讲解的内容，这里就不再赘述了。

3.2.6　绘制样条曲线

　　样条曲线是经过或接近一系列给定点的平滑曲线，它能够自由编辑，可以控制曲线与点的拟合程度。在景观设计中，常用此命令来绘制水体、流线型的园路及模纹等。

　　a. 执行方式

　　执行【样条曲线】命令的方法如下。

➤　命令行：SPLINE或SPL。

➤　工具栏：单击【绘图】工具栏中的【样条曲线】按钮∿。

➤　菜单栏：执行【绘图】|【样条曲线】|【拟合点】或【控制点】命令，如图3-67所示。

➤　功能区：在【默认】选项卡中，单击【绘图】面板中的【样条曲线拟合】按钮∿或【样条曲线控制点】按钮∿，如图3-68所示。

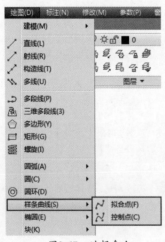

图3-67　选择命令

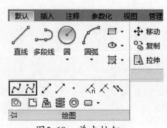

图3-68　单击按钮

　　b. 操作步骤

　　执行上述任意一项操作，即可调用【样条曲线】命令，命令行操作方法如下。

```
命令: SPL↙                                            //调用【样条曲线】命令
SPLINE
当前设置: 方式=拟合  节点=弦
指定第一个点或 [方式(M)/节点(K)/对象(O)]:
输入下一个点或 [起点切向(T)/公差(L)]:
输入下一个点或 [端点相切(T)/公差(L)/放弃(U)]:
输入下一个点或 [端点相切(T)/公差(L)/放弃(U)/闭合(C)]:    //指定起点与下一个点,绘制样条曲线
```

c. 选项说明

命令行主要选项介绍如下。

➢ 端点相切: 指定在样条曲线终点的相切条件。

➢ 公差: 指定样条曲线可以偏离指定拟合点的距离。公差值0(零)要求生成的样条曲线直接通过拟合点。公差值适用于所有拟合点(拟合点的起点和终点除外),始终具有为 0(零)的公差。

➢ 节点: 用来确定样条曲线中连续拟合点之间的零部件曲线如何过渡。

➢ 对象: 将二维或三维的二次或三次样条曲线拟合多段线转换成等效的样条曲线。根据DELOBJ系统变量的设置,保留或放弃原多段线。

➢ 控制点: 通过移动控制点调整样条曲线的形状,通常可以提供比移动拟合点更好的效果。

➢ 拟合点: 样条曲线必须经过拟合点来创建样条曲线,拟合点不在样条曲线上。

➢ 起点切向: 定义样条曲线的起点和结束点的切线方向。

【练习3-12】: 绘制灌木造型轮廓线

介绍绘制灌木造型轮廓线的方法,难度: ☆
📁 素材文件路径: 素材\第3章\3-12 绘制灌木造型轮廓线.dwg
💿 效果文件路径: 素材\第3章\3-12 绘制灌木造型轮廓线-OK.dwg
📥 视频文件路径: 视频\第3章\3-12 绘制灌木造型轮廓线.MP4

下面介绍绘制灌木造型轮廓线的操作步骤。

01 单击快速访问工具栏中的【打开】按钮🖼,打开"素材\第3章\3-12 绘制灌木造型轮廓线.dwg"素材文件,如图3-69所示。

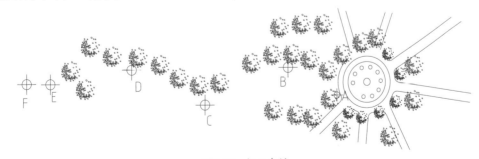

图3-69 打开素材

02 执行【绘图】|【样条曲线】|【拟合点】命令,绘制样条曲线,如图3-70所示。命令行操作方法如下。

命令: SPL ✓   //调用【样条曲线】命令
SPLINE
当前设置: 方式=拟合   节点=弦
指定第一个点或 [方式(M)/节点(K)/对象(O)]:
忽略倾斜、不按统一比例缩放的对象。
输入下一个点或 [起点切向(T)/公差(L)]:
忽略倾斜、不按统一比例缩放的对象。
输入下一个点或[端点相切(T)/公差(L)/放弃(U)]: <对象捕捉 关> <三维对象捕捉关> <极轴 关>
                                                                //指定A点为第一点
输入下一个点或 [端点相切(T)/公差(L)/放弃(U)/闭合(C)]:   //指点B点为第二点
输入下一个点或 [端点相切(T)/公差(L)/放弃(U)/闭合(C)]:   //指定C点为第三点
输入下一个点或 [端点相切(T)/公差(L)/放弃(U)/闭合(C)]:   //指定D点为第四点
输入下一个点或 [端点相切(T)/公差(L)/放弃(U)/闭合(C)]:   //指定E点为第五点
输入下一个点或 [端点相切(T)/公差(L)/放弃(U)/闭合(C)]:   //指定F点为第六点
输入下一个点或 [端点相切(T)/公差(L)/放弃(U)/闭合(C)]:   //按空格键退出命令

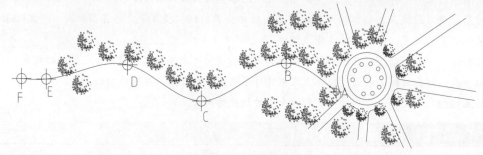

图3-70   绘制样条曲线

03 继续执行【样条曲线】命令,完成轮廓绘制,结果如图3-71所示。

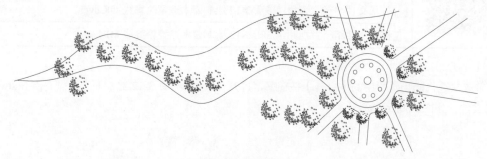

图3-71   绘制结果

3.2.7 绘制修订云线

修订云线是一类特殊的线条,它的形状类似于云朵,主要用于突出显示图纸中已修改的部分,在园林绘图中常用于绘制灌木。

a. 执行方式

执行【修订云线】命令的方法如下。

➤ 命令行: REVCLOUD。

➢ 菜单栏：执行【绘图】|【修订云线】命令，如图3-72所示。

➢ 工具栏：单击【绘图】工具栏中的【修订云线】按钮❀。

➢ 功能区：在【默认】选项卡中，单击【绘图】面板中的【修订云线】按钮❀，如图3-73所示。

图3-72 选择命令　　　　　　　　　　图3-73 单击按钮

b. 操作步骤

执行上述任意一项操作，即可调用【修订云线】命令，命令行操作方法如下。

```
命令：_revcloud↙                              //调用【修订云线】命令
最小弧长：150 最大弧长：200 样式：普通 类型：徒手画
指定第一个点或[弧长(A)/对象(O)/矩形(R)/多边形(P)/徒手画(F)/样式(S)/修改(M)]<对象>：_P↙
                                              //选择【多边形】选项
最小弧长：150 最大弧长：200 样式：普通 类型：多边形
指定起点或 [弧长(A)/对象(O)/矩形(R)/多边形(P)/徒手画(F)/样式(S)/修改(M)] <对象>：
指定下一点：
指定下一点或 [放弃(U)]：                        //指定起点、下一点，绘制修订云线
```

通过执行命令，可以创建三种不同样式的修订云线，分别是矩形、多边形以及徒手画，如图3-74所示。

矩形　　　　　　　　　　　　　多边形　　　　　　　　　　　　徒手画

图3-74 绘制修订云线

c. 选项说明

命令行主要选项含义如下。

➢ 弧长：指定修订云线的弧长，选择该选项后需要指定最小弧长与最大弧长，其中最大弧长不能超过最小弧长的3倍。

➢ 对象：指定要转换为修订云线的单个闭合对象。

➢ 矩形：指定对角点，绘制矩形修订云线。

➢ 多边形：指定起点、下一点，绘制任意形状的修订云线。

➢ 徒手画：输入F，选择选项，命令行操作方法如下。

命令： REVCLOUD✓ //调用【修订云线】命令
最小弧长：150 最大弧长：200 样式：普通 类型：多边形
指定起点或[弧长(A)/对象(O)/矩形(R)/多边形(P)/徒手画(F)/样式(S)/修改(M)] <对象>：f✓
//选择【徒手画】选项
最小弧长：150 最大弧长：200 样式：普通 类型：徒手画
指定第一个点或 [弧长(A)/对象(O)/矩形(R)/多边形(P)/徒手画(F)/样式(S)/修改(M)] <对象>：
沿云线路径引导十字光标... //移动光标，绘制修订云线
修订云线完成。

➢ 样式：用于选择修订云线的样式。选择该选项后，命令操作方法如下。

命令： REVCLOUD✓ //调用【修订云线】命令
最小弧长：150 最大弧长：200 样式：普通 类型：徒手画
指定第一个点或 [弧长(A)/对象(O)/矩形(R)/多边形(P)/徒手画(F)/样式(S)/修改(M)] <对象>：S✓
//选择【样式】选项
选择圆弧样式 [普通(N)/手绘(C)] <普通>：C✓ //选择【手绘】选项
手绘
指定第一个点或 [弧长(A)/对象(O)/矩形(R)/多边形(P)/徒手画(F)/样式(S)/修改(M)] <对象>：
沿云线路径引导十字光标...
修订云线完成。 //移动光标，指定路径，绘制修订云线

选择【普通】样式绘制修订云线，绘制效果以细实线显示，如图3-75所示。选择【手绘】样式绘制修订云线，绘制效果以粗实线显示，如图3-76所示。

图3-75 【普通】样式

图3-76 【手绘】样式

➢ 修改：选择选项，可以在多段线的基础上执行修改操作，命令行操作方法如下。

命令： _revcloud✓ //调用【修订云线】命令
最小弧长：150 最大弧长：200 样式：普通 类型：矩形
指定第一个角点或 [弧长(A)/对象(O)/矩形(R)/多边形(P)/徒手画(F)/样式(S)/修改(M)] <对象>：_R✓
//选择【矩形】选项
指定第一个角点或 [弧长(A)/对象(O)/矩形(R)/多边形(P)/徒手画(F)/样式(S)/修改(M)] <对象>：M✓
//选择【修改】选项
选择要修改的多段线： //选择多段线
指定下一个点或 [第一个点(F)]： //指定点
拾取要删除的边： //选择边
反转方向 [是(Y)/否(N)] <否>：Y✓ //选择方向

执行上述操作，可在多段线的基础上绘制修订云线，并且可将多余的部分删除，操作过程如图3-77和图3-78所示。

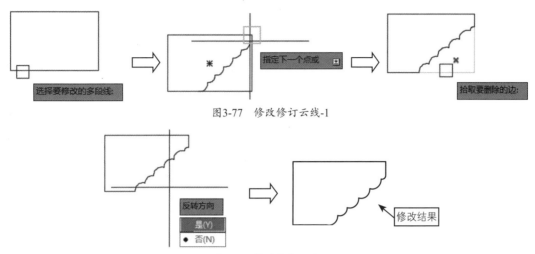

图3-77　修改修订云线-1

图3-78　修改修订云线-2

【练习3-13】：绘制灌木丛

介绍绘制灌木丛的方法，难度：☆☆	
素材文件路径：素材\第3章\3-13 绘制灌木丛.dwg	
效果文件路径：素材\第3章\3-13 绘制灌木丛-OK.dwg	
视频文件路径：视频\第3章\3-13 绘制灌木丛.MP4	

下面介绍绘制灌木丛的操作步骤。

01 单击快速访问工具栏中的【打开】按钮，打开"素材\第3章\3-13 绘制灌木丛..dwg"素材文件，如图3-79所示。

02 执行【绘图】|【修订云线】命令，绘制灌木丛，如图3-80所示，命令行操作方法如下。

```
命令：_revcloud↙                                          //调用【修订云线】命令
最小弧长：150  最大弧长：200  样式：普通  类型：徒手画
指定第一个点或 [弧长(A)/对象(O)/矩形(R)/多边形(P)/徒手画(F)/样式(S)/修改(M)] <对象>：_F↙
                                                         //选择【徒手画】选项
指定第一个点或[弧长(A)/对象(O)/矩形(R)/多边形(P)/徒手画(F)/样式(S)/修改(M)] <对象>：A↙
                                                         //选择【弧长】选项
指定最小弧长 <150>：1↙                                     //输入参数
指定最大弧长 <1>：2↙                                       //输入参数
指定第一个点或 [弧长(A)/对象(O)/矩形(R)/多边形(P)/徒手画(F)/样式(S)/修改(M)] <对象>：
沿云线路径引导十字光标...
修订云线完成。                                              //移动光标，指定路径，绘制修订云线
```

图3-79　打开素材

图3-80　绘制灌木丛

3.3 绘制几何图形

多边形图形包括矩形、正多边形、圆和椭圆等，此类图形也是在绘图过程中使用较多的一类图形，下面逐一讲解这些多边形的绘制方法。

3.3.1 绘制矩形

矩形就是通常所说的长方形，是通过输入矩形的任意两个对角点位置确定的。在AutoCAD中绘制矩形可以同时为其设置倒角、圆角，以及宽度和厚度值。

a. 执行方式

执行【矩形】命令的方法如下。

➤ 命令行：RECTANG或REC。

➤ 工具栏：单击【绘图】工具栏中的【矩形】按钮口。

➤ 菜单栏：执行【绘图】|【矩形】命令，如图3-81所示。

➤ 功能区：在【默认】选项卡中，单击【绘图】面板中的【矩形】按钮口，如图3-82所示。

图3-81 选择命令

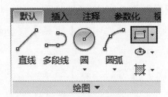

图3-82 单击按钮

b. 操作步骤

执行上述任意一项操作，即可调用【矩形】命令，命令行操作方法如下。

```
命令：REC↙                                    //调用【矩形】命令
RECTANG
指定第一个角点或 [倒角(C)/标高(E)/圆角(F)/厚度(T)/宽度(W)]：
指定另一个角点或 [面积(A)/尺寸(D)/旋转(R)]：        //指定对角点，绘制矩形
```

c. 选项说明

命令行各选项介绍如下。

➤ 倒角：用来绘制倒角矩形，选择该选项后可指定矩形的倒角距离。设置该选项后，执行矩形命令时此值成为当前的默认值，若不需设置倒角，则要再次将其设置为0。命令行操作方法如下。

```
命令：REC↙                                    //调用【矩形】命令
RECTANG
指定第一个角点或 [倒角(C)/标高(E)/圆角(F)/厚度(T)/宽度(W)]：C↙
```

```
                                                    //选择【倒角】选项
指定矩形的第一个倒角距离 <0>: 100↙              //输入距离参数
指定矩形的第二个倒角距离 <100>:                 //按Enter键
指定第一个角点或 [倒角(C)/标高(E)/圆角(F)/厚度(T)/宽度(W)]:
指定另一个角点或 [面积(A)/尺寸(D)/旋转(R)]:       //指定对角点,创建矩形
```

执行上述操作,即可创建倒角矩形,如图3-83所示。

➢ 圆角:用来绘制圆角矩形。选择该选项后可指定矩形的圆角半径。命令行操作方法如下。

```
命令: REC↙                                     //调用【矩形】命令
RECTANG
指定第一个角点或 [倒角(C)/标高(E)/圆角(F)/厚度(T)/宽度(W)]: F↙
                                                //选择【圆角】选项
指定矩形的圆角半径 <0>: 100↙                   //指定半径值
指定第一个角点或 [倒角(C)/标高(E)/圆角(F)/厚度(T)/宽度(W)]:
指定另一个角点或 [面积(A)/尺寸(D)/旋转(R)]:       //指定对角点,绘制矩形
```

执行上述操作,即可绘制圆角矩形,如图3-84所示。

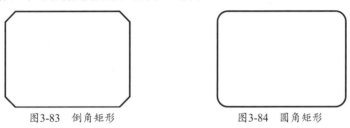

图3-83　倒角矩形　　　　　　　　图3-84　圆角矩形

➢ 标高:在命令行中输入标高值,指定矩形的标高。命令行操作方法如下。

```
命令: REC↙                                     //调用【矩形】命令
RECTANG
指定第一个角点或 [倒角(C)/标高(E)/圆角(F)/厚度(T)/宽度(W)]: E↙
                                                //选择【标高】选项
指定矩形的标高 <0>: 500↙                       //输入标高值
指定第一个角点或 [倒角(C)/标高(E)/圆角(F)/厚度(T)/宽度(W)]:
指定另一个角点或 [面积(A)/尺寸(D)/旋转(R)]:       //指定对角点,绘制矩形
```

➢ 厚度:选择选项,重新定义矩形的厚度,需要切换至三维视图查看创建效果。命令行提示
如下。

```
命令: REC↙                                     //调用【矩形】命令
RECTANG
指定第一个角点或 [倒角(C)/标高(E)/圆角(F)/厚度(T)/宽度(W)]: T↙
                                                //选择【厚度】选项
指定矩形的厚度 <0>: 500↙                       //输入厚度值
指定第一个角点或 [倒角(C)/标高(E)/圆角(F)/厚度(T)/宽度(W)]:
指定另一个角点或 [面积(A)/尺寸(D)/旋转(R)]:       //指定对角点,绘制矩形
```

执行上述操作,即可绘制带厚度的矩形。切换至三维视图查看矩形,如图3-85所示。

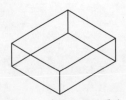

图3-85 修改矩形的厚度

➢ 宽度：用来绘制有宽度的矩形，该选项为要绘制的矩形指定多段线的宽度。命令行操作方法如下。

```
命令：REC↙                              //调用【矩形】命令
RECTANG
指定第一个角点或 [倒角(C)/标高(E)/圆角(F)/厚度(T)/宽度(W)]：W↙
                                        //选择【宽度】选项
指定矩形的线宽 <0>：50↙                 //输入宽度值
指定第一个角点或 [倒角(C)/标高(E)/圆角(F)/厚度(T)/宽度(W)]：
指定另一个角点或 [面积(A)/尺寸(D)/旋转(R)]：   //指定对角点，绘制矩形
```

执行上述操作，即可修改矩形的线宽，绘制矩形的效果如图3-86所示。

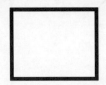

图3-86 指定矩形的线宽

➢ 面积：该选项提供另一种绘制矩形的方式，即通过确定矩形面积大小的方式绘制矩形。
➢ 尺寸：该选项通过输入矩形的长和宽确定矩形的大小。
➢ 旋转：选择该选项，可以指定绘制矩形的旋转角度。

【练习3-14】： 绘制休息坐凳

介绍绘制休息坐凳的方法，难度：☆
素材文件路径：无
效果文件路径：素材\第3章\3-14 绘制休息坐凳-OK.dwg
视频文件路径：视频\第3章\3-14 绘制休息坐凳.MP4

下面介绍绘制休息坐凳的操作步骤。

01 单击快速访问工具栏中的【新建】按钮，新建空白文件。

02 执行【绘图】|【矩形】命令，绘制尺寸1200×100的矩形，命令行操作方法如下。

```
命令：_rectang↙                         //调用【矩形】命令
指定第一个角点或 [倒角(C)/标高(E)/圆角(F)/厚度(T)/宽度(W)]：
                                        //在绘图区中任意指定一点
指定另一个角点或 [面积(A)/尺寸(D)/旋转(R)]：d↙   //选择【尺寸】选项
指定矩形的长度 <10.0000>：1200↙         //输入矩形长度为1200
指定矩形的宽度 <10.0000>：100↙          //输入矩形宽度为100
指定另一个角点或 [面积(A)/尺寸(D)/旋转(R)]：   //单击鼠标左键，退出命令
```

03 在上一步绘制的矩形正下方50位置，绘制同等大小的矩形，如图3-87所示。

04 重复执行【矩形】命令，绘制其他矩形，结果如图3-88所示。

图3-87　绘制矩形　　　　　　　　　　　图3-88　绘制结果

3.3.2　绘制正多边形

正多边形是由三条或三条以上长度相等的线段首尾相接形成的闭合图形，其边数范围为3～1024。

a. 执行方式

执行【多边形】命令的方法如下。

➢ 命令行：POLYGON或POL。

➢ 菜单栏：执行【绘图】|【多边形】命令，如图3-89所示。

➢ 工具栏：单击【绘图】工具栏中的【多边形】按钮◯。

➢ 功能区：在【默认】选项卡中，单击【绘图】面板中的【多边形】按钮⬠多边形，如图3-90所示。

图3-89　选择命令　　　　　　　　图3-90　单击按钮

b. 操作步骤

执行上述任意一项操作，即可调用【多边形】命令，命令行操作方法如下。

```
命令：_polygon ↙                              //调用【多边形】命令
输入侧面数 <4>：5↙                            //输入侧面数
指定正多边形的中心点或 [边(E)]：              //指定中心
输入选项 [内接于圆(I)/外切于圆(C)] <I>：I↙    //选择【内接于圆】选项
指定圆的半径：500↙                            //输入半径值，按Enter键，创建五边形
```

c. 选项说明

其各选项含义如下。

➢ 中心点：通过指定中心点创建正多边形。

➢ 内接于圆：表示以指定正多边形内接圆半径的方式来绘制正多边形，如图3-91所示。

➢ 外切于圆：表示以指定正多边形外切圆半径的方式来绘制正多边形，如图3-92所示。

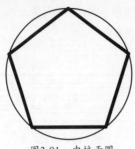
图3-91　内接于圆

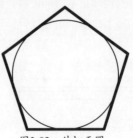
图3-92　外切于圆

> 边：通过指定边的方式来绘制正多边形。该方式将通过边的数量和长度确定正多边形。

【练习3-15】：绘制六角亭平面图

介绍绘制六角亭平面图的方法，难度：☆
素材文件路径：无
效果文件路径：素材\第3章\3-15 绘制六角亭平面图-OK.dwg
视频文件路径：视频\第3章\3-15 绘制六角亭平面图.MP4

下面介绍绘制六角亭平面图的操作步骤。

01 单击快速访问工具栏中的【新建】按钮□，新建空白文件。

02 执行【绘图】|【多边形】命令，绘制正六边形，如图3-93所示，命令行操作方法如下。

```
命令：_polygon ↙
输入侧面数 <5>：6↙                    //调用【多边形】命令，输入侧面数为6
指定正多边形的中心点或 [边(E)]：      //在绘图区域任意位置指定一点
输入选项 [内接于圆(I)/外切于圆(C)] <I>：i↙   //选择【内接于圆】选项
指定圆的半径：2000↙                  //指定半径
```

03 执行【绘图】|【直线】命令，绘制对角线，表示六角亭棱线，效果如图3-94所示。

图3-93　绘制多边形

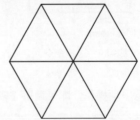
图3-94　绘制效果

3.3.3　绘制圆和圆弧

1. 绘制圆

调用【圆】命令，指定圆心的位置，输入半径值，即可创建圆形。

a. 执行方式

执行【圆】命令的方法如下。

> 命令行：CIRCLE或C。

- ➢ 菜单栏：执行【绘图】|【圆】命令，如图3-95所示。
- ➢ 工具栏：单击【绘图】工具栏中的【圆】按钮⊙。
- ➢ 功能区：在【默认】选项卡中，单击【绘图】面板中的【圆】按钮⊙，如图3-96所示。

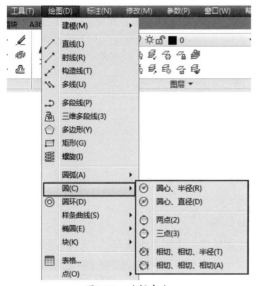

图3-95 选择命令

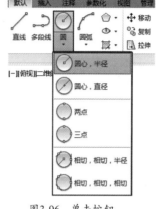

图3-96 单击按钮

b. 操作步骤

执行上述任意一项操作，即可调用【圆】命令，命令行提示如下。

```
命令：C↙                                                    //调用【圆】命令
CIRCLE
指定圆的圆心或 [三点(3P)/两点(2P)/切点、切点、半径(T)]：     //指定圆心
指定圆的半径或 [直径(D)] <590>：350↙                          //输入半径值
```

c. 选项说明

菜单栏的【绘图】|【圆】命令中提供了6种绘制圆的子命令，绘制方式如图3-97所示。各子命令的含义如下。

- ➢ 圆心、半径：用圆心和半径方式绘制圆。
- ➢ 圆心、直径：用圆心和直径方式绘制圆。
- ➢ 三点：通过3点绘制圆，系统会提示指定第一点、第二点和第三点。
- ➢ 两点：通过两个点绘制圆，系统会提示指定圆直径的第一端点和第二端点。
- ➢ 相切、相切、半径：通过两个其他对象的切点和输入半径值来绘制圆。系统会提示指定圆的第一切线和第二切线上的点及圆的半径。
- ➢ 相切、相切、相切：通过3条切线绘制圆。

图3-97 圆的绘制方式

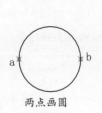

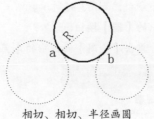

两点画圆　　　　　相切、相切、半径画圆　　　　　相切、相切、相切画圆

图3-97　圆的绘制方式（续）

2. 绘制圆弧

调用【圆弧】命令，指定三点创建圆弧。

a. 执行方式

执行【圆弧】命令的方法如下。

➤ 命令行：ARC或A。

➤ 菜单栏：执行【绘图】|【圆弧】命令，如图3-98所示。

➤ 工具栏：单击【绘图】工具栏中的【圆弧】按钮。

➤ 功能区：在【默认】选项卡中，单击【绘图】面板中的【圆弧】按钮，如图3-99所示。

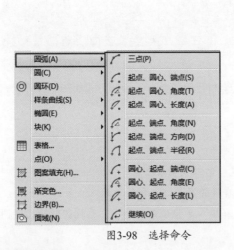

图3-98　选择命令

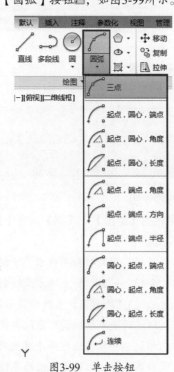

图3-99　单击按钮

b. 操作步骤

执行上述任意一项操作，即可调用【圆弧】命令。命令行提示如下。

```
命令：_arc↙                                           //调用【圆弧】命令
指定圆弧的起点或 [圆心(C)]：
指定圆弧的第二个点或 [圆心(C)/端点(E)]：
指定圆弧的端点：                                       //指定三点，创建圆弧
```

c. 选项说明

在菜单栏中执行【绘图】 | 【圆弧】命令，在列表中提供了11种绘制圆弧的子命令，部分绘制方式如图3-100所示。各子命令的含义如下。

➤ 三点：通过指定圆弧上的三点绘制圆弧，需要指定圆弧的起点、通过的第二个点和端点。

➤ 起点、圆心、端点：通过指定圆弧的起点、圆心、端点绘制圆弧。

➤ 起点、圆心、角度：通过指定圆弧的起点、圆心、包含角绘制圆弧。执行此命令时会出现【指定包含角：】的提示，在输入角度时，如果当前环境设置逆时针方向为角度正方向，且输入正的角度值，则绘制的圆弧是从起点绕圆心沿逆时针方向绘制，反之则沿顺时针方向绘制。

➤ 起点、圆心、长度：通过指定圆弧的起点、圆心、弦长绘制圆弧。另外，在命令行提示的【指定弦长：】提示信息下，如果所输入的值为负，则该值的绝对值将作为对应整圆的空缺部分圆弧的弦长。

➤ 起点、端点、角度：通过指定圆弧的起点、端点、包含角绘制圆弧。

➤ 起点、端点、方向：通过指定圆弧的起点、端点和圆弧的起点切向绘制圆弧。命令执行过程中会出现【指定圆弧的起点切向：】提示信息，此时拖动鼠标可动态地确定圆弧在起始点处的切线方向与水平方向的夹角。拖动鼠标时，AutoCAD会在当前光标与圆弧起始点之间形成一条线，即为圆弧在起始点处的切线。确定切线方向后，单击拾取点即可得到相应的圆弧。

➤ 起点、端点、半径：通过指定圆弧的起点、端点和圆弧半径绘制圆弧。

➤ 圆心、起点、端点：以圆弧的圆心、起点、端点方式绘制圆弧。

➤ 圆心、起点、角度：以圆弧的圆心、起点、圆心角方式绘制圆弧。

➤ 圆心、起点、长度：以圆弧的圆心、起点、弦长方式绘制圆弧。

➤ 继续：绘制其他直线或非封闭曲线后选择【绘图】|【圆弧】|【继续】命令，系统将自动以刚才绘制的对象的终点作为即将绘制的圆弧的起点。

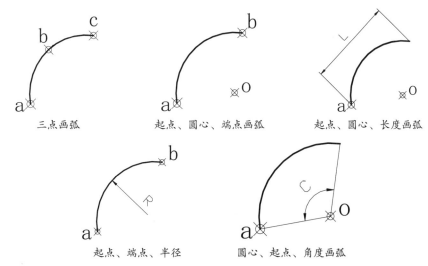

图3-100　圆弧的绘制方式

【练习3-16】： 绘制圆弧平台

	介绍绘制圆弧平台的方法，难度：☆
	素材文件路径：素材\第3章\3-16 绘制圆弧平台.dwg
	效果文件路径：素材\第3章\3-16 绘制圆弧平台-OK.dwg
	视频文件路径：视频\第3章\3-16 绘制圆弧平台.MP4

下面介绍绘制圆弧平台的操作步骤。

01 单击快速访问工具栏中的【打开】按钮，打开 "素材\第3章\3-16 绘制圆弧平台.dwg" 素材文件，如图3-101所示。

02 单击【绘图】工具栏中的【圆弧】按钮，绘制平台，如图3-102所示，命令行操作方法如下。

```
命令：ARC✓                                          //调用【圆弧】命令
圆弧创建方向：逆时针(按住 Ctrl 键可切换方向)。
指定圆弧的起点或 [圆心(C)]：                         //指定A点为起点
指定圆弧的第二个点或 [圆心(C)/端点(E)]：e✓           //输入E
指定圆弧的端点：                                      //指定B点为端点
指定圆弧的圆心或 [角度(A)/方向(D)/半径(R)]：a 指定包含角：219✓
                                                   //选择A选项，输入角度为219°
```

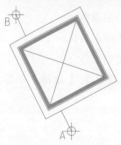

图3-101　打开素材

图3-102　绘制圆弧

技巧提示

当需要确定圆弧方向时，可以按住Ctrl键，根据光标方向进行切换。

3.3.4 椭圆

1. 绘制椭圆

椭圆是平面上到定点距离与到指定直线间距离之比为常数的所有点的集合。

a. 执行方式

执行【椭圆】命令的方法如下。

➤ 命令行：ELLIPSE或EL。

➤ 菜单栏：执行【绘图】|【椭圆】命令，如图3-103所示。

➤ 工具栏：单击【绘图】工具栏中的【椭圆】按钮。

➤ 功能区：在【默认】选项卡中，单击【绘图】面板中的【椭圆】按钮，如图3-104所示。

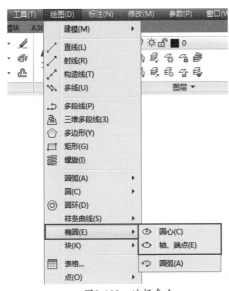

图3-103　选择命令

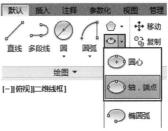

图3-104　单击按钮

b. 操作步骤

执行上述任意一项操作，即可调用【椭圆】命令，绘制椭圆的过程如图3-105所示。命令行操作方法如下。

```
命令: _ellipse↙                          //调用【椭圆】命令
指定椭圆的轴端点或 [圆弧(A)/中心点(C)]:   //指定起点
指定轴的另一个端点:                        //指定端点
指定另一条半轴长度或 [旋转(R)]:           //指定半轴长度
```

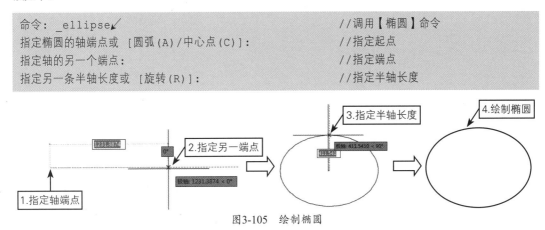

图3-105　绘制椭圆

c. 延伸讲解

在AutoCAD中，绘制椭圆有两种方法，即指定端点和指定中心点。

➢ 指定端点：选择菜单栏中的【绘图】|【椭圆】|【轴、端点】命令，或在命令行中执行 ELLIPSE / EL命令，根据命令行提示绘制椭圆。

➢ 指定中点：选择菜单栏中的【绘图】|【椭圆】|【圆心】命令，或在命令行中执行ELLIPSE / EL命令，根据命令行提示绘制椭圆。命令行操作方法如下。

```
命令: _ellipse↙                              //调用【椭圆】命令
指定椭圆的轴端点或 [圆弧(A)/中心点(C)]: _c↙  //选择【中心点】选项
指定椭圆的中心点:                            //指定中心点位置
指定轴的端点:                                //指定轴端点与半轴长度，绘制椭圆
指定另一条半轴长度或 [旋转(R)]:
```

【练习3-17】: 绘制喷泉广场轮廓

介绍绘制喷泉广场轮廓的方法,难度: ☆
素材文件路径: 素材\第3章\3-17 绘制喷泉广场轮廓.dwg
效果文件路径: 素材\第3章\3-17 绘制喷泉广场轮廓-OK.dwg
视频文件路径: 视频\第3章\3-17 绘制喷泉广场轮廓.MP4

下面介绍绘制喷泉广场轮廓的操作步骤。

01 单击快速访问工具栏中的【打开】按钮 ,打开"素材\第3章\3-17 绘制喷泉广场轮廓.dwg"素材文件,如图3-106所示。

02 执行【绘图】|【椭圆】命令,绘制轮廓,如图3-107所示。命令行操作方法如下。

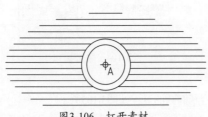

图3-106 打开素材

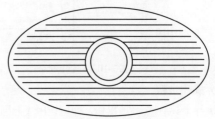

图3-107 绘制椭圆

```
命令: EL↙                                    //调用【椭圆】命令
ELLIPSE
指定椭圆的轴端点或 [圆弧(A)/中心点(C)]: C↙    //选择【中心点】选项
指定椭圆的中心点:                             //指定圆心A为椭圆中心点
指定轴的端点: 11420↙                         //开启正交功能,输入端点距离为11420
指定另一条半轴长度或 [旋转(R)]: 6000↙        //输入另一条半轴长度为6000
```

03 在命令行中输入O,调用【偏移】命令,设置偏移距离为600,选择椭圆向内偏移,绘制结果如图3-108所示。

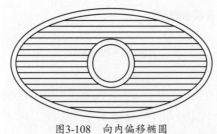

图3-108 向内偏移椭圆

2. 绘制椭圆弧

椭圆弧是椭圆的一部分,和椭圆不同的是,它的起点和终点没有闭合。

a. 执行方式

执行【椭圆弧】命令的方法如下。

➢ 命令行: ELLIPSE或EL。

➢ 菜单栏: 执行【绘图】|【椭圆】|【圆弧】命令,如图3-109所示。

➢ 工具栏: 单击【绘图】工具栏中的【椭圆弧】按钮 。

➢ 功能区: 在【默认】选项卡中,单击【绘图】面板中的【椭圆弧】按钮 ,如图3-110

所示。

图3-109　选择命令

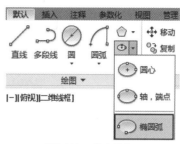

图3-110　单击按钮

b. 操作步骤

执行上述任意一项操作，即可调用【椭圆弧】命令，命令行操作方法如下。

```
命令: _ellipse✓                              //调用命令
指定椭圆的轴端点或 [圆弧(A)/中心点(C)]: _a✓    //选择【圆弧】选项
指定椭圆弧的轴端点或 [中心点(C)]:
指定轴的另一个端点:                            //指定长轴的两个端点
指定另一条半轴长度或 [旋转(R)]:               //指定半轴长度
指定起点角度或 [参数(P)]:
指定端点角度或 [参数(P)/夹角(I)]:            //指定起点与端点角度，绘制椭圆弧
```

【练习3-18】：绘制广场轮廓

	介绍绘制广场轮廓的方法，难度：☆
	素材文件路径：素材\第3章\3-18 绘制广场轮廓.dwg
	效果文件路径：素材\第3章\3-18 绘制广场轮廓-OK.dwg
	视频文件路径：视频\第3章\3-18 绘制广场轮廓.MP4

下面介绍绘制广场轮廓的方法。

01 单击快速访问工具栏中的【打开】按钮，打开"素材\第3章\3-18 绘制广场轮廓"素材文件，如图3-111所示。

02 单击【绘图】工具栏中的【椭圆弧】按钮，绘制椭圆弧。命令行操作方法如下。

```
命令: _ellipse✓
指定椭圆的轴端点或 [圆弧(A)/中心点(C)]: _a✓    //调用【椭圆弧】命令
指定椭圆弧的轴端点或 [中心点(C)]:              //指定A点为轴端点
指定轴的另一个端点:                            //指定B点为另一个端点
指定另一条半轴长度或 [旋转(R)]: 3816✓         //输入半轴长度为3816
```

指定起点角度或 [参数(P)]:	//指定C点为起点角度
指定端点角度或 [参数(P)/包含角度(I)]:	//指定D点为端点角度

03 绘制椭圆弧的效果如图3-112所示。

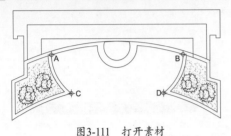

图3-111　打开素材

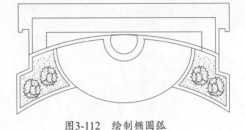

图3-112　绘制椭圆弧

3.4　图案填充

图案填充是通过指定的线条、颜色以及比例来填充指定区域的一种操作方式。它常用于表达剖切面和不同类型物体的外观纹理和材质等特性，被广泛运用于机械加工、建筑工程以及地质构造等各类工程视图中。

在园林设计中，【图案填充】命令主要应用于铺装材料的区分和表现，如图3-113所示为广场铺装的表现及园路铺装表现。

图3-113　铺装效果

3.4.1　绘制填充图案

调用【图案填充】命令，可以在闭合的区域内绘制预定义图案、自定义图案以及渐变色图案。

a. 执行方式

执行【图案填充】命令的方法如下。

➢ 命令行：HATCH或H。

➢ 菜单栏：执行【绘图】|【图案填充】命令，如图3-114所示。

➢ 工具栏：单击【绘图】工具栏中的【图案填充】按钮▨。

➢ 功能区：在【默认】选项卡中，单击【绘图】面板中的【图案填充】工具按钮▨，如图3-115所示。

图3-114　选择命令

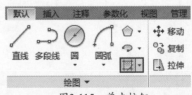

图3-115　单击按钮

b. 操作步骤

执行上述任意一项操作，即可调用【图案填充】命令，切换到【图案填充创建】选项卡。命令行操作方法如下。

```
命令：H↙                                           //调用【图案填充】命令
HATCH
拾取内部点或 [选择对象(S)/放弃(U)/设置(T)]：正在选择所有对象...
                                              //在闭合的轮廓内单击鼠标左键

正在选择所有可见对象...
正在分析所选数据...
正在分析内部孤岛...
```

c. 选项说明

命令行中各选项的含义介绍如下。

➢ 【选择对象】选项：选择填充区域。

➢ 【放弃】选项：放弃所有选择，可以重新选择填充区域。

➢ 【设置】选项：选择选项，打开【图案填充和渐变色】对话框。选择【图案填充】选项卡，如图3-116所示，在其中选择图案类型、设置填充图案。选择【渐变色】选项卡，如图3-117所示，设置参数，能够绘制渐变色图案。

图3-116　【图案填充】选项卡

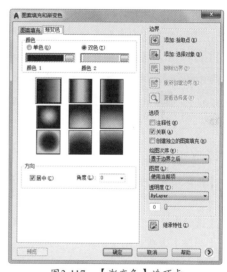

图3-117　【渐变色】选项卡

d. 【图案填充和渐变色】对话框各选项介绍

【图案填充】选项卡各选项含义如下。

➢ 【角度】下拉列表框：用于设置填充图案的角度。

➢ 【比例】下拉列表框：用于设置图案的填充比例。

➢ 【添加：拾取点】按钮：在填充区域内部拾取任意一点，AutoCAD将自动搜索到包含该点的区域边界，并以虚线显示边界。

➢ 【添加：选择对象】按钮：用于直接选择需要填充的单个闭合图形。

➢ 【删除边界】按钮：用于删除位于选定填充区内但不填充的区域。

➢ 【查看选择集】按钮：用于查看所确定的边界。

➢ 【注释性】复选框：用于为图案添加注释特性。

➢ 【关联】复选框和【创建独立的图案填充】复选框：用于确定填充图形与边界的关系。分别用于创建关联和不关联的填充图案。

➢ 【绘图次序】下拉列表框：用于设置填充图案和填充边界的绘图次序。

➢ 【图层】下拉列表框：用于设置填充图案的所在图层。

➢ 【透明度】下拉列表框：用于设置图案透明度，拖曳下侧的滑块，可以调整透明度值。当指定透明度后，需要打开状态栏上的▨按钮，以显示透明效果。

➢ 【继承特性】按钮▨：用于在当前图形中选择一个已填充的图案，系统将继承该图案类型的一切属性并将其设置为当前图案。

【渐变色】选项卡各选项说明如下。

➢ 【单色】单选按钮：用于以一种渐变色进行填充，▨▨▨ 显示框用于显示当前的填充颜色，双击该颜色框或单击其右侧的▨按钮，可以打开【选择颜色】对话框，用户可根据需要选择颜色。

➢ ◀▨▶ 【暗——明】滑动条：拖动滑动块可以调整填充颜色的明暗度，如果用户激活【双色】选项，此滑动条将自动转换为颜色显示框。

➢ 【双色】单选按钮：用于以两种颜色的渐变色作为填充色。

➢ 【角度】下拉列表框：用于设置渐变填充的倾斜角度。

e. 设置填充参数

在【图案填充创建】选项卡中，包含【边界】、【图案】、【特性】以及【原点】等面板，如图3-118所示，各面板的使用方法介绍如下。

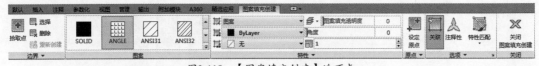

图3-118 【图案填充创建】选项卡

1. 【边界】面板

➢ 【拾取点】选项：单击按钮，在闭合的区域内单击鼠标左键，拾取该区域为填充区域，如图3-119所示。

➢ 【选择】选项：选择填充边界，指定填充区域，如图3-120所示。

➢ 【删除】选项：删除已经选中的填充边界。

➢ 【重新创建】选项：重新选择填充边界。

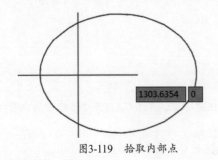

图3-119 拾取内部点

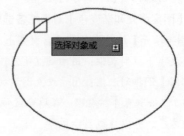

图3-120 选择边界

2. 【图案】面板

展开图案列表，即可显示系统提供的各类填充图案，如图3-121所示。选择其中一项，将在指定的区域内填充并显示图案。

3.【特性】面板

➢ 【图案填充类型】按钮：单击选项，在弹出的列表中选择图案类型，如图3-122所示。有4种类型的图案供选择。

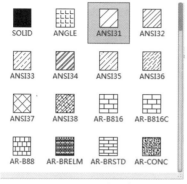

图3-121　图案列表

图3-122　选择图案类型

➢ 【图案填充颜色】按钮：单击选项，在展开的列表中选择颜色，如图3-123所示，设置填充图案的颜色。选择【更多颜色】选项，打开【选择颜色】对话框，如图3-124所示，提供更多类型的颜色供用户选用。

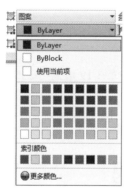

图3-123　颜色列表

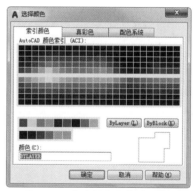

图3-124　【选择颜色】对话框

➢ 【背景色】按钮：单击选项，在列表中选择颜色，如图3-125所示，指定填充背景色。如选择ANSI31图案，将背景色设置为红色，填充效果如图3-126所示。

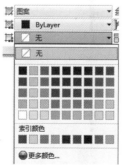

图3-125　背景颜色列表

图3-126　显示背景色

➢ 【填充图案透明度】选项：默认状态下选项值为0，填充图案以透明度为0的效果显示。可设置选项值，调整图案的透明度。

➢ 【角度】选项：设置填充图案的角度。

➢ 【比例】选项：设置填充图案的角度。

4. 【原点】面板

在面板中显示【左下】、【右下】、【左上】等按钮，如图3-127所示。单击按钮，在填充区域中重新指定填充原点，同时图案的填充效果也不相同。如图3-128所示为将原点指定为【左下】与【右上】的填充效果对比。

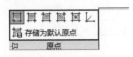

【左下】原点　　　　　　　　　　　【右上】原点

图3-127　【原点】面板　　　　　图3-128　不同原点的填充效果

【练习3-19】：　填充花坛

	介绍填充花坛的方法，难度：☆☆
	素材文件路径：素材\第3章\3-19 填充花坛.dwg
	效果文件路径：素材\第3章\3-19 填充花坛-OK.dwg
	视频文件路径：视频\第3章\3-19 填充花坛.MP4

下面介绍填充花坛的操作步骤。

01 单击快速访问工具栏中的【打开】按钮，打开"素材\第3章\3-19 填充花坛.dwg"素材文件，如图3-129所示。

02 执行【绘图】|【图案填充】命令，在命令行中输入T，选择【设置】选项，打开如图3-130所示对话框。

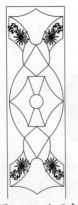

图3-129　打开素材

图3-130　【图案填充和渐变色】对话框

03 在【图案填充和渐变色】对话框中，单击【图案】右侧的 按钮，在弹出的【填充图案选项板】对话框中选择GRASS图案，如图3-131所示。单击【确定】按钮，返回【图案填充和渐变色】对话框，并设置填充【比例】为25，其他参数保持默认。

04 单击【添加: 拾取点】按钮，拾取填充区域，按空格键返回对话框，单击【确定】按钮，填充效果如图3-132所示。

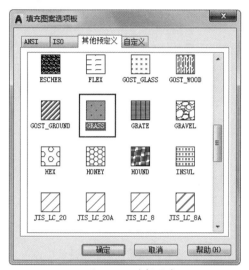

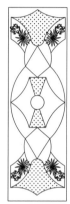

图3-131　选择图案　　　　　　　　　　　　　　　　图3-132　填充图案

05 按Enter键，执行【图案填充】命令，在【图案填充和渐变色】对话框中选择AR-RROOF图案，其他参数保持默认，如图3-133所示。

06 单击【添加: 拾取点】按钮，拾取填充区域，按空格键返回对话框，单击【确定】按钮，完成填充，效果如图3-134所示。

图3-133　设置参数　　　　　　　　　　　　　　　　图3-134　填充效果

【练习3-20】： 绘制小户型地面铺装图

	介绍绘制小户型地面铺装图的方法，难度：☆
	素材文件路径：素材\第3章\3-20 绘制小户型地面铺装图.dwg
	效果文件路径：素材\第3章\3-20 绘制小户型地面铺装图-OK.dwg
	视频文件路径：视频\第3章\3-20 绘制小户型地面铺装图.MP4

下面以绘制小户型地面铺装图为例，学习图案的填充过程，具体操作步骤如下。

01 单击快速访问工具栏中的【打开】按钮，打开"素材\第3章\3-20 绘制小户型地面铺装图.dwg"素材文件，如图3-135所示。

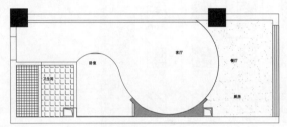

图3-135 打开素材

02 执行【绘图】|【图案填充】命令，在弹出的【图案填充和渐变色】对话框中设置参数，如图3-136所示。

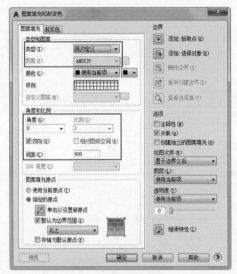

图3-136 设置参数

03 单击【添加: 拾取点】按钮，在户型图中拾取填充区域，填充效果如图3-137所示。

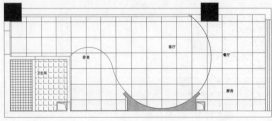

图3-137 填充效果

【练习3-21】: 填充水池图案

介绍填充水池图案的方法，难度：☆☆

素材文件路径：素材\第3章\3-21 填充水池图案.dwg

效果文件路径：素材\第3章\3-21 填充水池图案-OK.dwg

视频文件路径：视频\第3章\3-21 填充水池图案.MP4

下面以填充水池图案为例，学习渐变色图案的填充，操作步骤如下。

01 单击快速访问工具栏中的【打开】按钮🗁，打开"素材\第3章\3-21 填充水池图案.dwg"素材文件，如图3-138所示。

02 执行【绘图】|【图案填充】命令，打开【图案填充和渐变色】对话框，切换到【渐变色】选项卡，如图3-139所示。

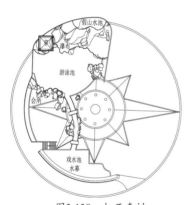

图3-138　打开素材

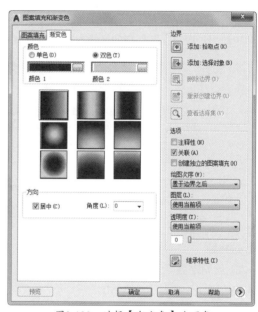

图3-139　选择【渐变色】选项卡

03 选中【单色】单选按钮，单击🔲按钮，在弹出的【选择颜色】对话框中选择150号颜色，如图3-140所示。

04 单击【添加: 拾取点】按钮🔳，拾取【游泳池】和【戏水池】区域，按空格键，返回【图案填充和渐变色】对话框，单击【确定】按钮，完成水池填充，效果如图3-141所示。

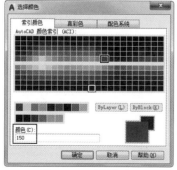

图3-140　选择颜色

图3-141　填充图案

3.4.2 孤岛检测与其他

图案填充区域内的封闭区被称为孤岛。在填充区域内有如文字、公式以及孤立的封闭图形等特殊对象时，可以利用孤岛对象断开填充，避免在填充图案时覆盖一些重要的文本注释或标记。

用户单击【绘图】面板中的【渐变色】工具按钮▤，系统将弹出【图案填充创建】选项卡，在【选项】下拉列表中选择【普通孤岛检测】、【外部孤岛检测】和【忽略孤岛检测】这三种填充样式填充孤岛。

➢ 普通：【普通孤岛检测】是默认的填充样式，这种样式将从外部边界向内填充。如果填充过程中遇到内部边界，填充将关闭，直到遇到另一个边界为止。

➢ 外部：【外部孤岛检测】也是从外部边界向内填充，并在下一个边界处停止。

➢ 忽略：【忽略孤岛检测】将忽略内部边界，填充整个闭合区域。

使用【普通孤岛检测】时，如果指定内部拾取点，则孤岛一直不会进行图案填充，而孤岛内的孤岛将会进行图案填充。

使用同一拾取点，各选项的结果对比如图3-142所示。

图3-142　孤岛样式

3.5　思考与练习

1. 选择题

（1）绘制定数等分点的快捷键为（　　）。

A. DIV　　　　　　　　B. ME　　　　　　　　C. L　　　　　　　　D. CHA

（2）绘制定距等分点时，除了选择要定距等分的对象外，还需要设置的参数是（　　）。

A. 指定线段长度

B. 指定等分点的数目

C. 指定等分点的大小

D. 指定等分点的类型

（3）【直线】命令相对应的工具按钮为（　　）。

A. ⬚　　　　　　　　B. ⬚　　　　　　　　C. ⬚　　　　　　　　D. ⬚

（4）设置圆环样式的命令是（　　）。

A. FILTER　　　　　　B. FIND　　　　　　　C. FLATSHOT　　　　D. FILL

（5）调用C【圆】命令，命令行中显示（　　）种绘制方法。

A. 3　　　　　　　　　B. 4　　　　　　　　　C. 5　　　　　　　　D. 6

（6）【多段线】命令的快捷键是（　　）。

A. ML　　　　　　　　B. SPL　　　　　　　　C. PL　　　　　　　　D. XL

（7）调用（　　）命令，可以创建通过或接近指定点的平滑曲线。

A. 样条曲线　　　　　　　B. 多段线　　　　　　　C. 多线　　　　　　　D. 椭圆弧

（8）打开【多线编辑工具】对话框的方式为（　　）。

A. 双击多线

B. 执行【格式】|【多线样式】命令

C. 选择多线，单击右键

D. 执行【修改】|【对象】|【多线】命令

（9）按（　　）组合键，可以打开【特性】选项板。

A. Ctrl+1　　　　　　　B. Ctrl+2　　　　　　　C. Ctrl+A　　　　　　　D. Ctrl+B

（10）在设置图案填充参数时，需要设置的参数有（　　）。

A. 图案样式　　　　　　B. 填充比例　　　　　　C. 填充角度　　　　　　D. 填充颜色

2. 操作题

（1）调用L【直线】命令，绘制线段，完善风雨连廊图形，如图3-143所示。

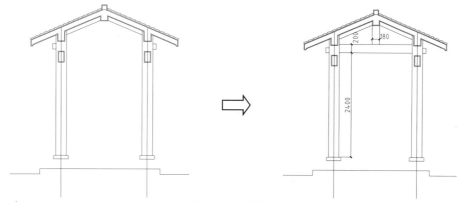

图3-143　绘制直线

（2）调用REC【矩形】命令，分别绘制尺寸为350×200、330×20的矩形表示柱墩，如图3-144所示。

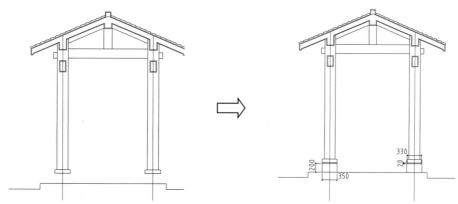

图3-144　绘制矩形

（3）调用H【图案填充】命令，在【图案填充和渐变色】对话框中选择填充图案，并设置填充比例，如图3-145所示。

图3-145　设置参数

（4）拾取填充区域，绘制风雨连廊的屋顶图案，如图3-146所示。

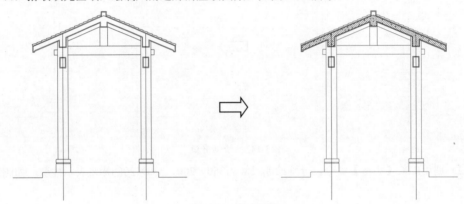

图3-146　填充图案

使用AutoCAD绘图是一个由简到繁、由粗到精的过程。AutoCAD提供了丰富的图形编辑功能，如复制、移动、旋转、镜像、偏移、阵列、拉伸、修剪等。使用这些功能，能够方便地改变图形的大小、位置、方向、数量及形状，从而绘制出更为复杂的图形。

第 4 章
编辑二维图形

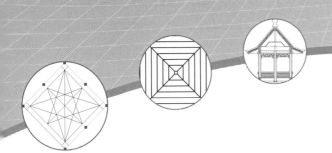

4.1 对象的选择和删除

在编辑图形之前，首先需要对所编辑的图形进行选择。AutoCAD 2018提供了多种选择对象的基本方法，如点选、框选、栏选、围选等。

4.1.1 点选

点选对象是直接用鼠标在绘图区中单击需要选择的对象。它分为单个选择方式和多个选择方式。单个选择方式一次只能选中一个对象，如图4-1所示即选择了图形最右侧的一条边。如果连续单击需要选择的对象，则可同时选择多个对象，如图4-2所示。

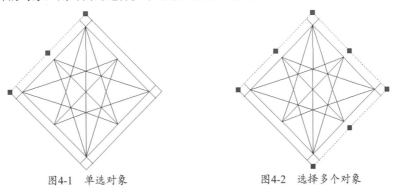

图4-1　单选对象　　　　　　　　　　图4-2　选择多个对象

4.1.2 框选

使用框选可以一次性选择多个对象。其操作也比较简单，方法是按住鼠标左键不放，拖动鼠标成一矩形框，然后通过该矩形选择图形对象。依鼠标拖动方向的不同，框选又可分为窗口选择和窗交选择。

1. 窗口选择对象

窗口选择对象是指按住鼠标向右上方或右下方拖动，框住需要选择的对象，此时绘图区将出现一个实线的矩形方框，如图4-3所示。释放鼠标后，被方框完全包围的对象将被选中，如图4-4所示，虚线显示部分为被选择的部分。

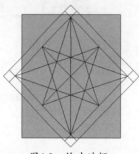

图4-3　拖出选框

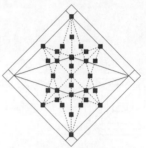

图4-4　窗口选择对象

2. 窗交选择对象

窗交选择对象的选择方向正好与窗口选择相反，它是按住鼠标左键向左上方或左下方拖动，框住需要选择的对象，此时绘图区将出现一个虚线的矩形方框，如图4-5所示。释放鼠标后，与方框相交和被方框完全包围的对象都将被选中，如图4-6所示，虚线显示部分为被选择的部分。

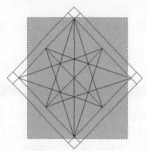

图4-5　拖出选框

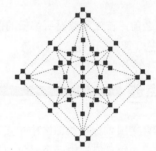

图4-6　窗交选择对象

4.1.3　栏选

栏选图形即在选择图形时拖曳出任意折线，如图4-7所示。凡是与折线相交的图形对象均被选中，如图4-8所示，虚线显示部分为被选择的部分。使用该方式选择连续性对象非常方便，注意栏选线不能封闭或相交。

图4-7　绘制虚线

图4-8　栏选对象

单击鼠标左键，命令行操作方法如下所述。

```
命令：指定对角点或 [栏选(F)/圈围(WP)/圈交(CP)]：F↙        //选择【栏选】选项
指定下一个栏选点或 [放弃(U)]：
```

4.1.4 围选

围选对象是根据需要自己绘制不规则的选择范围，包括圈围和圈交两种方法。

1. 圈围对象

圈围是一种多边形窗口选择方法，与窗口选择对象的方法类似，不同的是，圈围方法可以构造任意形状的多边形，如图4-9所示。完全包含在多边形区域内的对象才能被选中，如图4-10所示，虚线显示部分为被选择的部分。

命令行操作方法如下。

```
命令：指定对角点或 [栏选(F)/圈围(WP)/圈交(CP)]：wp↙        //激活【圈围】命令
指定直线的端点或 [放弃(U)]：
```

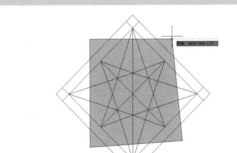
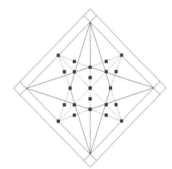

图4-9　指定选取范围　　　　　　　　图4-10　选择对象

2. 圈交对象

圈交是一种多边形窗交选择方法，与窗交选择对象的方法类似，不同的是，圈交方法可以构造任意形状的多边形，它可以绘制任意闭合但不能与选择框自身相交或相切的多边形，如图4-11所示。选择完毕后可以选择多边形中与它相交的所有对象，如图4-12所示，虚线显示部分为被选择的部分。

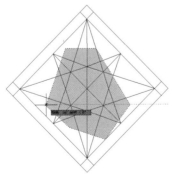

图4-11　指定选取范围　　　　　　　　图4-12　选择对象

命令行操作方法如下。

命令：指定对角点或 [栏选(F)/圈围(WP)/圈交(CP)]：cp↙   //激活【圈交】命令
指定直线的端点或 [放弃(U)]：

一般情况下，选择对象是直接利用鼠标进行操作。当然也可在命令行中输入SELECT命令，按Enter键，在命令行的【选择对象：】提示下输入"？"，命令行将显示相关提示，以供用户选择相关的选择方式，命令行提示如下。

需要点或窗口(W)/上一个(L)/窗交(C)/框(BOX)/全部(ALL)/栏选(F)/圈围(WP)/圈交(CP)/编组(G)/添加(A)/删除(R)/多个(M)/前一个(P)/放弃(U)/自动(AU)/单个(SI)/子对象(SU)/对象(O)

4.1.5 快速选择

快速选择可以根据对象的名称、图层、线型、颜色、图案填充等特性和类型创建选择集，从而准确快速地从复杂的图形中选择满足某种特性的图形对象。

a. 执行方式

执行【快速选择】命令方法如下。

➢ 命令行：QSELECT。

➢ 菜单栏：执行【工具】|【快速选择】命令，如图4-13所示。

b. 操作步骤

执行【快速选择】命令后，系统会弹出【快速选择】对话框，如图4-14所示。根据要求设置选择范围，单击【确定】按钮，关闭对话框，即可在绘图区域中查看选择效果。

图4-13　选择命令

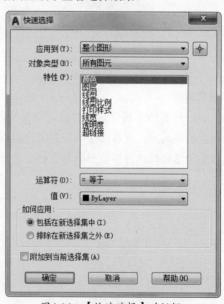

图4-14　【快速选择】对话框

4.1.6 删除对象

在AutoCAD中，可以用【删除】命令删除选中的对象，这是一个最常用的操作。

a. 执行方式

执行【删除】命令的方法如下。

➢ 命令行：ERASE或E。

➢ 菜单栏：执行【修改】|【删除】命令，如图4-15所示。

➢ 工具栏：单击【修改】工具栏中的【删除】按钮 。

➢ 功能区：在【默认】选项卡中，单击【修改】面板中的【删除】按钮 ，如图4-16所示。

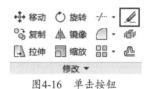

图4-15　选择命令　　　　　　　　图4-16　单击按钮

b. 操作步骤

执行上述任意一项操作，调用【删除】命令，命令行操作方法如下。

```
命令：E↙                            //调用【删除】命令
ERASE
选择对象：找到 1 个                  //选择对象，按Enter键，删除对象
```

【练习4-1】：　删除对象

| 介绍删除对象的方法，难度：☆ |
| 素材文件路径：素材\第4章\4-1 删除对象.dwg |
| 效果文件路径：素材\第4章\4-1 删除对象-OK.dwg |
| 视频文件路径：视频\第4章\4-1 删除对象.MP4 |

下面介绍删除对象的操作步骤。

01 单击快速访问工具栏中的【打开】按钮，打开"素材\第4章\4-1 删除对象.dwg"素材文件，如图4-17所示。

02 执行【修改】|【删除】命令，选择删除对象，如图4-18所示。命令行提示如下。

```
命令：ERASE↙                                    //调用【删除】命令
选择对象：找到 1 个                              //选择如图4-18所示的对象
选择对象：找到 1 个，总计 2 个
选择对象：指定对角点：找到 12 个 (1 个重复)，总计 13 个
选择对象：指定对角点：找到 22 个 (11 个重复)，总计 24 个
选择对象：                                      //按空格键，结束命令
```

03 删除对象的效果如图4-19所示。

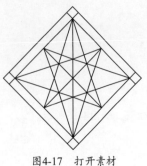

图4-17　打开素材

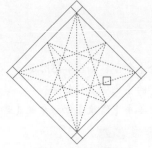

图4-18　选择对象

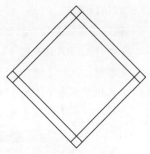

图4-19　删除对象

4.2　对象的复制

　　本节要介绍的编辑工具是以现有图形对象为源对象，通过相应的编辑命令，绘制出与源对象相同或相似的图形，从而可以简化绘制具有重复性或近似性特点图形的绘制步骤，以达到提高绘图效率和绘图精度的目的。

4.2.1　复制对象

　　【复制】命令是指在不改变图形大小、方向的前提下，重新生成一个或多个与源对象一模一样的图形。

　　a. 执行方式

　　执行【复制】命令的方法如下。

➢　命令行：COPY或CO或CP。

➢　工具栏：单击【修改】工具栏中的【复制】按钮 。

➢　菜单栏：执行【修改】|【复制】命令，如图4-20所示。

➢　功能区：在【默认】选项卡中，单击【修改】面板中的【复制】按钮 ，如图4-21所示。

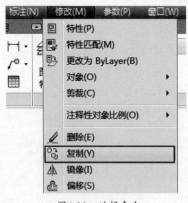

图4-20　选择命令

图4-21　单击按钮

　　b. 操作步骤

　　执行上述任意一项操作，调用【复制】命令，命令行操作方法如下。

命令：CO↙	//调用【复制】命令
COPY	
选择对象：找到 1 个	//选择对象
当前设置：复制模式 = 多个	
指定基点或 [位移(D)/模式(O)] <位移>：	//指定基点
指定第二个点或 [阵列(A)] <使用第一个点作为位移>：	//指定第二个点

c.选项说明

命令行常用选项介绍如下。

➢ 位移（D）：使用坐标指定相对距离和方向。指定的两点定义一个矢量，指示复制对象离原位置有多远以及以哪个方向放置。

➢ 模式（O）：控制命令是否自动重复（COPYMODE 系统变量）。

➢ 阵列（A）：快速复制对象以呈现出指定数目和角度的效果。

【练习4-2】：复制植物图例

介绍复制植物图例的方法，难度：☆ ☆
素材文件路径：素材\第4章\4-2 复制植物图例.dwg
效果文件路径：素材\第4章\4-2 复制植物图例-OK.dwg
视频文件路径：视频\第4章\4-2 复制植物图例.MP4

下面介绍复制植物图例的操作步骤。

01 单击快速访问工具栏中的【打开】按钮，打开"第4章\4-2 复制植物图例.dwg"素材文件，如图4-22所示。

02 执行【修改】|【复制】命令，复制植物图例。命令行操作方法如下。

命令：_copy↙	//调用【复制】命令
选择对象：找到 1 个	//选择植物图例
选择对象：	
当前设置：复制模式 = 多个	
指定基点或 [位移(D)/模式(O)] <位移>：	
指定第二个点或 [阵列(A)] <使用第一个点作为位移>：8700↙	//输入位移为8700
指定第二个点或 [阵列(A)/退出(E)/放弃(U)] <退出>：↙	//按Enter键，结束复制

03 向右移动复制植物图例的效果如图4-23所示。

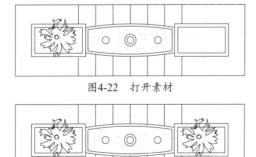

图4-22　打开素材

图4-23　复制植物图例

4.2.2 偏移对象

【偏移】命令是一种特殊的复制对象的方法，它是根据指定的距离或通过点，建立一个与所选对象平行的形体，从而使对象数量得以增加。直线、曲线、多边形、圆、弧等都可以进行偏移操作。

a. 执行方式

执行【偏移】命令的方法如下。

- 命令行：OFFSET或O。
- 工具栏：单击【修改】工具栏中的【偏移】按钮。
- 菜单栏：执行【修改】|【偏移】命令，如图4-24所示。
- 功能区：在【默认】选项卡中，单击【修改】面板中的【偏移】按钮，如图4-25所示。

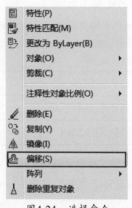

图4-24 选择命令

图4-25 单击按钮

b. 操作步骤

执行上述任意一项操作，调用【偏移】命令，偏移对象的过程如图4-26所示。命令行操作方法如下。

```
命令：O✓                                              //调用【偏移】命令
OFFSET
当前设置：删除源=否  图层=源  OFFSETGAPTYPE=0
指定偏移距离或 [通过(T)/删除(E)/图层(L)] <通过>：100✓    //输入距离值
选择要偏移的对象，或 [退出(E)/放弃(U)] <退出>：           //选择对象
指定要偏移的那一侧上的点，或 [退出(E)/多个(M)/放弃(U)] <退出>：    //指定偏移方向
```

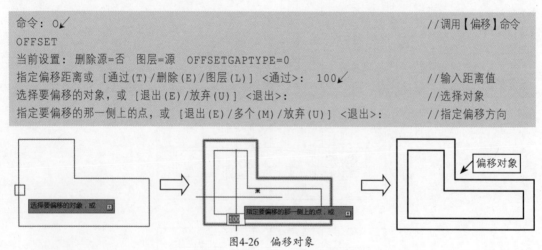

图4-26 偏移对象

c. 选项说明

命令行常用选项介绍如下。

- 通过：创建通过指定点的对象。

➢ 删除：偏移源对象后将其删除。

➢ 图层：确定将偏移对象创建在当前图层上还是源对象所在的图层上。

【练习4-3】：绘制凉亭顶部图形	
	介绍绘制凉亭顶部图形的方法，难度：☆☆
	素材文件路径：素材\第4章\4-3 绘制凉亭顶部图形.dwg
	效果文件路径：素材\第4章\4-3 绘制凉亭顶部图形-OK.dwg
	视频文件路径：视频\第4章\4-3 绘制凉亭顶部图形.MP4

下面介绍绘制凉亭顶部图形的操作步骤。

01 单击快速访问工具栏中的【打开】按钮，打开"素材\第4章\4-3 绘制凉亭顶部图形.dwg"素材文件，如图4-27所示。

02 执行【修改】|【偏移】命令，偏移亭子外轮廓线，偏移距离为320。命令行操作方法如下。

```
命令：_offset↙                                    //调用【偏移】命令
当前设置：删除源=否　图层=源　OFFSETGAPTYPE=0
指定偏移距离或 [通过(T)/删除(E)/图层(L)] <通过>：320↙   //输入偏移距离为320
选择要偏移的对象，或 [退出(E)/放弃(U)] <退出>：        //选择亭子外轮廓线
指定要偏移的那一侧上的点，或 [退出(E)/多个(M)/放弃(U)] <退出>： //在指定的偏移一侧单击鼠标左键
```

03 向内偏移轮廓线的结果如图4-28所示。

04 按Enter键，重复执行【偏移】命令，完成亭顶的绘制，结果如图4-29所示。

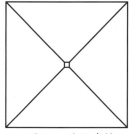 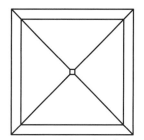 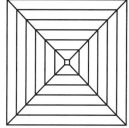

图4-27　打开素材　　　　图4-28　向内偏移轮廓线　　　　图4-29　绘制结果

4.2.3 镜像复制对象

　　【镜像】命令可以生成与所选对象相对称的图形。在命令执行过程中，需要确定的参数有需要镜像复制的对象及对称轴。对称轴可以是任意方向，所选对象将根据该轴线进行对称复制，并且可以选择删除或保留源对象。在实际工程中，许多物体都设计成对称形状。如果绘制了这些图例的一半，就可以利用【镜像】命令迅速得到另一半。

　　a. 执行方式

　　执行【镜像】命令的方法如下。

➢ 命令行：MIRROR或MI。

➢ 工具栏：单击【修改】工具栏中的【镜像】按钮。

➢ 菜单栏：执行【修改】|【镜像】命令，如图4-30所示。

➤ 功能区：在【默认】选项卡中，单击【修改】面板中的【镜像】按钮，如图4-31所示。

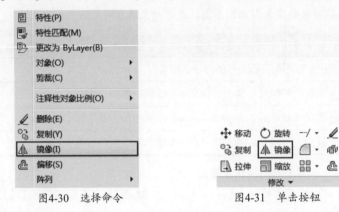

图4-30 选择命令   图4-31 单击按钮

b. 操作步骤

执行上述任意一项操作，调用【镜像】命令，操作过程如图4-32所示。命令行操作方法如下。

```
命令：MI↙                                    //调用【镜像】命令
MIRROR
找到 1 个                                     //选择对象
指定镜像线的第一点：
指定镜像线的第二点：                          //单击两个点，指定镜像线
要删除源对象吗？[是(Y)/否(N)] <否>：N          //选择选项
```

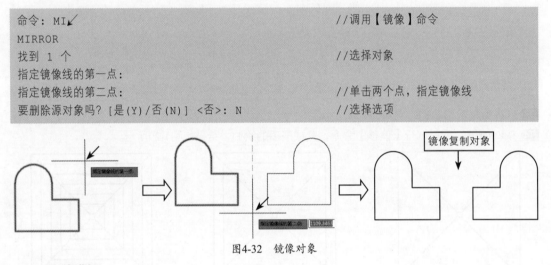

图4-32 镜像对象

c. 延伸讲解

在命令行提示指定镜像线的第一点、第二点时，可以在任意方向绘制镜像线。系统根据用户所绘制的镜像线，就能决定对象副本的位置，如图4-33所示。

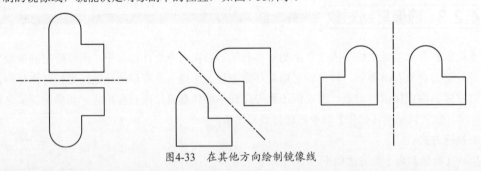

图4-33 在其他方向绘制镜像线

提示

在命令行提示【要删除源对象吗？[是(Y)/否(N)] <否>:】时，选择【是】选项，源对象被删除。
选择【否】选项，保留源对象。

【练习4-4】： 镜像复制亭子剖面图形	
	介绍镜像复制亭子剖面图形的方法，难度：☆
	素材文件路径：素材\第4章\4-4 镜像复制亭子剖面图形.dwg
	效果文件路径：素材\第4章\4-4 镜像复制亭子剖面图形-OK.dwg
	视频文件路径：视频\第4章\4-4 镜像复制亭子剖面图形.MP4

下面介绍镜像复制亭子剖面图形的操作步骤。

01 单击快速访问工具栏中的【打开】按钮，打开 "素材\第4章\4-4 镜像复制亭子剖面图形.dwg" 素材文件，如图4-34所示。

02 执行【修改】|【镜像】命令，呈现镜像亭子。命令行操作方法如下。

```
命令：_mirror↙                                    //调用【镜像】命令
选择对象：指定对角点：找到 313 个 (247 个重复)，总计 368 个
                                                  //选择左侧亭子部分
指定镜像线的第一点：                              //指定A为镜像线第一点
指定镜像线的第二点：                              //指定B为镜像线第二点
要删除源对象吗？[是(Y)/否(N)] <N>：               //按Enter键，保持默认选项
```

03 在命令行中输入E，调用【删除】命令，即可删除镜像线，结果如图4-35所示。

图4-34　打开素材

图4-35　镜像复制图形

4.2.4　阵列复制对象

阵列命令是一个功能强大的多重复制命令，它可以一次将选择的对象复制多个并按一定规律进行排列。根据阵列方式不同，可以分为矩形阵列、环形（极轴）阵列和路径阵列。

1. 矩形阵列

【矩形阵列】就是将图形呈矩形进行排列，用于多重复制那些呈行列状排列的图形，如园林中规则排列的汀步路、建筑物立面图的窗格、规律树阵等。

a. 执行方式

执行【矩形阵列】命令的方法如下。

➢ 命令行：ARRAYRECT。

➢ 工具栏：单击【修改】工具栏中的【矩形阵列】按钮 。

> 菜单栏：执行【修改】|【阵列】|【矩形阵列】命令，如图4-36所示。

> 功能区：在【默认】选项卡中，单击【修改】面板中的【矩形阵列】按钮 ，如图4-37 所示。

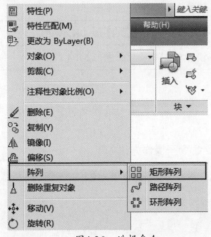

图4-36　选择命令　　　　　　　　　　图4-37　单击按钮

b. 操作步骤

执行上述任意一项操作，调用【矩形阵列】命令，进入【阵列创建】选项卡。修改各选项参数，执行阵列复制对象操作，如图4-38所示。

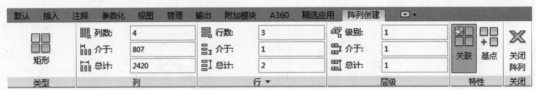

图4-38　【阵列创建】选项卡

c. 选项说明

【阵列创建】选项卡中各选项含义介绍如下。

①【列】面板。

> 列数：设置一列中所包含的项目数。

> 介于：设置一列中项目之间的间距。

> 总计：在整列中，第一个项目与最后一个项目的间距。

②【行】面板。

> 行数：设置一行中所包含的项目数。

> 介于：设置一行中项目之间的间距。

> 总计：在整行中，第一个项目与最后一个项目的间距。

③【层级】面板。

> 级别：设置在垂直方向上将要创建的项目层数，例如1层、2层、3层，如图4-39所示。

> 介于：设置层级之间的间距，例如第1层与第2层的间距。

> 总计：设置第1层与最后1层的间距。

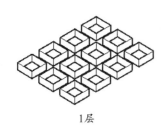
1层

2层

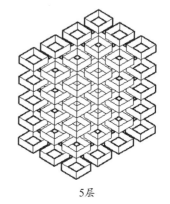
5层

图4-39　设置阵列层级

【练习4-5】：　阵列复制木栅栏　

| 介绍阵列复制木栅栏的方法，难度：☆ |
| 素材文件路径：素材\第4章\4-5 阵列复制木栅栏.dwg |
| 效果文件路径：素材\第4章\4-5 阵列复制木栅栏-OK.dwg |
| 视频文件路径：视频\第4章\4-5 阵列复制木栅栏.MP4 |

　　下面介绍阵列复制木栅栏的操作步骤。

01 单击快速访问工具栏中的【打开】按钮，打开"素材\第4章\4-5 阵列复制木栅栏.dwg"素材文件，如图4-40所示。

图4-40　打开素材

02 执行【修改】|【阵列】|【矩形阵列】命令，阵列复制木栅栏。命令行操作方法如下。

```
命令：_arrayrect↙                          //调用【矩形阵列】命令
选择对象：找到 1 个                         //选择栏板
选择对象：
类型 = 矩形　关联 = 是
选择夹点以编辑阵列或 [关联(AS)/基点(B)/计数(COU)/间距(S)/列数(COL)/行数(R)/层数(L)/
退出(X)] <退出>:COL↙                       //选择COL选项，激活列数选项
输入列数数或 [表达式(E)] <4>: 16↙           //输入列数为16
指定 列数 之间的距离或 [总计(T)/表达式(E)] <90>: 140↙
                                           //输入列距为140
选择夹点以编辑阵列或 [关联(AS)/基点(B)/计数(COU)/间距(S)/列数(COL)/行数(R)/层数(L)/
退出(X)] <退出>: r↙                         //选择R选项，激活行数选项
输入行数数或 [表达式(E)] <3>: 1↙            //输入行数为1
指定 行数 之间的距离或 [总计(T)/表达式(E)] <493.7214>:
```

//按Enter键，结束命令

指定 行数 之间的标高增量或 [表达式(E)] <0>：

选择夹点以编辑阵列或 [关联(AS)/基点(B)/计数(COU)/间距(S)/列数(COL)/行数(R)/层：

03 阵列复制木栅栏的效果如图4-41所示。

命令行各选项含义如下。

➤ 为项目数指定对角点：设置矩形阵列的对角点位置，确定阵列的行数和列数。

➤ 计数：设置阵列的行项目数和列项目数。

➤ 间距：设置阵列的行偏移距离（包括图形对象本身的距离长度）和列偏移距离（包括图形对象本身的距离长度）。

➤ 角度：设置指定行轴角度，使阵列有一定的角度。

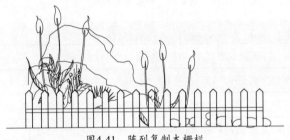

图4-41　阵列复制木栅栏

2. 环形阵列

　　【环形阵列】命令可将图形以某一点为中心点进行环形复制，阵列结果是使阵列对象沿中心点的四周均匀排列成环形。

a. 执行方式

执行【环形阵列】命令的方法如下。

➤ 命令行：ARRAYPOLAR。

➤ 工具栏：单击【修改】工具栏中的【环形阵列】按钮。

➤ 菜单栏：执行【修改】|【阵列】|【环形阵列】命令，如图4-42所示。

➤ 功能区：在【默认】选项卡中，单击【修改】面板中的【环形阵列】按钮，如图4-43所示。

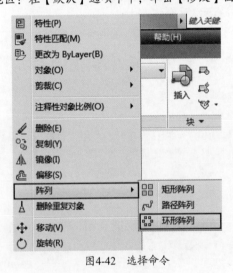

图4-42　选择命令

图4-43　单击按钮

b. 操作步骤

执行上述任意一项操作，调用【环形阵列】命令，进入【阵列创建】选项卡。设置选项参数，环形阵列复制对象，如图4-44所示。

图4-44　【阵列创建】选项卡

c. 选项说明

【阵列创建】选项卡中各选项含义如下。

➢ 项目数：设置项目数。

➢ 介于：设置阵列复制的角度。

➢ 填充：划定一个角度范围，在此范围内执行环形阵列复制对象的操作。

【行】面板与【层级】面板中选项说明请参考【矩形阵列】命令中的相关介绍。

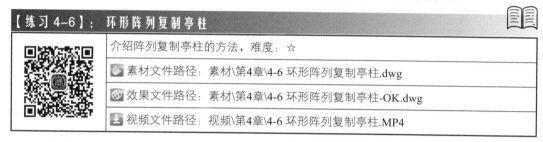

下面介绍环形阵列复制亭柱的操作步骤。

01 单击快速访问工具栏中的【打开】按钮，打开"素材\第4章\4-6 环形阵列复制亭柱.dwg"素材文件，如图4-45所示。

02 执行【修改】|【阵列】|【环形阵列】命令，选择阵列圆柱。命令行操作方法如下。

```
命令：_arraypolar ✓                          //调用【环形阵列】命令
选择对象：找到 1 个
选择对象：
类型 = 极轴  关联 = 是
指定阵列的中心点或 [基点(B)/旋转轴(A)]：
选择夹点以编辑阵列或 [关联(AS)/基点(B)/项目(I)/项目间角度(A)/填充角度(F)/行(ROW)/层
(L)/旋转项目(ROT)/退出(X)] <退出>：i✓           //选择I选项，激活项目选项
输入阵列中的项目数或 [表达式(E)] <6>：8✓          //输入项目数为8
选择夹点以编辑阵列或 [关联(AS)/基点(B)/项目(I)/项目间角度(A)/填充角度(F)/行(ROW)/层
(L)/旋转项目(ROT)/退出(X)] <退出>：                //按Enter键，结束命令
```

03 环形阵列复制亭柱的效果如图4-46所示。

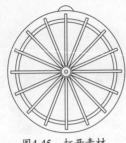
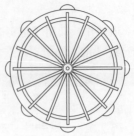

图4-45 打开素材　　　　　　图4-46 阵列复制亭柱

3. 路径阵列

【路径阵列】命令可以将图形沿某一路径阵列。在绘制沿园路排列的树阵或园灯时，经常需要使用此阵列方式。

a. 执行方式

执行【路径阵列】命令的方法如下。

➢ 命令行：ARRAYPATH。

➢ 工具栏：单击【修改】工具栏中的【路径阵列】按钮。

➢ 菜单栏：执行【修改】|【阵列】|【路径阵列】命令，如图4-47所示。

➢ 功能区：在【默认】选项卡中，单击【修改】面板中的【路径阵列】按钮，如图4-48所示。

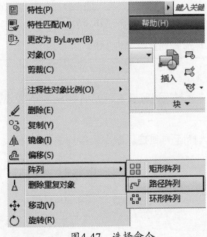

图4-47 选择命令　　　　　　图4-48 单击按钮

b. 操作步骤

执行上述任意一项操作，调用【路径阵列】命令，进入【阵列创建】选项卡。设置选项参数，路径阵列复制对象，如图4-49所示。

图4-49 【阵列创建】选项卡

c. 选项说明

【阵列创建】选项卡中各选项含义如下。

> 项目数：设置阵列复制的项目数。

> 介于：设置项目之间的间距。

> 总计：设置第1个项目与最后1个项目的间距。

　　【行】面板、【层级】面板中各选项的含义请参考【矩形阵列】命令的内容介绍。

【练习4-7】：路径阵列复制乔木

 介绍路径阵列复制乔木的方法，难度：☆

　　素材文件路径：素材\第4章\4-7 路径阵列复制乔木.dwg

　　效果文件路径：素材\第4章\4-7 路径阵列复制乔木-OK.dwg

　　视频文件路径：视频\第4章\4-7 路径阵列复制乔木.MP4

　　下面介绍路径阵列复制乔木的操作步骤。

01 单击快速访问工具栏中的【打开】按钮，打开"第4章\4-7 路径阵列复制乔木.dwg"素材文件，如图4-50所示。

02 执行【修改】|【阵列】|【路径阵列】命令，选择植物图例。命令行操作方法如下。

```
命令: _arraypath↙                                        //调用【路径阵列】命令
选择对象: 找到 1 个
选择对象://选择植物图例
类型 = 路径   关联 = 是
选择路径曲线:                                            //选择最外侧圆弧
选择夹点以编辑阵列或  [关联(AS)/方法(M)/基点(B)/切向(T)/项目(I)/行(R)/层(L)/对齐项目
(A)/Z 方向(Z)/退出(X)] <退出>: I↙                        //输入I，激活项目选项
指定沿路径的项目之间的距离或  [表达式(E)] <5618.1186>: 6500↙   //输入项目距离为6500
指定项目数或  [填写完整路径(F)/表达式(E)] <8>: 8↙          //输入项目数为8
选择夹点以编辑阵列或  [关联(AS)/方法(M)/基点(B)/切向(T)/项目(I)/行(R)/层(L)/对齐项目
(A)/Z 方向(Z)/退出(X)] <退出>: ↙                          //按Enter键，结束命令
```

03 路径阵列复制乔木的效果如图4-51所示。

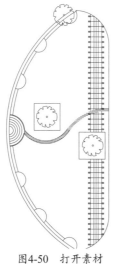

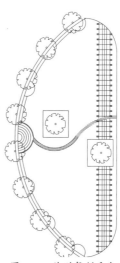

图4-50　打开素材　　　　　　　　　图4-51　阵列复制乔木

4.3 对象的移动、旋转和缩放

本节所介绍的编辑工具是对图形位置、角度进行调整及大小的缩放，此类工具在景观园林施工图绘制过程中使用非常频繁。

4.3.1 移动对象

【移动】命令是将图形从一个位置平移到另一位置，移动过程中图形的大小、形状和倾斜角度均不改变。

执行【移动】命令的方法如下。

a. 执行方式

➢ 命令行：MOVE或M。
➢ 工具栏：单击【修改】工具栏中的【移动】按钮⊕。
➢ 菜单栏：执行【修改】|【移动】命令，如图4-52所示。
➢ 功能区：在【默认】选项卡中，单击【修改】面板中的【移动】按钮移动，如图4-53所示。

图4-52 选择命令

图4-53 单击按钮

b. 操作步骤

执行上述任意一项操作，调用【移动】命令，操作过程如图4-54所示。命令行操作方法如下。

命令：M✔	//调用【移动】命令
MOVE	
选择对象：找到 1 个	//选择对象
选择对象：	
指定基点或 [位移(D)] <位移>：	//指定起点
指定第二个点或 <使用第一个点作为位移>：1500	//输入位移参数

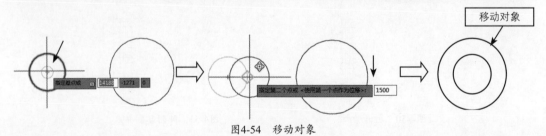

图4-54 移动对象

【练习4-8】：移动台灯

	介绍移动台灯的方法，难度：☆
	素材文件路径：素材\第4章\4-8 移动台灯.dwg
	效果文件路径：素材\第4章\4-8 移动台灯-OK.dwg
	视频文件路径：视频\第4章\4-8 移动台灯.MP4

下面介绍移动台灯的操作步骤。

01 单击快速访问工具栏中的【打开】按钮，打开"素材\第4章\4-8 移动台灯.dwg"素材文件，如图4-55所示。

02 执行【修改】|【移动】命令，选择台灯为移动对象。命令行操作方法如下。

```
命令：_move ↙                              //调用【移动】命令
选择对象：指定对角点：找到 29 个           //选择台灯
选择对象：
指定基点或 [位移(D)] <位移>：              //指定台灯底座线中点为基点
指定第二个点或 <使用第一个点作为位移>：     //指定桌面线中点为第二点
```

03 移动图形的效果如图4-56所示。

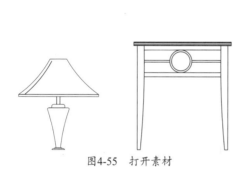

图4-55 打开素材

图4-56 移动图形

4.3.2 旋转对象

【旋转】命令是将图形对象绕一个固定的基点旋转一定的角度。逆时针旋转的角度为正值，顺时针旋转的角度为负值。

a. 执行方式

执行【旋转】命令的方法如下。

➤ 命令行：ROTATE或RO。

➤ 工具栏：单击【修改】工具栏中的【旋转】按钮 ○。

➤ 菜单栏：执行【修改】|【旋转】命令，如图4-57所示。

➤ 功能区：在【默认】选项卡中，单击【修改】面板中的【旋转】按钮 ○ 旋转，如图4-58所示。

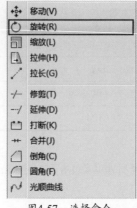

图4-57 选择命令 　　　　图4-58 单击按钮

b. 操作步骤

执行上述任意一项操作，调用【旋转】命令，旋转对象的过程如图4-59所示。命令行操作方法
如下。

```
命令: RO↙                                        //调用【旋转】命令
ROTATE
UCS 当前的正角方向: ANGDIR=逆时针 ANGBASE=0
找到 2 个
指定基点:
指定旋转角度, 或 [复制(C)/参照(R)] <0>: c↙         //选择【复制】选项
旋转一组选定对象。
指定旋转角度, 或 [复制(C)/参照(R)] <0>: 50↙         //输入旋转角度50°
```

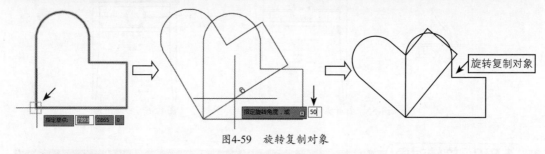

图4-59 旋转复制对象

c. 选项说明

命令行中各选项说明如下。

➢ 复制: 创建要旋转的对象的副本，并保留源对象。

➢ 参照: 按参照角度和指定的新角度旋转对象。

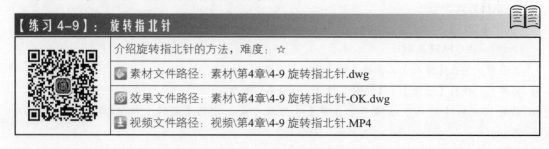

【练习4-9】: 旋转指北针

	介绍旋转指北针的方法，难度: ☆
	素材文件路径: 素材\第4章\4-9 旋转指北针.dwg
	效果文件路径: 素材\第4章\4-9 旋转指北针-OK.dwg
	视频文件路径: 视频\第4章\4-9 旋转指北针.MP4

下面介绍旋转指北针的操作步骤。

01 单击快速访问工具栏中的【打开】按钮，打开"素材\第4章\4-9 旋转指北针.dwg"素材文件，如图4-60所示。

02 执行【修改】|【旋转】命令，选择指北针和字母N作为旋转对象。命令行操作方法如下。

```
命令: _rotate↙                              //调用【旋转】命令
UCS 当前的正角方向: ANGDIR=逆时针 ANGBASE=0
选择对象: 指定对角点: 找到 6 个              //选择指北针和字母N
选择对象:                                    //按Enter键, 确定选择
指定基点:                                    //指定圆心为基点
指定旋转角度, 或 [复制(C)/参照(R)] <0>: -90↙  //输入旋转角度为-90°
```

03 旋转对象的效果如图4-61所示。

图4-60　打开素材

图4-61　旋转对象

4.3.3 缩放对象

【缩放】命令是将已有图形对象以基点为参照，进行等比例缩放，它可以调整对象的大小，使其在一个方向上按要求增大或缩小一定的比例。比例因子也就是缩小或放大的比例值，比例因子大于1时，使图形变大，反之则图形变小。

a. 执行方式

【缩放】命令有以下几种调用方法。

➤ 命令行：SCALE或SC。

➤ 工具栏：单击【修改】工具栏中的【缩放】按钮 。

➤ 菜单栏：执行【修改】|【缩放】命令，如图4-62所示。

➤ 功能区：在【默认】选项卡中，单击【修改】面板中的【缩放】按钮 ，如图4-63所示。

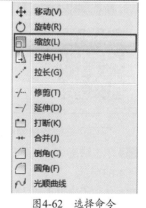

图4-62　选择命令

图4-63　单击按钮

b. 操作步骤

执行上述任意一项操作，调用【缩放】命令，放大图形的操作过程如图4-64所示。命令行操作方法如下。

```
命令：SC↙                                    //调用【缩放】命令
SCALE
选择对象：找到 1 个                           //选择对象
选择对象：
指定基点：                                   //指定图形左下角
指定比例因子或 [复制(C)/参照(R)]：2          //输入比例因子
```

图4-64　缩放对象

技巧提示

输入小于1的比例因子，图形被缩小。输入大于1的比例因子，图形被放大。

c. 选项说明

命令行主要选项介绍如下。

➢ 复制：用于在缩放的同时复制源对象。

➢ 参照：按参照长度和指定的新长度缩放所选对象。

【练习4-10】： 缩放植物图例

| 介绍缩放植物图例的方法，难度：☆ |
| 素材文件路径：素材\第4章\4-10 缩放植物图例.dwg |
| 效果文件路径：素材\第4章\4-10 缩放植物图例-OK.dwg |
| 视频文件路径：视频\第4章\4-10 缩放植物图例.MP4 |

下面介绍缩放植物图例的操作步骤。

01 单击快速访问工具栏中的【打开】按钮，打开"素材\第4章\4-10 缩放植物图例"素材文件，如图4-65所示。

02 执行【修改】|【缩放】命令，选择植物图例为缩放对象。命令行操作方法如下。

```
命令：_scale↙                               //调用【缩放】命令
选择对象：找到 1 个                           //选择左侧植物图例为缩放对象
选择对象：
指定基点：                                   //指定植物图例中心为基点
指定比例因子或 [复制(C)/参照(R)]：0.7↙       //输入比例因子为0.7
```

03 缩放植物图例的效果如图4-66所示。

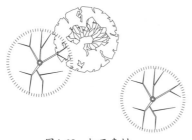
图4-65　打开素材

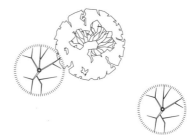
图4-66　缩放图例

4.4　编辑对象

有些图形在绘制完成后，很可能仍存在一些问题，如多了一根线条，或者某条线段画短或画长了等。这时我们可以不用重画，而是使用AutoCAD中的一些修改命令，如打断、拉伸、修剪、延伸等，对图形进行修改，轻松地达到要求。

4.4.1　修剪对象

【修剪】命令是将超出边界的多余部分修剪删除。与橡皮擦的功能相似，修剪操作可以修改直线、圆、弧、多段线、样条曲线和射线等。执行该命令时，要注意在选择修剪对象时光标所在的位置。需要删除哪一部分，则在该部分上单击。

a. 执行方式

执行【修剪】命令的方法如下。

➤ 命令行：TRIM或TR。
➤ 工具栏：单击【修改】工具栏中的【修剪】按钮。
➤ 菜单栏：执行【修改】|【修剪】命令，如图4-67所示。
➤ 功能区：在【默认】选项卡中，单击【修改】面板中的【修剪】按钮，如图4-68所示。

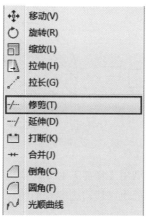
图4-67　选择命令

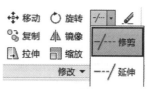
图4-68　单击按钮

b. 操作步骤

执行上述任意一项操作，调用【修剪】命令。命令行操作方法如下。

命令：TR↙   //调用【修剪】命令
TRIM
当前设置：投影=UCS，边=延伸
选择剪切边...
选择对象或 <全部选择>：找到 1 个   //选择对象
选择对象：
选择要修剪的对象，或按住 Shift 键选择要延伸的对象，或
[栏选(F)/窗交(C)/投影(P)/边(E)/删除(R)/放弃(U)]：指定对角点：指定对角点：

c. 选项说明

命令行主要选项介绍如下。

➢ 栏选：选择与选择栏相交的所有对象。选择栏是一系列临时线段，它们是用两个或多个栏选点指定的。选择栏不构成闭合环。

➢ 窗交：选择矩形区域（由两点确定）内部或与之相交的对象。

➢ 投影：指定修剪对象时使用的投影方式。

➢ 边：确定对象是在另一对象的延长边处进行修剪，还是仅在三维空间中与该对象相交的对象处进行修剪。

➢ 删除：删除选定的对象。此选项提供了一种用来删除不需要对象的简便方式，而无须退出 TRIM 命令。

d. 修剪方式

启用【修剪】命令，选择边界，例如单击圆形，将圆形指定为修剪边界。移动鼠标，从右下角至左上角拖出选框，选择要修剪的对象。以圆形为界线，选中的斜线段被删除，过程如图4-69所示。

假如需要修剪圆形内部的线段，利用上述方法，绘制选框，选择线段，结果是以圆形为界线，内部线段被删除。

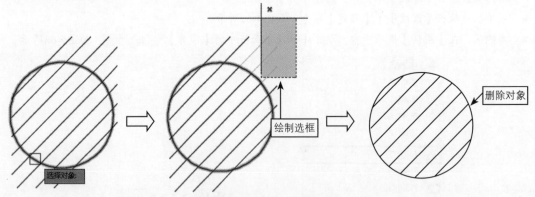

图4-69　修剪对象的过程

也可以将不连续、不闭合的图形指定为修剪界线。调用【修剪】命令，依次单击两段垂直线段，将线段指定为修剪边界。移动鼠标，拾取线段之间的水平线段为要修剪的对象。以两段垂直线段为边界，中间的水平线段被删除，如图4-70所示。

也可以不指定修剪边界，执行【修剪】命令。调用命令后，按两次Enter键，鼠标单击要修剪的对象即可。这是最常用的修剪方式。

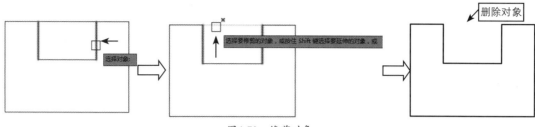

图4-70　修剪对象

【练习4-11】：修剪花架圆柱

	介绍修剪花架圆柱的方法，难度：☆☆
	素材文件路径：素材\第4章\4-11 修剪花架圆柱.dwg
	效果文件路径：素材\第4章\4-11 修剪花架圆柱-OK.dwg
	视频文件路径：视频\第4章\4-11 修剪花架圆柱.MP4

下面介绍修剪花架圆柱的操作步骤。

01 单击快速访问工具栏中的【打开】按钮，打开"素材\第4章\4-11 修剪花架圆柱.dwg"素材文件，如图4-71所示。

02 执行【修改】|【修剪】命令，修剪圆柱，命令行操作如下。

```
命令： _trim↙                              //调用【修剪】命令
当前设置:投影=UCS,边=无
选择剪切边...
选择对象或 <全部选择>:↙                     //按空格键，选中对全部对象
选择要修剪的对象，或按住 Shift 键选择要延伸的对象，或[栏选(F)/窗交(C)/投影(P)/边(E)/删
除(R)/放弃(U)]:                           //单击需要修剪的圆柱线
```

03 继续选择需要修剪的圆柱轮廓线，最终修剪结果如图4-72所示。

图4-71　打开素材　　　　　　　　图4-72　修剪对象

4.4.2　延伸对象

【延伸】命令是将没有和边界相交的部分延伸补齐，它和【修剪】命令是一组相对立的命令。

a. 执行方式

执行【延伸】命令的方法如下。

➢ 命令行：EXTEND或EX。
➢ 工具栏：单击【修改】工具栏中的【延伸】按钮-/。
➢ 菜单栏：执行【修改】|【延伸】命令，如图4-73所示。

➤ 功能区：在【默认】选项卡中，单击【修改】面板中的【延伸】按钮 ，如图4-74所示。

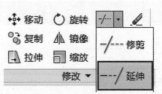

图4-73 选择命令　　　　　　　　图4-74 单击按钮

b. 操作步骤

执行上述任意一项操作，调用【延伸】命令，操作过程如图4-75所示。命令行操作方法如下。

```
命令：EX↙                                           //调用【延伸】命令
EXTEND
当前设置：投影=UCS，边=延伸
选择边界的边...
选择对象或 <全部选择>：找到 1 个                    //选择延伸边界
选择对象：
选择要延伸的对象，或按住 Shift 键选择要修剪的对象，或
[栏选(F)/窗交(C)/投影(P)/边(E)/放弃(U)]：指定对角点：指定对角点：
                                                    //选择要延伸的对象
```

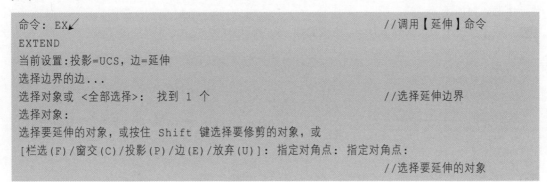

图4-75 延伸对象

【练习4-12】：延伸沙发轮廓线

介绍延伸沙发轮廓线的方法，难度：☆
📁 素材文件路径：素材\第4章\4-12 延伸沙发轮廓线.dwg
🎬 效果文件路径：素材\第4章\4-12 延伸沙发轮廓线-OK.dwg
📹 视频文件路径：视频\第4章\4-12 延伸沙发轮廓线.MP4

下面介绍延伸沙发轮廓线的操作步骤。

01 单击快速访问工具栏中的【打开】按钮，打开"素材\第4章\4-12 延伸沙发轮廓线.dwg"素材文件，如图4-76所示。

02 执行【修改】|【延伸】命令，延伸沙发。命令行操作方法如下。

```
命令: _extend ↙                                      //调用【延伸】命令
当前设置:投影=UCS，边=无
选择边界的边...
选择对象或 <全部选择>: 找到 1 个↙                    //选择沙发边界线
选择对象:
选择要延伸的对象，或按住 Shift键选择要修剪的对象，或[栏选(F)/窗交(C)/投影(P)/边(E)/
放弃(U)]:                                             //单击线段A
选择要延伸的对象，或按住 Shift 键选择要修剪的对象，或[栏选(F)/窗交(C)/投影(P)/边(E)/
放弃(U)]:                                             //单击线段B
选择要延伸的对象，或按住 Shift 键选择要修剪的对象，或[栏选(F)/窗交(C)/投影(P)/边(E)/
放弃(U)]:                                             //按空格键，结束命令
```

03 延伸轮廓线的效果如图4-77所示。

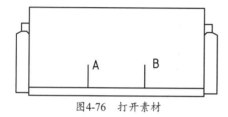

图4-76 打开素材

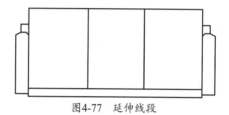

图4-77 延伸线段

技巧提示

在使用修剪命令中，选择修剪对象时按住Shift键，可以将该对象向边界延伸；在使用延伸命令中，选择延伸对象时按住Shift键，可以将该对象超过边界的部分修剪删除。这样操作省去更换命令的操作，大大提高绘图效率。

4.4.3 拉伸对象

【拉伸】命令是通过沿拉伸路径平移图形夹点的位置，使图形产生拉伸变形的效果。它可以对选择的对象按规定方向和角度拉升或缩短并且使对象的形状发生改变。在命令执行过程中，需要确定的参数有拉伸对象、拉伸基点的起点和拉伸位移。拉伸位移决定了拉伸的方向和距离。

a. 执行方式

执行【拉伸】命令的方法如下。

➢ 命令行：STRETCH或S。

➢ 工具栏：单击【修改】工具栏中的【拉伸】按钮。

➢ 菜单栏：执行【修改】|【拉伸】命令，如图4-78所示。

➢ 功能区：在【默认】选项卡中，单击【修改】面板中的【拉伸】按钮，如图4-79所示。

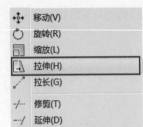

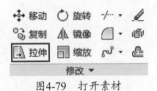

图4-78 选择命令　　　　　　　图4-79 打开素材

b. 操作步骤

执行上述任意一项操作，调用【延伸】命令，延伸线段的操作过程如图4-80所示。命令行操作方法如下。

```
命令: S↙                                    //调用【拉伸】命令
STRETCH
以交叉窗口或交叉多边形选择要拉伸的对象...
选择对象: 指定对角点: 找到 1 个
选择对象:                                    //绘制选框，选择对象
指定基点或 [位移(D)] <位移>:
指定第二个点或 <使用第一个点作为位移>:        //指定基点与第二点，拉伸对象
```

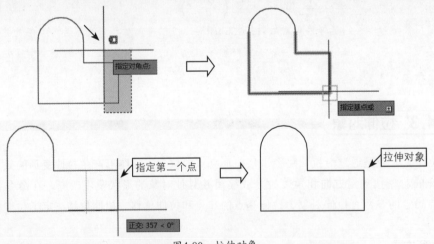

图4-80 拉伸对象

【练习4-13】：拉伸办公桌图形

介绍拉伸办公桌图形的方法，难度：☆☆
素材文件路径：素材\第4章\4-13 拉伸办公桌图形.dwg
效果文件路径：素材\第4章\4-13 拉伸办公桌图形-OK.dwg
视频文件路径：视频\第4章\4-13 拉伸办公桌图形.MP4

下面介绍拉伸办公桌图形的操作步骤。

01 单击快速访问工具栏中的【打开】按钮，打开"素材\第4章\4-13 拉伸办公桌图形.dwg"素材文件，如图4-81所示。

02 执行【修改】|【拉伸】命令，移动鼠标，从右上角至左上角拖出选框，选择办公桌。命令行操作方法如下。

```
命令: _stretch↙                              //调用【拉伸】命令
以交叉窗口或交叉多边形选择要拉伸的对象...
选择对象: 指定对角点: 找到 1 个                //选择办公桌
选择对象:
指定基点或 [位移(D)] <位移>:                 //指定A为基点
指定第二个点或 <使用第一个点作为位移>: 560↙    //输入位移为560，按空格键，结束命令
```

03 通过执行【拉伸】操作，更改办公桌的长度，效果如图4-82所示。

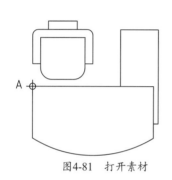
图4-81 打开素材

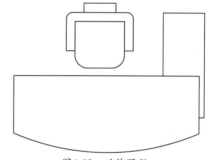
图4-82 延伸图形

操作点拨

通过单击选择和窗口选择获得的拉伸对象只能被平移，不能被拉伸。通过交叉选择获得的拉伸对象，如果所有夹点都落入选择框内，图形将发生平移；如果只有部分夹点落入选择框，图形将沿拉伸路径拉伸；如果没有夹点落入选择窗口，图形将保持不变。

4.4.4 合并对象

【合并】命令是指将相似的图形对象合并为一个整体。它可以将多个对象进行合并，对象包括圆弧、椭圆弧、直线、多段线和样条曲线等。

a. 执行方式

执行【合并】命令的方法如下。

➢ 命令行：JOIN或J。
➢ 工具栏：单击【修改】工具栏中的【合并】按钮 ++。
➢ 菜单栏：执行【修改】|【合并】命令，如图4-83所示。
➢ 功能区：在【默认】选项卡中，单击【修改】面板中的【合并】按钮 ++，如图4-84所示。

b. 操作步骤

执行上述任意一项操作，调用【合并】命令，合并线宽不同的线段，操作过程如图4-85所示。命令行操作方法如下。

```
命令：J↙                                    //调用【合并】命令
JOIN
选择源对象或要一次合并的多个对象：找到 1 个
选择要合并的对象：找到 7 个，总计 7 个            //选择对象
选择要合并的对象：
7 个对象已转换为 1 条多段线
```

执行上述操作后，线段的线宽被改变，与圆弧的线宽一致。经过【合并】操作后的对象，被组合为一个整体。

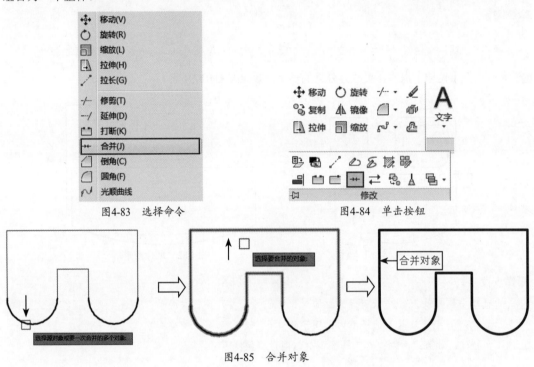

图4-83 选择命令   图4-84 单击按钮

图4-85 合并对象

4.4.5 打断对象

AutoCAD提供两个用来打断图形的命令，一个是【打断】命令，另一个是【打断于点】命令。本节介绍这两个命令的操作方法。

1. 打断

打断即在线条上创建两个打断点，从而将线条断开。在命令执行过程中，需要输入的参数有打断对象、打断第一点和第二点。第一点和第二点之间的图形部分则被删除。

a. 执行方式

执行【打断】命令的方法如下。

➢ 命令行：BREAK或BR。

➢ 工具栏：单击【修改】工具栏中的【打断】按钮 。

➢ 菜单栏：执行【修改】|【打断】命令，如图4-86所示。

➢ 功能区：在【默认】选项卡中，单击【修改】面板中的【打断】按钮 ，如图4-87所示。

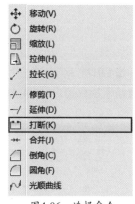

图4-86 选择命令

图4-87 单击按钮

b. 操作步骤

执行上述任意一项操作,调用【打断】命令。命令行操作方法如下。

```
命令: _break↙                                    //调用【打断】命令
选择对象://选择图形
指定第二个打断点 或 [第一点(F)]: F↙              //选择【第一点】选项
指定第一个打断点:
指定第二个打断点:                                //依次指定第一个、第二个打断点
```

选择对象后,如果直接在图形上单击鼠标左键,那么此时指定的是第二个打断点,该打断点可将图形分为两个部分。

输入F,选择【第一点】选项,需要依次指定第一个打断点、第二个打断点,如图4-88和图4-89所示。

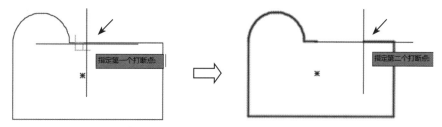

图4-88 指定第一个打断点　　　　图4-89 指定第二个打断点

执行上述操作后,结果是位于两个打断点之间的图形被删除,如图4-90所示。

2. 打断于点

打断于点是指通过指定一个打断点,将对象断开。在命令执行过程中,需要输入的参数有打断对象和第一个打断点。打断对象之间没有间隙。

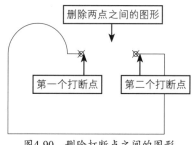

图4-90 删除打断点之间的图形

a. 执行方式

执行【打断于点】命令的方法如下。

- ➤ 命令行：BREAK或BR。
- ➤ 工具栏：单击【修改】工具栏中的【打断于点】按钮，如图4-91所示。
- ➤ 功能区：在【默认】选项卡中，单击【修改】面板中的【打断】按钮，如图4-92所示。

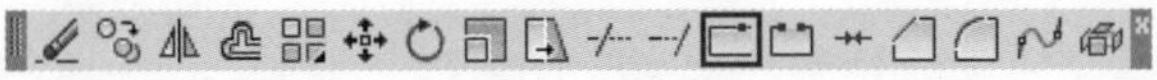

图4-91　单击按钮

图4-92　激活命令

b. 操作步骤

执行上述任意一项操作，调用【打断于点】命令。命令行操作方法如下。

```
命令：_break↙                                          //调用【打断】命令
选择对象：                                              //选择图形
指定第二个打断点 或 [第一点(F)]：_f↙                    //系统自动选择【第一点】选项
指定第一个打断点：
指定第二个打断点：@                                      //指定打断点
```

选择对象后，系统将自动选择【第一点】选项，并提示用户指定第一个打断点。指定打断点后，操作结束，随即退出命令。查看被打断后的图形，以打断点为界限，图形可被分为两个部分，如图4-93所示。

与【打断】命令不同，【打断于点】命令只能在某个点上打断图形，不能删除图形。

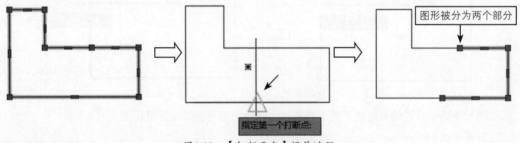

图4-93　【打断于点】操作过程

【练习4-14】：整理花坛轮廓线

介绍整理花坛轮廓线的方法，难度：☆☆
素材文件路径：素材\第4章\4-14 整理花坛轮廓线.dwg
效果文件路径：素材\第4章\4-14 整理花坛轮廓线-OK.dwg
视频文件路径：视频\第4章\4-14 整理花坛轮廓线.MP4

下面介绍整理花坛轮廓线的操作步骤。

01 单击快速访问工具栏中的【打开】按钮，打开"素材\第4章\4-14 整理花坛轮廓线.dwg"素材文件，如图4-94所示。

图4-94 打开素材

02 执行【修改】|【打断】命令，打断线段，命令行操作方法如下。

命令：_break ↙	//调用【打断】命令
选择对象：	//选择外侧圆弧
指定第二个打断点 或 [第一点(F)]：f↙	//输入F，选择【第一点】选项
指定第一个打断点：	//单击A点
指定第二个打断点：	//单击B点

03 执行上述操作后，A点与B点之间的线段被删除，效果如图4-95所示。

04 按Enter键，继续执行【打断】操作，效果如图4-96所示。

图4-95 打断线段   图4-96 最终效果

4.5 对象的倒角和圆角

在AutoCAD中，还有些图形在绘制完成后，需要将某些直角变为弧形。这时我们可以使用圆角和倒角命令，对图形进行修改，便可轻松地达到目的。

之前的版本，执行【倒角】命令或【圆角】命令，系统默认的只能对不平行的两条直线进行倒角处理。当要对用多段线绘制的轮廓进行倒角的话，需先执行【分解】命令，分解图形，再执行倒角操作。但是随着AutoCAD不断地升级改版，这一功能也得到了改进，现在已经可以直接对多段线进行【倒角】或【圆角】操作了。

4.5.1 倒角

【倒角】命令用于将两条非平行直线或多段线作出有斜度的倒角。倒角命令的使用分两步：第一步确定倒角的大小，通常通过【距离】选项确定；第二步是选定需要倒角的两条边。

a. 执行方式

执行【倒角】命令的方法如下。

➢ 命令行：CHAMFER或CHA。

➢ 工具栏：单击【修改】工具栏中的【倒角】按钮◿。

➢ 菜单栏：执行【修改】|【倒角】命令，如图4-97所示。

➢ 功能区：在【默认】选项卡中，单击【修改】面板中的【倒角】按钮◿ 倒角，如图4-98所示。

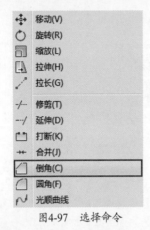

图4-97 选择命令

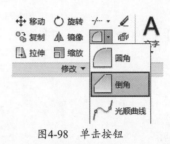

图4-98 单击按钮

b. 操作步骤

执行上述任意一项操作,调用【倒角】命令。命令行操作方法如下。

```
命令: CHA✓                              //调用【倒角】命令
CHAMFER
("修剪"模式) 当前倒角距离 1 = 0,距离 2 = 0
选择第一条直线或 [放弃(U)/多段线(P)/距离(D)/角度(A)/修剪(T)/方式(E)/多个(M)]: D✓
                                        //选择【距离】选项
指定第一个倒角距离 <0>: 200✓            //设置倒角距离
指定第二个倒角距离 <200>:                //按Enter键
选择第一条直线或 [放弃(U)/多段线(P)/距离(D)/角度(A)/修剪(T)/方式(E)/多个(M)]:
选择第二条直线,或按住 Shift 键选择直线以应用角点或 [距离(D)/角度(A)/方法(M)]:
                                        //选择第一条、第二条直线
```

设置【第一个倒角距离】参数后,系统会自动将参数赋予【第二个倒角距离】。在命令行提示【指定第二个倒角距离】时,按Enter键,即可将两个倒角距离设置为相同的值。

选择第二条直线时,可以预览倒角效果,如图4-99所示。

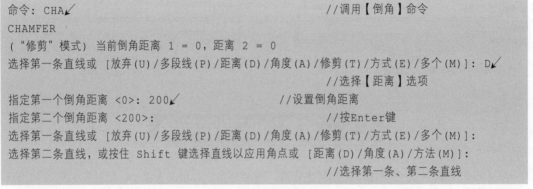

图4-99 倒角图形

c. 选项说明

命令行主要选项介绍如下。

➢ 多线段:对整个二维多段线倒角。相交多段线线段在每个多段线顶点被倒角。倒角成为多段线的新线段。如果多段线包含的线段过短以至于无法容纳倒角距离,则不对这些线段倒角。

➢ 距离:设定倒角斜边的距离。如果将两个距离均设定为零,CHAMFER将延伸或修剪两条直线,以使它们终止于同一点。可以将两个距离设置为相同的值,也可将两个距离设置为不同的值。

➤ **角度**：用第一条线的倒角距离和第二条线的角度设定倒角距离。命令行操作方法如下。

```
命令：CHA↙                                              //调用【倒角】命令
CHAMFER
（"修剪"模式）当前倒角距离 1 = 200，距离 2 = 200
选择第一条直线或 [放弃(U)/多段线(P)/距离(D)/角度(A)/修剪(T)/方式(E)/多个(M)]: A
                                                        //选择【角度】选项
指定第一条直线的倒角长度 <300>: 250↙                    //指定倒角长度
指定第一条直线的倒角角度 <60>: 50↙                      //指定倒角角度
选择第一条直线或 [放弃(U)/多段线(P)/距离(D)/角度(A)/修剪(T)/方式(E)/多个(M)]:
选择第二条直线，或按住 Shift 键选择直线以应用角点或 [距离(D)/角度(A)/方法(M)]:
                                                        //依次选择线段
```

➤ **修剪**：控制CHAMFER是否将选定的边修剪到倒角直线的端点，如图4-100和图4-101所示为修
  剪效果与不修剪效果的对比。命令行操作方法如下。

```
命令：CHA↙                                              //调用【倒角】命令
CHAMFER
（"修剪"模式）当前倒角距离 1 = 200，距离 2 = 200
选择第一条直线或 [放弃(U)/多段线(P)/距离(D)/角度(A)/修剪(T)/方式(E)/多个(M)]: T↙
                                                        //选择【修剪】选项
输入修剪模式选项 [修剪(T)/不修剪(N)] <修剪>: N↙       //选择【不修剪】选项
选择第一条直线或 [放弃(U)/多段线(P)/距离(D)/角度(A)/修剪(T)/方式(E)/多个(M)]:
选择第二条直线，或按住 Shift 键选择直线以应用角点或 [距离(D)/角度(A)/方法(M)]:
                                                        //选择线段，执行倒角操作
```

图4-100 修剪效果

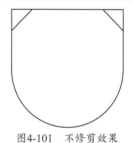

图4-101 不修剪效果

➤ **方式**：控制CHAMFER使用两个距离或是一个距离和一个角度来创建倒角。命令行操作方法
  如下。

```
命令：CHA↙                                              //调用【倒角】命令
CHAMFER
（"修剪"模式）当前倒角距离 1 = 200，距离 2 = 200
选择第一条直线或 [放弃(U)/多段线(P)/距离(D)/角度(A)/修剪(T)/方式(E)/多个(M)]: E↙
                                                        //选择【方式】选项
输入修剪方法 [距离(D)/角度(A)] <距离>: A↙              //选择【角度】选项
选择第一条直线或 [放弃(U)/多段线(P)/距离(D)/角度(A)/修剪(T)/方式(E)/多个(M)]:
选择第二条直线，或按住 Shift 键选择直线以应用角点或 [距离(D)/角度(A)/方法(M)]:
                                                        //依次选择线段，执行倒角操作
```

➤ **多个**：为多组对象的边倒角。

【练习4-15】: 倒角修剪冰箱轮廓线

	介绍倒角修剪冰箱轮廓线的方法，难度：☆
📖 素材文件路径：素材\第4章\4-15 倒角修剪冰箱轮廓线.dwg
◎ 效果文件路径：素材\第4章\4-15 倒角修剪冰箱轮廓线-OK.dwg
⬇ 视频文件路径：视频\第4章\4-15 倒角修剪冰箱轮廓线.MP4

下面介绍倒角修剪冰箱轮廓线的操作步骤。

01 单击快速访问工具栏中的【打开】按钮，打开"素材\第4章\4-15 倒角修剪冰箱轮廓线.dwg"素材文件，如图4-102所示。

02 执行【修改】|【倒角】命令，选择冰箱轮廓线。命令行操作方法如下。

```
命令: _chamfer↙                          //执行【倒角】命令
("修剪"模式) 当前倒角距离 1 = 0.0000，距离 2 = 0.0000
选择第一条直线或 [放弃(U)/多段线(P)/距离(D)/角度(A)/修剪(T)/方式(E)/多个(M)]: d↙
                                        //输入D，选择【距离】选项
指定第一个倒角距离 <0.0000>: 30↙          //输入第一个倒角距离为30
指定第二个倒角距离 <30.0000>: 30↙         //输入第二个倒角距离为30
选择第一条直线或 [放弃(U)/多段线(P)/距离(D)/角度(A)/修剪(T)/方式(E)/多个(M)]:
                                        //选择直线A
选择第二条直线，或按住 Shift 键选择直线以应用角点或 [距离(D)/角度(A)/方法(M)]: ↙
                                        //选择直线B，并按Enter键，结束命令
```

03 倒角修剪冰箱轮廓线的效果如图4-103所示。

04 按Enter键，重复执行【倒角】命令，最终效果如图4-104所示。

图4-102　打开素材

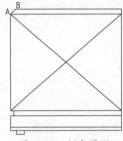

图4-103　倒角图形

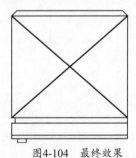

图4-104　最终效果

4.5.2　圆角

【圆角】名与【倒角】类似，它是将两条相交的直线通过一个圆弧连接起来。圆角命令的使用也可分为两步：第一步确定圆角大小，通常用【半径】确定；第二步选定两条需要圆角的边。

a. 执行方式

执行【圆角】命令的方法如下。

➢ 命令行：FILLET或F。

➢ 工具栏：单击【修改】工具栏中的【圆角】按钮⬜。

➢ 菜单栏：执行【修改】|【圆角】命令，如图4-105所示。

➢ 功能区：在【默认】选项卡中，单击【修改】面板中的【圆角】按钮⬜圆角，如图4-106所示。

图4-105　选择命令

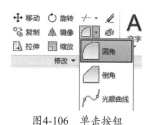

图4-106　单击按钮

b. 操作步骤

执行上述任意一项操作，调用【圆角】命令，修剪过程如图4-107所示。命令行操作方法如下。

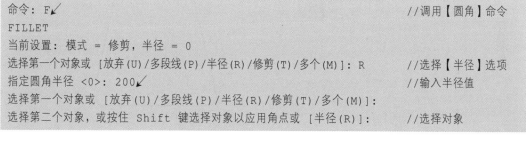

```
命令: F✔                                                    //调用【圆角】命令
FILLET
当前设置: 模式 = 修剪, 半径 = 0
选择第一个对象或 [放弃(U)/多段线(P)/半径(R)/修剪(T)/多个(M)]: R    //选择【半径】选项
指定圆角半径 <0>: 200✔                                       //输入半径值
选择第一个对象或 [放弃(U)/多段线(P)/半径(R)/修剪(T)/多个(M)]:
选择第二个对象，或按住 Shift 键选择对象以应用角点或 [半径(R)]:      //选择对象
```

图4-107　圆角修剪对象

延伸讲解

定义圆角圆弧的半径后，该值将成为后续【圆角】命令的修剪半径。修改此值并不影响现有的圆角圆弧。

【练习4-16】：圆角修剪椅子轮廓线

	介绍圆角修剪椅子轮廓线的方法，难度：☆
	素材文件路径：素材\第4章\4-16 圆角修剪椅子轮廓线.dwg
	效果文件路径：素材\第4章\4-16 圆角修剪椅子轮廓线-OK.dwg
	视频文件路径：视频\第4章\4-16 圆角修剪椅子轮廓线.MP4

下面介绍圆角修剪椅子轮廓线的操作步骤。

01 单击快速访问工具栏中的【打开】按钮，打开"素材\第4章\4-16 圆角修剪椅子轮廓线.dwg"素材文件，如图4-108所示。

02 执行【修改】|【圆角】命令，绘制圆角椅子。命令行操作方法如下。

```
命令: _fillet↙                              //调用【圆角】命令
当前设置: 模式 = 修剪,半径 = 0.0000
选择第一个对象或 [放弃(U)/多段线(P)/半径(R)/修剪(T)/多个(M)]: r↙
                                            //输入R,激活【半径】选项
指定圆角半径: 120↙                          //输入圆角半径为120
选择第一个对象或 [放弃(U)/多段线(P)/半径(R)/修剪(T)/多个(M)]: M↙
                                            //选择【多个】选项
选择第一个对象或 [放弃(U)/多段线(P)/半径(R)/修剪(T)/多个(M)]:
                                            //选择直线A
选择第二个对象,或按住 Shift 键选择对象以应用角点或 [半径(R)]:
                                            //选择直线B,并按空格键,结束命令
```

03 圆角修剪椅子轮廓线的效果如图4-109所示。

图4-108 打开素材   图4-109 圆角修剪

4.6 夹点编辑

所谓夹点,指的是图形对象上的一些实心的小方框,如端点、顶点、中点、中心点等,图形的位置和形状通常是由夹点的位置所决定的。在AutoCAD中,夹点是一种集成的编辑模式,利用夹点可以编辑图形的大小、位置、方向以及对图形进行镜像复制操作等。

4.6.1 使用夹点拉伸对象

在AutoCAD中,夹点是一种集成的编辑模式,提供了一种方便、快捷的操作途径。在不执行任何命令的情况下选择对象,显示其夹点,然后单击其中一个夹点作为拉伸基点,命令行提示拉伸点,指定拉伸点后,AutoCAD把对象拉伸或移动到新的位置。对于某些夹点,移动时只能移动对象而不能拉伸对象,如文字、块、直线中心、圆心、椭圆中心和点对象上的夹点。

【练习4-17】: 激活夹点拉伸线段

介绍激活夹点拉伸线段的方法,难度: ☆ ☆
素材文件路径: 素材\第4章\4-17 激活夹点拉伸线段.dwg
效果文件路径: 素材\第4章\4-17 激活夹点拉伸线段-OK.dwg
视频文件路径: 视频\第4章\4-17 激活夹点拉伸线段.MP4

下面介绍激活夹点拉伸线段的操作步骤。

01 单击快速访问工具栏中的【打开】按钮，打开"素材\第4章\4-17 激活夹点拉伸线段.dwg"素材文件，如图4-110所示。

02 选择需要拉伸的线段，显示若干夹点，并将光标置于目标夹点上，使之呈红色激活状态，如图4-111所示。

03 单击被激活夹点，向右移动至目标位置。命令行操作方法如下。

```
命令：
** 拉伸 **                                              //激活【拉伸】命令
指定拉伸点或 [基点(B)/复制(C)/放弃(U)/退出(X)]：6634↵      //输入拉伸点位移为6634
```

04 在目标点单击鼠标左键，拉伸线段的效果如图4-112所示。

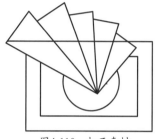 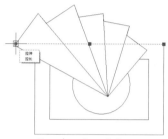 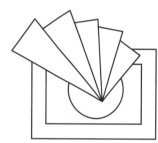

图4-110　打开素材　　　　　　　图4-111　激活夹点　　　　　　　图4-112　拉伸线段

4.6.2　使用夹点移动对象

移动对象仅仅是位置上的平移，对象的方向和大小并不会改变。要精确地移动对象，可使用捕捉模式、坐标、夹点和对象捕捉模式。在夹点编辑模式下确定基点后，在命令行提示下输入MO进入移动模式。

【练习4-18】：　激活夹点移动圆形

介绍激活夹点移动圆形的方法，难度：☆☆

素材文件路径：素材\第4章\4-18 激活夹点移动圆形.dwg

效果文件路径：素材\第4章\4-18 激活夹点移动圆形-OK.dwg

视频文件路径：视频\第4章\4-18 激活夹点移动圆形.MP4

下面介绍激活夹点移动圆形的操作步骤。

01 单击快速访问工具栏中的【打开】按钮，打开"素材\第4章\4-18 激活夹点移动圆形.dwg"素材文件，如图4-113所示。

02 选择目标圆，显示夹点，单击圆心夹点，此时夹点呈红色激活状态，如图4-114所示。

03 多次按Enter键，直至切换至MOVE模式。命令行操作方法如下。

```
命令：
** 拉伸 **
指定拉伸点或 [基点(B)/复制(C)/放弃(U)/退出(X)]：      //按Enter键，切换模式
```

** MOVE **
指定移动点 或 [基点(B)/复制(C)/放弃(U)/退出(X)]:   //移动至圆心A处

04 激活夹点移动圆形的效果如图4-115所示。

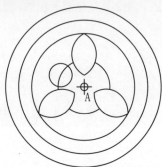

图4-113 打开素材

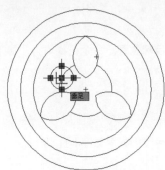

图4-114 激活夹点

图4-115 移动圆形

4.6.3 使用夹点旋转对象

在夹点编辑模式下，确定基点后，在命令行提示下输入RO进入旋转模式。指定旋转角度，可调整对象的角度。

【练习4-19】：激活夹点旋转复制图形

	介绍激活夹点旋转复制图形的方法，难度：☆ ☆
素材文件路径：素材\第4章\4-19 激活夹点旋转复制图形.dwg
效果文件路径：素材\第4章\4-19 激活夹点旋转复制图形-OK.dwg
视频文件路径：视频\第4章\4-19 激活夹点旋转复制图形.MP4

下面介绍激活夹点旋转复制图形的操作步骤。

01 单击快速访问工具栏中的【打开】按钮，打开"素材\第4章\4-19 激活夹点旋转复制图形.dwg"素材文件，如图4-116所示。

02 选择目标对象，显示夹点，单击激活夹点。命令行操作方法如下。

命令:
** 拉伸 **
指定拉伸点或 [基点(B)/复制(C)/放弃(U)/退出(X)]:   //按Enter键
** MOVE **
指定移动点 或 [基点(B)/复制(C)/放弃(U)/退出(X)]:   //按Enter键
** 旋转 **
指定旋转角度或 [基点(B)/复制(C)/放弃(U)/参照(R)/退出(X)]: B↙
                                            //选择【基点】选项
指定基点: //单击圆心，如图4-117所示
** 旋转 **
指定旋转角度或 [基点(B)/复制(C)/放弃(U)/参照(R)/退出(X)]: C↙
                                            //选择【复制】选项
** 旋转 (多重) **

指定旋转角度或 [基点(B)/复制(C)/放弃(U)/参照(R)/退出(X)]：119↙

//输入角度值，如图4-118所示

** 旋转 （多重） **

指定旋转角度或 [基点(B)/复制(C)/放弃(U)/参照(R)/退出(X)]：-119↙

//输入角度值，如图4-119所示

03 激活夹点，旋转复制图形的效果如图4-120所示。

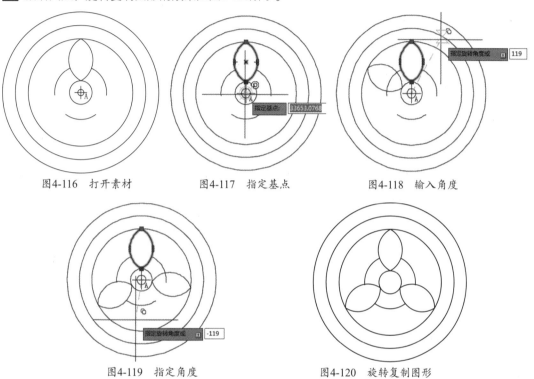

图4-116 打开素材   图4-117 指定基点   图4-118 输入角度

图4-119 指定角度   图4-120 旋转复制图形

4.6.4 使用夹点缩放对象

在夹点编辑模式下，确定基点后，在命令行提示下输入SC进入缩放模式。默认状态下，当确定了缩放的比例因子后，AutoCAD将相对于基点进行缩放对象操作。

【练习4-20】：激活夹点缩放图形

介绍激活夹点缩放图形的方法，难度：☆☆
📄 素材文件路径：素材\第4章\4-20 激活夹点缩放图形.dwg
⚙ 效果文件路径：素材\第4章\4-20 激活夹点缩放图形-OK.dwg
🎬 视频文件路径：视频\第4章\4-20 激活夹点缩放图形.MP4

下面介绍激活夹点缩放图形的操作步骤。

01 单击快速访问工具栏中的【打开】按钮，打开"素材\第4章\4-20 激活夹点缩放图形.dw"素材文件，如图4-121所示。

02 选择目标圆，显示夹点，如图4-122所示。

图4-121　打开素材

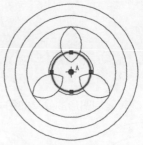

图4-122　显示夹点

03 光标置于圆心夹点之上，单击激活基点，如图4-123所示。命令行操作方法如下。

```
命令:
** 拉伸 **
指定拉伸点或 [基点(B)/复制(C)/放弃(U)/退出(X)]:                        //按Enter键
** MOVE **
指定移动点 或 [基点(B)/复制(C)/放弃(U)/退出(X)]:                      //按Enter键
** 旋转 **
指定旋转角度或 [基点(B)/复制(C)/放弃(U)/参照(R)/退出(X)]:              //按Enter键
** 比例缩放 **
指定比例因子或 [基点(B)/复制(C)/放弃(U)/参照(R)/退出(X)]: 0.5↙        //输入比例因子
```

04 激活夹点缩小图形的效果如图4-124所示。

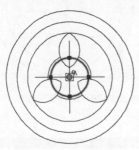

图4-123　激活夹点

图4-124　缩小圆形的效果

4.6.5　使用夹点镜像对象

与镜像命令的功能相似，镜像操作后将删除原对象。在夹点编辑模式下，确定基点后，在命令行提示下输入MI进入镜像模式。

【练习4-21】：激活夹点镜像图形

介绍激活夹点镜像图形的方法，难度：☆☆
素材文件路径：素材\第4章\4-21 激活夹点镜像图形.dwg
效果文件路径：素材\第4章\4-21 激活夹点镜像图形-OK.dwg
视频文件路径：视频\第4章\4-21 激活夹点镜像图形.MP4

下面介绍激活夹点镜像图形的操作步骤。

01 单击快速访问工具栏中的【打开】按钮，打开"素材\第4章\4-21 激活夹点镜像图形.dwg"素材文件，如图4-125所示。

02 选择图形，显示夹点，如图4-126所示。

03 光标置于圆心夹点之上，待夹点显示红色，如图4-127所示。单击鼠标左键，激活夹点。

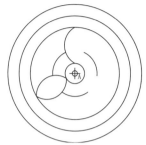　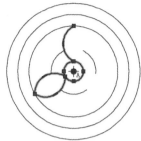　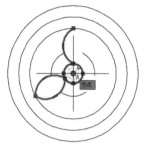

图4-125　打开素材　　　　图4-126　选择图形　　　　图4-127　激活夹点

04 命令行提示如下。

```
命令：
** 拉伸 **
指定拉伸点或 [基点(B)/复制(C)/放弃(U)/退出(X)]:          //按Enter键
** MOVE **
指定移动点 或 [基点(B)/复制(C)/放弃(U)/退出(X)]:          //按Enter键
** 旋转 **
指定旋转角度或 [基点(B)/复制(C)/放弃(U)/参照(R)/退出(X)]:  //按Enter键
** 比例缩放 **
指定比例因子或 [基点(B)/复制(C)/放弃(U)/参照(R)/退出(X)]:  //按Enter键
** 镜像 **
指定第二点或 [基点(B)/复制(C)/放弃(U)/退出(X)]: C↙         //选择【复制】选项
** 镜像 (多重) **
指定第二点或 [基点(B)/复制(C)/放弃(U)/退出(X)]:           //如图4-128所示
```

05 激活夹点向右镜像复制图形的效果如图4-129所示。

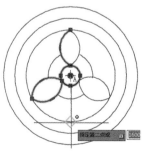　　　　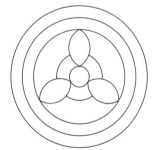

图4-128　指定第二个点　　　　图4-129　进行复制图形

4.6.6　设置夹点的方法

夹点的设置主要包括夹点大小和颜色。执行【工具】|【选项】命令，系统将弹出【选项】对话框，打开【选择集】选项卡，如图4-130所示，在其中可对夹点特性进行设置。

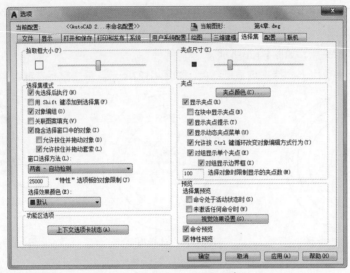

图4-130　设置夹点参数

　　默认状态下，夹点是打开的。对于块来说，在默认状态下夹点是关闭的。当块的夹点关闭后，在选择块时只能看到唯一的夹点，即插入点。一旦块的夹点打开，即可看到其上的所有夹点，如图4-131所示。

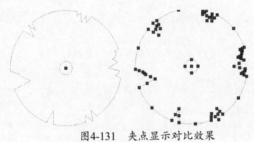

图4-131　夹点显示对比效果

4.7　思考与练习

1. 选择题

（1）【删除】命令的快捷键是（　　）。

A. C　　　　　　　　　　B. L　　　　　　　　　　C. E　　　　　　　　　　D. A

（2）【修剪】命令的工具按钮是（　　）。

A. ⚡　　　　　　　　　B. ⚡　　　　　　　　　C. 🖊　　　　　　　　　D. 🔲

（3）调用【圆角】命令编辑图形对象，需要设置圆角的（　　）参数。

A. 半径　　　　　　　　B. 数目　　　　　　　　C. 角度　　　　　　　　D. 范围

（4）在使用【旋转】命令编辑图形时，输入（　　），选择【复制】选项，可以旋转复制对象。

A. N　　　　　　　　　　B. W　　　　　　　　　　C. Y　　　　　　　　　　D. C

（5）使用【拉伸】命令拉伸对象，必须（　　）拉出选框选择待编辑的部分。

A. 从右至左　　　　　　B. 从左至右　　　　　　C. 从上到下　　　　　　D. 从下到上

2. 操作题

（1）调用O【偏移】命令，设置偏移距离为150，选择中心线向两侧偏移。修改偏移得到的线段为实线，结果如图4-132所示。

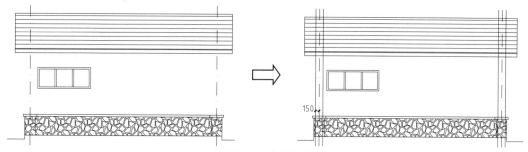

图4-132　偏移线段

（2）调用TR【修剪】命令，修剪线段，完善图形的效果如图4-133所示。

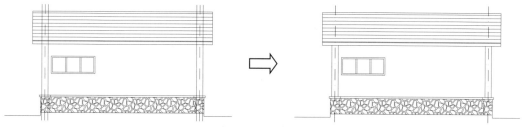

图4-133　修剪线段

（3）调用MI【镜像】命令，选择立面窗，拾取屋顶轮廓线的中点，绘制镜像线，向右镜像复制立面窗，效果如图4-134所示。

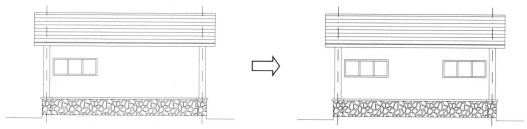

图4-134　镜像复制立面窗

本章介绍为图形创建文字标注和尺寸标注的方法。其中详细介绍了
创建与编辑尺寸标注样式和文字标注样式的方法，以及多重引线标注的
方法。

第 5 章

AutoCAD文字标注与尺寸标注

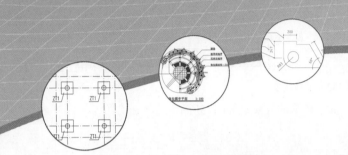

5.1 创建和编辑文字标注

文字是园林施工图的重要组成部分，在图签、说明、图纸目录等处都要用到文字。本节讲述
文字样式的创建、文本的输入和编辑方法。

5.1.1 创建文字样式

文字样式是对同一类文字格式设置的集合，包括字体、字高、显示效果等。在标注文字前，
应首先定义文字样式，以指定字体、高度等参数，然后用定义好的文字样式进行标注。

a. 执行方式

创建文字样式的方法如下。

➤ 命令行：STYLE或ST。

➤ 工具栏：单击【样式】工具栏中的【文字样式】按钮A。

➤ 菜单栏：执行【格式】|【文字样式】命令，如图5-1所示。

➤ 功能区：在【默认】选项卡中，单击【注释】面板中的【文字样式】按钮A，如图5-2所示。

图5-1　选择命令

图5-2　单击按钮

b. 操作步骤

执行上述任意一项操作，即可打开【文字样式】对话框，如图5-3所示。在【样式】列表框中显示当前视图中已有的文字样式，选择样式，修改右侧的选项参数，可以调整文字的显示效果。

单击右上角的【新建】按钮，打开【新建文字样式】对话框，如图5-4所示。设置样式名称，单击【确定】按钮，即可创建新样式。

c. 选项说明

【文字样式】对话框中常用选项含义如下。

➤ 【样式】列表框：列出了当前可以使用的文字样式，默认文字样式为Standard（标准）。

➤ 【SHX字体】下拉列表框：在该下拉列表框中可以选择不同的字体，如宋体字、黑体字等。

➤ 【高度】文本框：该参数可用于控制文字高度，也就是控制文字的大小。

➤ 【颠倒】复选框：勾选该复选框之后，文字方向将反转。

➤ 【反向】复选框：勾选该复选框，文字的阅读顺序将与开始输入的文字顺序相反。如文字的输入顺序从左到右，反向之后文字顺序就变成从右到左。

➤ 【宽度因子】文本框：该参数用于控制文字的宽度。

➤ 【倾斜角度】文本框：控制文字的倾斜角度，只能输入-85°～85°的角度值，超过这个区间的角度值将无效。

图5-3　【文字样式】对话框

图5-4　【新建文字样式】对话框

延伸讲解

颠倒和反向效果只对单行文字有效，对于多行文字无效。【倾斜角度】参数只对多行文字有效。

【练习5-1】：创建园林制图文字样式

| 介绍创建园林制图文字样式的方法，难度：☆ |
| 🍃 素材文件路径：无 |
| ⊙ 效果文件路径：素材\第5章\5-1 创建园林制图文字样式-OK.dwg |
| ⬇ 视频文件路径：视频\第5章\5-1 创建园林制图文字样式.MP4 |

下面介绍创建园林制图文字样式的操作步骤。

01 单击快速访问工具栏中的【新建】按钮▢，新建空白文件。

02 执行【格式】|【文字样式】命令，系统弹出如图5-5所示的【文字样式】对话框。

03 单击【新建】按钮，输入样式名为"标注文字"，如图5-6所示。

图5-5 【文字样式】对话框

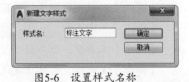

图5-6 设置样式名称

04 单击【确定】按钮，系统返回【文字样式】对话框，在字体名下拉列表框中选择gbenor.shx，大字体为gbcbig.shx，如图5-7所示。

图5-7 选择字体

05 单击【新建】按钮，新建【汉字】文字标注样式，选择字体为【仿宋】，如图5-8所示。

06 单击【关闭】按钮，关闭对话框，结束创建文字样式的操作。

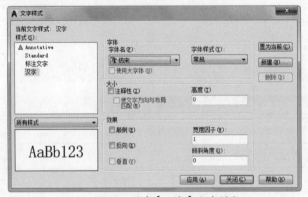

图5-8 创建【汉字】文字样式

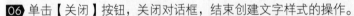

5.1.2 创建单行文字

文字样式创建完成后，即可使用文字工具输入相应的文字。对于像【深水区】、【浅水区】、【入口广场】之类简短、字体单一的文字，通常使用【单行文字】命令进行文字输入。

a. 执行方式

执行【单行文字】命令的方法如下。

➤ 命令行：TEXT或DT。

➤ 菜单栏：执行【绘图】|【文字】|【单行文字】命令，如图5-9所示。

➤ 工具栏：单击【文字】工具栏中的【单行文字】按钮A̲。

➤ 功能区：在【默认】选项卡中，单击【注释】面板中的【单行文字】按钮 A 单行文字，如图5-10所示。

图5-9　选择命令

图5-10　单击按钮

b. 操作步骤

执行上述任意一项操作，调用【单行文字】命令。命令行操作方法如下。

```
命令：_text↙                                              //调用【单行文字】命令
当前文字样式："标注文字"　文字高度：1687　注释性：否　对正：左
指定文字的起点　或　[对正(J)/样式(S)]：J↙                  //选择【对正】选项
输入选项　[左(L)/居中(C)/右(R)/对齐(A)/中间(M)/布满(F)/左上(TL)/中上(TC)/右上(TR)/左
中(ML)/正中(MC)/右中(MR)/左下(BL)/中下(BC)/右下(BR)]：L↙   //选择【左】选项
指定文字的起点：                            //在合适位置单击鼠标左键，指定起点
指定高度 <1687>：500↙                        //输入文字高度
指定文字的旋转角度 <270>：0↙                 //输入角度
```

调用命令后，在绘图区域单击鼠标左键，可指定文字的起点，并依次指定文字的高度与角度，显示在位编辑文本框，输入单行文字，如图5-11所示。

图5-11　输入文字

输入完毕之后，移动鼠标，在空白区域单击左键，如图5-12所示。接着按Enter键，退出命令。创建单行文字的效果如图5-13所示。

图5-12　单击鼠标左键

图5-13　创建单行文字

c. 选项说明

命令行主要选项介绍如下。

➤ 指定文字的起点：默认状态下，所指定的起点位置即是文字行基线的起点位置。

➤ 对正：可以设置文字的对正方式，如对齐、布满、左上、中上等。

➤ 样式：可以设置当前使用的文字样式。即可以在命令行中直接输入文字样式的名称，也可以输入【？】，在"AutoCAD 文本窗口"中显示当前图形已有的文字样式。

【练习5-2】： 输入图名

介绍输入图名的方法，难度：☆
📄 素材文件路径：素材\第5章\5-2 输入图名.dwg
🌐 效果文件路径：素材\第5章\5-2 输入图名-OK.dwg
⬇ 视频文件路径：视频\第5章\5-2 输入图名.MP4

下面介绍输入图名的操作步骤。

01 单击快速访问工具栏中的【打开】按钮📂，打开"素材\第5章\5-2 输入图名.dwg"素材文件，如图5-14所示。

02 执行【绘图】|【文字】|【单行文字】命令，输入单行文字。命令行操作方法如下。

```
命令： _text↙                                    //调用【单行文字】命令
当前文字样式："汉字"  文字高度： 2.5000  注释性： 否  对正： 左
指定文字的起点 或 [对正(J)/样式(S)]：          //在下画线左端指定文字起点
指定高度 <2.5000>： 250↙                       //输入文字高度为250
指定文字的旋转角度 <0>：                        //按空格键，确定文字旋转角度为0°
命令：                                          //按Esc键，退出命令
```

03 输入图名的效果如图5-15所示。

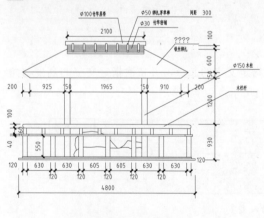

图5-14　打开素材

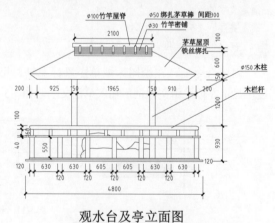

观水台及亭立面图

图5-15　输入效果

5.1.3　添加特殊符号

在实际设计绘图的过程中，往往需要标注一些特殊的字符。由于这些特殊字符不能从键盘上直接输入，因此AutoCAD提供了相应的控制符，以满足标注要求。常用的一些控制符如表 5-1 所示。

表 5-1　特殊符号的代码及含义

控 制 符	含 义
%%C	φ（直径符号）
%%P	±（正负公差符号）
%%D	°（度）
%%O	$\overline{o}$（上画线）
%%U	<u>U</u>（下画线）

技巧提示

在AutoCAD的控制符中，%%O和%%U分别是上画线与下画线的开关。第一次出现此符号时，可打开上画线或下画线；第二次出现此符号时，则会关掉上画线或下画线。

执行【多行文字】命令，即可进入【文字编辑器】选项卡。在【插入】面板上单击【符号】按钮，弹出的列表将显示各种类型的符号，包括度数、正/负、直径等，如图5-16所示。

在列表中选择符号，例如选择【正/负】符号，可以将符号插入正在输入的文本中，如图5-17所示。

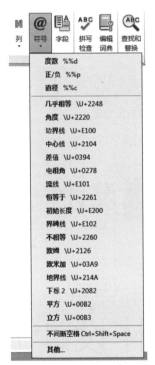

图5-16　符号列表

图5-17　插入符号

5.1.4　编辑文字

编辑文字包括编辑文字的内容、对正方法及缩放比例。

a. 执行方式

执行【编辑文字】命令的方法如下。

➢ 命令行：DDEDIT或ED。

> 工具栏：单击【文字】工具栏中的【编辑文字】按钮，如图5-18所示。
> 菜单栏：执行【修改】|【对象】|【文字】|【编辑】命令，如图5-19所示。

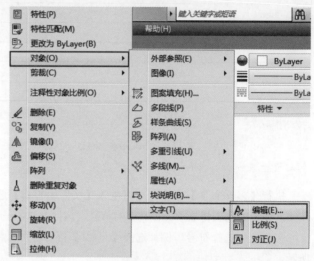

图5-18　单击按钮　　　　　　　　　　　　　　　图5-19　选择命令

b. 操作步骤

执行上述任意一项操作，调用【编辑文字】命令。命令行提示如下。

```
命令：_textedit↙                                    //调用【编辑文字】命令
当前设置：编辑模式 = Multiple
选择注释对象或 [放弃(U)/模式(M)]：               //选择对象
```

选择要编辑的文字对象，进入文字编辑器，再选择要修改的文字，如图5-20所示。

图5-20　选择文字

输入新文字，在空白区域单击鼠标左键，退出命令，修改结果如图5-21所示。

图5-21　修改结果

5.1.5　创建多行文字

对于字数较多，字体变化较为复杂，甚至字号不一的文字，通常可使用【多行文字】命令进行文字输入。与单行文字不同的是，多行文字整体是一个文字对象，每一单行不再是单独的文字对象，也不能单独编辑。在园林设计中可应用于创建设计说明，注意事项等。

a. 执行方式

执行【多行文字】命令的方法如下。

➢ 命令行：MTEXT、MT或T。

➢ 工具栏：单击【文字】工具栏中的【多行文字】按钮**A**。

➢ 菜单栏：执行【绘图】|【文字】|【多行文字】命令，如图5-22所示。

➢ 功能区：在【默认】选项卡中，单击【注释】面板中的【多行文字】按钮**A** 多行 文字，如图5-23所示。

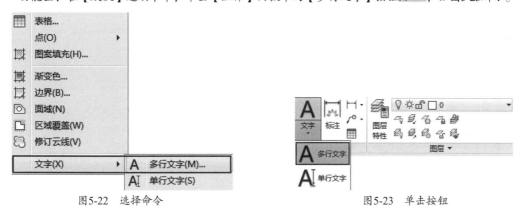

图5-22 选择命令　　　　　　　　　　　　　　　图5-23 单击按钮

b. 操作步骤

执行上述任意一项操作，调用【多行文字】命令。命令行操作方法如下。

```
命令：_mtext↙                                          //调用【多行文字】命令
当前文字样式："Standard" 文字高度：50 注释性：否
指定第一角点：
指定对角点或 [高度(H)/对正(J)/行距(L)/旋转(R)/样式(S)/宽度(W)/栏(C)]：
                                              //指定对角点，弹出文字编辑器
```

启用命令后，在绘图区域中单击指定起点，再向右下角移动光标，指定对角点。同时显示文字编辑器，如图5-24所示。

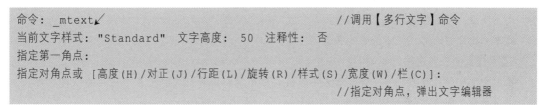

图5-24 显示文字编辑器

进入【文字编辑器】选项卡，在【样式】面板、【格式】面板、【段落】面板以及其他面板中设置参数，可控制多行文字的外观样式，如图5-25所示。

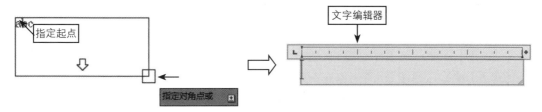

图5-25 【文字编辑器】选项卡

在文字编辑器中输入文字，移动光标，在空白区域单击鼠标左键，退出命令。创建多行文字的效果如图5-26所示。

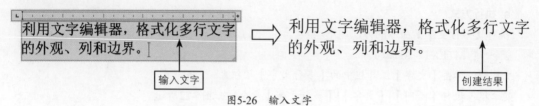

图5-26　输入文字

c. 选项说明

命令行常用选项介绍如下。

➤ 高度：指定文字的高度。
➤ 对正：选择文字的对正方式。
➤ 行距：与Word中相似，表示文字的行间距。
➤ 旋转：可设置文本框的角度，从而确定文字的旋转角度。
➤ 样式：输入样式名称，选择文字样式。
➤ 宽度：可以设计文本框的宽度，从而约束文字排版。
➤ 栏：设置可输入的文字栏数。

d.【文字编辑器】选项卡选项说明

【样式】面板各选项含义如下。

➤ 样式列表：在列表中显示已创建的文字样式。
➤ 注释性：为新的或者选定的多行文字启用或者禁用注释性。
➤ 文字高度：设置字高参数。
➤ 遮罩：在文字背后放置不透明的背景。

【格式】面板各选项含义如下。

➤ 【匹配文字格式】按钮：将选定文字的格式应用到相同多行文字对象中的其他字符。再次单击该按钮，或者按Esc键退出匹配格式。
➤ 【粗体】按钮**B**：为新的或选定的多行文字启用或禁用粗体格式。
➤ 【斜体】按钮*I*：为新的或选定的多行文字启用或禁用斜体格式。
➤ 【删除线】按钮A：为新的或选定的多行文字启用或禁用删除线格式。
➤ 【下画线】按钮U：为多行文字添加或删除下画线。
➤ 【上画线】按钮Ō：为多行文字添加或删除上画线。
➤ 【堆叠】按钮：在多行文字对象和多重引线中堆叠分数和公差格式的文字。利用斜线（/）垂直堆叠分数，利用磅字符（#）沿对角方向堆叠分数，利用插入符号（^）可以堆叠公差，如图5-27所示。

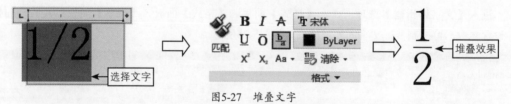

图5-27　堆叠文字

➤ 【上标】按钮X^2：将选定的文字转为上标，如图5-28所示。

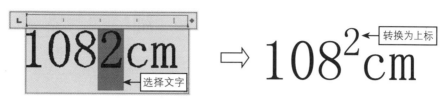

图5-28　转为上标文字

> 【下标】按钮X_2：将选定的文字转为下标。

> 【改变大小写】按钮<u>Aa ▾</u>：单击按钮，向下弹出列表。选择选项，更改选定文字的大小写，如图5-29所示。

> 【字体】选项：指定新文字的字体，或者更改选定文字的字体，如图5-30所示。

图5-29　弹出列表　　　　　　　　　　　图5-30　字体

> 【颜色】选项：在列表中选择颜色，如图5-31所示，为新文字指定颜色，或者更改选定文字的颜色。选择【更多颜色】选项，打开【选择颜色】对话框，如图5-32所示。其可提供多种颜色供用户选用。

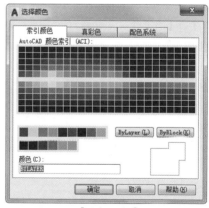

图5-31　选择颜色　　　　　　　　　　　图5-32　【选择颜色】对话框

> 【清除】按钮<u>清除 ▾</u>：单击该按钮，向下弹出列表。选择某选项，删除字符、段落的格式，或者删除所有的格式，如图5-33所示。

　　【段落】面板中各选项含义如下。

> 【对正】按钮<u>A</u>：单击该按钮，向下弹出列表。选择某选项，指定新文字或者选定文字的对正样式，如图5-34所示。

图5-33 弹出列表 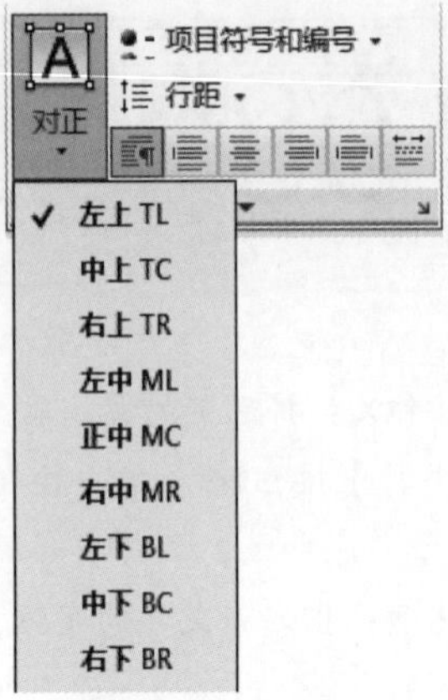　　　　　　　　　图5-34 对正列表

➤ 【项目符号和编号】按钮：单击该按钮，向下弹出列表，如图5-35所示。为选定的文字添加项目符号或者编号，如图5-36所示。

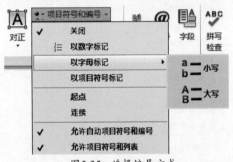

图5-35 选择编号方式

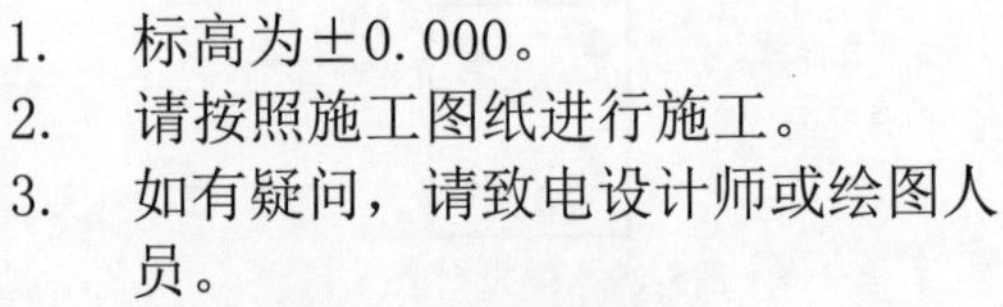

1. 标高为±0.000。
2. 请按照施工图纸进行施工。
3. 如有疑问，请致电设计师或绘图人员。

图5-36 添加数字编号

➤ 【行距】按钮：单击该按钮，向下弹出列表，可显示各种类型的行距，如图5-37所示。选择某选项，可为选中的文字添加行距。选择【清除行间距】选项，可删除选定文字的行距。

➤ 段落对齐方式 ：从左至右，分别是【默认】、【左对齐】、【居中】、【右对齐】、【对正】、【分散对齐】。单击某按钮，可更改选中段落的对齐方式。

　　【插入】面板各选项含义如下。

➤ 【列】按钮：单击该按钮，向下弹出列表，如图5-38所示。选择某选项，可为选定的段落设置分栏方式。选择【分栏设置】选项，打开【分栏设置】对话框，如图5-39所示，设置分栏参数。

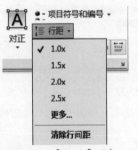

图5-37 【行距】列表

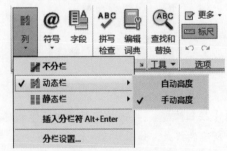

图5-38 【分栏】列表

➤ 【符号】按钮：单击该按钮，向下弹出符号列表，如图5-40所示。选择某选项，可将符号插入当前文本中。

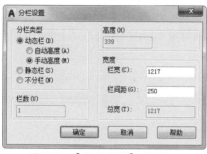

图5-39　【分栏设置】对话框

图5-40　符号列表

- ➤ 【字段】按钮：单击该按钮，打开【字段】对话框，如图5-41所示。选择字段，单击【确定】
  按钮，将字段插入当前文本中。
- ➤ 【查找和替换】按钮：单击该按钮，打开【查找和替换】对话框，如图5-42所示。在【查
  找】、【替换为】文本框中输入文字，单击【替换】按钮，执行替换操作。

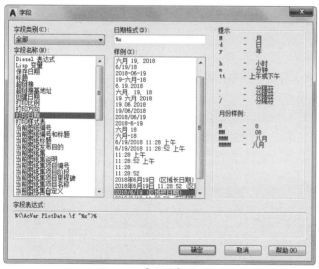

图5-41　【字段】对话框

图5-42　【查找和替换】对话框

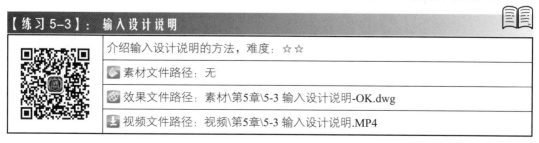

【练习5-3】：　输入设计说明

	介绍输入设计说明的方法，难度：☆☆
素材文件路径：	无
效果文件路径：	素材\第5章\5-3 输入设计说明-OK.dwg
视频文件路径：	视频\第5章\5-3 输入设计说明.MP4

下面介绍输入设计说明的操作步骤。

01 单击快速访问工具栏中的【新建】按钮🗋，新建空白文件。

02 执行【绘图】|【文字】|【多行文字】命令，创建多行文字，命令行操作方法如下。

```
命令：_mtext↙                              //执行【多行文字】命令
当前文字样式："汉字"  文字高度：250.0000  注释性：否
指定第一角点：                             //在绘图区域指定任意点为第一个角点
指定对角点或 [高度(H)/对正(J)/行距(L)/旋转(R)/样式(S)/宽度(W)/栏(C)]：
                                          //指定文本框大小，确定对角点
```

03 在文本框中输入【设计总说明】，然后在文字编辑器中修改字体大小为200，继续输入设计说明内容，效果如图5-43所示。

04 选择"设计总说明"文字，单击【文字编辑器】中的【居中】按钮🖹，如图5-44所示。

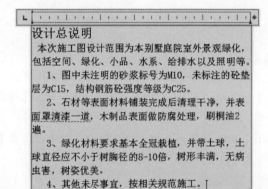

图5-43　输入文字效果

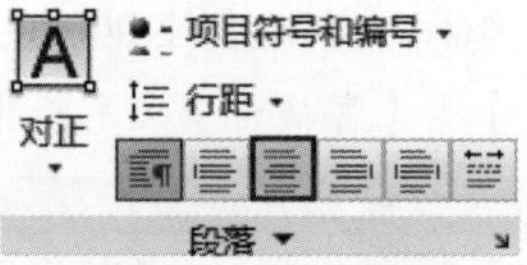

图5-44　单击按钮

05 【居中对齐】文字的效果如图5-45所示。

06 对其他的文字稍做调整，使其整体美观，设计说明最终效果如图5-46所示。

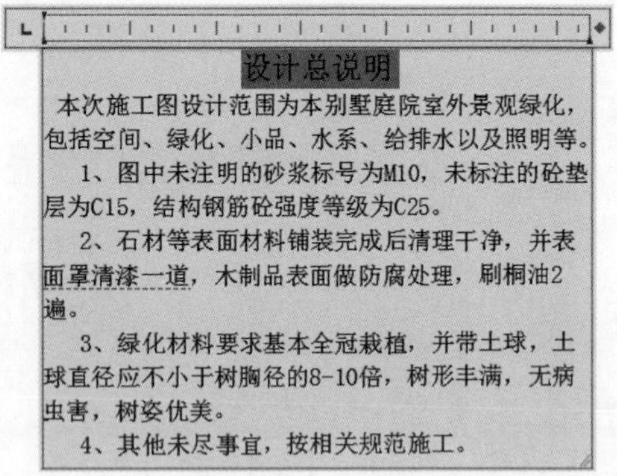

图5-45　居中对齐

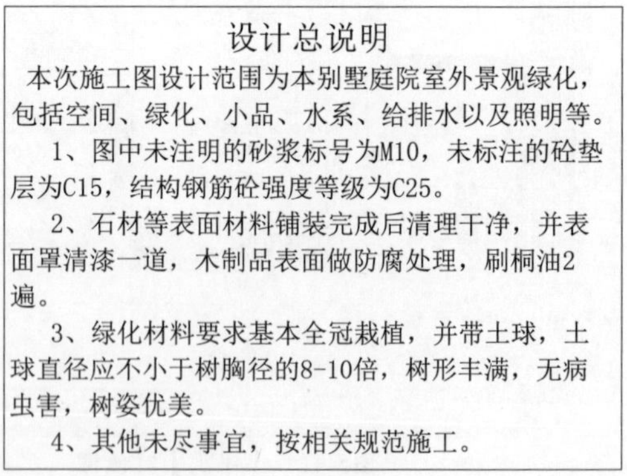

图5-46　创建效果

5.2　尺寸标注概述

由于尺寸标注是对图形对象形状和位置的定量化说明，也是工程施工的重要依据，因而标注图形尺寸是一般绘图中不可缺少的步骤。园林图纸的特点是道路、水池等不规则的图形要素较多，无法进行精确的标注，通常是采用定位方格网或只标注出道路的宽度、坡度和转弯处半径，其他尺寸由施工人员在现场施工中灵活掌握。

5.2.1 AutoCAD尺寸标注的组成

　　AutoCAD中标注包含的内容很丰富，主要包括长度、角度、直径/半径、弧长、坐标、引线、公差等，如图5-47所示。

　　尺寸标注是制图中的一个重要的内容。一个完整的尺寸标注由尺寸界线、尺寸线、标注文本、箭头和圆心标记等几部分组成，如图5-48所示。

⌐⌐	快速标注(Q)
⊢⊣	线性(L)
⌐⊻	对齐(G)
⌒	弧长(H)
⊞	坐标(O)
⊙	半径(R)
⊃	折弯(J)
⊘	直径(D)
△	角度(A)
⊢⊣	基线(B)
⊢⊢⊢	连续(C)
⊞	标注间距(P)
⊥	标注打断(K)
⌐	多重引线(E)
⊞	公差(T)...
⊕	圆心标记(M)
⊢⊣	检验(I)
⌁	折弯线性(J)
⊢	倾斜(Q)
	对齐文字(X) ▶
⊿	标注样式(S)...
⊢⊣	替代(V)
⊢⊣	更新(U)
⌐⌐	重新关联标注(N)

图5-47　标注命令

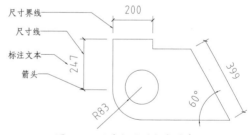

图5-48　尺寸标注的组成要素

各组成部分的作用与含义分别如下。

➢ 尺寸界线：也称投影线，用于标注尺寸的界限，由图样中的轮廓线、轴线或对称中心线引出。标注时尺寸界线从所标注的对象上自动延伸出来，它的端点与所标注的对象接近但并未连接到对象上。

➢ 尺寸线：通常与所标注的对象平行，放在两尺寸界线之间用于指示标注的方向和范围。通常尺寸线为直线，但在角度标注时，尺寸线则为一段圆弧。

➢ 标注文本：通常在尺寸线上方或中断处，用以表示所标注对象的具体尺寸。在进行尺寸标注时，AutoCAD会自动生成所标注的对象的尺寸数值，用户也可对标注文本进行修改、添加等编辑操作。

➢ 箭头：在尺寸线两端，用以表明尺寸线的起始位置，用户可为标注箭头指定不同的尺寸和样式。

5.2.2 AutoCAD尺寸标注的基本步骤

标注尺寸时，需要有很明了的思路，尺寸标注的一般步骤如下。

01 创建标注的新图层。

02 创建标注文字样式。

03 创建尺寸标注样式。

04 启用标注命令，选择对象，创建尺寸标注。

5.3 设置尺寸标注样式

在AutoCAD中，标注对象具有特殊的格式，由于各行各业对于标注的要求不同，所以在进行标注之前，必须修改标注的样式以适应本行业的标准。

5.3.1 创建尺寸标注样式

AutoCAD可以针对不同的标注对象设置不同的样式，即在标准标注样式（Standard）下又可针对线性标注、半径标注、直径标注、角度标注、引线标注、坐标标注分别设置不同的样式。即使在使用同一名称标注样式的情况下，也可以满足对不同对象的标注要求。

a. 执行方式

执行【标注样式】命令的方法如下。

➤ 命令行：DIMSTYLE或D。

➤ 工具栏：单击【标注】工具栏中的【标注样式】按钮。

➤ 菜单栏：执行【格式】|【标注样式】命令，如图5-49所示。

➤ 功能区：在【默认】选项卡中，单击【注释】面板中的【标注样式】按钮，如图5-50所示。

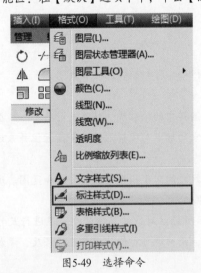

图5-49 选择命令

图5-50 单击按钮

b. 操作步骤

执行上述任意一项操作，即可打开【标注样式管理器】对话框，如图5-51所示。在【样式】列表框中，显示已创建的样式的名称。在预览窗口中，显示样式的创建效果。

对话框中各选项的含义介绍如下。

➢ 置为当前：在【样式】列表框中选择标注样式，单击【置为当前】按钮，将样式置为当前正在使用的样式。

➢ 新建：单击按钮，打开【创建新标注样式】对话框，设置样式名称，创建新标注样式。

➢ 修改：在【样式】列表框中选择标注样式，单击【修改】按钮，修改样式参数。

➢ 替代：在【样式】列表框中选择标注样式，单击【替代】按钮，创建该样式的替代样式。

➢ 比较：单击该按钮，打开【比较标注样式】对话框，如图5-52所示。选择两个不同的标注样式，可以在列表框中显示样式之间的区别。

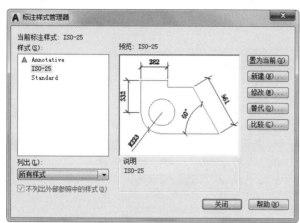

图5-51 【标注样式管理器】对话框

图5-52 【比较标注样式】对话框

【练习5-4】: 创建园林标注样式

介绍创建园林标注样式的方法，难度：☆☆
📁 素材文件路径：素材\第5章\5-1 创建园林制图文字样式-OK.dwg
🌐 效果文件路径：素材\第5章\5-4 创建园林标注样式-OK.dwg
📹 视频文件路径：视频\第5章\5-4 创建园林标注样式.MP4

下面介绍创建园林标注样式的操作步骤。

01 单击快速访问工具栏中的【打开】按钮📂，打开"素材\第5章\5-1 创建园林制图文字样式-OK.dwg"素材文件。

02 执行【格式】|【标注样式】命令，弹出【标注样式管理器】对话框，单击【新建】按钮，在【创建新标注样式】对话框中输入新标注名称为"园林标注"，如图5-53所示。

图5-53 【创建新标注样式】对话框

03 单击【继续】按钮，打开【新建标注样式: 园林标注】对话框。选择【线】选项卡，设置参数如图5-54所示。

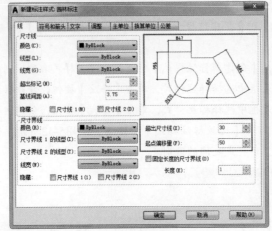

图5-54　【线】选项卡

04 选择【符号和箭头】选项卡，设置参数如图5-55所示。

05 选择【文字】选项卡，设置参数如图5-56所示。

图5-55　【符号和箭头】选项卡

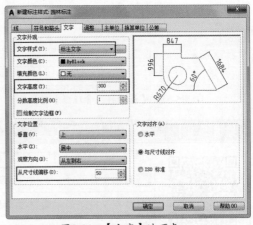

图5-56　【文字】选项卡

06 选择【调整】选项卡，设置参数如图5-57所示。

07 选择【主单位】选项卡，设置【单位格式】、【精度】选项参数，如图5-58所示。

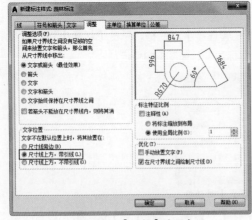

图5-57　【调整】选项卡

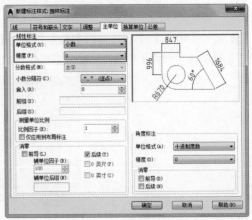

图5-58　【主单位】选项卡

08 单击【确定】按钮，返回【标注样式管理器】对话框。在【样式】列表框中选择【园林标注】样式，单击【置为当前】按钮，将其置为当前标注样式，如图5-59所示。

09 单击【关闭】按钮，关闭对话框。利用标注样式标注图形的效果如图5-60所示。

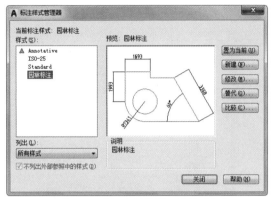

图5-59　【标注样式管理器】对话框

图5-60　标注效果

【练习5-5】： 创建标注子样式

	介绍创建园林标注子样式的方法，难度：☆☆
	素材文件路径：素材\第5章\5-4 创建园林标注样式-OK.dwg
	效果文件路径：素材\第5章\5-5 创建园林标注子样式-OK.dwg
	视频文件路径：视频\第5章\5-5 创建园林标注子样式.MP4

　　上面创建的标注样式只适合于距离的标注，如果用于半径、角度和直径的标注，则会出现错误，因为这些标注需要设置标注箭头为实心箭头。下面创建用于标注半径、角度和直径标注的子标注样式。

01 单击快速访问工具栏中的【打开】按钮📂，打开"素材\第5章\5-4 创建园林标注样式-OK.dwg"素材文件。

02 执行【格式】|【标注样式】命令，弹出【标注样式管理器】对话框，选择【园林标注】样式，如图5-61所示。

03 单击【新建】按钮，弹出【创建新标注样式】对话框，设置参数如图5-62所示。

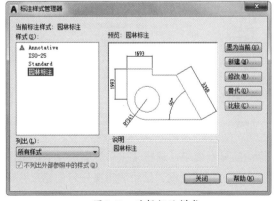

图5-61　选择标注样式

图5-62　设置参数

04 单击【继续】按钮，切换至【符号和箭头】选项卡，在【箭头】选项组中，打开【第二个】下拉列表，在列表中选择【实心闭合】选项，如图5-63所示。

05 单击【确定】按钮，返回【标注样式管理器】对话框，创建子样式的效果如图5-64所示。

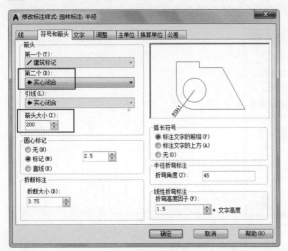

图5-63 设置参数

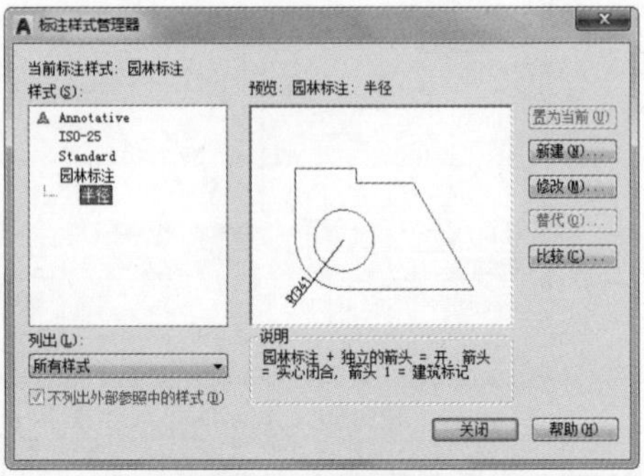

图5-64 创建效果

06 利用标注子样式，创建半径标注，效果如图5-65所示。

5.3.2 编辑标注样式

在【标注样式管理器】对话框中选择标注样式，单击右侧的【修改】按钮，如图5-66所示，进入编辑标注样式的模式。在【修改标注样式：园林标注】对话框中选择【符号和箭头】选项卡，修改【第一个】、【第二个】箭头的样式，如图5-67所示。

图5-65 标注半径

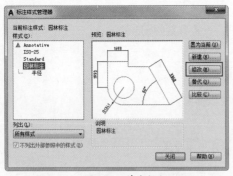

图5-66 单击按钮

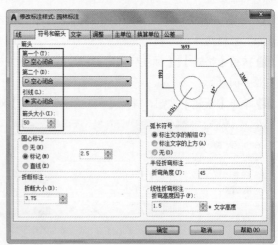

图5-67 选择箭头样式

还可以选择其他选项卡修改参数，改变尺寸标注的显示效果。选择【主单位】选项卡，更改【精度】值为0.0，如图5-68所示。单击【确定】按钮，关闭对话框，结束编辑操作。创建尺寸标注，查看编辑样式的效果，如图5-69所示。

图5-68　设置参数

图5-69　修改效果

延伸讲解

修改标注样式后，已经创建的尺寸标注会自动更新显示。

5.4　创建和编辑尺寸标注

设置好标注的样式后，下面通过实例来学习具体标注方法，包括线性标注、连续标注和对齐标注等内容。

5.4.1　线性标注

线性标注是最常见的标注形式，既可用于标注直线，也可用于标注弧的弦长以及圆的直径。

a. 执行方式

执行【线性标注】命令的方法如下。

- ➢　命令行：DIMLINEAR或DLI。
- ➢　工具栏：单击【标注】工具栏中的【线性标注】按钮。
- ➢　菜单栏：执行【标注】|【线性】命令，如图5-70所示。
- ➢　功能区：在【注释】选项卡中，单击【标注】面板中的【线性】按钮，如图5-71所示。

图5-70　选择命令

图5-71　单击按钮

b. 操作步骤

执行上述任意一项操作，调用【线性标注】命令。命令行操作方法如下。

```
命令：DLI↙                                    //调用【线性标注】命令
DIMLINEAR
指定第一个尺寸界线原点或 <选择对象>：
指定第二条尺寸界线原点：                       //指定第一个、第二个原点
指定尺寸线位置或
[多行文字(M)/文字(T)/角度(A)/水平(H)/垂直(V)/旋转(R)]：   //指定尺寸线的位置
标注文字 = 500                                //创建尺寸标注
```

启用命令后，在图形上单击指定第一条尺寸界线原点，移动鼠标，再单击指定第二条尺寸界线原点，如图5-72所示。

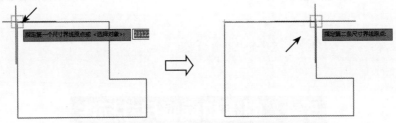

图5-72　指定尺寸界线原点

向上移动鼠标，指定尺寸线的位置。在合适的位置单击鼠标左键，即可创建线性标注，如图5-73所示。

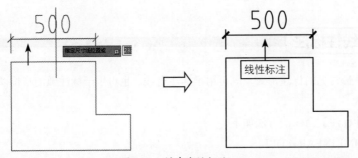

图5-73　创建线性标注

技巧提示 ┈┈

　　此时按Enter键，可以快速地再次启用【线性标注】命令，继续指定尺寸界线原点、尺寸线位置创建标注。

---

c. 选项说明

命令行主要选项介绍如下。

➢ 多行文字：选择该选项将进入多行文字编辑模式，可以使用【多行文字编辑器】对话框输入并设置标注文字。其中，文字输入窗口中的尖括号（<>）表示系统测量值。

➢ 文字：以单行文字形式输入尺寸文字。

➢ 角度：设置标注文字的旋转角度。

➢ 水平和垂直：标注水平尺寸和垂直尺寸。既可以直接确定尺寸线的位置，也可以选择其他选项来指定标注文字的内容或标注文字的旋转角度。

> 旋转：旋转标注对象的尺寸线。

【练习5-6】：标注桩基础平面图

介绍标注桩基础平面图的方法，难度：☆
素材文件路径：素材\第5章\5-6 标注桩基础平面图.dwg
效果文件路径：素材\第5章\5-6 标注桩基础平面图-OK.dwg
视频文件路径：视频\第5章\5-6 标注桩基础平面图.MP4

下面介绍标注桩基础平面图的操作步骤。

01 单击快速访问工具栏中的【打开】按钮，打开"素材\第5章\5-6 标注桩基础平面图.dwg"素材文件，如图5-74所示。

02 执行【标注】|【线性】命令，标注图形。命令行操作方法如下。

```
命令：_dimlinear✓                      //调用【线性标注】命令
指定第一个尺寸界线原点或 <选择对象>：    //拾取左侧竖直轴线端点为第一个尺寸界线原点
指定第二条尺寸界线原点：                //拾取第二条竖直轴线端点为第二个尺寸界线原点
指定尺寸线位置或                        //拖动鼠标，拾取适当位置
[多行文字(M)/文字(T)/角度(A)/水平(H)/垂直(V)/旋转(R)]：
标注文字 = 750                         //标注文字为750
```

03 创建线性标注的效果如图5-75所示。

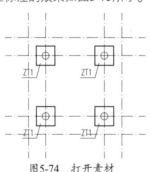

图5-74　打开素材

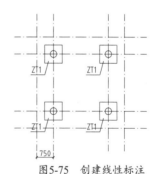

图5-75　创建线性标注

5.4.2　连续标注

连续标注是以指定的尺寸界线（必须以线性、坐标或角度标注界限）为基线进行标注，但连续标注所指定的基线仅可作为与该尺寸标注相邻的连续标注尺寸的基线，以此类推，下一个尺寸标注都以前一个标注与其相邻的尺寸界线为基线进行标注。

a. 执行方式

执行【连续标注】命令的方法如下。

> 命令行：DIMCONTINUE或DCO。
> 工具栏：单击【标注】工具栏中的【连续标注】工具按钮。
> 菜单栏：执行【标注】|【连续】命令，如图5-76所示。
> 功能区：在【注释】选项卡中，单击【标注】面板中的【连续】按钮，如图5-77所示。

图5-76　选择命令

图5-77　单击按钮

b. 操作步骤

执行上述任意一项操作，调用【连续标注】命令。命令行操作方法如下。

```
命令：_dimcontinue↙                                            //调用【连续标注】命令
指定第二个尺寸界线原点或 [选择(S)/放弃(U)] <选择>：S          //选择【选择】选项
选择连续标注：
指定第二个尺寸界线原点或 [选择(S)/放弃(U)] <选择>：
标注文字 = 300
指定第二个尺寸界线原点或 [选择(S)/放弃(U)] <选择>：
标注文字 = 300
指定第二个尺寸界线原点或 [选择(S)/放弃(U)] <选择>：
标注文字 = 300
指定第二个尺寸界线原点或 [选择(S)/放弃(U)] <选择>：
                        //移动鼠标，依次指定第二个界线原点，创建连续标注
```

启用命令后，输入S，选择【选择】选项。单击选择尺寸标注，移动鼠标，指定第二个尺寸界线原点，如图5-78所示。

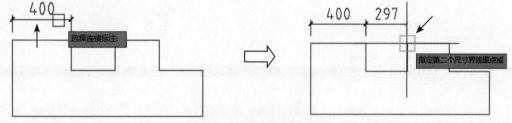

图5-78　指定尺寸界线原点

移动鼠标，继续指定第二个尺寸界线原点。每指定一个尺寸界线原点，就可以创建一个尺寸标注，如图5-79所示。系统会重复地提示用户指定尺寸界线原点。

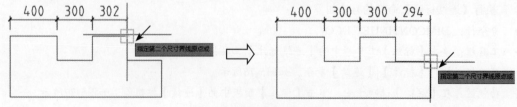

图5-79　连续创建尺寸标注

按Enter键，退出命令，创建效果如图5-80所示。

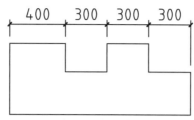

图5-80　标注结果

【练习5-7】：　连续标注桩基础平面图	
	介绍标注桩基础平面图的方法，难度：☆
	素材文件路径：素材\第5章\5-6 标注桩基础平面图-OK.dwg
	效果文件路径：素材\第5章\5-7 连续标注桩基础平面图-OK.dwg
	视频文件路径：视频\第5章\5-7 连续标注桩基础平面图.MP4

下面介绍连续标注桩基础平面图的操作步骤。

01 单击快速访问工具栏中的【打开】按钮▣，打开"素材\第5章\5-6 标注桩基础平面图-OK.dwg"素材文件。

02 执行【标注】|【连续】命令，标注图形。命令行操作方法如下。

```
命令: _dimcontinue↙                      //调用【连续标注】命令
选择连续标注:                             //选择尺寸为750的标注
指定第二条尺寸界线原点或 [放弃(U)/选择(S)] <选择>:
                                         //选择第三条竖直轴线端点为尺寸界线原点
标注文字 = 2500
指定第二条尺寸界线原点或 [放弃(U)/选择(S)] <选择>:
                                         //选择第四条竖直轴线端点为尺寸界线原点
标注文字 = 750
指定第二条尺寸界线原点或 [放弃(U)/选择(S)] <选择>:
                                         //按Enter键，确定命令
选择连续标注:                             //按Esc键，退出命令
```

03 连续标注的结果如图5-81所示。

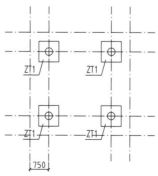

图5-81　连续标注的结果

04 结合【线性标注】命令、【连续标注】命令，标注其他轴线，效果如图5-82所示。

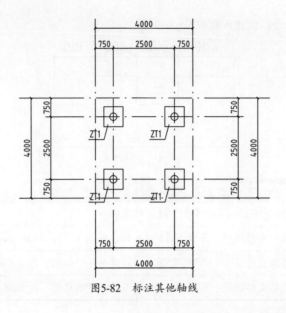

图5-82　标注其他轴线

5.4.3　对齐标注

在对直线段进行标注时，如果该直线的倾斜角度未知，那么使用【线性标注】的方法将无法得到准确的测量结果，此时可使用【对齐标注】进行标注。

a. 执行方式

执行【对齐标注】命令的方法如下。

➢ 命令行：DIMALIGNED或DAL。

➢ 工具栏：单击【标注】工具栏中的【对齐标注】工具按钮。

➢ 菜单栏：执行【标注】|【对齐】命令，如图5-83所示。

➢ 功能区：在【注释】选项卡中，单击【标注】面板中的【对齐】按钮，如图5-84所示。

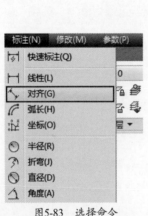

图5-83　选择命令

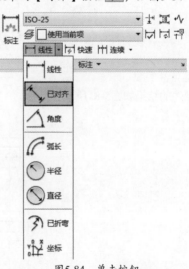

图5-84　单击按钮

b. 执行方式

执行上述任意一项操作，调用【连续标注】命令。命令行操作方法如下。

```
命令：DIMALIGNED↙                                    //调用【对齐标注】命令
指定第一个尺寸界线原点或 <选择对象>：
指定第二条尺寸界线原点：                              //指定尺寸界线原点
指定尺寸线位置或[多行文字(M)/文字(T)/角度(A)]：       //指定尺寸线位置
标注文字 = 1300                                       //创建对齐标注
```

　　如果需要标注斜线段的长度，那么利用【对齐标注】命令是最合适不过的了。调用命令后，根据命令行的提示，可以单击指定第一个尺寸界线的原点。移动鼠标，可以指定第二个尺寸界线的原点，如图5-85所示。

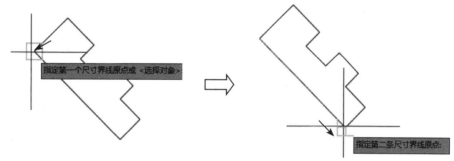

图5-85　指定尺寸界线原点

　　指定两个尺寸界线原点后，可以预览标注效果。移动鼠标，在空白位置单击指定尺寸线的位置，可以创建对齐标注，如图5-86所示。通过查看标注，可以得知斜线段的长度。

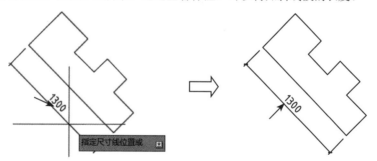

图5-86　创建对齐标注

技巧提示

　　执行【对齐标注】命令，也可以测量水平线段、垂直线段的长度。

【练习5-8】：　创建对齐标注

介绍创建对齐标注的方法，难度：☆
素材文件路径：素材\第5章\5-8 创建对齐标注.dwg
效果文件路径：素材\第5章\5-8 创建对齐标注-OK.dwg
视频文件路径：视频\第5章\5-8 创建对齐标注.MP4

　　下面介绍创建对齐标注的操作步骤。

01 单击快速访问工具栏中的【打开】按钮，打开"素材\第5章\5-8 创建对齐标注.dwg"素材文件，如图5-87所示。

02 执行【标注】|【对齐】命令，标注亭子。命令行操作方法如下。

```
命令: _dimaligned↙                        //调用【对齐标注】命令
指定第一个尺寸线原点或 <选择对象>:         //指定A点为第一个尺寸界线原点
指定第二条尺寸界线原点:                    //指定B点为第二个尺寸界线原点
指定尺寸线位置或[多行文字(M)/文字(T)/角度(A)]:
                                          //拖动鼠标，指定尺寸线位置
标注文字 = 4000
```

03 创建对齐标注的效果如图5-88所示。

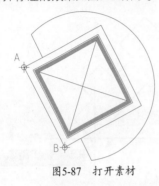

图5-87 打开素材

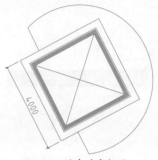

图5-88 创建对齐标注

5.4.4 半径标注

利用【半径标注】可以快速获得圆或圆弧的半径大小，在半径标注的文本前面将显示半径符号。

a. 执行方式

执行【半径标注】命令的方法如下。

> 命令行：DIMRADIUS或DRA。
> 工具栏：单击【标注】工具栏中的【半径】工具按钮◎。
> 菜单栏：执行【标注】|【半径】命令，如图5-89所示。
> 功能区：在【注释】选项卡中，单击【标注】面板中的【半径】按钮◎ 半径，如图5-90所示。

图5-89 选择命令

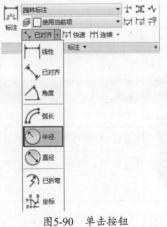

图5-90 单击按钮

b. 操作步骤

执行上述任意一项操作，调用【半径标注】命令。命令行操作方法如下。

命令: _dimradius↙	//调用【半径标注】命令
选择圆弧或圆:	//选择对象
标注文字 = 182	
指定尺寸线位置或 [多行文字(M)/文字(T)/角度(A)]:	//指定尺寸线位置,创建半径标注

启用命令后,根据命令行的提示,选择标注对象。此时可以预览标注效果,移动鼠标,指定尺寸线的位置,如图5-91所示。

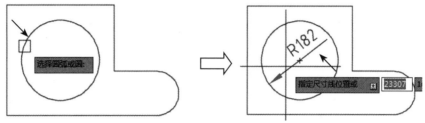

图5-91　指定尺寸线位置

在合适的位置单击鼠标左键,创建半径标注,如图5-92所示。半径标注的文字由半径符号R与数字组成,系统默认添加半径符号。

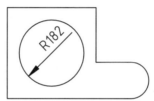

图5-92　创建半径标注

在命令行提示指定尺寸线位置的时候,可以在各个方向移动鼠标,决定尺寸线的位置,同时也可定义标注文字的位置。例如移动鼠标至标注对象的右上角,此时标注文字处在对象之外。单击鼠标左键,即可创建半径标注,效果如图5-93所示。

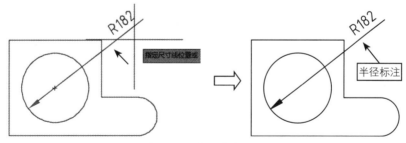

图5-93　指定尺寸线位置

c.选项说明

命令行中各选项含义介绍如下。

➢　多行文字:选择选项,在标注中添加文字,如图5-94所示。命令行操作方法如下。

命令: _dimradius↙	//调用【半径标注】命令
选择圆弧或圆:	//选择对象
标注文字 = 182	
指定尺寸线位置或 [多行文字(M)/文字(T)/角度(A)]: M↙	//选择【多行文字】选项

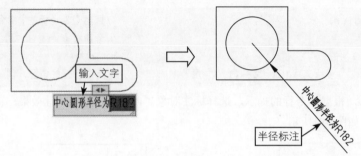

图5-94 添加文字

➢ 文字：选择选项，更改标注文字，如图5-95所示。命令行操作方法如下。

命令：_dimradius↙   //调用【半径标注】命令
选择圆弧或圆：   //选择对象
标注文字 = 182
指定尺寸线位置或 [多行文字(M)/文字(T)/角度(A)]: T↙   //选择【文字】选项
输入标注文字 <182>: 200↙   //输入文字
指定尺寸线位置或 [多行文字(M)/文字(T)/角度(A)]:   //指定尺寸线位置，创建标注

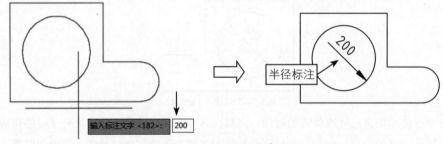

图5-95 更改标注文字

➢ 角度：选择选项，自定义标注文字的角度，如图5-96所示。命令行操作方法如下。

命令：_dimradius↙   //调用【半径标注】命令
选择圆弧或圆：   //选择对象
标注文字 = 182
指定尺寸线位置或 [多行文字(M)/文字(T)/角度(A)]: A↙   //选择【角度】选项
指定标注文字的角度：45↙   //输入角度值
指定尺寸线位置或 [多行文字(M)/文字(T)/角度(A)]:   //指定尺寸线位置，创建标注

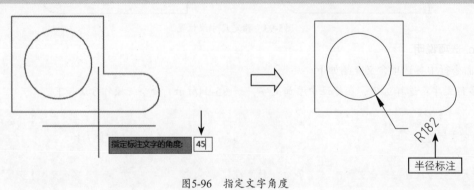

图5-96 指定文字角度

【练习5-9】：标注圆弧半径

	介绍创建对齐标注的方法，难度：☆
	◈ 素材文件路径：素材\第5章\5-8 创建对齐标注-OK.dwg
	◈ 效果文件路径：素材\第5章\5-9 标注圆弧半径-OK.dwg
	⬇ 视频文件路径：视频\第5章\5-9 标注圆弧半径.MP4

下面介绍标注圆弧半径的操作步骤。

01 单击快速访问工具栏中的【打开】按钮，打开"素材\第5章\5-8 创建对齐标注-OK.dwg"素材文件，如图5-97所示。

02 执行【标注】|【半径】命令，标注圆弧。命令行操作方法如下。

```
命令：_dimradius↙                              //调用【半径标注】命令
选择圆弧或圆：                                  //选择圆弧
标注文字 = 3300
指定尺寸线位置或 [多行文字(M)/文字(T)/角度(A)]：    //拖动鼠标，指定尺寸线位置
```

03 标注圆弧半径的效果如图5-98所示。

图5-97　打开素材

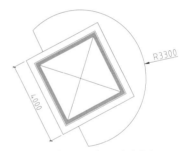

图5-98　标注圆弧半径

5.4.5　直径标注

【直径标注】命令可用于测量指定圆或圆弧的直径，在直径标注的文本前面将显示直径符号。

a. 执行方式

执行【直径标注】命令的方法如下。

➢ 命令行：DIMDIAMETER或DDI。

➢ 工具栏：单击【标注】工具栏中的【直径标注】按钮。

➢ 菜单栏：执行【标注】|【直径】命令，如图5-99所示。

图5-99　选择命令

> 功能区：在【注释】选项卡中，单击【标注】面板中的【直径】按钮，如图5-100所示。

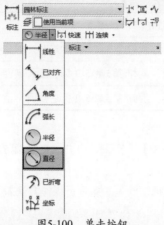

图5-100　单击按钮

b. 执行方式

执行上述任意一项操作，调用【直径标注】命令。命令行操作方法如下。

```
命令：DIMDIAMETER↙                                  //调用【直径标注】命令
选择圆弧或圆：                                        //选择对象
标注文字 = 500
指定尺寸线位置或 [多行文字(M)/文字(T)/角度(A)]：        //指定尺寸线位置，创建直径标注
```

启用命令后，选择圆弧作为标注对象。移动鼠标，预览标注效果。在合适的位置单击鼠标左键，指定尺寸线位置，创建直径标注的效果如图5-101所示。

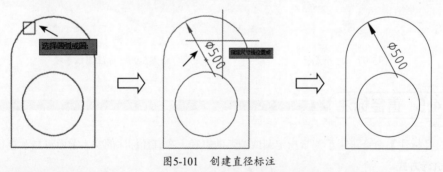

图5-101　创建直径标注

【练习5-10】：标注下沉广场直径

介绍标注下沉广场直径的方法，难度：☆

素材文件路径：素材\第5章\5-10 标注下沉广场直径.dwg

效果文件路径：素材\第5章\5-10 标注下沉广场直径-OK.dwg

视频文件路径：视频\第5章\5-10 标注下沉广场直径.MP4

下面介绍标注下沉广场直径的操作步骤。

01 单击快速访问工具栏中的【打开】按钮，打开"素材\第5章\5-10 标注下沉广场直径.dwg"素材文件，如图5-102所示。

02 执行【标注】|【直径】命令，标注直径。命令行操作方法如下。

命令: _dimdiameter✓   //调用【直径标注】命令
选择圆弧或圆: //选择最内侧的圆
标注文字 = 3203
指定尺寸线位置或 [多行文字(M)/文字(T)/角度(A)]:   //拖动鼠标,指定尺寸线位置

03 标注下沉广场直径的效果如图5-103所示。

图5-102　打开素材

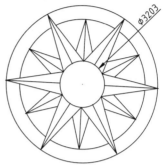

图5-103　创建直径标注

5.4.6　弧长标注

【弧长标注】命令可用于测量圆弧的长度,在标注文本的前面将显示圆弧符号。

a. 执行方式

执行【弧形标注】命令的方法如下。

➢ 命令行:　DIMARC。

➢ 工具栏:　单击【标注】工具栏中的【弧长标注】按钮 。

➢ 菜单栏:　执行【标注】|【弧长】命令,如图5-104所示。

➢ 功能区:　在【注释】选项卡中,单击【标注】面板中的【弧长】按钮 ,如图5-105所示。

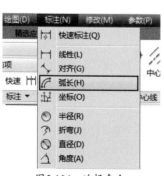

图5-104　选择命令

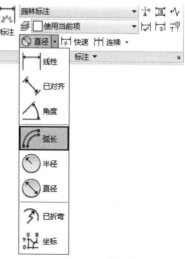

图5-105　单击按钮

b. 操作步骤

执行上述任意一项操作,调用【弧长标注】命令。命令行操作方法如下。

```
命令: _dimarc↙                               //调用【弧长标注】命令
选择弧线段或多段线圆弧段:                      //选择对象
指定弧长标注位置或 [多行文字(M)/文字(T)/角度(A)/部分(P)/]:
标注文字 = 785                               //指定标注位置,创建弧长标注
```

　　启用命令后，选择弧线作为标注对象。移动鼠标，在合适的位置单击鼠标左键，指定弧长标注的位置，创建标注的效果如图5-106所示。

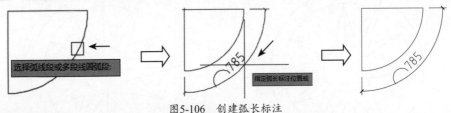

图5-106　创建弧长标注

【练习5-11】： 标注弧长

介绍标注弧长的方法，难度：☆
🖴 素材文件路径：素材\第5章\5-11 标注弧长.dwg
💿 效果文件路径：素材\第5章\5-11 标注弧长-OK.dwg
⬇ 视频文件路径：视频\第5章\5-11 标注弧长.MP4

　　下面介绍标注弧长的操作步骤。

01 单击快速访问工具栏中的【打开】按钮📂，打开"素材\第5章\5-11 标注弧长.dwg"素材文件，如图5-107所示。

02 执行【标注】|【弧长】命令，标注弧长。命令行操作方法如下。

```
命令: _dimarc↙                               //调用【弧长标注】命令
选择弧线段或多段线圆弧段:                      //选择圆弧
指定弧长标注位置或 [多行文字(M)/文字(T)/角度(A)/部分(P)/]:
                                            //拖动鼠标，指定弧长标注位置

标注文字 = 11327
```

03 创建弧长标注的效果如图5-108所示。

图5-107　打开素材

图5-108　创建弧长标注

5.4.7　编辑标注

　　在创建尺寸标注后，如未能获得预期的效果，还可以对尺寸标注进行编辑，例如修改尺寸标注文字的内容、编辑标注文字的位置、更新标注和关联标注等操作，而不必删除所标注的尺寸对

象再重新进行标注。

a. 执行方式

执行【编辑标注】命令的方法如下。

➢ 命令行：DIMEDIT或DED。

➢ 工具栏：单击【标注】工具栏中的【编辑标注】按钮，如图5-109所示。

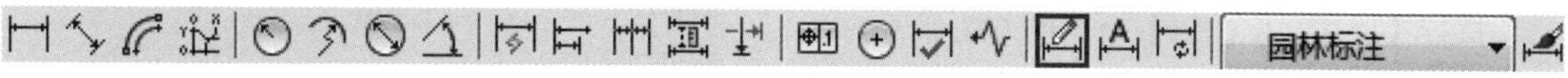

图5-109　单击按钮

b. 操作步骤

通过以上任意一种方法执行该命令后，此时命令行提示如下。

输入标注编辑类型[默认（H）/新建（N）/旋转（R）/倾斜（O）]〈默认〉：

在命令行中输入选项，选择标注类型。接着选择标注对象，执行编辑操作。

c. 选项说明

命令行各选项的含义如下。

➢ 默认：选择该选项并选择尺寸对象，可以按默认位置和方向放置尺寸文字。

➢ 新建：选择该选项后，系统将打开【文字编辑器】选项卡，选中输入框中的所有内容，然后重新输入需要的内容，单击该对话框中的【确定】按钮。返回绘图区，单击要修改的标注，按Enter键即可完成标注文字的修改，结果如图5-110所示。

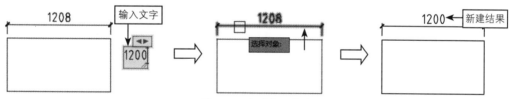

图5-110　新建标注文字

➢ 旋转：选择该选项后，命令行提示【输入文字旋转角度：】，此时，输入文字旋转角度后，单击要修改的文字对象，即可完成文字的旋转。如图5-111所示为将文字旋转50°后的效果。

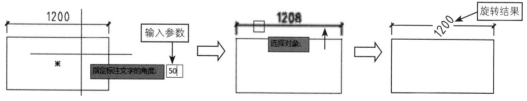

图5-111　旋转标注文字

➢ 倾斜：用于修改尺寸界线的倾斜度。选择该选项后，命令行会提示选择修改对象，并要求输入倾斜角度。如图5-112所示为延伸线倾斜45°后的效果。

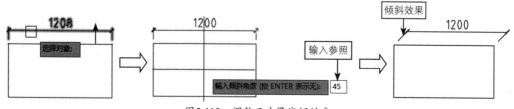

图5-112　调整尺寸界线倾斜度

5.4.8 编辑标注文字位置

默认状态下，标注文字位于尺寸线的中间。通过执行【编辑标注文字】命令，可以调整标注文字的位置。

a. 执行方式

执行【标注文字编辑】命令的方法如下。

➤ 命令行：DIMTEDIT。

➤ 工具栏：单击【标注】工具栏中的【编辑标注文字】按钮，如图5-113所示。

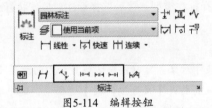

图5-113　工具栏按钮

➤ 功能区：选择【注释】选项卡，单击【标注】面板中的编辑按钮，如图5-114所示。

图5-114　编辑按钮

b. 操作步骤

通过以上任意一种方法执行该命令，然后选择需要修改的尺寸对象，此时命令行提示如下。

为标注文字指定新位置或[左对齐（L）/右对齐（R）/居中（C）/默认（H）/角度（A）]：

在命令行中选择选项，选择尺寸标注，调整文字的显示效果。

c. 选项说明

命令行各选项含义如下。

➤ 左对齐：将标注文字放置于尺寸线的左边，如图5-115所示。

➤ 右对齐：将标注文字放置于尺寸线的右边，如图5-116所示。

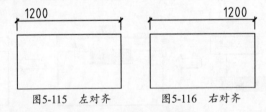

图5-115　左对齐　　　　图5-116　右对齐

➤ 居中：将标注文字放置于尺寸线的中心，如图5-117所示。

➤ 默认：恢复系统默认的尺寸标注位置。

➤ 角度：用于修改标注文字的旋转角度，与DIMEDIT命令的【旋转】选项效果相同，如图5-118所示。

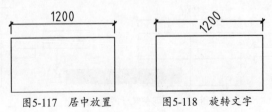

图5-117　居中放置　　　　图5-118　旋转文字

延伸讲解

执行【标注】|【对齐文字】命令，在弹出的子菜单中选择需要的命令，如图5-119所示，同样可以编辑标注文字的位置。

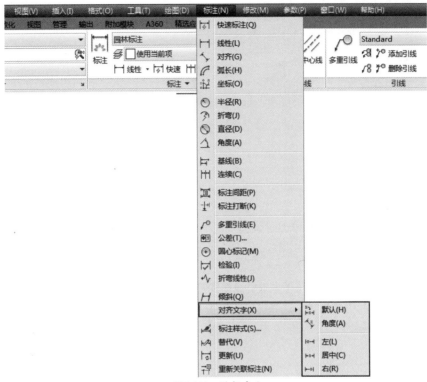

图5-119　选择命令

5.5　创建与编辑多重引线标注

【多重引线标注】命令常用于对图形中的某一特征进行文字说明。因为在园林施工图设计中，材料说明需要注释，所以为了更加明确地表示这些注释与被注释对象之间的关系，就需要用一条引线将注释文字指向被说明的对象。

5.5.1　创建多重引线样式

对于一些文字注释、详图符号和索引符号，需要使用引线来进行标注。在创建引线标注前，需要创建多重引线样式。

a. 执行方式

执行【多重引线样式】命令的方法如下。

➢ 命令行：MLEADERSTYLE或MLS。
➢ 菜单栏：执行【格式】|【多重引线样式】命令，如图5-120所示。
➢ 工具栏：单击【样式】工具栏中的【多重引线样式】按钮。

➤ 功能区：在【注释】选项卡中，单击【引线】面板中右下角的◢按钮，如图5-121所示。

➤ 功能区：在【默认】选项卡中，单击【注释】面板中的【多重引线样式】按钮◢，如图5-122
所示。

图5-120 选择命令

图5-121 单击按钮

b. 操作步骤

执行上述任意一项操作，打开【多重引线样式管理器】对话框，如图5-123所示。在【样式】
列表框中显示已创建的引线样式。选择样式，单击右侧的【修改】按钮，修改引线样式参数，可
以影响图形中的引线标注。

图5-122 单击按钮

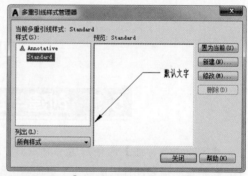

图5-123 【多重引线样式管理器】对话框

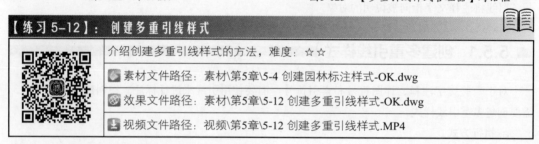

【练习5-12】：创建多重引线样式

	介绍创建多重引线样式的方法，难度：☆☆
	素材文件路径：素材\第5章\5-4 创建园林标注样式-OK.dwg
	效果文件路径：素材\第5章\5-12 创建多重引线样式-OK.dwg
	视频文件路径：视频\第5章\5-12 创建多重引线样式.MP4

下面介绍创建多重引线样式的操作步骤。

01 单击快速访问工具栏中的【打开】按钮◢，打开"素材\第5章\5-4 创建园林标注样式-OK.
dwg"素材文件。

02 执行【格式】|【多重引线样式】命令，弹出【多重引线样式管理器】对话框。单击【新建】按

钮，在【新样式名】文本框中输入新样式名为【文字说明】，如图5-124所示。

03 单击【继续】按钮，弹出【修改多重引线样式: 文字说明】对话框，打开【引线格式】选项
卡，设置参数如图5-125所示。

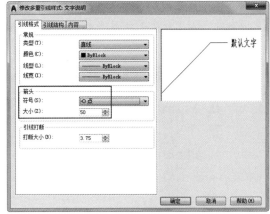

图5-124　设置样式名称　　　　　　　　　　图5-125　【引线格式】选项卡

04 选择【引线结构】选项卡，设置参数如图5-126所示。

05 选择【内容】选项卡，设置参数如图5-127所示。

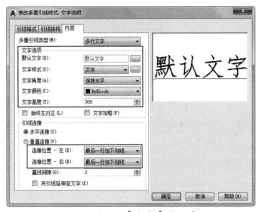

图5-126　【引线结构】选项卡　　　　　　　　图5-127　【内容】选项卡

06 单击【确定】按钮，返回【多重引线样式管理
器】。单击【置为当前】按钮，将"文字说明"多重
引线样式置于当前，如图5-128所示。单击【关闭】按
钮，退出命令。

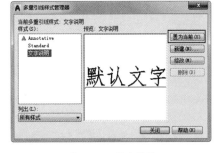

5.5.2　创建多重引线标注

　　使用【多重引线】命令添加和管理所需的引出线，不

图5-128　创建效果

仅能够快速地标注施工图的材料说明，而且能够更清楚地标识制图的标准、说明等内容。此外，
还可以通过修改多重引线的样式，对引线的格式、类型及内容进行编辑。

　　a. 执行方式

　　执行【多重引线】命令的方法如下。

- 命令行：MLEADER或MLD。
- 工具栏：单击【多重引线】工具栏中的【多重引线】按钮 。
- 菜单栏：执行【标注】|【多重引线】命令，如图5-129所示。
- 功能区：在【注释】选项卡中，单击【引线】面板中的【多重引线】按钮 ，如图5-130所示。
- 功能区：在【默认】选项卡中，单击【注释】面板中的【多重引线】按钮 ，如图5-131 所示。

图5-129　选择命令

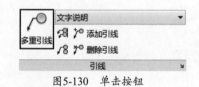

图5-130　单击按钮

b. 操作步骤

执行上述任意一项操作，调用【多重引线】命令。命令行操作方法如下。

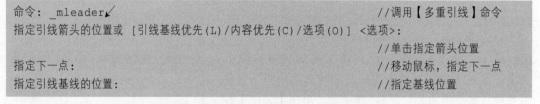

```
命令：_mleader↙                                         //调用【多重引线】命令
指定引线箭头的位置或 [引线基线优先(L)/内容优先(C)/选项(O)] <选项>：
                                                       //单击指定箭头位置
指定下一点：                                             //移动鼠标，指定下一点
指定引线基线的位置：                                     //指定基线位置
```

调用命令后，在绘图区域中单击鼠标左键，可以指定引线箭头的位置，如图5-132所示。

图5-131　单击按钮　　　　　　　　　图5-132　指定引线箭头位置

移动鼠标，预览引线箭头的显示样式，在合适的位置单击鼠标左键，指定下一点的位置。继续移动鼠标，指定引线基线的位置，如图5-133所示。

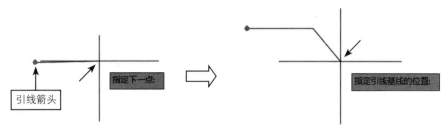

图5-133　指定位置

在光标位置显示文字编辑器，输入文字。在空白区域单击鼠标左键，创建引线标注。效果如图5-134所示。

图5-134　创建引线标注

c.选项说明

命令行中各选项含义说明如下。

➤ 引线基线优先：输入L，选择【引线基线优先】选项，绘制过程如图5-135所示。命令行操作方法如下。

```
命令：MLEADER↙                                      //调用【多重引线】命令
指定引线箭头的位置或 [引线基线优先(L)/内容优先(C)/选项(O)] <引线基线优先>：L↙
                                                  //选择【引线基线优先】选项
指定引线基线的位置或 [引线箭头优先(H)/内容优先(C)/选项(O)] <引线箭头优先>：
                                                  //指定引线位置
指定下一点：                                        //指定下一点
指定引线箭头的位置：                                 //指定箭头位置
```

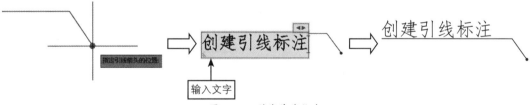

图5-135　引线基线优先

➤ 内容优先：输入C，选择【内容优先】选项，操作过程如图5-136所示。命令行提示如下。

```
命令：MLD↙                                         //调用【多重引线】命令
MLEADER
指定引线基线的位置或 [引线箭头优先(H)/内容优先(C)/选项(O)] <引线箭头优先>：C↙
                                                  //选择【内容优先】选项
指定文字的第一个角点或 [引线箭头优先(H)/引线基线优先(L)/选项(O)] <选项>：
指定对角点：                                        //指定对角点
指定下一点：                                        //移动鼠标，指定下一点的位置
指定引线箭头的位置：                                 //指定箭头位置，结束操作
```

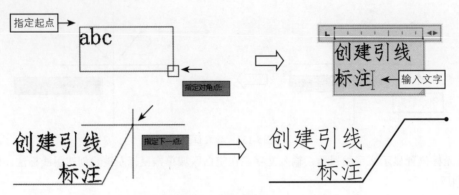

图5-136　内容优先

➢ 选项：输入O，可选择【选项】选项，命令行操作方法如下。

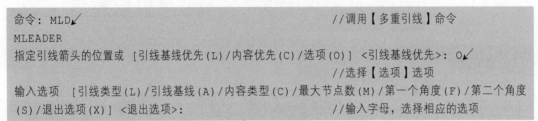

命令：MLD↙　　　　　　　　　　　　　　　　　　　　　//调用【多重引线】命令

MLEADER

指定引线箭头的位置或 [引线基线优先(L)/内容优先(C)/选项(O)] <引线基线优先>：O↙

　　　　　　　　　　　　　　　　　　　　　　　　　　//选择【选项】选项

输入选项 [引线类型(L)/引线基线(A)/内容类型(C)/最大节点数(M)/第一个角度(F)/第二个角度

(S)/退出选项(X)] <退出选项>：　　　　　　　　　　//输入字母，选择相应的选项

【练习5-13】：　绘制亭子引线标注

	介绍绘制亭子引线标注的方法，难度：☆☆
	📁 素材文件路径：素材\第5章\5-13 绘制亭子引线标注.dwg
	💿 效果文件路径：素材\第5章\5-13 绘制亭子引线标注-OK.dwg
	⬇ 视频文件路径：视频\第5章\5-13 绘制亭子引线标注.MP4

下面介绍绘制亭子引线标注的操作步骤。

01 单击快速访问工具栏中的【打开】按钮▣，打开"素材\第5章\5-13 绘制亭子引线标注.dwg"素
材文件，如图5-137所示。

02 执行【格式】|【多重引线样式】命令，弹出【多重引线样式管理器】对话框。选择【文字说
明】多重引线样式，单击【修改】按钮，打开【修改多重引线样式：文字说明】对话框，切换至
【引线结构】选项卡，修改参数如图5-138所示。

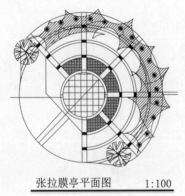

张拉膜亭平面图　　　1：100

图5-137　打开素材

图5-138　修改参数

03 执行【标注】|【多重引线】命令，标注文字说明，效果如图5-139所示。命令行操作方法如下。

```
命令: _mleader↙                                          //调用【多重引线】命令
指定引线箭头的位置或 [引线基线优先(L)/内容优先(C)/选项(O)] <选项>:
                                                        //拾取圆心为引线箭头的位置
指定下一点:                                               //在绘图区域合适的位置指定基线第二点
指定引线基线的位置:                                        //指定引线基线位置，并按空格键
指定基线距离 <0.0000>:                                    //在文字编辑器中输入【剧场】
```

04 继续执行命令，完成文字说明标注，结果如图5-140所示。

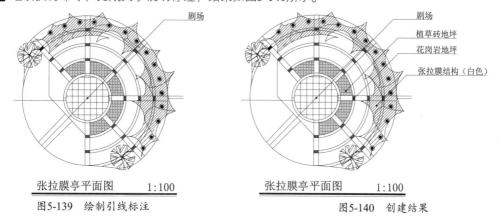

张拉膜亭平面图   1:100   张拉膜亭平面图   1:100
图5-139 绘制引线标注   图5-140 创建结果

5.5.3 编辑多重引线

在多重引线标注中，可以执行添加或者删除引线的操作，还可以合并或对齐引线。

1. 添加和删除多重引线

执行【添加引线】或【删除引线】命令的方法如下。

➤ 命令行：MLEADEREDIT。

➤ 工具栏：单击【多重引线】工具栏中的【添加引线】按钮⌐或【删除引线】按钮⌐，如图5-141所示。

图5-141 单击按钮

➤ 菜单栏：执行【修改】|【对象】|【多重引线】|【添加引线】或【删除引线】命令，如图5-142所示。

➤ 功能区：在【注释】选项卡中，单击【引线】面板中的【添加引线】按钮⌐或【删除引线】按钮⌐，如图5-143所示。

➤ 功能区：在【默认】选项卡中，单击【注释】面板中的【添加引线】按钮⌐或【删除引线】按钮⌐，如图5-144所示。

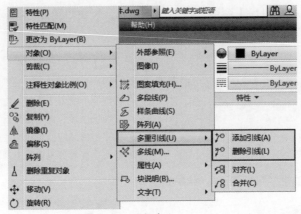

图5-142　选择命令

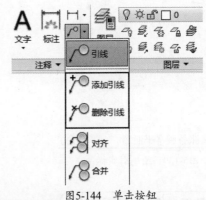

图5-144　单击按钮

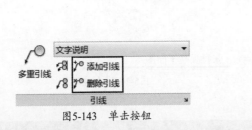

图5-143　单击按钮

【练习5-14】： 添 加 引 线 标 注

	介绍添加引线标注的方法，难度：☆☆
	素材文件路径： 素材\第5章\5-14 添加引线标注.dwg
	效果文件路径： 素材\第5章\5-14 添加引线标注-OK.dwg
	视频文件路径： 视频\第5章\5-14 添加引线标注.MP4

下面介绍添加引线标注的操作步骤。

01 单击快速访问工具栏中的【打开】按钮🗁，打开"素材\第5章\5-14 添加引线标注.dwg"素材文件，如图5-145所示。

02 执行【修改】|【对象】|【多重引线】|【添加引线】命令，即可选择需要添加引线的对象。命令行操作方法如下。

```
命令:                                    //调用【添加引线】命令
选择多重引线:                            //选择文字为【花岗岩地坪】的多重引线
找到 1 个
选择新引线线段的下一个点或 [删除引线(R)]:   //选择新引线线段的下一点
指定引线箭头的位置:                       //指定引线箭头位置
选择新引线线段的下一个点或 [删除引线(R)]: *取消* //按Esc键，结束命令
```

03 添加引线效果如图5-146所示。

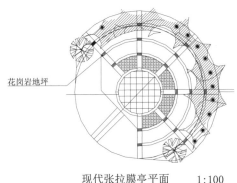

现代张拉膜亭平面　　　1:100

图5-145　打开素材

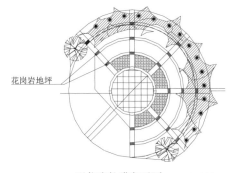

现代张拉膜亭平面　　　1:100

图5-146　添加引线

2. 对齐多重引线

执行【对齐引线】命令的方法与【添加引线】基本相同，这里不再述。

【练习5-15】：　对齐引线标注	
	介绍对齐引线标注的方法，难度：☆
	📄 素材文件路径：素材\第5章\5-15 对齐引线标注.dwg
	✡ 效果文件路径：素材\第5章\5-15 对齐引线标注-OK.dwg
	⬇ 视频文件路径：视频\第5章\5-15 对齐引线标注.MP4

　　下面介绍对齐引线标注的操作步骤。

01 单击快速访问工具栏中的【打开】按钮📁，打开"素材\第5章\5-15 对齐引线标注.dwg"素材文件，如图5-147所示。

02 执行【修改】|【对象】|【多重引线】|【对齐】命令，选择需要对齐的多重引线。命令行操作方法如下。

```
命令：_mleaderalign↙                    //调用【对齐】命令
选择多重引线：指定对角点：找到 4个，总计 4 个
选择多重引线：                          //选择多重引线
当前模式：使用当前间距
选择要对齐的多重引线或 [选项(O)]：       //选择【花岗岩地坪】多重引线
指定方向：90↙                          //将鼠标垂直向上移动，输入90
```

03 对齐引线效果如图5-148所示。

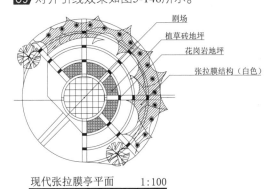

现代张拉膜亭平面　　　1:100

图5-147　打开素材

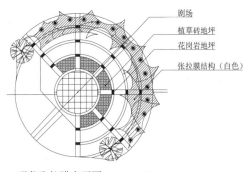

现代张拉膜亭平面　　　1:100

图5-148　对齐引线

5.6　思考与练习

1. 选择题

（1）【文字样式】命令的快捷键是（　　）。

A. MT　　　　　　　　B. ST　　　　　　　　C. TX　　　　　　　　D. MA

（2）【多行文字】命令相对应的工具按钮是（　　）。

A. 　　　　B. 　　　　C. 　　　　D.

A. A　　　　　　　　B. AI　　　　　　　　C. Az　　　　　　　　D. A

（3）表格的单元样式有（　　）种。

A. 3　　　　　　　　B. 4　　　　　　　　C. 5　　　　　　　　D. 6

（4）表格的插入方式除了指定窗口外，还有（　　）。

A. 指定宽度　　　　B. 指定高度　　　　C. 指定颜色　　　　D. 指定窗口

（5）（　　），可以弹出【表格】对话框以对表格执行编辑操作。

A. 单击表格　　　　B. 双击表格　　　　C. 单击表格单元格　　　　D. 分解表格

2. 操作题

（1）调用MLD【多重引线】命令，为详图绘制引线标注，如图5-149所示。

（2）调用MT【多行文字】命令，为详图绘制图名标注，如图5-150所示。

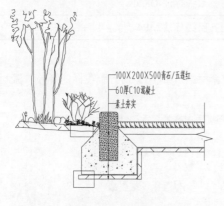

图5-149　绘制引线标注

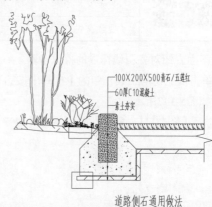

图5-150　绘制图名标注

（3）调用DLI【线性标注】命令、DCO【连续标注】命令，为花架平面图绘制尺寸标注，如图5-151所示。

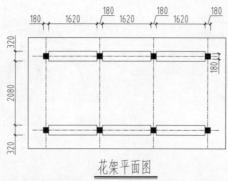

图5-151　绘制尺寸标注

第 6 章
使用块和设计中心

块和设计中心都是提高绘图效率的工具，本章将对块的创建和编辑、设计中心的使用进行详细的介绍，使读者对块与设计中心有完整的了解，从而应用到实际绘图中。

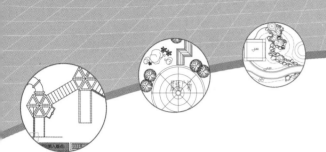

6.1 创建与编辑图块

绘图时，经常需要在同一幅图中多次放置同一个对象。如园林植物配置中，相同的植物需要多次放置，块也就应运而生。使用块可以将问题简化，本节介绍如何充分利用块与块属性。

6.1.1 创建块

任意对象或者对象集均可保存为块，块可分为内部块和外部块。在创建块以前，需要了解怎样插入块以及如何使用所创建的块。

1. 内部块

内部块是存储在图形文件内部的块，只能在存储文件中使用，而不能在其他图形文件中使用。

a. 执行方式

执行【创建块】命令的方法如下。

➤ 命令行：BLOCK或B。

➤ 菜单栏：执行【绘图】|【块】|【创建】命令，如图6-1所示。

➤ 工具栏：单击【绘图】工具栏中的【创建块】按钮 。

➤ 功能区：在【默认】选项卡中，单击【块】面板中的【创建块】按钮 ，如图6-2所示。

图6-1　选择命令

图6-2　单击按钮

b. 操作步骤

执行上述任意一项操作，打开【块定义】
对话框，如图6-3所示。在对话框中设置参数，
单击【确定】按钮，可以将选中的图形创建成
块。

c. 选项说明

【块定义】对话框中常用选项的功能介绍
如下。

图6-3 【块定义】对话框

➢ 【名称】下拉列表框：用于输入或选择块的名
称。

➢ 【拾取点】按钮📷：单击该按钮，系统切换到绘图窗口中拾取基点。

➢ 【选择对象】按钮✛：单击该按钮，系统切换到绘图窗口中拾取创建块的对象。

➢ 【保留】单选按钮：创建块后保留源对象不变。

➢ 【转换为块】单选按钮：创建块后将源对象转换为块。

➢ 【删除】单选按钮：创建块后删除源对象。

➢ 【允许分解】复选框：勾选该选项，允许块被分解。

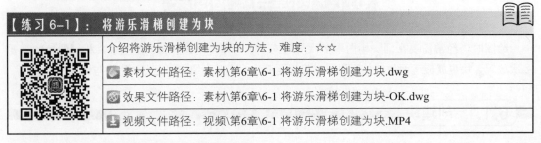

【练习6-1】： 将游乐滑梯创建为块	
介绍将游乐滑梯创建为块的方法，难度：☆☆	
📁 素材文件路径：素材\第6章\6-1 将游乐滑梯创建为块.dwg	
⊕ 效果文件路径：素材\第6章\6-1 将游乐滑梯创建为块-OK.dwg	
⬇ 视频文件路径：视频\第6章\6-1 将游乐滑梯创建为块.MP4	

下面介绍将游乐滑梯创建为块的操作步骤。

01 单击快速访问工具栏中的【打开】按钮，打开"素材\第6章\6-1 将游乐滑梯创建为块.dwg"素
材文件，如图6-4所示。

02 执行【绘图】|【块】|【创建】命令，系统将弹出【块定义】对话框，即可在【名称】文本
框中输入块名为"游乐滑梯"，如图6-5所示。

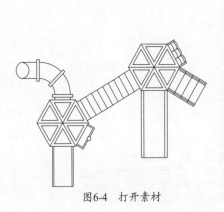

图6-4 打开素材

图6-5 【块定义】对话框

03 单击【拾取点】按钮，拾取游乐滑梯左下角点，如图6-6所示。

04 单击【选择对象】按钮，选择全部的游乐滑梯图形。然后单击【确定】按钮，完成创建块的操作，效果如图6-7所示。

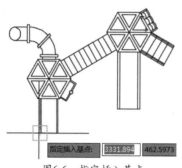
图6-6　指定插入基点

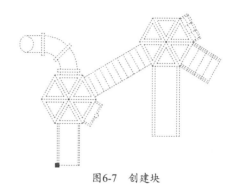
图6-7　创建块

2. 外部块

内部块仅限于在创建块的图形文件中使用，当其他文件中也需要使用时，则需要创建外部块，也就是永久块。外部块不依赖于当前图形，可以在任意图形文件中调用并插入。创建外部块可调用【写块】命令进行操作，执行【写块】命令的方法是在命令行中输入WBLOCK/W。下面以实例形式讲解创建外部块的过程。

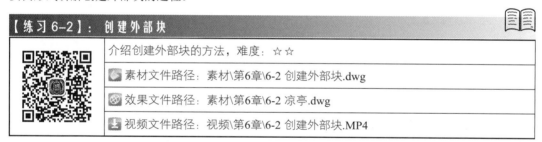

【练习6-2】：　创建外部块

介绍创建外部块的方法，难度：☆☆

素材文件路径：素材\第6章\6-2 创建外部块.dwg

效果文件路径：素材\第6章\6-2 凉亭.dwg

视频文件路径：视频\第6章\6-2 创建外部块.MP4

下面介绍创建外部块的操作步骤。

01 单击快速访问工具栏中的【打开】按钮，打开"素材\第6章\6-2 创建外部块.dwg"素材文件，如图6-8所示。

02 在命令行中输入W，执行【写块】命令，弹出【写块】对话框，如图6-9所示。

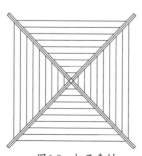
图6-8　打开素材

图6-9　【写块】对话框

03 单击【写块】对话框中的【拾取点】按钮，拾取凉亭左侧边的中点，如图6-10所示。按空格键确定，返回【写块】对话框。

04 单击【选择对象】按钮，选择凉亭，按空格键，返回【写块】对话框。

05 单击 按钮，弹出【浏览图形文件】对话框，在对话框中选择外部块的保存路径，并修改外部块名称为"凉亭"，如图6-11所示。

06 单击【保存】按钮，返回【写块】对话框，然后单击【确定】按钮，完成外部块的创建。

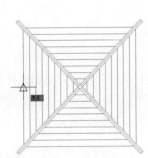

图6-10　指定基点

图6-11　设置名称

【写块】对话框常用选项介绍如下。

➢ 【块】单选按钮：将已定义好的块保存，可以在下拉列表框中选择已有的内部块，如果当前文件中没有定义的块，该单选按钮不可用。

➢ 【整个图形】单选按钮：将当前工作区中的全部图形保存为外部块。

➢ 【对象】单选按钮：将选择图形对象定义为外部块。该项为默认选项，一般情况下选择此项即可。

➢ 【从图形中删除】单选按钮：将选定对象另存为文件后，从当前图形中将其删除。

➢ 【目标】选项组：用于设置块的保存路径和块名。单击该选项组【文件名和路径】下拉列表框右侧的 按钮，可以在打开的对话框中选择保存路径。

6.1.2　插入块

被创建成功的图块，可以在实际绘图时根据需要插入图形中使用，在AutoCAD中，不仅可插入单个图块，还可连续插入多个相同的图块。在园林平面图绘制时，可以单个插入小品，也可以以阵列形式插入行道树。

不管是外部图块还是内部图块，都可以通过【插入】对话框进行单个插入操作。

如果是内部图块，可以直接在【名称】下拉列表框中选择块名称进行插入；如果是外部图块，需要单击【浏览】按钮，在打开的【选择图形文件】对话框中找到需要插入的外部图块图形进行插入。

a. 执行方式

➢ 命令行：INSERT或I。

➢ 菜单栏：执行【插入】|【块】命令，如图6-12所示。

➤ 工具栏：单击【绘图】工具栏中的【插入】按钮🔳。

➤ 功能区：在【默认】选项卡中，单击【块】面板中的【插入】按钮🔳，如图6-13所示。

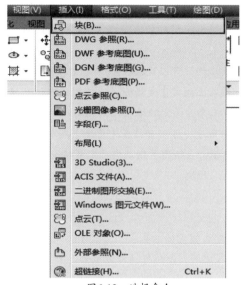

图6-12 选择命令

图6-13 单击按钮

b. 操作步骤

执行上述任意一项操作，调用【插入块】命令，打开【插入】对话框，如图6-14所示。在对话框中选择块，单击【确定】按钮，在绘图区域中指定插入点，完成插入块的操作。

单击【插入】面板中的【插入】按钮🔳，向下弹出列表，如图6-15所示。在列表中预览块，选择块，指定插入基点，即可插入块。

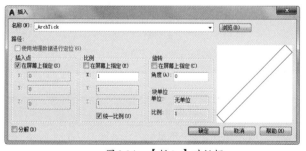

图6-14 【插入】对话框

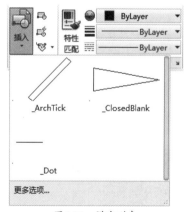

图6-15 弹出列表

操作技巧：在块列表中选择【更多选项】选项，打开【插入】对话框。

命令行操作方法如下。

```
命令：I↙                                    //调用【插入】命令
INSERT
指定插入点或 [基点(B)/比例(S)/旋转(R)]：      //指定基点，插入图块
```

c.【插入】对话框选项说明

【插入】对话框常用选项介绍如下。

- ▶ 【名称】下拉列表框：选择需要插入块的名称。当插入的块是外部块时，则需要单击其右侧的【浏览】按钮，在弹出的对话框中选择外部块。

- ▶ 【插入点】选项组：插入基点坐标，可以直接在X、Y、Z三个文本框中输入插入点的绝对坐标；更简单的方式是通过勾选【在屏幕上指定】复选框，用对象捕捉的方法在绘图区内直接捕捉插入点。

- ▶ 【比例】选项组：设置块实例相对于块定义的缩放比例。可以直接在X、Y、Z三个文本框中输入三个方向上的缩放比例。也可以通过勾选【在屏幕上指定】复选框，在绘图区内动态确定缩放比例。勾选【统一比例】复选框，则在X、Y、Z三个方向上的缩放比例相同。

- ▶ 【旋转】选项组：设置块实例相对于块定义的旋转角度。可以直接在【角度】文本框中输入旋转角度值；也可以通过勾选【在屏幕上指定】复选框，在绘图区内动态确定旋转角度。

- ▶ 【分解】复选框：设置是否在插入块的同时分解插入的块。

d. 命令行选项说明

命令行中各选项说明如下。

- ▶ 基点：输入B，选择【基点】选项，在绘图区域中单击指定插入基点。

- ▶ 比例：输入S，选择【比例】选项，自定义块的插入比例。命令行操作方法如下。

```
命令：I↙                                          //调用【插入】对话框
INSERT
指定插入点或 [基点(B)/比例(S)/旋转(R)]：S↙        //选择【比例】选项
指定 XYZ 轴的比例因子 <1>：2↙                     //输入比例因子
指定插入点或 [基点(B)/比例(S)/旋转(R)]：           //指定插入点
```

- ▶ 旋转：输入R，选择【旋转】选项，指定角度值插入块。命令行操作方法如下。

```
命令：I↙                                          //调用【插入】命令
INSERT
指定插入点或 [基点(B)/比例(S)/旋转(R)]：R↙        //选择【旋转】选项
指定旋转角度 <0>：45↙                             //输入角度值
指定插入点或 [基点(B)/比例(S)/旋转(R)]：           //指定插入点
```

【练习6-3】：插入植物图例

	介绍插入植物图例的方法，难度：☆☆
	📄 素材文件路径：素材\第6章\6-3 插入植物图例.dwg
	💿 效果文件路径：素材\第6章\6-3 插入植物图例-OK.dwg
	⬇ 视频文件路径：视频\第6章\6-3 插入植物图例.MP4

下面介绍插入植物图例的操作步骤。

01 单击快速访问工具栏中的【打开】按钮，打开"素材\第6章\6-3 插入植物图例.dwg"素材文件，如图6-16所示。

02 执行【插入】|【块】命令，弹出【插入】对话框，打开【名称】下拉列表，选择【树】图块，并设置参数，如图6-17所示。

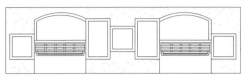

图6-16 打开素材

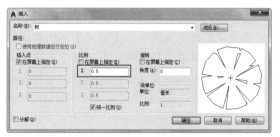

图6-17 【插入】对话框

03 单击【确定】按钮，拾取树池的位置，插入图块，插入结果如图6-18所示。

04 重复操作，插入植物图例的效果如图6-19所示。

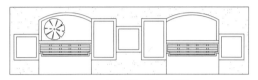

图6-18 插入图块

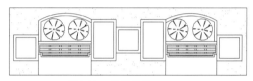

图6-19 最终效果

6.1.3 定义块属性

属性块是指图形中包含图形信息和非图形信息的图块，非图形信息是指块属性。块属性是块的组成部分，是特定的可包含在块定义中的文字对象。

定义块属性必须在定义块之前进行。执行【定义属性】命令，可以创建块的非图形信息。

a. 执行方式

执行【属性定义】命令的方法如下。

➢ 命令行：ATTDEF或ATT。

➢ 菜单栏：执行【绘图】|【块】|【定义属性】命令，如图6-20所示。

➢ 功能区：在【插入】选项卡中，单击【块】面板中的【定义属性】按钮，如图6-21所示。

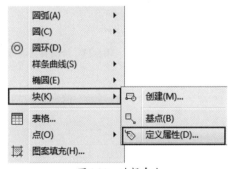

图6-20 选择命令

图6-21 单击按钮

b. 操作步骤

执行上述任意一项操作，调用【属性定义】命令，打开【属性定义】对话框，如图6-22所示。在对话框中设置参数，单击【确定】按钮，单击鼠标左键放置属性即可。

c. 选项说明

【属性定义】对话框中常用选项含义如下。

➢ 【模式】选项组：用于设置属性的模式。【不可见】表示插入块后是否显示属性值；【固定】

表示属性是否是固定值，为固定值则插入后块属性值不再发生变化；【验证】用于验证所输入的属性值是否正确；【预设】表示是否将属性值直接设置成它的默认值；【锁定位置】用于固定插入块的坐标位置，一般选择此项；【多行】表示使用多段文字来标注块的属性值。

图6-22　【属性定义】对话框

> 【属性】选项组：用于定义块的属性。【标记】文本框中可以输入属性的标记，标识图形中每次出现的属性；【提示】文本框用于在插入包含该属性定义的块时显示的提示；【默认】文本框用于输入属性的默认值。
> 【插入点】选项组：用于设置属性值的插入点。
> 【文字设置】选项组：用于设置属性文字的格式。

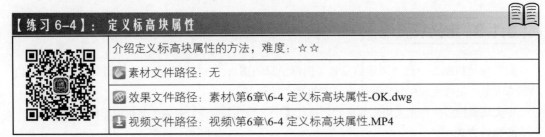

【练习6-4】：定义标高块属性

介绍定义标高块属性的方法，难度：☆☆
📄 素材文件路径：无
🖼 效果文件路径：素材\第6章\6-4 定义标高块属性-OK.dwg
⬇ 视频文件路径：视频\第6章\6-4 定义标高块属性.MP4

下面介绍定义标高块属性的操作步骤。

01 单击快速访问工具栏中的【新建】按钮🗋，新建空白文件。

02 在命令行中输入PL，调用【多段线】命令，绘制标高符号，如图6-23所示。

03 执行【绘图】|【块】|【定义属性】命令，在弹出的【属性定义】对话框设置参数，如图6-24所示。

04 单击【确定】按钮，在绘制好的标高符号上方合适位置指定插入位置，效果如图6-25所示。

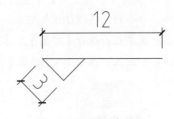

图6-23　绘制标高符号

图6-24　设置参数

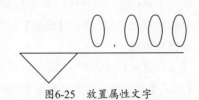

图6-25　放置属性文字

05 执行【绘图】|【块】|【创建】命令，弹出【块定义】对话框，在【名称】下拉列表框中输入"标高"，如图6-26所示。

06 单击【拾取点】按钮⬚，以标高符号下角点为基点，单击【选择对象】按钮⬚，选择标高符号和定义好的属性值，返回对话框。

07 单击【确定】按钮，弹出【编辑属性】对话框，如图6-27所示。不修改任何参数，单击【确定】按钮完成属性块的定义。

图6-26 设置块名称　　　　　　　　　　　图6-27 【编辑属性】对话框

6.1.4 插入属性块

　　属性块的插入和普通块的插入方法大致相同，这里就不详细介绍了。下面以实例形式讲解插入属性块的过程及方法。

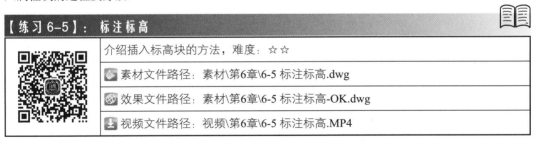

【练习6-5】：**标注标高**

介绍插入标高块的方法，难度：☆☆
素材文件路径：素材\第6章\6-5 标注标高.dwg
效果文件路径：素材\第6章\6-5 标注标高-OK.dwg
视频文件路径：视频\第6章\6-5 标注标高.MP4

　　下面介绍标注标高的操作步骤。

01 单击快速访问工具栏中的【打开】按钮，打开"素材\第6章\6-5 标注标高.dwg"素材文件，如图6-28所示。

02 在命令行中输入I【插入】命令，打开【插入】对话框，选择【标高】图块，如图6-29所示。

03 单击【确定】按钮，拾取相应的插入点，打开【编辑属性】对话框。输入标高值，如图6-30所示。

04 单击【确定】按钮，关闭对话框，创建标高标注的效果如图6-31所示。

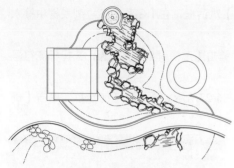

图6-28　打开素材

图6-29　【插入】对话框

图6-30　设置参数

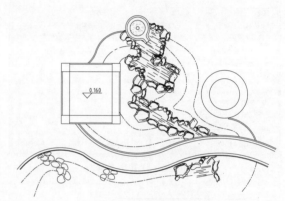

图6-31　创建标高标注

05 重复操作，继续标注标高，效果如图6-32所示。

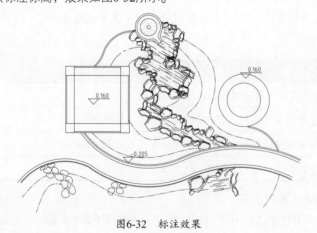

图6-32　标注效果

6.1.5　编辑块属性

定义块属性后，就需要创建带有属性的块，其创建过程与普通块的创建过程是一样的，同样也分为永久块与临时块。调用【编辑属性】命令，可以编辑属性块。

a. 执行方式

修改属性的方法如下。

> 命令行：EATTEDIT或EA。
> 菜单栏：选择【修改】|【对象】|【属性】|【单个】命令，如图6-33所示。
> 功能区：在【常用】选项卡，单击【块】面板中的【编辑属性】按钮，如图6-34所示。

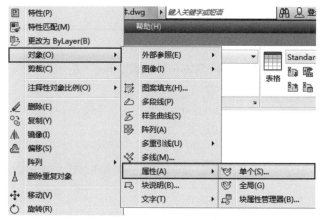

图6-33　选择命令

图6-34　单击按钮

b. 操作步骤

执行上述任意一项操作，调用【编辑属性】命令，选择块，打开【增强属性编辑器】对话框。

选择【属性】选项卡，修改【值】参数，如图6-35所示，重新定义块属性。

选择【文字选项】选项卡，修改属性文字的样式、对正样式、高度以及旋转角度等，如图6-36所示。

图6-35　【属性】选项卡

图6-36　【文字选项】选项卡

选择【特性】选项卡，修改属性文字的图层、线型、颜色等，如图6-37所示。

图6-37　【特性】选项卡

【练习6-6】: 修改标高

介绍修改标高的方法，难度：☆ ☆

素材文件路径： 素材\第6章\6-6 修改标高.dwg

效果文件路径： 素材\第6章\6-6 修改标高-OK.dwg

视频文件路径： 视频\第6章\6-6 修改标高.MP4

下面介绍修改标高属性的操作步骤。

01 单击快速访问工具栏中的【打开】按钮，打开"素材\第6章\6-6 修改标高.dwg"素材文件，如图6-38所示。

02 在命令行中输入EA，调用【修改属性】命令。选择值为0.000的标高图块，系统弹出【增强属性编辑器】对话框，在【值】文本框中输入0.160，如图6-39所示。

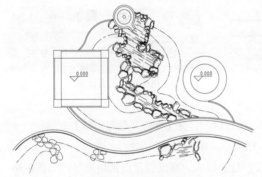

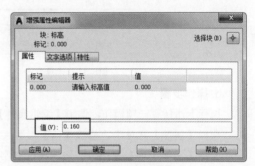

图6-38　打开素材

图6-39　修改标高值

03 单击【确定】按钮，修改标高值的结果如图6-40所示。

04 重复操作，继续修改右侧标高的属性值，效果如图6-41所示。

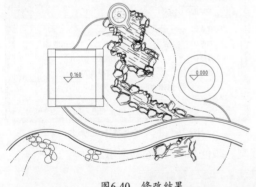

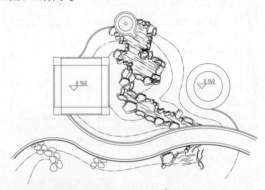

图6-40　修改结果

图6-41　修改右侧标高属性值

技巧提示

双击标高图块，也可以弹出【增强属性编辑器】对话框。

6.2 设计中心

AutoCAD设计资源包括图形文件、样式、图块、标注、线型等内容，在设计过程中，我们如果反复调用这些资源，就会产生错综复杂的关系。AutoCAD提供了一系列资源管理工具，对这些资源进行了分门别类的管理，以提高AutoCAD系统的效率。

6.2.1 使用设计中心

AutoCAD设计中心（AutoCAD Design Center，ADC）为用户提供了一个直观且高效的工具。它与Windows操作系统中的资源管理器类似，通过设计中心管理众多的图形资源。

a. 执行方式

进入【设计中心】的常用方法如下。

➢ 命令行：ADC。
➢ 菜单栏：执行【工具】|【选项板】|【设计中心】命令，如图6-42所示。
➢ 工具栏：在【标准】工具栏中，单击【设计中心】按钮圖。
➢ 组合键：Ctrl+2。
➢ 功能区：选择【插入】选项卡，在【内容】面板上单击【设计中心】按钮圖，如图6-43所示。

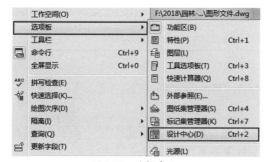

图6-42 选择命令

图6-43 单击按钮

b. 操作步骤

执行上述任意一项操作，都可打开AutoCAD【设计中心】选项板，如图6-44所示。

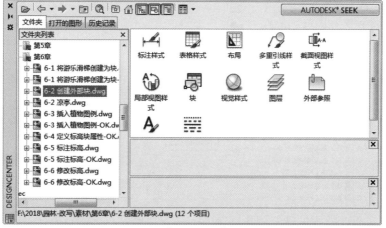

图6-44 【设计中心】选项板

c.【设计中心】的功能

使用【设计中心】可以实现以下操作。

➢ 浏览、查找本地磁盘、网络或互联网的图形资源并通过设计中心打开文件。

> 在定义表中查看图形文件中命名对象（例如块和图层）的定义，然后将定义插入、附着、复制和粘贴到当前图形中。

> 重定义块。

> 创建指向常用图形、文件夹Internet网址的快捷方式。

> 向图形中添加内容（例如外部参照、块和填充）。

> 在新窗口中打开图形文件。

> 可以控制调色板的显示方式，可以选择大图标、小图标、列表和详细资料4种Windows的标准方式中，可以控制是否预览图形，是否显示调色板中图形内容相关的说明内容。

> 设计中心能够将图形文件及图形文件中包含的块、外部参照、图层、文字样式、命名样式及尺寸样式等信息展示出来，提供预览功能并快速插入当前文件中。

【练习6-7】：通过设计中心插入块

介绍通过设计中心插入块的方法，难度：☆ ☆
素材文件路径：素材\第6章\6-7 通过设计中心插入块.dwg
效果文件路径：素材\第6章\6-7 通过设计中心插入块-OK.dwg
视频文件路径：视频\第6章\6-7 通过设计中心插入块.MP4

下面介绍通过设计中心插入块的操作步骤。

01 单击快速访问工具栏中的【打开】按钮，打开"素材\第6章\6-7 通过设计中心插入块.dwg"素材文件，如图6-45所示。

02 执行【工具】|【选项板】|【设计中心】命令，打开【设计中心】选项板。选择【文件夹】选项卡，在左侧的树状图目录中选择"第6章"文件夹，选择内容窗口中的"石块群.dwg"图形文件，如图6-46所示。

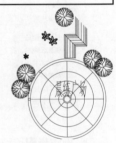

图6-45 打开素材

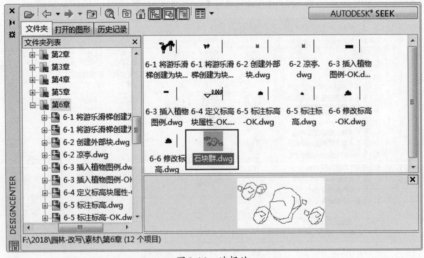

图6-46 选择块

03 在"石块群"图标上单击鼠标右键，在弹出的快捷菜单中选择【插入为块】命令，如图6-47所示。

04 稍后弹出【插入】对话框，在其中显示块信息，如图6-48所示。

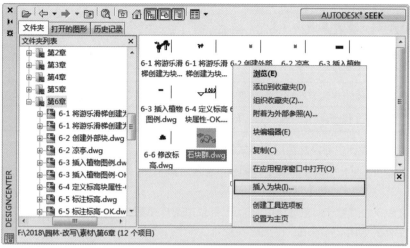

图6-47　选择命令

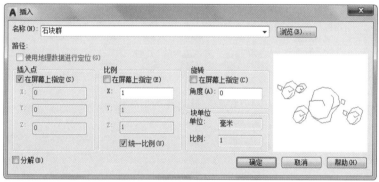

图6-48　【插入】对话框

05 单击【确定】按钮，弹出【块-重新定义块】对话框，选择【不重新定义"石块群"】选项，如图6-49所示。

06 返回绘图区域，拾取合适插入点，插入图块，效果如图6-50所示。

图6-49　选择选项

图6-50　插入图块

6.2.2　通过设计中心添加图层和样式

设计中心能够将图形文件及图形文件中包含的图层、文字样式及尺寸样式等信息展示出来，提供预览功能并快速插入当前文件中。

【练习6-8】：通过设计中心添加图层和样式

📖 介绍通过设计中心添加图层和样式的方法，难度：☆☆	
🔳 素材文件路径：无	
◎ 效果文件路径：素材\第6章\6-8 通过设计中心添加图层和样式-OK.dwg	
⬇ 视频文件路径：视频\第6章\6-8 通过设计中心添加图层和样式.MP4	

下面介绍通过设计中心添加图层和样式的操作步骤。

`01` 单击快速访问工具栏中的【新建】按钮 🗋，新建空白文件。

`02` 按CTRL+2快捷键，打开【设计中心】选项板。

`03` 选择【文件夹】选项卡，在左侧的树状图目录中选择"第6章"文件夹，右击"校园广场设计.dwg"图形文件，如图6-51所示。

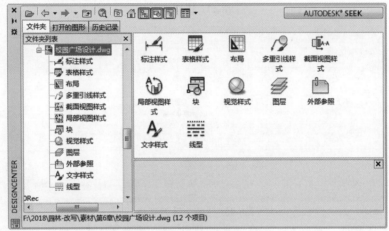

图6-51 【设计中心】选项板

`04` 在左侧预览区域中单击【图层】选项，在右侧的窗口中显示该文件包含的所有图层，如图6-52所示。

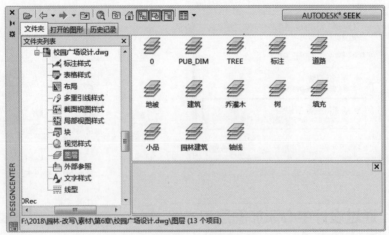

图6-52 显示图层

`05` 右击TREE图层，弹出如图6-53所示快捷菜单，选择【添加图层】命令，为当前文件添加TREE图层。

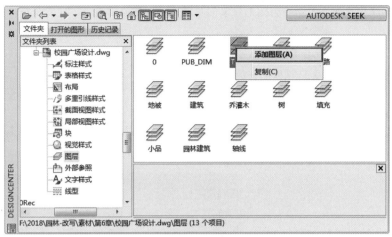

图6-53 选择命令

06 单击【图层特性】列表框，查看添加图层的效果，如图6-54所示。

07 重复操作，添加其他图层至当前图形中，如图6-55所示。

图6-54 添加图层　　　图6-55 操作效果

技巧提示

在【设计中心】选项板中选择要添加的多个图层，按住左键不放，拖动鼠标至绘图区域，释放左键，可将图层添加到文件中。

6.3 思考与练习

1. 选择题

（1）【块定义】命令的快捷键是（　　）。

A. EL　　　　　　　　B. D　　　　　　　　C. B　　　　　　　　D. W

（2）【写块】命令的快捷键是（　　）。

A. W　　　　　　　　B. C　　　　　　　　C. B　　　　　　　　D. E

（3）创建块的动态属性，应先添加（　　）属性。

A. 动作　　　　　　　B. 参数　　　　　　　C. 长度　　　　　　　D. 角度

（4）使用【定义属性】命令为图形对象创建属性后，需要调用（　　）命令将图形与属性创建成块。

A. 写块 　　　　　　B. 创建块 　　　　　　C. 动态块 　　　　　　D. 插入块

（5）打开【设计中心】选项板的快捷键是（　　）。

A. Ctrl+D 　　　　　　B. Ctrl+H 　　　　　　C. Ctrl+3 　　　　　　D. Ctrl+2

2. 操作题

（1）选择"木棉"图形，调用B【创建】命令，打开【块定义】对话框，设置块名称，如图6-56所示。单击【确定】按钮，关闭对话框，创建植物图块。

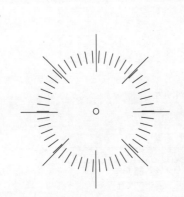

图6-56　创建块

（2）调用ATT【定义属性】命令，打开【属性定义】对话框。设置参数如图6-57所示，单击【确定】按钮，将属性文字放置在图形的一侧，如图6-58所示。

选择图形与属性文字，调用B【创建】命令，创建属性块。

图6-57　【属性定义】对话框

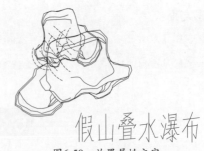

图6-58　放置属性文字

园路是园林工程的重要组成部分，有多种类型，例如汀步、礓磋、台阶、蹬道等。应根据不同的园林环境来确定园路的类型，本章介绍各种类型园路铺装的绘制方法。

07
第 7 章
园林道路

7.1 园路设计概述

本节介绍园路的相关知识，包括园路的功能、类型以及特殊园路的种类。

7.1.1 园路的功能

园路的功能可分为两种，即实用功能及美学功能，具体表现有以下几点。

1. 划分、组织园林空间

在园林设计中，常常利用水体、地形、植物、建筑和园路划分园林的功能区域。对于地形起伏不大，建筑体量小的园林绿地，常采用道路的标志，以围合和分离不同的景点或景区，以形成不同的园林空间，如图7-1所示。

同时，借助于道路自身的路况（线形、断面、外观形状、路面材料、色彩等）的变化，可以显示空间的性质、景观的特点，适应观赏内容的转换和活动方式的改变，从而起到组织园林空间的作用。

2. 组织交通和导游

第一，园路应满足各种园务运输和游人行走观赏的功能要求；第二，游人在道路上行走前进，园路可以为游人欣赏园景提供不同的连续性视点，取得步移景异的效果；第三，园林各景点之间的道路联系，可为动态景观序列的展开指明前进的方向，有序地引导游人从一个景点进入另一个景点。

3. 造景

园路作为一种空间环境设施，自始至终伴随着游览者，密切地影响着景观效果。应用园路优美的线形、精美的路面铺装、丰富的材质色彩（如图7-2所示）与周围的山水、道路、建筑、小品等景物有机结合，可以共同构成丰富而精美的园林景观景物。

图7-1 利用道路划分园林空间

图7-2 丰富的路面材质

4. 提供活动和休息场所

在园路的某些部位,如水池边、树下、与建筑的交接处、小品的周围、花台花坛旁边等,扩大园路的平面面积,或者辟为场地,增设座椅等设施,可以作为游人活动和休息的场所。

5. 组织排水

通过道路的布设,借助其坡度、路缘或者边沟来组织排水。

7.1.2 园路的类型

园路的类型有礓磋、无障碍园路、步石与汀步、台阶与蹬道。

1. 礓磋

在地形起伏变化较大的地段,如果道路的纵向坡度超过15%,为了便于车辆通行又能避免行车打滑现象的出现,必须将路面表层做成小锯齿状的坡道,这种坡道被称为礓磋。

礓磋中的凹痕深度一般为15mm,其间距为70~80mm,或者220~240mm。如图7-3所示为纵向坡度较大的园路,如图7-4所示为纵向坡度较为平缓的园路。

图7-3 较陡的纵向坡度

图7-4 较平缓的纵向坡度

2. 无障碍园路

无障碍园路是专门为残疾人的行走通行而设置的道路。在设置无障碍园路时,应尽可能减少道路的横向坡度,排水沟箅子、雨水井盖等,不得突出地面,并注意不得卡住车轮或者盲人的拐杖。

如图7-5所示为无障碍坡道设计,如图7-6所示为盲人道的设计效果。

图7-5 无障碍坡道

图7-6 盲人道

3. 步石和汀步

步石是置于陆地上的采用天然或者人工整块形材料铺设成的散点状的道路，多用于草坪、林间、岸边或假山与庭园之处，如图7-7所示。

汀步是设置于水面中的散点状的道路，常布置于溪间、滩地或者浅池之中，如图7-8所示。

图7-7 步石

图7-8 汀步

4. 台阶和蹬道

当道路的纵向坡度过大，且超过12%时，应设置梯道而实现不同标高地面的交通联系，在园林设计中将这种设施称为台阶，如图7-9所示。同时，台阶也可用于建筑物的出入口或者有高差变化的广场。

当路段坡度超过173%（坡角60°，坡值1：0.58）时，需要在山石或者建筑体上开凿坑穴以形成台阶，并在两侧加设栏杆铁索，以便于攀登，如图7-10所示。这种特殊形式的台阶，在园林工程设计中称之为蹬道。蹬道的坑穴可错开成左右布置台阶，方便游人搀扶。

图7-9 台阶

图7-10 蹬道

7.2　卵石小道

卵石小道的绘制步骤为，首先绘制道路轮廓线，然后在轮廓线内划分各种路面材料的填充区域，接着绘制各类图案来代表不同的材料，最后绘制文字标注可完成小道的绘制。

如图7-11所示为卵石小道的铺装结果。

图7-11　卵石小道

【练习7-1】：	绘制卵石小道
	介绍绘制卵石小道的方法，难度：☆☆
	素材文件路径：无
	效果文件路径：素材\第7章\7-1 绘制卵石小道-OK.dwg
	视频文件路径：视频\第7章\7-1 绘制卵石小道.MP4

下面介绍绘制卵石小道的操作步骤。

01 绘制外轮廓线。调用L【直线】命令、PL【多段线】命令，绘制轮廓线，如图7-12所示。

02 绘制填充轮廓线。调用O【偏移】命令，偏移线段如图7-13所示。

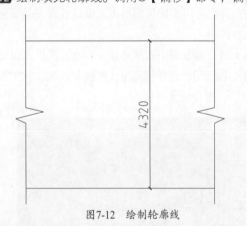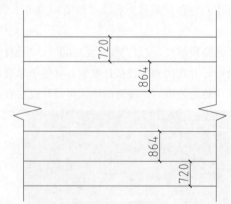

图7-12　绘制轮廓线　　　　　　　　图7-13　偏移线段

03 绘制石板。调用L【直线】命令、O【偏移】命令，绘制并偏移直线，如图7-14所示。

04 填充块石图案。调用H【图案填充】命令，在命令行中输入T，选择【设置】选项。打开【图案填充和渐变色】对话框，设置填充参数，如图7-15所示。

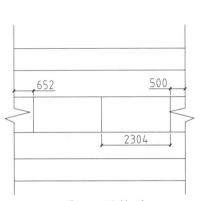

图7-14 绘制石板

图7-15 设置参数

05 点取填充区域，填充图案的效果如图7-16所示。

06 绘制卵石图案。按Enter键，重复调用H【图案填充】命令，在【图案填充和渐变色】对话框中修改参数，如图7-17所示。

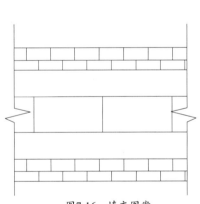

图7-16 填充图案

图7-17 修改参数

07 图案填充的效果如图7-18所示。

08 调用MLD【多重引线】命令，绘制道路铺装材料的文字标注，如图7-19所示。

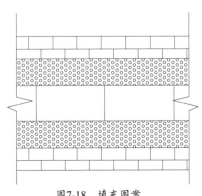

图7-18 填充图案

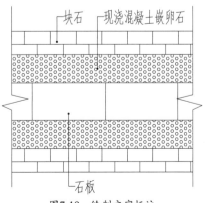

图7-19 绘制文字标注

7.3 水池汀步

　　汀步是位于水中的散点状的道路，常布置于溪间、滩地或者浅池中。汀步的绘制步骤为：首先调用水池平面图形，接着在水池上绘制青石板，最后绘制文字标注，可完成水池中汀步的绘制。

　　如图7-20所示为汀步的制作效果。

图7-20　水池汀步

【练习7-2】：绘制水池汀步

介绍绘制水池汀步的方法，难度：☆
📄 素材文件路径：素材\第7章\7-2 绘制水池汀步.dwg
🎬 效果文件路径：素材\第7章\7-2 绘制水池汀步-OK.dwg
⬇ 视频文件路径：视频\第7章\7-2 绘制水池汀步.MP4

　　下面介绍绘制水池汀步的操作步骤。

01 打开素材。按Ctrl+O快捷键，打开"素材\第7章\7-2 绘制水池汀步.dwg"文件，如图7-21所示。

02 绘制石板。调用REC【矩形】命令，绘制尺寸为900×300的矩形；调用CO【复制】命令，移动并复制矩形，如图7-22所示。

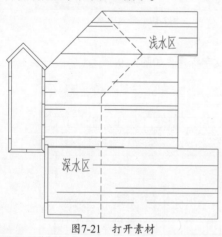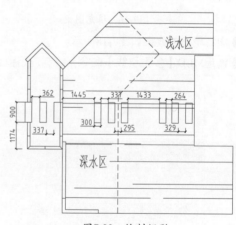

图7-21　打开素材　　　　　　　　　图7-22　绘制矩形

03 重复调用REC【矩形】命令，绘制尺寸为901×927的矩形，如图7-23所示。

04 调用MLD【多重引线】命令，绘制引线标注如图7-24所示。

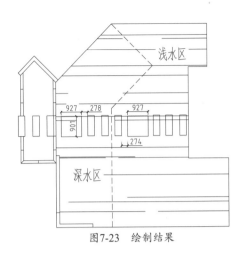
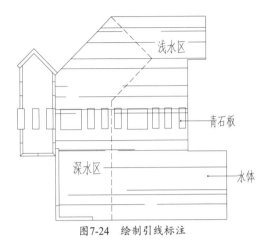

图7-23　绘制结果　　　　　　　　　　　　　　图7-24　绘制引线标注

7.4　嵌草步石

步石是置于陆地上的采用天然或者人工整块形的材料铺设成的散点状道路，弧形步石的绘制步骤为：首先调用圆弧命令来绘制道路轮廓线，接着在道路轮廓线内绘制步石图形；然后在步石与步石之间的缝隙填充青草图案，最后绘制材料标注，可完成嵌草步石的绘制。

如图7-25所示为嵌草步石的铺装效果。

图7-25　嵌草步石

【练习7-3】：绘制嵌草步石

介绍绘制嵌草步石的方法，难度：☆☆	
素材文件路径：无	
效果文件路径：素材\第7章\7-3 绘制嵌草步石-OK.dwg	
视频文件路径：视频\第7章\7-3 绘制嵌草步石.MP4	

下面介绍绘制嵌草步石的操作步骤。

01 绘制道路轮廓线。调用C【圆】命令、O【偏移】命令，绘制并偏移圆形。

02 调用L【直线】命令、TR【修剪】命令，绘制直线并修剪圆形，结果如图7-26所示。

03 调用L【直线】命令，在圆弧所划定的范围内绘制步石轮廓线，如图7-27所示。

图7-26 绘制道路轮廓线

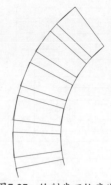

图7-27 绘制步石轮廓线

04 填充草地图案。调用H【图案填充】命令，在命令行中输入T，选择【设置】选项。打开【图案填充和渐变色】对话框，设置草地的填充图案，如图7-28所示。

05 在平面图中点取草地种植范围填充图案。然后，调用E【删除】命令，删除圆弧，结果如图7-29所示。

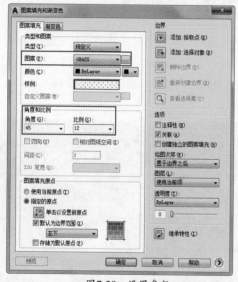

图7-28 设置参数

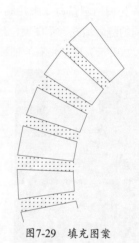

图7-29 填充图案

06 调用MLD【多重引线】命令，绘制材料标注如图7-30所示。

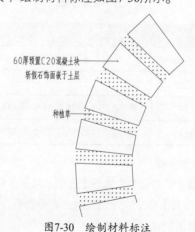

60厚预置C20混凝土块

斩假石饰面嵌于土层

种植草

图7-30 绘制材料标注

7.5 铺装小道

铺装小道是最常见的园路类型，由各种材料自由组合成多种图案，具有施工方便与美观大方的优点。绘制铺装小道的步骤为：首先确定道路范围，需要在道路轮廓线的两侧绘制折断线，表示为截取路面中的某段来表示其铺装效果；接着定义材料的铺装范围、绘制铺装图案，最后绘制文字标注，可完成铺装小道的绘制。

小道的铺装效果如图7-31所示。

图7-31　铺装小道

【练习7-4】：绘制铺装小道	
	介绍绘制铺装小道的方法，难度：☆☆
	素材文件路径：无
	效果文件路径：素材\第7章\7-4 绘制铺装小道-OK.dwg
	视频文件路径：视频\第7章\7-4 绘制铺装小道.MP4

下面介绍绘制铺装小道的操作步骤。

01 绘制道路轮廓线。调用L【直线】命令、O【偏移】命令，绘制并偏移直线；调用PL【多段线】命令，可绘制折断线，如图7-32所示。

02 绘制铺装轮廓线。调用O【偏移】命令，偏移道路轮廓线，如图7-33所示。

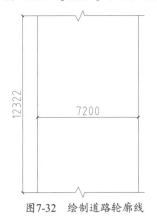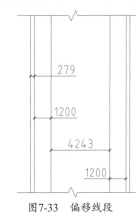

图7-32　绘制道路轮廓线　　　图7-33　偏移线段

03 绘制石板铺装图案。调用L【直线】命令，绘制石板铺装轮廓线，如图7-34所示。

04 绘制青石板铺装图案。调用H【图案填充】命令，在命令行中输入T，选择【设置】选项。打开【图案填充和渐变色】对话框，设置填充参数，如图7-35所示。

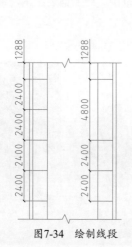

图7-34　绘制线段

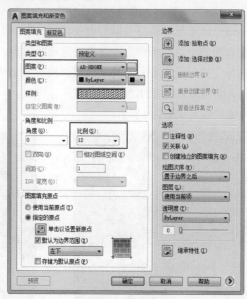

图7-35　设置参数

05 在平面图中拾取填充区域，填充青石板图案的效果如图7-36所示。

06 调用MLD（多重引线）命令，绘制地面铺装材料标注，如图7-37所示。

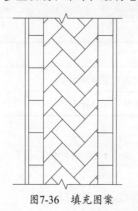

图7-36　填充图案

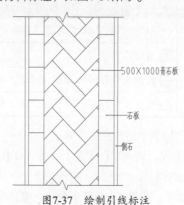

图7-37　绘制引线标注

7.6　绘制其他园路

园路布置合理与否，直接影响到园林的布局和利用率，因此需要把道路的功能、作用和艺术性结合起来。本节主要讲解园路的绘制方法，包括主园路与休闲小径。

7.6.1　主园路

主园路是联系花架、休闲小广场和别墅建筑的纽带，下面介绍主园路的绘制方法。

【练习7-5】：绘制主园路

	介绍绘制主园路的方法，难度：☆☆☆
	素材文件路径：素材\第7章\7-5 绘制主园路.dwg
	效果文件路径：素材\第7章\7-5 绘制主园路-OK.dwg
	视频文件路径：视频\第7章\7-5 绘制主园路.MP4

下面介绍绘制主园路的操作步骤。

01 单击快速访问工具栏中的【打开】按钮，打开"素材\第7章\7-5 绘制主园路.dwg"素材文件，如图7-38所示。

02 将【园路】图层置为当前图层，调用L【直线】命令，绘制晾衣台轮廓，参数设置如图7-39所示。

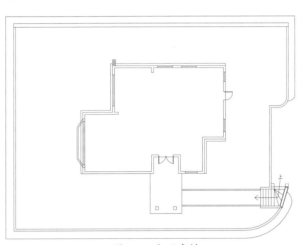

图7-38 打开素材

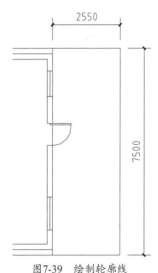

图7-39 绘制轮廓线

03 调用O【偏移】命令，偏移在上一步骤中绘制好的轮廓线，偏移数据如图7-40所示。

04 调用O【偏移】命令，偏移直线为辅助线。然后调用C【圆】命令，绘制半径为2200的圆，表示连接主园路的圆形小广场轮廓，如图7-41所示。

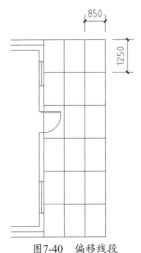

图7-40 偏移线段

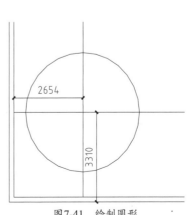

图7-41 绘制圆形

05 调用E【删除】命令，删除辅助线。将【轴线】图层置为当前图层，调用SPL【样条曲线】命令，绘制主园路中心轴线，如图7-42所示。

06 调用O【偏移】命令，左右偏移中轴线，偏移距离为425，并将偏移线段转换至【园路】图层，使用【夹点编辑】功能适当调整园路形状，然后隐藏轴线，如图7-43所示。

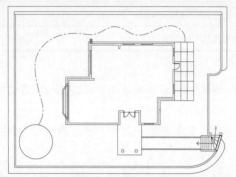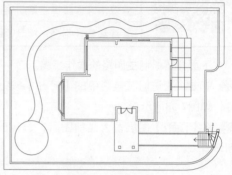

图7-42　绘制样条曲线　　　　　　　　　　　图7-43　偏移轴线

07 调用SPL【样条曲线】命令，继续绘制主园路和汀步路径，效果如图7-44所示。

08 调用REC【矩形】命令，绘制尺寸为904×400的矩形，表示汀步石，并拾取矩形上边中点，将其移动至路径曲线上，如图7-45所示。

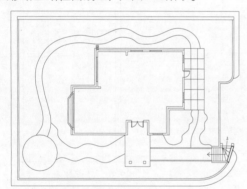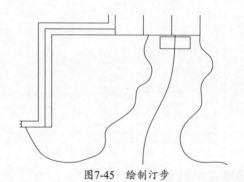

图7-44　绘制结果　　　　　　　　　　　　　图7-45　绘制汀步

09 调用AR【阵列】命令，将上一步绘制的路径阵列，阵列数为10，阵列距离为480，阵列结果如图7-46所示。

10 调用E【删除】命令，删除阵列路径。调用O【偏移】命令、L【直线】命令和TR【修剪】命令，绘制门厅区石板，如图7-47所示。

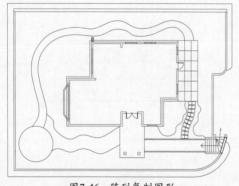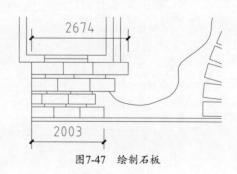

图7-46　阵列复制图形　　　　　　　　　　　图7-47　绘制石板

11 利用相同的方法绘制左侧石板，如图7-48所示。

12 调用PL【多段线】命令，绘制自然形状石汀步，效果如图7-49所示。

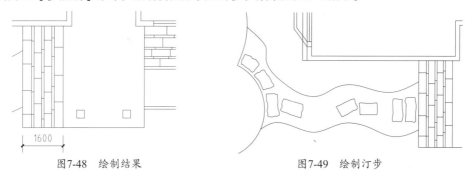

图7-48　绘制结果　　　　　　　　　　　图7-49　绘制汀步

13 调用C【圆】命令，绘制圆形汀步轮廓，如图7-50所示。

14 调用L【直线】命令，绘制圆形汀步内部纹理，如图7-51所示。

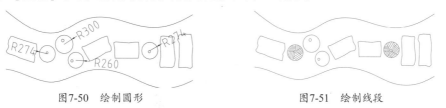

图7-50　绘制圆形　　　　　　　　　　　图7-51　绘制线段

15 至此，园路绘制完成，整体效果如图7-52所示。

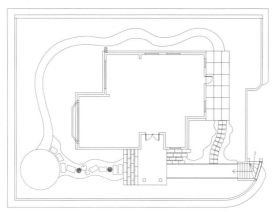

图7-52　绘制园路的结果

7.6.2　绘制休闲小径

园林中的小径是园路系统的末梢，是联系园景的捷径，最能体现艺术性的部分。

【练习7-6】: 绘制园林小径	
介绍绘制园林小径的方法，难度：☆	
	🖼 素材文件路径：素材\第7章\7-5 绘制主园路-OK.dwg
	🎬 效果文件路径：素材\第7章\7-6 绘制园林小径-OK.dwg
	📥 视频文件路径：视频\第7章\7-6 绘制园林小径.MP4

下面介绍绘制园林小径的操作步骤。

01 单击快速访问工具栏中的【打开】按钮🖿，打开"素材\第7章\7-5 绘制主园路-OK.dwg"素材文件。

02 调用O【偏移】命令，偏移线段，表示菜园中的小园路，偏移参数如图7-53所示。

03 调用TR【修剪】命令，修剪在上一步骤中偏移的线段，并删除多余线段，结果如图7-54所示。

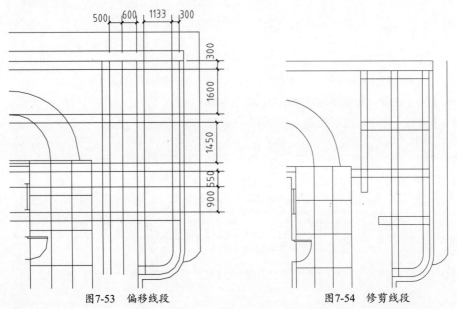

图7-53   偏移线段   图7-54   修剪线段

04 调用REC【矩形】命令，绘制尺寸为300×300的矩形，并移动至合适的位置，如图7-55所示。

05 调用CO【复制】命令，设置移动间距为100，复制在上一步骤中绘制的矩形。调用TR【修剪】命令，修剪图形，操作结果如图7-56所示。

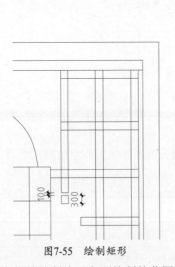
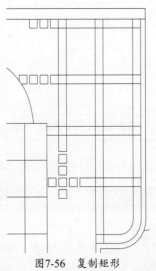

图7-55   绘制矩形   图7-56   复制矩形

休闲小径的绘制除了上面绘制的菜园小园路，还有连通水旱小溪的汀步石等，绘制方法大体相似，这里就不一一讲述了，其绘制效果如图7-57所示。至此休闲小径绘制完成。

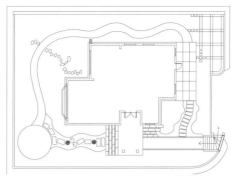

图7-57 绘制休闲小径的结果

7.7 思考与练习

（1）调用REC【矩形】命令、【矩形阵列】命令以及TR【修剪】命令、A【圆弧】命令，绘制汀步图形，如图7-58所示。

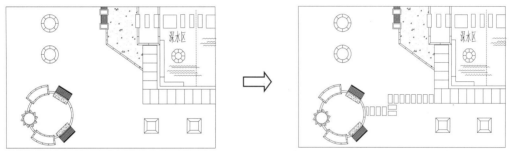

图7-58 绘制汀步

（2）调用EL【椭圆】命令、CO【复制】命令，绘制并复制椭圆，卵石小道的绘制效果如图7-59所示。

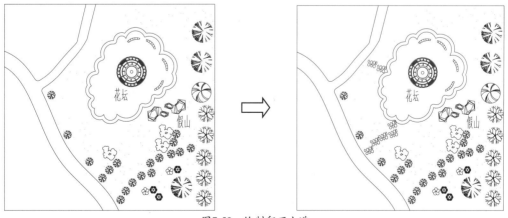

图7-59 绘制卵石小道

我国的园林景观设计中从来都不曾缺少水的元素，古人又称水为景
观设计中的"血液"或"灵魂"，由此可见水对于景观设计的不可或缺
性。苏州园林是中国传统园林的代表之一，可以用"无水不园"来形
容；古人巧妙地将水体与植物、建筑及其他构筑物相融合，营造出引人
入胜的景观。

本章介绍各类水体的相关知识及其施工图纸的绘制。

08
第 8 章
园林水体

8.1 园林水体概述

园林水体，作为园林中一道别样的风景，以它特有的气息与神韵感染着每一个人。它是园林
景观和给排水的有机结合。随着房地产等相关行业的发展，人们对居住环境有了更高的要求。水
景逐渐成为居住区环境设计的一大亮点，水景的应用技术也得到了很快的发展，许多技术已大量
应用于实践中。

8.1.1 园林水体的形式

园林水体的景观形式是丰富多彩的。明袁中郎谓："水突然而趋，忽然而折，天回云昏，顷
刻不知其千里，细则为罗谷，旋则为虎眼，注则为天神，立则为岳玉；矫而为龙，喷而为雾，吸
而为风，怒而为霆，疾徐舒蹙，奔跃万状。"下面以水体存在的4种形态来划分水体的景观。

➢ 水体因压力而向上喷，所形成的各种各样的喷泉、涌泉、喷雾等总称为喷水，如图8-1所示。
➢ 水体因重力而下跌，高程突变，所形成的各种各样的瀑布、水帘等总称为跌水。
➢ 水体因重力而流动，形成各种各样的溪流、旋涡等总称流水。
➢ 水面自然，不受重力及压力影响，称为池水，如图8-2所示。

图8-1 喷泉

图8-2 自然湖泊

8.1.2 园林水景的类型

水景是园林景观构成的重要组成部分，水的形态不同，则构成的景观也不同。水景一般可分为以下几种类型。

1. 水池

园林中常以天然湖泊作为水池，尤其在皇家园林中，此水景有一望千顷、海阔天空之气派，构成了大型园林的水景。而私家园林或小型园林的水池面积较小，其形状可方、可圆、可直、可曲，常以近观为主，不可过分分隔，故给人的感觉是古朴野趣，如图8-3所示。

2. 瀑布

瀑布在园林中虽用得不多，但它特点鲜明，即充分利用了高差变化，使水产生动态之势。如把石山叠高，下挖成潭，水自高往下倾泻，击石四溅，飞珠若帘，俨如千尺飞流，震撼人心，令人流连忘返，如图8-4所示。

图8-3　水池　　　　　　　　　　　　　　图8-4　瀑布

3. 溪涧

溪涧的特点是水面狭窄而细长，水因势而流，不受拘束。水口的处理应使水声悦耳动听，使人犹如置身于真山真水之间，如图8-5所示。

4. 源泉

源泉之水通常是溢满的，源源不断地往外流出。古有天泉、地泉、甘泉之分。泉的地势一般比较低下，常伴有山石，光线幽暗，别有一番情趣。

5. 濠濮

濠濮是山水相依的一种景象，其水位较低，水面狭长，往往能产生两山夹岸之感。而护坡置石，植物探水，可营造幽深濠涧的气氛。

6. 渊潭

潭景一般与峭壁相连，水面不大，深浅不一，如图8-6所示。大自然之潭周围峭壁嶙峋，俯瞰之势险峻，犹如万丈深渊。庭园中潭之创作，岸边宜叠石，不宜披土；光线处理宜隐蔽浓郁，不宜阳光灿烂；水位标高宜低下，不宜涨满。水面集中而空间狭隘是渊潭的创作要点。

7. 滩

滩的特点是水浅而与岸高差很小。滩景结合洲、矶、岸等，潇洒自如，极富自然情趣，如图8-7所示。

8. 水缸景

水缸景是用容器盛水作景。其位置不定，可随意摆放，内可养鱼、种花，以作庭园点景之用，如图8-8所示。

图8-5　溪涧

图8-6　渊潭

图8-7　滩

图8-8　水缸景

8.1.3　园林水体的功能

我国园林理水的历史悠久，早在西周时期周文王修建"灵沼"时，就可算是最早的园林理水。园林水体的形式丰富多样，但它不仅可用作造景，还有许多实用功能。园林水体的用途非常广泛，粗略归纳为六个方面：调节气候、净化空气；排洪蓄水、回收利用；提供生产用水；分隔空间；联系景点；美化环境。

1. 调节气候、净化空气

水体能够显著增加空气湿度、降低局部温度、减少尘埃。水体面积越大，这种作用就越为明显。在瀑布、叠水等跌落的水体中，水在重力作用下分裂出大量的负离子。负离子能够显著地净化空气，快速杀灭空气中的细菌，去除空气异味。它通过对有害物质进行物理吸附、化学分解、电性中和等综合作用，从而净化有害气体。由此可见，园林水体不仅对人体有益，还可以净化空气，甚至还能局部改善园林内部的气候条件。

2. 排洪蓄水、反复利用

园林水体平时可以用来蓄水，收集城市的排放水体，特殊情况下，又可以用作消防、抗旱的备用水。在雨季，水位暴涨，园林水体可以在一定程度上缓冲洪水流量，或者蓄积一定水量，并且可以及时泄洪，防止山洪暴发，殃及住宅、农田。到了缺水的季节，再将平时所蓄之水合理地分配实用。

在水域附近的绿地，可采用自然雨水进行灌溉，以形成水的生态良性循环。

3. 提供生产用水

园林水体还可以作为生产用水，并且应用到许多方面。首先是用于灌溉植物，其次是用于生产养殖，如养殖鱼虾等。这样一来，园林水体不但可以供人游玩观赏，还可以产生经济效益。但是园林水产养殖与单纯的养殖场有所区别，需要考虑多方面的影响。如果水体太浅，将不利于水温上下对流，不能为水生动物提供合适的生长环境。如果水体太深，虽然可以提高单位面积产量，但会对游人的活动构成一定的威胁。因此在设计园林水体时要特别注意水体深度的掌握。

4. 分隔空间

为了避免因单调而使游人产生平淡枯燥的感觉，常用水体将园景分隔成不同情趣的观赏空间，用水面创造园林迂回曲折的游览线路。隔岸相望，使人产生想要到达的欲望。而且跨越在汀步之上，也颇有趣味。有时还可用曲折的园桥延长游览路线，丰富园景的层次和内容。

以水面作为空间隔离，是最自然的办法。因为水面可以使人们的运动和视线在不知不觉中受到控制。

5. 联系景点

当众多零散的景点均依附水面而存在时，水面就起到了统一的作用，使园景产生整体感。例如，扬州瘦西湖带状水面全长4.3公里，蜿蜒曲折，湖面时宽时窄，众多景点依水而建。整个水面就好像是一条纽带，又如同一串珍珠项链，将各个景点贯穿起来。船行其间，景色不断变换，引人入胜。从这个方面说来，园林水体还具有导向作用。一个景区内的各个景点以水面相连接，游人会自然而然地顺着水的方向欣赏景色。

6. 美化环境

水景在园林规划设计中常常能起到画龙点睛的作用，通过水的点缀可使整个景区充满生机和活力。水景以其复杂多变、亦实亦虚的形态，使园中景色更加迷人，如喷泉、瀑布、池塘等等，都是水体的各种形态。水中可以植荷、养鱼，锦鲤戏鱼池，妙趣横生。如果水体较深，或者水底颜色较深，将会使水面产生极佳的镜面反射效果。

8.2　园林水体设计基础

古今中外的园林，对于水体的运用非常重视。在各种风格的园林中，水体均有不可替代的作用。

8.2.1　园林水景设计原则

水景设计的基本原则主要有满足功能性需求和满足环境的整体要求两条。

1. 满足功能性要求

水景的基本功能是供人观赏，因此它必须能够给人带来美感，使人赏心悦目，所以设计首先需要满足环境的艺术美感。不同水景还能满足人们亲水、嬉水、娱乐和健身的需要。

2. 满足环境的整体要求

一个好的水景作品，要根据它所处的环境氛围、建筑功能要求进行设计，达到与整体景观设计的风格协调统一的目的。

8.2.2　园林水景设计要求

在园林设计中，水景越来越受到景观设计师的重视，各种形式的水池在小区环境营造中成了不可缺少的元素，且有越来越大的趋势。水景设计中应注意以下几点。

1. 安全性

一般来说，景观水体设计水深不能超过40cm，以防止出现安全隐患。局部需加深处应设防护设施，如分隔式绿化、假山、石景或造型较为自然的栏杆等。游泳池尽量做到封闭，设一出入口以控制人进出。

2. 水质净化

对于小型水池，应设水质净化系统，使水循环利用。对于大型水池，可多植水生植物（水浮莲、风车草、芦苇、落羽杉等）适当养殖观赏鱼，形成自身净化功能，如图8-9所示。

3. 空气净化

在较大的水面或水边密林处设置雾化喷头，飞扬的水雾能形成特殊的景观效果，又可起到除尘、增加空气湿度的作用。

图8-9　水生植物

4. 景观功能

水池造型应与周边环境协调，或规则，或自然，也应方便游客从俯视、平视、亲身参与三个角度观赏。在场地许可的前提下，应能充分调动人的各种观赏机能；视觉、听觉、触觉（戏水、游水）；以及利用各种手段亲水，如渡船、小桥、亭榭、汀步等，如图8-10所示。自然式池岸宜采用天然石材或较粗糙的半成品石材（如大卵石、自然面花岗岩），岸边和石缝中配植水边适生植物，可形成较为自然的水体景观，如图8-11所示。

图8-10　亭榭

图8-11　仿自然水景

从景观园林中水要素的艺术和理水手法分析可以看出，水景以深厚的文化渊源和独特的观赏视角，表现形式多样，巧于变化，易与周围景物协调统一，在古典园林中发挥物质与精神享受的双重作用。在现代景观和园林设计中抓住和充分挖掘园林水景的自然特性和文化特性，创造出更具有时代特色、更节约资源、改善生态环境、更有文化内涵，是我们在设计过程中要关注的重点。

8.3　水体的表现方法

水景设计图应该标明水体的平面位置、水体形状、深浅及工程做法，以方便施工人员施工。水景设计图有平面和立面两种表示方法。

8.3.1　水体平面表示方法

水平面图可以表示水体的位置和标高，如园林的竖向设计图和施工总平面图。在这些平面图中，首先画出平面坐标网格，然后画出各种水体的轮廓和形状，如果沿水域布置有山石、汀步、小桥等景观元素，也可以一一绘制出来。

在平面图上，水面表示可以采用线条法、等深线法、填充法和添加景物法。其中前三种为直接的水面表示法，最后一种为间接表示方法。

1. 线条法

用工具或徒手排列平行线条，可均匀布满，也可以局部留白，或只画局部线条。线条可采用波纹线、水纹线、直线或曲线，如图8-12所示。

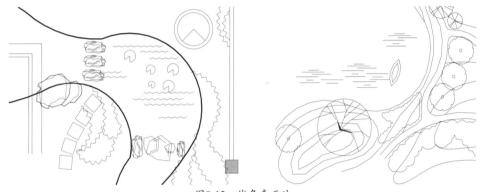

图8-12　线条表示法

2. 等深线法

依岸线的曲折作类似闭合等高线的两三根曲线，多用于形状不规则的水面，如图8-13所示。

3. 填充法

填充法指的是使用AutoCAD的预定义或自定义填充图案，填充闭合的区域表示水体。填充的图案一般选择直排线条，以表示出水面的波纹效果，如图8-14所示。

4. 添景物法

利用水生植物、水上活动工具、码头和驳岸、露出水面的石块、水纹线等表示水面。

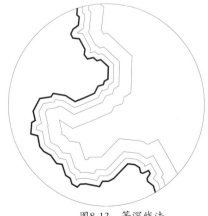

图8-13　等深线法

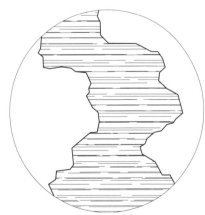

图8-14　填充法

8.3.2 水体立面表示方法

1. 线条法

用细实线或虚线勾画水体造型，注意线条方向与水流方向一致，外轮廓线活泼生动，如图8-15所示。

图8-15 线条表示法

2. 留白法

将水体背景或配景画暗衬托水景。适用于表现水体的洁白与光亮或水体的鸟瞰效果。

3. 光影法

用线条和色块综合表现。

8.4 旱 溪

旱溪，就是在设计上通常表示不放水的溪床，仿造自然界中干涸的河床。日本叫枯山水，虽然有禅意，节水，低维护，方便介入，但毕竟缺少水溪的映水和动水的生动效果。有时，旱溪也可以做河底，甚至做防水，因为，在雨季也可以盛水，水旱两便，如图8-16所示。

图8-16 旱溪

【练习8-1】：绘制水旱小溪

介绍绘制水旱小溪的方法，难度：☆☆

◈ 素材文件路径：素材\第8章\8-1 绘制水旱小溪.dwg

◎ 效果文件路径：素材\第8章\8-1 绘制水旱小溪-OK.dwg

⬇ 视频文件路径：视频\第8章\8-1 绘制水旱小溪.MP4

下面介绍绘制水旱小溪的操作步骤。

01 单击快速访问工具栏中的【打开】按钮▣，打开"素材\第8章\8-1 绘制水旱小溪.dwg"素材文件，如图8-17所示。

02 将【水体】图层置为当前。调用SPL【样条曲线】命令，绘制样条曲线，表示旱溪的外轮廓。然后使用【夹点编辑】命令，进行整理，效果如图8-18所示。

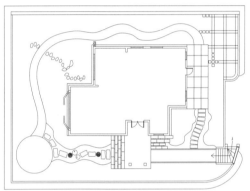

图8-17　打开素材

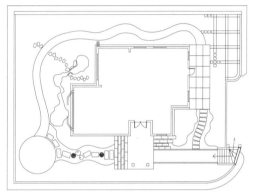

图8-18　绘制外轮廓

03 继续使用SPL【样条曲线】命令，绘制沙洲内轮廓，并修改其颜色为"颜色8"，线型设置为ACADISO03W100，线型全局比例设置为10，效果如图8-19所示。

04 调用TR【修剪】命令，修剪与园路相交位置的轮廓线；调用SPL【样条曲线】命令，绘制沙洲外轮廓，结果如图8-20所示。

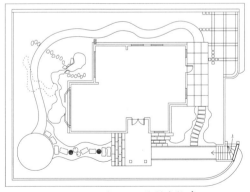

图8-19　绘制内轮廓

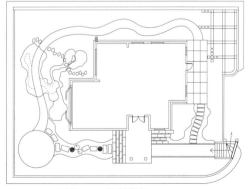

图8-20　绘制结果

05 调用TR【修剪】命令，修剪外轮廓与园路相交的位置，修改颜色为白色，如图8-21所示。

06 调用SPL【样条曲线】命令，绘制如图8-22所示的样条曲线，表示旱溪中较大块的卵石。

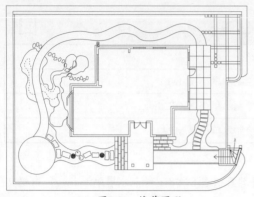

图8-21 修剪图形

图8-22 绘制鹅卵石

07 调用CO【复制】命令、SC【缩放】命令复制到其他的位置，如图8-23所示。

08 调用EL【椭圆】命令，绘制椭圆，表示旱溪中小块卵石，修改椭圆颜色为"颜色8"，并调用CO【复制】命令、SC【缩放】命令，随意布置卵石位置，效果如图8-24所示，水旱小溪绘制完成。

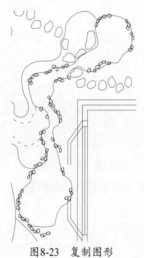

图8-23 复制图形

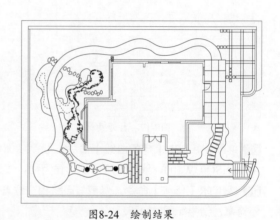

图8-24 绘制结果

8.5　自然式水池

　　自然式水池的设计，采用师法自然的手法，结合岸线景观和湖面倒影、水生植物进行适当的景观组织，形成一幅优美的水面画卷。

【练习8-2】：绘制自然式水池

	介绍绘制自然式水池的方法，难度：☆☆
	素材文件路径：素材\第8章\8-1 绘制水旱小溪-OK.dwg
	效果文件路径：素材\第8章\8-2 绘制自然式水池-OK.dwg
	视频文件路径：视频\第8章\8-2 绘制自然式水池.MP4

下面介绍绘制自然式水池的操作步骤。

01 单击快速访问工具栏中的【打开】按钮 ▶️，打开"素材\第8章\8-1 绘制水旱小溪-OK.dwg"素材文件。

02 调用SPL【样条曲线】命令，绘制样条曲线，适当调整其形状，效果如图8-25所示。

03 调用PL【多段线】，绘制地板砖，将绘制完成的图形切换至【园路】图层，如图8-26所示。

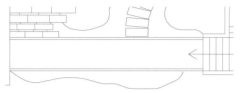

图8-25 绘制轮廓线

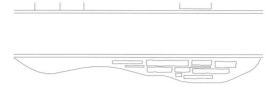

图8-26 绘制地板砖

04 调用SPL【样条曲线】命令，绘制水池轮廓线，如图8-27所示。

05 调用H【图案填充】命令，在命令行中输入T，选择【设置】选项。打开【图案填充和渐变色】对话框，选择AR-RROOF图案，设置填充比例为120，其他参数保持默认，如图8-28所示。

图8-27 绘制水池轮廓线

图8-28 设置参数

06 在水池轮廓内单击鼠标左键，拾取填充区域，填充图案的效果如图8-29所示。

07 调用E【删除】命令，删除水池轮廓线，如图8-30所示。

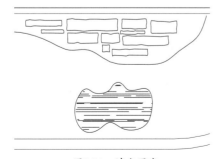

图8-29 填充图案

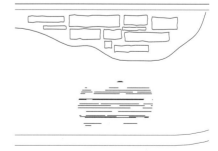

图8-30 删除轮廓线

08 调用PL【多段线】命令，绘制多段线，表示池岸石块，如图8-31所示。

09 重复操作，继续绘制石块，完成自然式水池的绘制，效果如图8-32所示。

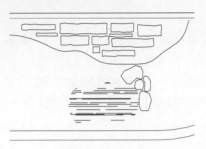
图8-31 绘制石块

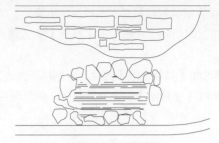
图8-32 绘制结果

8.6 思考与练习

调用SPL【样条曲线】命令，绘制水体轮廓。轮廓绘制完毕之后，再次调用SPL【样条曲线】命令，绘制水体波纹，效果如图8-33所示。

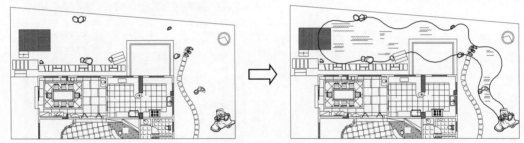
图8-33 绘制水体

园林山石是指人工堆叠在园林绿地中的观赏性假山。山石在园林设计中的应用由来已久，源远流长，从远古时代"囿"中的不经意，到现代走进了居室厅堂的室内园林设计中的刻意与精心，无处不有山石的芳踪。庭园中的山石已更注重和讲究细节与局部的处理与把握，日益体现了于细微处见精神。

本章介绍园林山石设计的基础知识以及绘制山石图形的方式。

09

第 9 章
园林山石

9.1 园林山石设计概述

山石是以造景游览为目的，充分结合其他多方面的功能和作用，以土石等为材料。以自然山水为蓝本并加以艺术的提炼和夸张，用人工再造的山水景物的通称。

9.1.1 山石的功能、作用和构成形态

1.功能和作用

山石在中国的园林设计中使用非常广泛，其堆叠形状千姿百态，横看成岭侧成峰；但是堆叠的目的却因时因地而异，具体来说，山石的作用有以下几点。

1）构成园林主景

山石作为园林的主景，在采用主景突出的布局方式的园林中，可以山为主景，也可以山石为驳岸的水池作主景。此时整个园子的地形骨架、起伏、曲折都以此为基础来变化。

2）组合或划分园林空间

使用山石对园林空间进行分隔及划分，将空间分成大小不同、形状各异并富于变化的形态。使用山石的穿插、分隔、夹拥、汇聚等在假山区创造出山路的流动、山坞的闭合、峡谷的纵深、山洞的拱穿等。使用山水组织空间，可使空间更富于变化。

3）点缀、陪衬、装饰园林景色

其形式或者以山石作花台，或者以石峰凌空，或者于粉墙前散置，或者以竹、石等结合作为廊间转折的小空间和窗外的对景。

4）作为园林小品

使用山石作为护坡、挡土墙、驳岸和花台等。在坡度较陡的土山坡地经常散置山石作为护坡，这些山石可阻挡及分散地表径流，从而降低地表径流的流速，达到减少水土流失的目的。

5）作为室内外的器具、陈设

使用山石制作石桌、石几、石凳、石鼓、石栏等器具，既可抵御日晒夜露的侵蚀，又可结合造景，为人们提供休憩的空间。

2. 构成形态

山石的创作原则是"以真为假，做假成真"，这是"虽有人作，宛自天开"的中国园林设计总则在掇山方面的具体变化。"以真为假"说明了掇山的必要性，"做假成真"说明了对掇山观赏的要求。

山石是由单体山石掇成的，按其施工过程来说，是"集零为整"的工艺制作过程。因此必须在外观上注重整体感，在结构方面注意稳定性，所以才说假山工艺是科学性、技术性及艺术性的综合体。

1）假山

假山以造景为目的，使用土、石等材料构筑而成。假山的造景功能包括构成园林的主景或者地形骨架，划分及组织园林空间，布置庭院、驳岸、护坡、挡土，设置自然式花台。

还可以与园林建筑、园路、场地和园林植物组合成富于变化的景致，以减少人造气氛，增添自然生趣。

如图9-1所示为假山的创作效果。

图9-1　假山

2）置石

置石是指用来起装饰作用，观赏性强的石头，而且用材较少、结构简单，对施工技术的要求也不高。置石的布置特点是以少胜多、以简胜繁，且量少质高，使用简单的形式体现较深的意境，获得寸石生情的艺术效果。

如图9-2所示为置石的创作效果。

图9-2　置石

3）石砌体

石砌体以石材为主要的砌体材料，砌筑成具有某种功能的结构物。石砌体可以满足某种特定的使用功能要求，并附带相应的景观美学属性，如自然式的驳岸、花台、器具等，如图9-3所示。

图9-3　石砌体

9.1.2　石材的种类

山石的石材种类大致可以分为湖石、房山石、英石等，如表9-1所示。

表 9-1　石材的种类

山石种类	产　地	特　征	园林用途
太湖石	江苏太湖中的洞庭西山	质坚石脆，纹理纵横，脉络显隐，沟、缝、穴、洞遍布，色彩较多，称为石中精品	掇山、特置
房山石	北京房山大灰石一带山上	石灰暗，新石红黄，日久变灰黑色、质地坚韧，有太湖石的一些特征	掇山、特置
英石	广东省英德市一带	质地坚韧，敲击起来清脆有声	掇山、特置
灵璧石	安徽省灵璧县	灰色清润，石面坳坎变化，石头形状千变万化	山石小品，盆品石之王
宣石	安徽省南部宣城、宁国一带山区	有积雪般的外貌，又带些赤黄色，愈旧愈白	散置、群置
黄石	产地较多，以常熟虞山最为著名，苏州、常州、镇江等地皆有所产	石头形体顽劣、见棱见角，节立面近乎垂直，雄浑沉实	掇山、特置
青石	产于北京西郊洪山口一带	多呈片状，有交叉互织的斜纹理	掇山、筑岸
石笋	产地较广	可分为四种，白果笋、乌炭笋、慧剑钟乳石笋；外形修长，形如竹笋	作为独立小景
木化石、松皮石、石珊瑚、黄蜡石等	各地	随不同的石头种类而呈现出不同的特点	掇山、置石

各种类型的石材如下所示。

太湖石　　　　　　　　房山石　　　　　　　　英石　　　　　　　　灵璧石

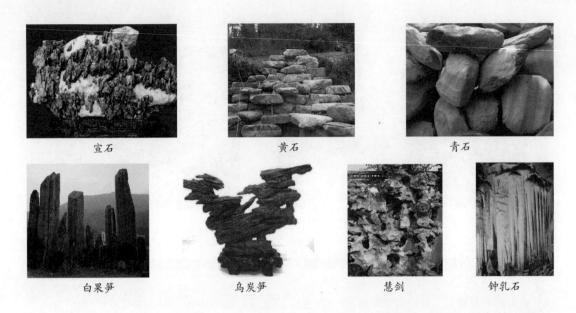

| 宣石 | 黄石 | 青石 |

| 白果笋 | 乌炭笋 | 慧剑 | 钟乳石 |

9.1.3 山石的设计要求

在山石设计中，应注意以下要求。

1. 充分发挥设置点的有利条件

详细研究山石工程设置点的各种情况，找出各种有利于营造零号景点景观的条件，并加以利用。对于不利的条件，应尽力改造，采取必要的措施，避免或减少不利的影响，假如条件允许，应将不利条件改造为有利的条件。

2. 选择最佳的艺术形式

设计师应深入构思，制作多种方案，从多个角度分析、比较各个方案的艺术特色，直到最后综合各个方案的优点，形成优良的山石景点方案，使其成为深化设计的基础。

3. 合理选用造景石材

在选择石材的时候，既要遵循规划设计的要求，又要充分考虑石材自身的材质特点。只有充分反映了材质固有的优质特点，并实现了规划设计的要求时，才算得上是一个成功的设计方案。

4. 选择合理的结构形式

应该使用低成本、易施工、确保景物体系稳定安全的结构形式，采用科学合理的构造设施。

9.2 景 石

景石常设置于草坪、路旁，以石代替桌椅，有自然美观的效果；设在水边，又别有一番情趣。旱山造景而立景石，篆刻文人墨迹，则意境陡生；台地草坪置石，既是园路向导，又可以保护绿地。

根据造景的组成不同，可以分为孤置、对置、散置、群置等几种组景方式。

1. 孤置

孤置又称特置，所形成的景石称为峰石，一般由单块石料布置成独立的景石，如图9-4

所示。

孤置要求石材的体量大，且必须有突出的特点，才能产生较强的艺术感染力。在整块山石难以取到的条件下，也可用几块石料进行拼接而形成孤置峰石，但是要注意整个峰石的自然与平衡，处理好石材的肌理结构。

2. 对置

以两块山石布置在相对的位置上，使它们之间呈对称、对立、对应的状态，这种置石方式被称为对置，如图9-5所示。两块山石的体量大小及形态走向，可以相同、相似或者不同，其布置位置可以是对称或者平衡不对称。

对置的石景可以起到装饰环境的配景或者点景作用，一般布置在庭园门前两侧、路口两侧、园路转折点两侧、河口两岸及园林主景线两侧等环境中，作为一种对称组景的方式。

图9-4　孤置

图9-5　对置

3. 散置

散置石是仿照岩石自然分布的状态，使用少量的、有限的、大小不等的山石，按照艺术美的规律和法则搭配组合而成的石景景观置石，如图9-6所示。

散置置石常用于自然式山石驳岸的岸上部、草坪中、山坡上、小岛水池中、园门两侧、廊间、粉墙前等，作为独立的景观点或与其他景物结合造景。

4. 群置

山石成群布置，作为一个整体来表现，称为群置山石。群置又称为"大散点"，是指运用数块山石相互搭配点置，组成一个散体的置石布景技法，如图9-7所示。

群置的用石要求与设计布局的构思与散置置石基本相同，其中的不同之处在于群置的存在与操作空间较大，堆数多、石块多。所以，为了与环境在大空间上取得协调，就应该增加堆的数量，加大某些石或石堆的重量。

图9-6　散置

图9-7　群置

5. 山石器设

山石器设是指使用自然山石作为室外环境中的家具器设，例如石桌、石凳、石几、石水钵、石屏风等，可形成既有使用功能，又有一定景观效果的石景布置物。这种布置方式称为山石器设置石，如图9-8所示。

山石器设宜布置在高大景物的一侧而面临较为开敞的空间，或者后方有树林遮蔽之处，例如在崖壁之下、林中空地、林木边缘、行道树下等处，以形成相应的活动环境条件。

图9-8 石桌石凳

【练习9-1】：	绘制景石
	介绍绘制景石的方法，难度：☆☆
	素材文件路径：无
	效果文件路径：素材\第9章\9-1 绘制景石-OK.dwg
	视频文件路径：视频\第9章\9-1 绘制景石.MP4

景石可以使用【多段线】命令绘制，外轮廓使用粗线绘制，内部的石块纹理使用细线绘制。

01 将【景石】图层置为当前，调用PL【多段线】命令，绘制景石外轮廓，设置线宽为5，绘制结果如图9-9所示。

02 继续调用PL【多段线】命令，绘制景石内部纹理，设置线宽为0，绘制纹理轮廓线。然后将颜色设置为"颜色8"，以与外轮廓区分，结果如图9-10所示。

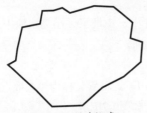

图9-9 绘制外轮廓

图9-10 绘制内轮廓

03 在命令行中输入B，调用【创建块】命令，打开【块定义】对话框。选择景石图形，返回对话框设置名称，如图9-11所示。单击【确定】按钮，关闭对话框，将景石创建为块。

图9-11 【块定义】对话框

9.3 假　　山

假山的山石种类有湖石、黄石、青石、石笋等，可使用掘取、浮面挑选、爆破等方式采石，运输到目的地经过安装可呈现出姿态各异的效果。假山可与园林建筑、植物相结合来布置，如图9-12所示。

图9-12　假山

9.3.1　假山的作用

假山主要有以下几种作用。

1. 构成园林的主景

在园林设计中，常常以假山作为园林平面布局比较突出的方式，即以山为主景，辅以水系、植被、建筑小品等。将大型的山体作为整个园林的骨架，园中的地形起伏、沟河的曲折，皆以此作为基础而设置。

2. 组织园林的空间

通过假山的合理设置，对园林空间进行分隔和划分，将空间组织成具有大小不同、形状各异、富有变化的景观。可通过假山的穿插、分隔、夹拥、围合、汇聚等，在假山区创造出山路的流转、山坞的闭合、峡谷的曲折纵深、山洞的拱穹等。还可以将山水结合组成相映成趣的空间，使园林空间更加富有变化。

3. 自身的景观效应

假山景观是自然山地景观在园林中艺术地再现。通过各种技术工艺手段，自然界中的奇峰异石、悬崖峭壁、层峦叠嶂、深峡幽谷、泉石洞穴、海岛石雕等自然景观一般可以通过假山石景这一形式，在园林中艺术地再现出来，形成可视可摸可入的美景。

4. 承载工程需求

主要指假山能发挥有关工程上的相应性能，即在驳岸、挡土墙上叠筑假山、假山中的花台、山体的护坡，除了造景的功能外，还有承受力学荷载、保护岸体、防止水土流失等工程性能。

9.3.2　假山的设计要点

假山设计工程要求将科学性、技术性、艺术性高度结合在一起，主要应注意以下几点。

1. 全局考虑，统筹安排，合理布局

从园林景观的全局出发，结合原有的地形地貌，因地制宜地把造园要求和客观条件的可能性结合起来，进行合理的布局设计。

2. 综合考虑设山和理水，使山水完美结合

自然界的风景一般是有山有水，山水相映成趣，山水之间的组合，有着其自身的规律。应充分了解自然界中山与水的相处规律，巧妙利用山石、水体、植物、游鱼等造园因素，就可设计出鲜活的假山景观。

3. 利用设计区的环境条件来设计假山

在设计假山时，可采用各种手段，借用或者发挥环境中的有利条件，减少或者去除不利的因素，设计出较美的假山景观。例如真山中混合假山，可减少人工堆叠的痕迹，增强假山的气魄；或者在真山面前营造同种山石的假山，使真山假山呈现出如同一脉相连、"做假成真"的效果。

【练习9-2】： 绘制假山	
	介绍绘制假山的方法，难度：☆☆
	素材文件路径：无
	效果文件路径：素材\第9章\9-2 绘制假山-OK.dwg
	视频文件路径：视频\第9章\9-2 绘制假山.MP4

下面介绍绘制假山的操作步骤。

01 将【假山】图层置为当前，调用SPL【样条曲线】命令，绘制假山外轮廓。

02 调用PE【编辑多段线】命令，将其转换为多段线，并修改线宽为5。命令行操作方法如下。

```
命令：PE↙                                    //调用【编辑多段线】命令
PEDIT
选择多段线或 [多条(M)]:                       //选择样条曲线
选定的对象不是多段线
是否将其转换为多段线？<Y>                      //按Enter键
指定精度 <10>:                               //按Enter键
输入选项 [闭合(C)/合并(J)/宽度(W)/编辑顶点(E)/拟合(F)/样条曲线(S)/非曲线化(D)/线型生
成(L)/反转(R)/放弃(U)]: W↙                    //选择【宽度】选项
指定所有线段的新宽度: 5                        //输入宽度值
```

03 更改轮廓线宽度的效果如图9-13所示。

04 继续调用SPL【样条曲线】命令，绘制内部纹理，如图9-14所示。

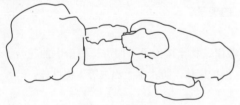

图9-13 绘制外轮廓

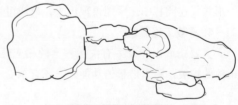

图9-14 绘制内轮廓

05 选择假山图形，在命令行中输入B，调用【创建块】命令。打开【块定义】对话框，设置名称，如图9-15所示。单击【确定】按钮，关闭对话框，将假山图形创建为块。

图9-15　设置块名称

绘制完毕山石图形后，需要将其分布至总平面图中，这里可调用I【插入】命令、CO【复制】
等命令，将其布置于平面图中，布置效果如图9-16所示。

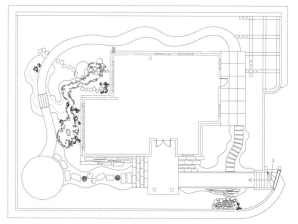

图9-16　布置山石的效果

9.4　思考与练习

（1）调用PL【多段线】命令，设置线宽为5，绘制元宝石外轮廓线。修改线宽为0，绘制元宝
石内轮廓线，如图9-17所示。

（2）调用PL【多段线】命令、C【圆】命令，绘制如图9-18所示的景石组合。

图9-17　绘制元宝石

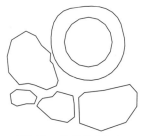

图9-18　绘制景石组合

园林小品是组成每一个景观单元的一部分,它已经渗透在整个景观设计之中,开始受到越来越多的关注。设计优秀的园林小品不仅可以使人们享受优美的环境,而且可以提升园林空间的整体品质以及景观的总体效果。

本章首先简单介绍了园林小品的分类、功能及设计原则,然后综合讲述园林小品的绘制方法和技巧。

第10章
园林小品

10.1 园林小品设计基础

园林中体量小巧,功能简明,造型别致,富有情趣,选址恰当的精美建筑物,称为园林小品。园林小品内容丰富,在园林中可发挥点缀环境,活跃景色,烘托气氛,加深意境的作用。

10.1.1 园林小品的分类

园林小品具有精美、灵巧和多样化的特点,设计创作时可以做到"景到随机,不拘一格",在有限空间得其天趣。

园林小品一般按其功能分类可分为以下几种。

1. 供休息小品

供休息小品包括各种造型的靠背园椅、亭、花架、凳、桌和遮阳的伞、罩等,如图10-1所示。这种小品常结合环境,用自然块石或用混凝土作成仿石、仿树墩的凳、桌;或利用花坛、花台边缘的矮墙建筑小品和地下通气孔道来作椅、凳等;围绕大树基部设椅凳,既可休息,又能纳凉。

图10-1　供休息小品

2. 装饰性小品

装饰性小品指各种固定的和可移动的花钵、饰瓶，可以经常更换花卉，如图10-2所示。装饰性的日晷、香炉、水缸，各种景墙（如九龙壁）、景窗等，在园林中起点缀作用。

图10-2　装饰性小品

3. 照明小品

园灯的基座、灯柱、灯头、灯具都有很强的装饰作用，如图10-3所示。

图10-3　照明小品

4. 展示小品

各种布告板、导游图板、指路标牌以及动物园、植物园和文物古建筑的说明牌、阅报栏、图片画廊等，都对游人有宣传、教育的作用，如图10-4所示。

图10-4　展示小品

5. 服务性小品

服务性小品指为游人服务的饮水泉、洗手池、公用电话亭、时钟塔等；为保护园林设施的栏杆、格子垣、花坛绿地的边缘装饰等；为保持环境卫生的废物箱等，如图10-5所示。

图10-5　服务性小品

10.1.2　园林小品的作用

小品在园林组景中是一个重要的元素，其主要作用有下述各点。

1. 具有相应的使用功能

不同的园林小品有不同的功能，例如栏杆具有安全防护性功能，花架同时具有观赏及休憩的功能；花台可以提供较好的种植小环境，容易控制土质的组成成分和肥水情况；坐凳具有休息的功能等，如图10-6所示。

2. 造景作用

在苏州园林中，各种形式的门洞、窗洞比比皆是；通过这些门洞、窗洞可以将园林中的景色组织到画面中，这是框景的手法。该手法可使景观更集中、层次更深远。

小品有时可作为配景来烘托主景的完美镜像，有时也可作为主景以形成引人注目的镜像，例如主题雕塑、大型喷泉等，如图10-7所示。

图10-6　花架　　　　　　　　　　　　　　图10-7　喷泉

10.1.3　园林小品的设计方法

园林小品有以下设计方法。

1. 巧于立意

意在笔先是书法绘画艺术的创作方法，同样对于园林小品的设计也要先进行立意，没有立意的设计就是形式的简单堆砌，缺乏内涵与感染力，园林小品不仅仅带给人视觉上的舒适、使用上的便捷，而且要追求精神上、文化上的巧妙传达，使其更加具有内涵和深度。园林小品的设计不单单追求形式上的精美，造型上的丰富，更主要的是要具有一定的意境和情趣。在园林小品的设计创作上，情景交融、寓情于景，使人触景生情是建筑小品设计的更高境界。

2. 精于体宜

比例与尺寸是产生协调的重要因素，美学中的首要问题即为协调。在园林建筑小品的设计过程中，精巧的比例和合理的构图是获得园林整体效果的第一位。中国古典园林的私家园林中，精致小巧的凉亭、亭亭玉立的假山、蜿蜒曲折的九曲小桥都能形成以小见大的园林佳作；而颐和园中宽敞大气的长廊、长长的十七孔桥镶嵌在宽阔的昆明湖面上，形成整体景观，彰显了皇家园林的大气恢宏和帝王贵族至高无上的权力，如图10-8所示。所以在空间大小、地势高低、近景远景等空间条件各不相同的园林环境中，园林小品的设计应有相应的体量和尺度，既要获得效果又不可喧宾夺主。

图10-8　十七孔桥

3. 独具特色

每一个景观中的园林小品都是为这一景观量身定做的，造型及风格应与园林环境相协调，只有符合园林的主题，才能够体现当地的文化和人文特色。它们都是景观中精美的艺术品，而不是工业化生产下的产物。在园林小品的设计中要充分反映建筑小品的自身特色，并把它巧妙地熔铸在园林造型之中，和园林融合在一起形成整体效果。

4. 师法自然

虽由人作，宛自天开是针对我国自然山水式的园林而言的基本原则。我国园林追求自然，一切造园要素都尽量保持其原始自然的特色。园林小品为园林的点睛之笔，要和自然环境很好地融合在一起。所以设计师在设计的过程中不要破坏原有的地形地貌，做到得景随形，充分利用园林小品的灵活性、多样性丰富园林空间。

10.2　绘制园林小品

10.2.1　园灯

园灯的主要功能是照明，尤其是夜间，柔和的灯光可以充分发挥其指示和引导游人的作用，也可丰富园林的夜景；在白天的时候还可点缀装饰景区与景线，以增添观景的情趣。

如图10-9所示为各种类型的园灯。

图10-9　园灯

【练习10-1】：绘制园灯

介绍绘制园灯的方法，难度：☆☆
素材文件路径：无
效果文件路径：素材\第10章\10-1 绘制园灯-OK.dwg
视频文件路径：视频\第10章\10-1 绘制园灯.MP4

下面介绍绘制园灯的操作步骤。

01 绘制灯柱。调用REC【矩形】命令，绘制矩形来表示灯柱外轮廓，如图10-10所示。

02 调用X【分解】命令来分解矩形，调用O【偏移】命令，偏移矩形边，如图10-11所示。

03 绘制灯罩。调用SPL【样条曲线】命令，绘制曲线表示灯罩图形；调用O【偏移】曲线以完成灯罩的绘制，如图10-12所示。

04 调用PL【多段线】命令，设置线宽为2，绘制多段线以连接灯柱及灯罩，如图10-13所示。

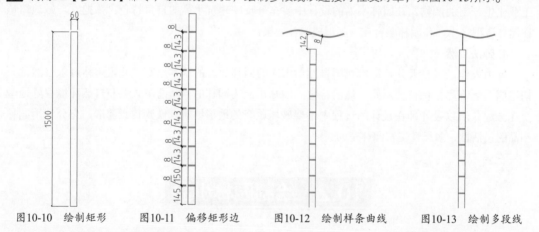

图10-10　绘制矩形　　图10-11　偏移矩形边　　图10-12　绘制样条曲线　　图10-13　绘制多段线

10.2.2　指示牌

指示牌，顾名思义就是指示方向的牌子，也叫作广告牌，标识牌，比如厕所指向牌、路牌之类的都可以叫作指示牌。在园林中常见的指示牌就有方向指示牌、厕所指示牌等，如图10-14所示。

图10-14　指示牌

【练习10-2】：绘制指示牌

介绍绘制指示牌的方法，难度：☆☆

素材文件路径：无

效果文件路径：素材\第10章\10-2 绘制指示牌-OK.dwg

视频文件路径：视频\第10章\10-2 绘制指示牌.MP4

　　下面介绍绘制指示牌的操作步骤。

01 绘制指示牌支架。调用L【直线】命令、O【偏移】命令，绘制并偏移直线，支架绘制结果如图10-15所示。

02 绘制指示牌。调用REC【矩形】命令，绘制矩形如图10-16所示。

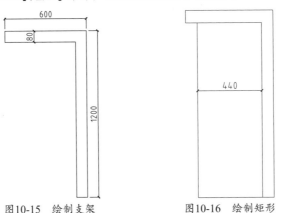

图10-15　绘制支架　　　　　　图10-16　绘制矩形

03 绘制指示牌内容的划分区域。调用X【分解】命令分解矩形，调用O【偏移】命令，偏移矩形边，如图10-17所示。

04 绘制文字。调用REC【矩形】命令，绘制尺寸为33×36的矩形表示文字，如图10-18所示。

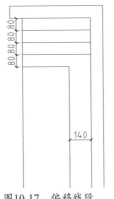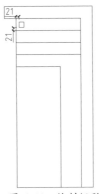

图10-17　偏移线段　　　　　　图10-18　绘制矩形

05 执行【修改】|【阵列】|【矩形阵列】命令，命令行提示如下。

```
命令: _arrayrect↙
选择对象: 找到 1 个              //选择矩形
类型 = 矩形  关联 = 是
选择夹点以编辑阵列或 [关联(AS)/基点(B)/计数(COU)/间距(S)/列数(COL)/行数(R)/层数(L)/
退出(X)] <退出>: COU↙
输入列数数或 [表达式(E)] <4>: 5↙
输入行数数或 [表达式(E)] <3>: 4↙
选择夹点以编辑阵列或 [关联(AS)/基点(B)/计数(COU)/间距(S)/列数(COL)/行数(R)/层数(L)/
退出(X)] <退出>: S↙
指定列之间的距离或 [单位单元(U)] <49>: 46↙
指定行之间的距离 <54>: -79↙
选择夹点以编辑阵列或 [关联(AS)/基点(B)/计数(COU)/间距(S)/列数(COL)/行数(R)/层数(L)/
退出(X)] <退出>:         //按Enter键退出命令，阵列复制的结果如图10-19所示。
```

06 调用PL【多段线】命令，设置线宽为5，绘制指示箭头，如图10-20所示。

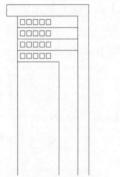

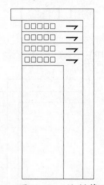

图10-19 阵列复制矩形   图10-20 绘制箭头

07 填充花岗岩图案。调用H【图案填充】命令，在命令行中输入T，选择【设置】选项，调出【图案填充和渐变色】对话框，设置参数如图10-21所示。

图10-21 设置参数

08 在立面图中拾取填充区域，填充花岗岩图案，效果如图10-22所示。

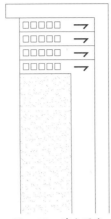

图10-22 填充图案

10.2.3 树池

当在有铺装的地面上栽种树木时，应在树木的周围保留一块没有铺装的土地，通常称其为树池或树穴。树池的形状可根据园林景观的风格进行设置，通常为方形或者圆形，也有一些其他的形状，例如花形、多边形等。

树池的材料有砖砌、也有木制的，如图10-23所示为常见的树池。

图10-23 树池

【练习10-3】：绘制树池

介绍绘制树池的方法，难度：☆☆
素材文件路径：无
效果文件路径：素材\第10章\10-3 绘制树池-OK.dwg
视频文件路径：视频\第10章\10-3 绘制树池.MP4

下面介绍绘制树池的操作步骤。

01 绘制树池外轮廓线。调用REC【矩形】命令、O【偏移】命令，绘制并向内偏移矩形，如图10-24所示。

02 调用L【直线】命令，绘制对角线，如图10-25所示。

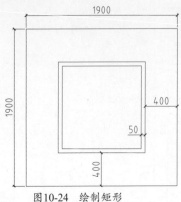

图10-24　绘制矩形

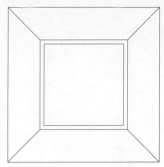

图10-25　绘制对角线

03 绘制防腐木图案。执行【修改】|【阵列】|【矩形阵列】命令，设置列数为20，列距为100，阵列复制矩形的左侧边；设置行数为20，行距为-100，阵列复制矩形的上侧边，如图10-26所示。

04 调用X【分解】命令，分解阵列复制得到的线段；调用TR【修剪】命令，修剪线段，如图10-27所示。

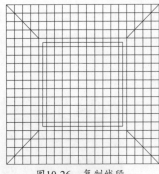

图10-26　复制线段

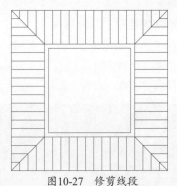

图10-27　修剪线段

10.2.4　垃圾桶

垃圾桶是公共场所必不可少的设施之一，有固定的也有可移动的。其形式千奇百怪，特别是在园林景观设计中，可以做成各种造型，如树桩形状的垃圾桶就在公园或者景区中较为常见。

如图10-28所示为常见的垃圾桶。

图10-28　垃圾桶

【练习10-4】：　绘 制 垃 圾 桶

介绍绘制垃圾桶的方法，难度：☆☆
素材文件路径：无
效果文件路径：素材\第10章\10-4 绘制垃圾桶-OK.dwg
视频文件路径：视频\第10章\10-4 绘制垃圾桶.MP4

下面介绍绘制垃圾桶的操作步骤。

01 绘制垃圾桶木制饰面。调用REC【矩形】命令，绘制如图10-29所示的矩形表示垃圾桶外围的木材装饰。

02 按Enter键，继续绘制如图10-30所示的矩形。

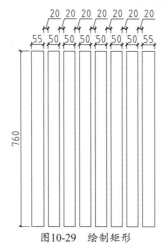

图10-29　绘制矩形

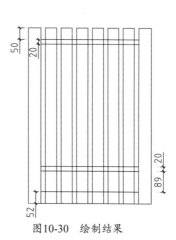

图10-30　绘制结果

03 调用TR【修剪】命令，修剪线段，如图10-31所示。

04 调用C【圆】命令，绘制半径为6的圆形表示固定构件，如图10-32所示。

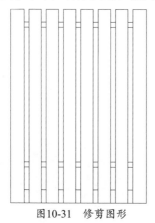

图10-31　修剪图形

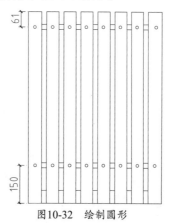

图10-32　绘制圆形

05 填充木材图案。调用H【图案填充】命令，在命令行中输入T，选择【设置】选项。打开【图案填充和渐变色】对话框，设置参数，如图10-33所示。

06 在立面图中拾取填充区域，绘制填充图案，如图10-34所示。

图10-33 设置参数

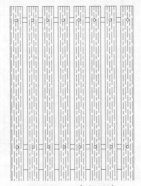

图10-34 填充图案

10.2.5 花坛

花坛是在一定范围的畦地上按照整形式或半整形式的图案栽植观赏植物以表现花卉群体美的园林设施。在街边、公园、景区等人流众多的地方，经常会设置花坛及栽种各种绿色植物，以供人们欣赏或者美化城市环境。

如图10-35所示为常见的花坛。

图10-35 花坛

【练习10-5】：绘制花坛

介绍绘制花坛的方法，难度：☆☆	
素材文件路径：无	
效果文件路径：素材\第10章\10-5 绘制花坛-OK.dwg	
视频文件路径：视频\第10章\10-5 绘制花坛.MP4	

下面介绍绘制花坛的操作步骤。

01 绘制花坛轮廓线。调用REC【矩形】命令绘制矩形，调用F【圆角】命令，设置圆角半径为10，对矩形执行圆角操作的结果如图10-36所示。

02 重复执行REC【矩形】命令、F【圆角】命令，绘制如图10-37所示的矩形。

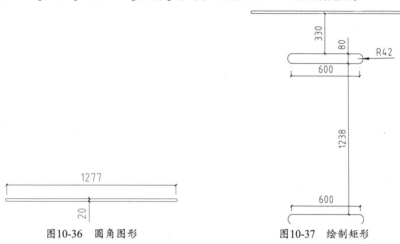

图10-36　圆角图形　　　　　图10-37　绘制矩形

03 调用A【圆弧】命令，绘制圆弧；调用L【直线】命令，绘制直线如图10-38所示。

04 调用A【圆弧】命令，在中心基准线的左侧绘制圆弧；调用MI【镜像】命令，以中心基准线为镜像线，将左侧的圆弧镜像复制到右侧，如图10-39所示。

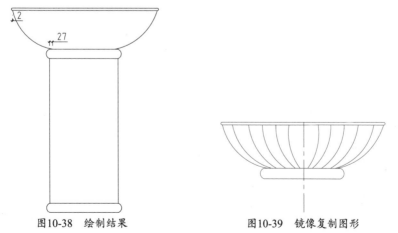

图10-38　绘制结果　　　　　图10-39　镜像复制图形

05 调用O【偏移】命令，选择花坛坛口轮廓线向下偏移；调用A【圆弧】命令，绘制圆弧如图10-40所示。

06 调用E【删除】命令删除花坛坛口轮廓线，调用TR【修剪】命令，修剪图形，如图10-41所示。

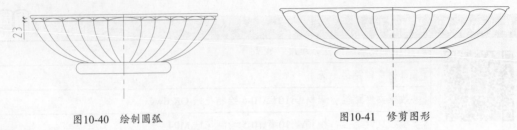

图10-40　绘制圆弧　　　　　　　图10-41　修剪图形

07 调用CO【复制】命令，移动复制圆弧，如图10-42所示。

08 调用O【偏移】命令，向内偏移垂直轮廓线，如图10-43所示。

09 调用图块。按Ctrl+O快捷键，打开"素材\第10章\图块图例.dwg"文件，将其中的植物图块复制、粘贴至当前视图中。

10 调用TR【修剪】命令，修剪线段，最终效果如图10-44所示。

图10-42　复制圆弧　　　　　图10-43　偏移线段　　　　　图10-44　调入效果

10.2.6　景墙

　　景墙是指园内为划分空间、组织景色、安排导游而布置的围墙，能够反映文化品位，兼有美观、隔断、通透作用的景观墙体。

　　景墙的形式不拘一格，功能因需要而设置，所使用的材料丰富多样。除去人们常见的在园林中作为障景、漏景及背景的景墙之外，许多城市也把景墙作为城市文化建设、改善市容市貌的重要方式。

　　如图10-45所示为在公共场所中经常见到的景墙。

图10-45　景墙

【练习10-6】：绘制景墙

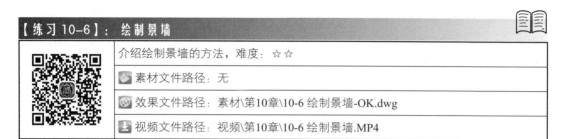

介绍绘制景墙的方法，难度：☆☆

素材文件路径：无

效果文件路径：素材\第10章\10-6 绘制景墙-OK.dwg

视频文件路径：视频\第10章\10-6 绘制景墙.MP4

下面介绍绘制景墙的操作步骤。

01 绘制墙脚。调用PL【多段线】命令，绘制宽度为70的地坪线；调用REC【矩形】命令，绘制如图10-46所示的墙脚轮廓线。

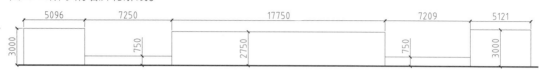

图10-46　绘制墙脚

02 绘制花岗岩石。调用X【分解】命令，分解矩形；调用O【偏移】命令，偏移矩形边，如图10-47所示。

图10-47　绘制花岗岩石

03 绘制接缝。调用O【偏移】命令、TR【修剪】命令，偏移并修剪直线，如图10-48所示。

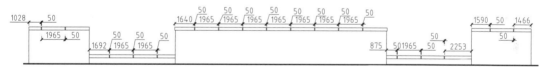

图10-48　偏移并修剪直线

04 绘制墙体。调用L【直线】命令、O【偏移】命令，绘制并偏移直线，绘制墙体轮廓线，如图10-49所示。

05 绘制凹槽。调用O【偏移】命令、TR【修剪】命令，偏移并修剪直线，如图10-50所示。

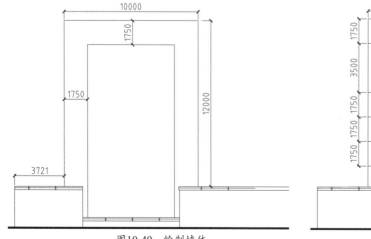

图10-49　绘制墙体

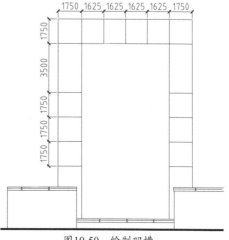

图10-50　绘制凹槽

06 绘制墙灯包边。调用REC【矩形】命令绘制矩形，调用TR【修剪】命令，修剪线段，如图10-51所示。

07 绘制墙灯。调用REC【矩形】命令，绘制尺寸为1550×600的矩形；调用O【偏移】命令，选择矩形向内偏移；调用C【圆】命令，绘制半径为32的圆形，完成墙灯的绘制结果如图10-52所示。

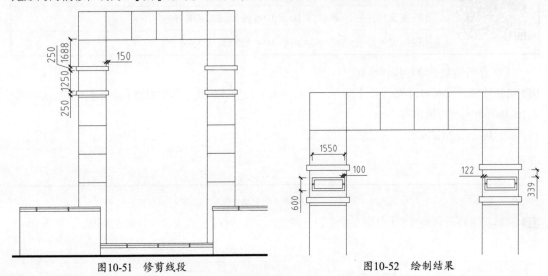

图10-51 修剪线段   图10-52 绘制结果

08 调用MI【镜像】命令，将左侧的图形镜像复制到右侧，如图10-53所示。

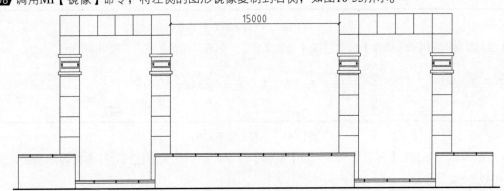

图10-53 复制图形

09 调入图块。打开"第10章\图块图例.dwg"文件，将其中植物、镀锌方管等立面图例复制、粘贴至当前图形中，如图10-54所示。

图10-54 调入图块

10 填充花岗岩图案。调用H（图案填充）命令，在【图案填充创建】选项卡中选择名称为GRAVEL的图案，设置填充比例为50，如图10-55所示。

图10-55　设置参数

11 在立面图中拾取填充区域，填充图案的效果如图10-56所示。

图10-56　填充图案

12 调用PL【多段线】命令，在立面图的左右两侧绘制折断线，如图10-57所示。

图10-57　绘制折断线

10.2.7　石灯笼

石灯笼最早的雏形是中国佛教界供佛时点的灯，也就是俗称的供灯。在佛前献灯火是佛教的重要礼仪之一。石灯笼被用于园林、庭院的装饰始于十六世纪晚期的安土桃山时代。当时由于茶道的大发展，石灯笼常被作为茶室的一种露天装饰物被广泛使用。

随着石灯笼用途的改变，石灯笼的样式也就更加多样化了，例如出现了三脚或四脚的雪见灯笼，同时创新了竿和笠的设计方式，石灯笼的式样由模仿进入创新。现在日本的石灯笼除了少量用于寺院神社以外，大多数石灯笼被用于庭院、园林装饰，如图10-58所示。

图10-58 石灯笼

【练习 10-7】：绘制石灯笼

 | 介绍绘制石灯笼的方法，难度：☆☆
--- | ---
 | 素材文件路径：无
| 效果文件路径：素材\第10章\10-7 绘制石灯笼-OK.dwg
| 视频文件路径：视频\第10章\10-7 绘制石灯笼.MP4

下面介绍绘制石灯笼的操作步骤。

01 调用REC【矩形】命令，绘制尺寸为480×480的矩形，然后调用L【直线】命令，绘制矩形对角线，如图10-59所示。

02 执行【修改】|【拉长】命令，设置增量为60，拉长矩形对角线，如图10-60所示。

03 调用O【偏移】命令，设置偏移距离为18，上下偏移对角线；调用L【直线】命令，绘制直线，连接偏移直线，如图10-61所示。

04 调用C【圆】命令，拾取对角线交点为圆心，绘制半径分别为21、35、62的同心圆，如图10-62所示。

图10-59 绘制图形

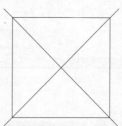

图10-60 拉长对角线

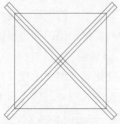

图10-61 偏移线段

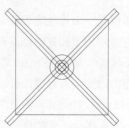

图10-62 绘制圆形

05 调用TR【修剪】命令，修剪图形，修剪结果如图10-63所示。

06 调用L【直线】命令，拾取最外侧圆的象限点，绘制垂直于矩形边的直线，如图10-64所示。

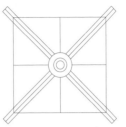

图10-63 修剪图形   图10-64 绘制线段

07 调用O【偏移】命令，设置偏移距离为48，分别向左右偏移直线，如图10-65所示。

08 调用TR【修剪】命令，修剪图形，修剪结果如图10-66所示。石灯笼图形绘制完成。

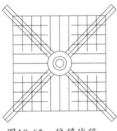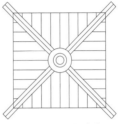

图10-65 偏移线段   图10-66 修剪线段

10.2.8 桌椅

园林中供游人休息的设施必不可少，桌椅设计时需要考虑其尺度，形态等，使其尽量与环境统一融合。

【练习10-8】：绘制桌椅

	介绍绘制桌椅的方法，难度：☆☆
	素材文件路径：无
	效果文件路径：素材\第10章\10-8 绘制桌椅-OK.dwg
	视频文件路径：视频\第10章\10-8 绘制桌椅.MP4

下面介绍绘制桌椅的操作步骤。

01 调用L【直线】命令，绘制如图10-67所示的图形，并且垂直直线中点对齐。

02 调用F【圆角】命令，绘制圆角椅面轮廓，然后调用J【合并】命令，合并椅面轮廓，如图10-68所示。

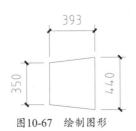

图10-67 绘制图形   图10-68 圆角修剪

03 调用O【偏移】命令，向外偏移椅面轮廓，偏移距离依次为4、9、27，如图10-69所示。

04 调用L【直线】命令，绘制直线，完善座椅靠背；调用E【删除】命令，删除多余图形，座椅绘制完成，如图10-70所示。

图10-69　偏移线段　　　　　　　　　　图10-70　修剪线段

05 调用C【圆】命令，绘制两个半径分别为45、450的同心圆，并将座椅移动至相应的位置，如图10-71所示。

06 调用RO【旋转】命令，以圆心为基点，旋转复制座椅，休息桌椅绘制完成，如图10-72所示。

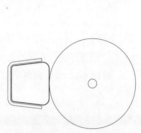

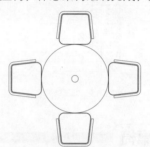

图10-71　移动图形　　　　　　　　　　图10-72　复制图形

10.2.9　木栏杆

栏杆风格迥异，既有中式木质栏杆和石质栏杆，如图10-73所示，也有精致的欧式石质栏杆或铁艺栏杆围墙，如图10-74所示。

图10-73　木栏杆　　　　　　　　　　　图10-74　铁质栏杆

【练习10-9】：　绘制木栏杆　　　　　　　　　　　　　　　　

	介绍绘制木栏杆的方法，难度：☆☆
	素材文件路径：无
	效果文件路径：素材\第10章\10-9 绘制木栏杆-OK.dwg
	视频文件路径：视频\第10章\10-9 绘制栏杆.MP4

下面介绍绘制木栏杆的操作步骤。

01 调用C【圆】命令，绘制半径为65的圆，表示栏杆柱子。

02 调用L【直线】命令，拾取圆右侧象限点，绘制长度为1240的直线。

03 调用MI【镜像】命令，镜像第一步绘制的圆，镜像线为直线中点所在直线，如图10-75所示。

04 调用O【偏移】命令，将直线上下偏移，偏移距离为30，效果如图10-76所示。

图10-75　绘制图形　　　　　　　　　　　　　　　　图10-76　偏移线段

05 调用E【删除】命令，删除中间直线，然后调用C【圆】命令，绘制半径为30的圆，并移动至合适的位置，如图10-77所示。

06 调用CO【复制】命令，移动复制半径为30的圆形，绘制木栏杆，效果如图10-78所示。

图10-77　绘 制 圆 形　　　　　　　　　　　　　　　图10-78　复 制 圆 形

10.2.10 花架

花架是用刚性材料构成一定形状的格架供攀缘植物攀附的园林设施，又称棚架、绿廊，如图10-79所示。花架可作遮阴休息之用，并可点缀园景。花架设计要了解所配置植物的原产地和生长习性，以创造适宜于植物生长的条件并满足造型的要求。园林中的花架，有两方面作用：一方面供人歇足休息、欣赏风景；另一方面创造攀缘植物生长的条件。因此可以说花架是最接近于自然的园林小品了。

图10-79　花架

【练习10-10】：绘制花架

介绍绘制花架的方法，难度：☆☆
素材文件路径：无
效果文件路径：素材\第10章\10-10 绘制花架-OK.dwg
视频文件路径：视频\第10章\10-10 绘制花架.MP4

下面介绍绘制花架的操作步骤。

01 调用REC【矩形】命令，绘制尺寸为2000×5000的矩形，表示花架外轮廓。

02 调用PL【多段线】命令，绘制如图10-80所示的图形。

03 调用REC【矩形】命令，绘制尺寸为150×150的矩形，表示花架方形柱，并移动至合适的位置，如图10-81所示。

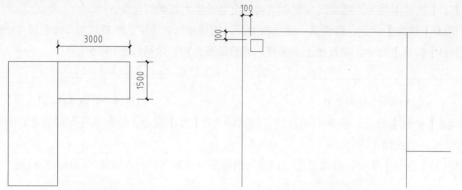

图10-80 绘制图形   图10-81 绘制花架方形柱

04 调用AR【阵列】命令，在矩形阵列中复制方形柱。参数设置：行数为3，行距为-2325，列数为2，列距为1650，如图10-82所示。

默认	插入	注释	参数化	视图	管理	输出	附加模块	A360	精选应用	阵列创建	

	列数：	2		行数：	3		级别：	1
矩形	介于：	1650		介于：	-2325		介于：	1
	总计：	1650		总计：	-4650		总计：	1
类型	列			行 ▾			层级	

图10-82 设置参数

05 阵列复制方形柱的效果如图10-83所示。

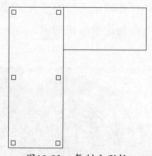

图10-83 复制方形柱

06 调用REC【矩形】命令，绘制尺寸为1026×1020的矩形，并移动至合适位置，如图10-84所示。

07 调用L【直线】命令，绘制矩形对角线，调用CO【复制】命令，复制矩形，完成花架的绘制，效果如图10-85所示。

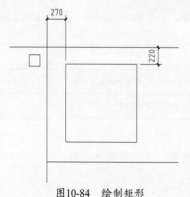
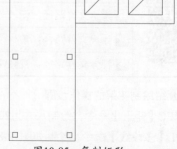

图10-84 绘制矩形   图10-85 复制矩形

10.2.11　木平台

木平台多数位于室外，是休闲娱乐的场所。木平台的材料多为防腐木，能够耐风雨，耐日晒。有的木平台还靠近水边，这种平台应该安装栏杆，为的是保证游客的安全。

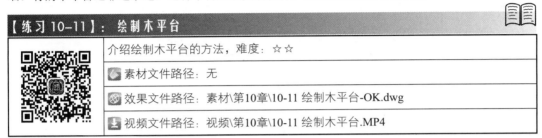

【练习10-11】：绘制木平台

	介绍绘制木平台的方法，难度：☆☆
素材文件路径：无	
效果文件路径：素材\第10章\10-11 绘制木平台-OK.dwg	
视频文件路径：视频\第10章\10-11 绘制木平台.MP4	

下面介绍绘制木平台的操作步骤。

01 调用REC【矩形】命令，绘制尺寸为6380×1860的矩形。

02 调用O【偏移】命令，将矩形向内偏移50、150，如图10-86所示。

03 调用X【分解】命令，将最外侧矩形进行分解，然后调用O【偏移】命令，将分解矩形的下边向上偏移900，如图10-87所示。

图10-86　绘制矩形　　　　　　　　　　　　图10-87　偏移矩形边

04 调用TR【修剪】命令，修剪图形，如图10-88所示。

05 调用REC【矩形】命令，绘制尺寸为150×150的矩形，并移动至合适的位置，如图10-89所示。

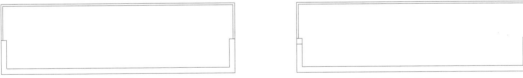

图10-88　修剪图形　　　　　　　　　　　　图10-89　绘制矩形

06 调用CO【复制】命令，移动复制矩形柱，绘制木平台，效果如图10-90所示。

1106

图10-90　复制矩形

10.2.12　流水竹

流水竹的设计很好地体现了水乡的民风，地域特色明显，当然趣味性也是十足，生活气息浓烈。

【练习10-12】：绘制流水竹

	介绍绘制流水竹的方法，难度：☆☆
	素材文件路径：无
	效果文件路径：素材\第10章\10-12 绘制流水竹-OK.dwg
	视频文件路径：视频\第10章\10-12 绘制流水竹.MP4

下面介绍绘制流水竹的操作步骤。

01 调用REC【矩形】命令，绘制尺寸为210×65的矩形。

02 调用L【直线】命令，以矩形下边中点为起点，绘制长为650的直线，如图10-91所示。

03 调用O【偏移】命令，左右偏移上一步绘制的直线，偏移距离依次为16、22，如图10-92所示。

04 调用A【圆弧】命令，绘制半径为22的圆弧，以A、B两点分别为起点和端点，绘制结果如图10-93所示。

05 调用L【直线】命令，绘制直线连接矩形的起点和端点；调用O【偏移】命令，向上偏移直线，偏移距离为5、150、5、150、5、150、5、175，删除中间直线，如图10-94所示。

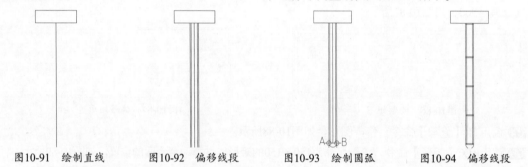

图10-91　绘制直线　　　　图10-92　偏移线段　　　　图10-93　绘制圆弧　　　　图10-94　偏移线段

建筑小品绘制完成后，即可将其移动或复制至总平面图中，然后调用L【直线】命令、SC【缩放】命令和TR【修剪】命令进行整理，效果如图10-95所示。

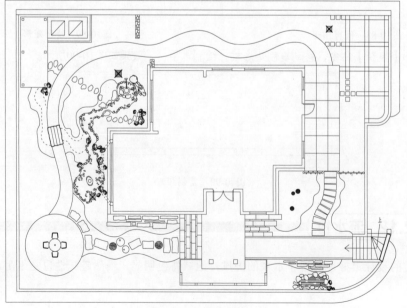

图10-95　布置建筑小品

10.3 思考与练习

（1）绘制木柱墩。调用C【圆】命令，绘制半径为150的圆，表示木柱墩的外轮廓。调用H【图案填充】命令，选择ANSI31图案，设置比例为200，其他参数保持默认，填充圆形，绘制效果如图10-96所示。

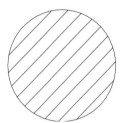

图10-96 绘制木柱墩

（2）绘制石平桥。调用REC【矩形】命令，绘制尺寸为927×1270的矩形。调用PL【多段线】命令，沿矩形随意绘制多段线，并调用【夹点编辑】命令，稍做整理，整理效果如图10-97所示。删除矩形外框，调用L【直线】命令，绘制桥面，如图10-98所示。

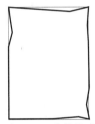

图10-97 绘制轮廓

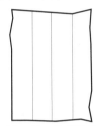

图10-98 绘制线段

园林铺装是指用各种材料对地面进行铺砌装饰，其中包括园路、广场、活动场地、建筑地坪等。园林铺装不仅具有组织交通和引导游览的功能，还为人们提供了良好的休息、活动场地，同时还直接创造优美的地面景观，给人以美的享受，增强园林的艺术效果。

第11章
园林铺装

11.1 园林铺装设计概述

园林铺装设计涉及铺装的尺度、铺装的色彩以及铺装的质感、铺装的图案纹样等，应将其中的各项因素综合起来，以使铺装效果最优化。

11.1.1 铺装的尺度

铺装图案的不同尺度能取得不一样的空间效果。铺装图案大小对外部空间能产生一定的影响，形体较大、较开阔则会使空间产生一种宽敞的尺度感，而较小、紧缩的形状，则会使空间具有压缩感和私密感。

如图11-1所示为广场地面的铺装，如图11-2所示为室内过道的地面铺装。

图11-1　广场铺装

图11-2　室内过道铺装

通过不同尺寸的图案以及合理采用与环境不同的色彩、质感的材料，能影响空间的比例关系，可构造出与环境相协调的布局。通常，大尺寸的花岗岩、抛光砖等材料适宜大空间使用，而中、小尺寸的地砖和小尺寸的马赛克，更适用于一些中小型空间。

如图11-3所示为鸟巢广场的花岗岩地面铺装效果。

　　有时小尺寸材料铺装形成的肌理效果或拼缝图案往往能产生出较好的形式趣味，或者利用小尺寸的铺装材料组合而成大的图案，也可以与大空间取得比例上的协调。

　　如图11-4所示为使用小块尺寸的砖铺砌广场地面的效果。

图11-3　鸟巢地面铺装

图11-4　广场地面铺装

11.1.2　铺装的色彩

　　铺装的色彩在园林中一般可以衬托景点的背景，除特殊的情况外，少数情况下会成为主景，所以要与周围环境的色调相协调。

　　假如色彩过于鲜亮，可能会喧宾夺主，甚至造成园林景观的杂乱无章。色彩的选择还要充分考虑人的心理感受。色彩具有鲜明的个性，暖色调热烈，冷色调优雅，明色调轻快，暗色调宁静。

　　色彩的应用应追求统一中求变化，即铺装的色彩要与整个园林景观相协调，同时园林艺术的基本原理，用视觉上的冷暖节奏变化以及轻重缓急节奏的变化，打破色彩千篇一律的沉闷感，最重要的是做到稳重而不沉闷，鲜明而不俗气。

　　在具体的应用中，例如在活动区尤其是在儿童游戏场，可使用色彩鲜艳的铺装，营造活泼、明快的气氛，如图11-5所示。

　　在公园绿色草坪中间镶嵌浅色素雅的石板路，会产生宾主分明，色彩协调融洽的艺术效果，如图11-6所示。

图11-5　游乐园地面铺装

图11-6　石板路铺装

11.1.3　铺装的质感

　　铺装质感在很大程度上依靠材料的质地给人们传输各种感受。在进行铺装设计的时候，我们要充分考虑空间的大小。

　　大空间要做得粗犷些，应该选用质地粗大、厚实，线条较为明显的材料，因为粗糙往往使人感到稳重、沉重、开朗；另外，在烈日下面，粗糙的铺装可以较好地吸收光线，不显得耀眼。

　　小空间则应该采用较细小、圆滑、精细的材料，细致感给人轻巧、精致、柔和的感觉。因此，大面积的铺装宜选用粗质感的铺装材料，细微处、重点之处宜选用细质感的材料。

　　麻面石料和灰色仿花岗岩铺面的园林小径，追求的是一种粗犷、稳定的感觉，如图11-7所示；而卵石的小道则让人感到舒畅、亲切，如图11-8所示。

　　不同的素材创造了不同的美的效应。不同质地的材料在同一景观中出现，必须注意其调和性，恰当地运用相似及对比原理，组成统一和谐的园林铺装景观。

图11-7　花岗岩铺装　　　　　　　　图11-8　卵石小道

11.2　绘制园林铺装

　　园林景观中的铺装有园路的铺装、广场的铺装等。在对地面铺装进行规划设计时，涉及材料的选择、样式的种类等。使用相同的或者不同的材料来制作各种拼花图案，可以丰富园路或者地面的装饰效果。

　　本节介绍地面铺装图形的绘制。

11.2.1　铺装地花

　　铺装地花的图案看似复杂，仔细研究就会发现，其实是由一个个大小不一的椭圆组成的。因此，通过绘制、复制椭圆可得到地花图形，再填充各种类型的图案来丰富图形，完成铺装地花的绘制。

　　如图11-9所示为铺装地花的装饰效果。

图11-9　铺装地花的装饰效果

【练习11-1】：绘制铺装地花

介绍绘制铺装地花的方法，难度：☆☆

素材文件路径：无

效果文件路径：素材\第11章\11-1 绘制铺装地花-OK.dwg

视频文件路径：视频\第11章\11-1 绘制铺装地花.MP4

下面介绍绘制铺装地花的操作步骤。

01 绘制地花轮廓线。调用C【圆】命令，绘制半径为4的圆形，如图11-10所示。

02 调用EL【椭圆】命令，绘制长轴为8，短轴为1.5的椭圆，如图11-11所示。

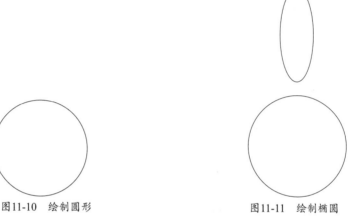

图11-10　绘制圆形　　　　　　　　　　　　　图11-11　绘制椭圆

03 执行【修改】|【阵列】|【环形阵列】命令，指定圆心为阵列中心点，设置阵列项目为12，阵列复制椭圆如图11-12所示。

04 执行EL【椭圆】命令，绘制长轴为15，短轴为3的椭圆，如图11-13所示。

图11-12　复制椭圆　　　　　　　　　　　　　图11-13　绘制椭圆

05 执行【修改】|【阵列】|【环形阵列】命令，设置阵列项目数为16，阵列复制椭圆如图11-14所示。

06 调用EL【椭圆】命令，继续绘制长轴为15、短轴为3的椭圆；然后调用【环形阵列】命令，设置阵列项目数为23，复制椭圆，如图11-15所示。

图11-14　绘制并复制椭圆

图11-15　操作结果

07 调用EL【椭圆】命令，绘制长轴为19、短轴为4的椭圆，如图11-16所示。

08 执行【修改】|【阵列】|【环形阵列】命令，设置阵列项目数为30，阵列复制椭圆，如图11-17所示。

图11-16　复制椭圆

图11-17　复制结果

09 调用EL【椭圆】命令，绘制长轴为38、短轴为8的椭圆。执行【环形阵列】命令，设置阵列项目数为30，阵列复制椭圆，如图11-18所示。

10 继续执行EL【椭圆】命令绘制长轴为76，短轴为17的椭圆。执行【环形阵列】命令，设置阵列项目数为21，对其执行复制操作，结果如图11-19所示。

图11-18　操作结果

图11-19　绘制并复制椭圆

11 填充图案。调用H【图案填充】命令，在命令行中输入T，选择【设置】选项，打开【图案填充和渐变色】对话框。参考表11-1中的信息，设置填充参数。

表 11-1　填充参数

编号	1	2	3
参数设置	**类型和图案** 类型(Y)：预定义 图案(P)：ANSI33 颜色(C)：ByLayer 样例： 自定义图案(M)： **角度和比例** 角度(G)：135　比例(S)：2	**类型和图案** 类型(Y)：预定义 图案(P)：AR-SAND 颜色(C)：ByLayer 样例： 自定义图案(M)： **角度和比例** 角度(G)：0　比例(S)：0.2	**类型和图案** 类型(Y)：预定义 图案(P)：ANSI35 颜色(C)：ByLayer 样例： 自定义图案(M)： **角度和比例** 角度(G)：0　比例(S)：1
编号	4	5	6
参数设置	**类型和图案** 类型(Y)：预定义 图案(P)：DOTS 颜色(C)：ByLayer 样例： 自定义图案(M)： **角度和比例** 角度(G)：0　比例(S)：1	**类型和图案** 类型(Y)：预定义 图案(P)：ANSI33 颜色(C)：ByLayer 样例： 自定义图案(M)： **角度和比例** 角度(G)：135　比例(S)：0.2	

12 填充图案的效果如图11-20所示。

11.2.2　方形地砖铺装

方形地砖铺装是最常见的铺装类型之一，其绘制步骤为：首先绘制铺装辅助线，以使所绘制的铺装图形整齐美观；接着绘制在水平方向及垂直方向上铺装的美力砖，然后删除辅助线，绘制材料标注，完成方形砖铺装的绘制。

如图11-21所示为方形地砖铺装的效果。

图11-20　填充图案

图11-21　方形砖铺装

【练习11-2】：绘制方形砖铺装

介绍绘制方形砖铺装的方法，难度：☆☆
素材文件路径：无
效果文件路径：素材\第11章\11-2 绘制方形砖铺装-OK.dwg
视频文件路径：视频\第11章\11-2 绘制方形砖铺装.MP4

下面介绍绘制方形砖铺装的操作步骤。

01 绘制铺砖辅助线。调用L【直线】命令、O【偏移】命令，绘制并偏移直线，如图11-22所示。

02 绘制砖。调用REC【矩形】命令，绘制尺寸为1200×300的矩形；调用CO【复制】命令，移动复制矩形，如图11-23所示。

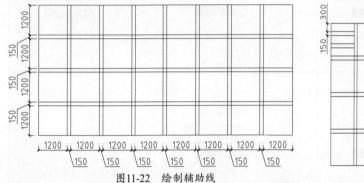

图11-22　绘制辅助线

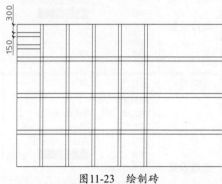

图11-23　绘制砖

03 调用CO【复制】命令，选择上一步骤所绘制的方形砖图形，在铺装范围内移动复制，如图11-24所示。

04 选择砖图形，调用RO【旋转】命令，设置旋转角度为90°，调整砖的角度后，调用CO【复制】命令，在铺装范围内移动复制方形砖图形，结果如图11-25所示。

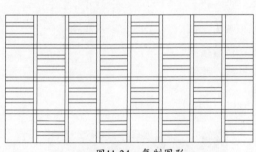

图11-24　复制图形

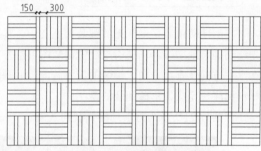

图11-25　操作结果

05 调用E【删除】命令，删除铺砖辅助线，如图11-26所示。

图11-26　删除辅助线

11.2.3　嵌草铺装

嵌草路是常见的园路之一，可以在砖内植草，也可在砖与砖之间的缝隙植草，如图11-27所示。嵌草路不仅可以增加草地的种植区域，还可以绿化步行道、停车场等场所，是较为常见的铺装方式。

图11-27　嵌草铺装的效果

【练习11-3】：　绘制嵌草铺装

	介绍绘制嵌草铺装的方法，难度：☆☆
	素材文件路径：无
	效果文件路径：素材\第11章\11-3 绘制嵌草铺装-OK.dwg
	视频文件路径：视频\第11章\11-3 绘制嵌草铺装.MP4

下面介绍绘制嵌草铺装的操作步骤。

01 绘制铺装块轮廓线。调用REC【矩形】命令，绘制如图11-28所示的矩形。

02 调用CHA【倒角】命令，设置第一个、第二个倒角距离为200，对矩形执行倒角操作，如图11-29所示。

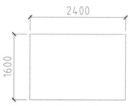

图11-28　绘制矩形　　　　　　　　　　　图11-29　倒角修剪

03 调用X【分解】命令，分解矩形；调用O【偏移】命令，偏移矩形边，如图11-30所示。

04 调用L【直线】命令，绘制如图11-31所示的线段。

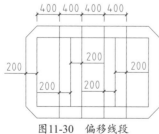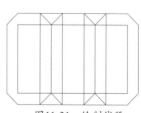

图11-30　偏移线段　　　　　　　　　　　图11-31　绘制线段

05 调用TR【修剪】命令，修剪线段，如图11-32所示。

06 调用O【偏移】命令，偏移矩形边；调用L【直线】命令，绘制如图11-33所示的直线。

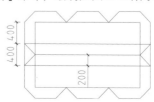

图11-32　修剪线段　　　　　　　　　　　图11-33　绘制线段

07 调用TR【修剪】命令，修剪线段；调用E【删除】命令，删除多余线段，如图11-34所示。

08 调用L【直线】命令，绘制如图11-35所示的连接直线。

图11-34　修剪线段

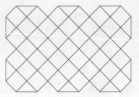

图11-35　绘制线段

09 调用TR【修剪】命令，修剪线段，如图11-36所示。

10 填充图案。调用H【图案填充】命令，在命令行中输入T，选择【设置】选项，打开【图案填充和渐变色】对话框。选择名称为GRASS的图案，设置填充比例为2，如图11-37所示。

图11-37　设置参数

图11-36　修剪线段

11 填充图案的效果如图11-38所示。

12 调用MI【镜像】命令，镜像复制嵌草铺装块，如图11-39所示。

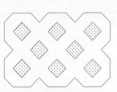

图11-38　填充效果

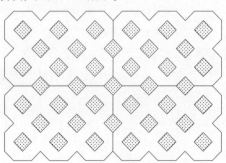

图11-39　复制图形

11.2.4　停车场地面铺装

停车场地面的铺装依据具体情况而有所不同，室外停车场的车流量较大，所选用的铺装材料需要耐磨、耐腐蚀；而室内停车场因为可以避免室外的风吹日晒，因此主要选用耐磨、易清洗的铺装材料。

如图11-40所示分别为室外停车场及室内停车场地面的铺装效果。

图11-40　停车场铺装的效果

【练习11-4】：绘制停车场铺装

	介绍绘制停车场地面铺装的方法，难度：☆☆
	素材文件路径：无
	效果文件路径：素材\第11章\11-4 绘制停车场地面铺装-OK.dwg
	视频文件路径：视频\第11章\11-4 绘制停车场地面铺装.MP4

下面介绍绘制停车场地面铺装的操作步骤。

01 绘制砖轮廓线。调用REC【矩形】命令、CO【复制】命令，绘制并复制如图11-41所示的矩形。

02 绘制花岗岩铺装轮廓线。调用L【直线】命令，绘制如图11-42所示的线段。

03 绘制铺装轮廓线。调用X【分解】命令分解矩形，调用O【偏移】命令，偏移矩形边，如图11-43所示。

04 调用E【删除】命令，删除矩形边；调用PL【多段线】命令，绘制折断线，如图11-44所示。

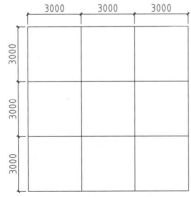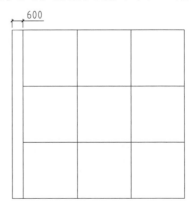

图11-41　绘制矩形　　　　　　　　　图11-42　绘制线段

图11-43 偏移线段　　　　　　　　　图11-44 绘制折断线

05 填充图案。调用H【图案填充】命令，在命令行中输入T，选择【设置】选项，调出【图案填充和渐变色】对话框，参数设置如表 11-2所示。

表 11-2　填充参数

编号	1	2	3
参数设置	类型和图案 类型(Y)：预定义 图案(P)：AR-SAND 颜色(C)：ByLayer 样例： 自定义图案(M)： 角度和比例 角度(G)：0　比例(S)：4	类型和图案 类型(Y)：预定义 图案(P)：AR-HBONE 颜色(C)：ByLayer 样例： 自定义图案(M)： 角度和比例 角度(G)：0　比例(S)：2	类型和图案 类型(Y)：预定义 图案(P)：AR-B816 颜色(C)：ByLayer 样例： 自定义图案(M)： 角度和比例 角度(G)：0　比例(S)：7

06 拾取填充区域，填充图案的效果如图11-45所示。

11.2.5　入户处地面铺装

　　入户地面铺装在别墅园林设计中是一个重要的环节，在设计时需要考虑美观性及实用性。例如通过车库道路铺装的选材与通往居室道路的选材是不同的。往车库的道路需要保证车辆行驶的要求，受压较大，多使用石材等来铺砌；往居室的道路主要是满足人们平时的通行，可选择多种铺装样式或者铺装材料，例如汀步、卵石小道等，这主要可根据园林设计风格而定。

　　如图11-46所示分别为别墅车库道路及入户道路的铺装效果。

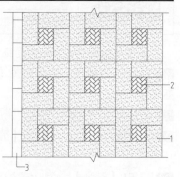

图11-45　填充效果

图11-46　入户处地面铺装

【练习11-5】：**绘制入户处地面铺装**

介绍绘制入户处地面铺装的方法，难度：☆☆
素材文件路径：素材\第11章\11-5 绘制入户处地面铺装.dwg
效果文件路径：素材\第11章\11-5 绘制入户处地面铺装-OK.dwg
视频文件路径：视频\第11章\11-5 绘制入户处地面铺装.MP4

下面介绍绘制入户处地面铺装的操作步骤。

01 调入素材。打开"素材\第11章\11-5 绘制入户处地面铺装.dwg"文件，如图11-47所示。

02 绘制铺装轮廓线。调用L【直线】命令，绘制如图11-48所示的直线。

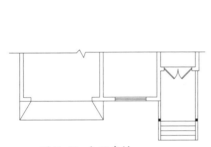

图11-47 打开素材

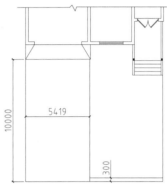

图11-48 绘制铺装轮廓线

03 绘制汀步。调用REC【矩形】命令，绘制汀步图，如图11-49所示。

04 填充铺装图案。调用H【图案填充】命令，在命令行中输入T，选择【设置】选项，打开【图案填充和渐变色】对话框，设置填充参数，如图11-50所示。

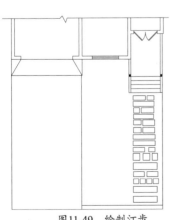

图11-49 绘制汀步

图11-50 设置参数

05 填充图案的效果如图11-51所示。

06 按Enter键，重复执行【图案填充】命令。在【图案填充和渐变色】对话框中设置填充参数，如图11-52所示。

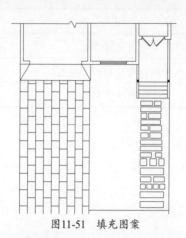

图11-51 填充图案

图11-52 修改参数

07 在绘图区域中拾取填充区域，填充图案的效果如图11-53所示。

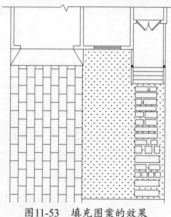

图11-53 填充图案的效果

11.2.6 古亭地面铺装

依据亭子的建造方式不同，亭子地面的铺装也会有很大的差异。如图11-54所示的亭子为木质结构，所以地面多使用木板来铺装；如图11-55所示的亭子为钢筋混凝土结构，所以地面多使用石板或铺砌砖。

图11-54 木板铺装

图11-55 石材铺装

【练习11-6】: 绘制古亭地面铺装

	介绍绘制古亭地面铺装的方法，难度：☆☆
	素材文件路径：无
	效果文件路径：素材\第11章\11-6 绘制古亭地面铺装-OK.dwg
	视频文件路径：视频\第11章\11-6 绘制古亭地面铺装.MP4

下面介绍绘制古亭地面铺装的操作步骤。

01 绘制古亭地面轮廓线。调用L【直线】命令，绘制如图11-56所示的轮廓线。

02 调用O【偏移】命令，向内偏移直线；调用TR【修剪】命令，修剪线段，如图11-57所示。

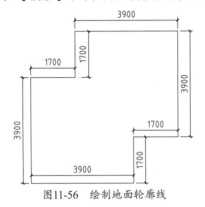

图11-56　绘制地面轮廓线

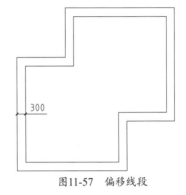

图11-57　偏移线段

03 绘制休息座椅轮廓线。调用O【偏移】命令、TR【修剪】命令，偏移并修剪线段，如图11-58所示。

04 绘制混凝土柱。调用O【偏移】命令，选择坐凳轮廓线向内偏移；调用F【圆角】命令，设置圆角半径为0，对线段执行圆角操作，如图11-59所示。

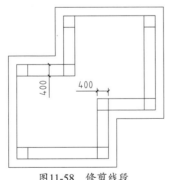

图11-58　修剪线段

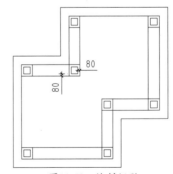

图11-59　绘制矩形

05 填充图案。调用H【图案填充】命令，在命令行中输入T，选择【设置】选项，调出【图案填充和渐变色】对话框，参数设置如表11-3所示。

表 11-3　填充参数

编　号	1	2	3	4
参数设置	类型和图案 类型(Y)：预定义 图案(P)：GOST_WOOD 颜色(C)：颜色 8 样例： 自定义图案(M)： 角度和比例 角度(G)：90　比例(S)：20	类型和图案 类型(Y)：预定义 图案(P)：SOLID 颜色(C)：颜色 253 样例： 自定义图案(M)： 角度和比例 角度(G)：0　比例(S)：1	类型和图案 类型(Y)：预定义 图案(P)：FLEX 颜色(C)：颜色 253 样例： 自定义图案(M)： 角度和比例 角度(G)：0　比例(S)：1	类型和图案 类型(Y)：预定义 图案(P)：AR-B816 颜色(C)：ByLayer 样例： 自定义图案(M)： 角度和比例 角度(G)：0　比例(S)：1

06 在绘图区域中拾取填充区域，填充图案的效果如图11-60
所示。

11.2.7 广场铺装

广场铺装施工时可根据广场面积的大小，确定铺装的方
式与铺装材料。铺装图案可依据园林设计的风格来确定，如
图11-61所示。也可以在地面高度上动脑筋，制作出高度不同
的层级效果，如图11-62所示。

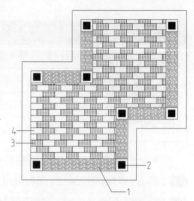

图11-60 填充图案的效果

图11-61 广场地面铺装图案

图11-62 层级效果

【练习11-7】: 绘制小广场铺装

介绍绘制小广场地面铺装的方法，难度：☆ ☆
素材文件路径：素材\第11章\11-7 绘制小广场地面铺装.dwg
效果文件路径：素材\第11章\11-7 绘制小广场地面铺装-OK.dwg
视频文件路径：视频\第11章\11-7 绘制小广场地面铺装.MP4

下面介绍绘制小广场地面铺装的操作步骤。

01 调入素材。打开"素材\第11章\11-7 绘制小广场地面铺装.dwg"文件，如图11-63所示。

02 调用C【圆】命令，拾取圆桌的中心，依次绘制半径为1850、1800、1600、1200、1100的圆，
如图11-64所示。

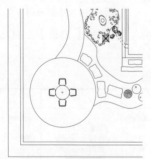

图11-63 打开素材

图11-64 绘制圆形

03 调用L【直线】命令，过圆桌圆心绘制两条直线，并调用TR【修剪】命令，修剪半径为1850的

圆，效果如图11-65所示。

04 调用H【图案填充】命令，在命令行中输入T，选择【设置】选项，打开【图案填充和渐变色】对话框，在其中选择ANSI37图案，设置填充比例为90，其他参数保持默认，如图11-66所示。

图11-65　修剪图形　　　　　　　　　　　　　　　图11-66　设置参数

05 选择半径为1100的圆形为填充区域，填充图案的效果如图11-67所示。

06 调用L【直线】命令，绘制两条直线，如图11-68所示。

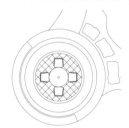

图11-67　填充图案　　　　　　　　　　　　图11-68　绘制直线

07 执行【修改】|【阵列】|【极轴阵列】命令，将上一步所绘制的直线，设置阵列项目数为80，阵列中心为圆桌中心，复制线段的效果如图11-69所示。

08 重复上述操作，调用【直线】命令绘制直线，调用【极轴阵列】命令，设置阵列项目数为40，复制线段的效果如图11-70所示。

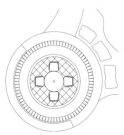

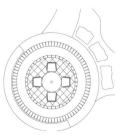

图11-69　复制线段　　　　　　　　　　　　图11-70　操作结果

09 调用H【图案填充】命令，在命令行中输入T，选择【设置】选项，打开【图案填充和渐变色】对话框。在其中选择HEX图案，设置填充比例为15，其他参数保持默认，如图11-71所示。

10 填充图案的效果如图11-72所示。

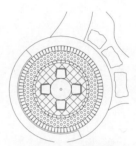

图11-71 设置参数　　　　　　　　　　　　图11-72 填充效果

11 按Enter键，继续调用H【图案填充】命令。在【图案填充和渐变色】对话框中选择GRAVEL图案，设置填充比例为25，其他参数保持默认，如图11-73所示。

12 拾取填充区域，填充图案的效果如图11-74所示。小广场铺装绘制完成。

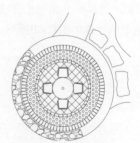

图11-73 修改参数　　　　　　　　　　　　图11-74 填充效果

利用本章介绍的知识，继续绘制其他区域的地面铺装，最终效果如图11-75所示。

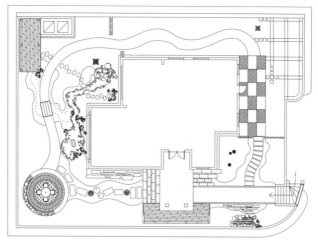

图11-75　绘制其他区域地面铺装

11.3　思考与练习

调用H【图案填充】命令，在【图案填充和渐变色】对话框中选择填充图案，设置填充比例，如图11-76所示。

图11-76　设置参数

拾取填充区域，绘制才艺广场地面铺装图案的效果如图11-77所示。

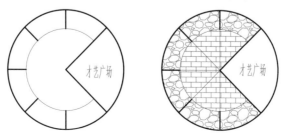

图11-77　绘制地面铺装图案

植物是构成园林景观的主要素材。由植物构成的空间，无论是空间变化、时间变化，还是色彩变化，反映在景观变化上，是极为丰富的。除此之外，植物可以有效改善城市环境、调剂城市空气、提高人们生活的质量。

第12章
园林植物配置

12.1　园林植物基本概述

园林植物种类繁多，每种植物都有自己独特的形态、色彩、风韵、芳香等美的特色。而这些特色又能随季节及年龄的变化而有所丰富和发展。例如春季梢头嫩绿，花团锦簇；夏季绿叶成荫，浓彩覆地；秋季嘉实累累，色香俱佳；冬季白雪挂枝，银装素裹，四季各有不同的风姿妙趣。

12.1.1　园林植物的分类

用于园林建设的植物，以植物特性及园林应用为主，结合生态进行综合分类，主要有以下类别。

1. 木本园林植物

1）针叶乔木

针叶乔木又称针叶树，树形挺拔秀丽，在园林中具有独特的装饰效果，如图12-1所示的雪松。其中雪松、南洋杉、金松、巨杉和金钱松五种，号称世界五大名树。常绿针叶树树色浓绿或灰绿，终年不凋，生长较慢，但寿命长，其体形和叶色给人以宁静安详的感觉。用来点缀陵墓、寺庙等，可给环境造成庄严肃穆的气氛。针叶树中有一部分是落叶的，除上述金钱松属外，还有落叶松属、水杉属、落羽松属等。落叶针叶树生长较快，比较喜湿，秋季叶色变为金黄或棕黄色，如图12-2所示，可给园林增添季相的变化。

2）针叶灌木

松、柏、杉三种中一些属有天然的矮生习性，如桧柏属、松属、侧柏属、紫杉属的部分植物，有的甚至植株匍匐生长，在园林中常用作绿篱、护坡，或装饰在林缘、屋角、路边等处，如图12-3所示。铺地柏也可通过修剪栽培成盆景。桧柏属的矮生栽培品种已培育出200多个，大部分的亲本是原产于中国的桧柏。另外一部分矮生的松柏类是人为接种后，使部分松柏植物感染丛枝病，枝顶出现密生的枝叶，再用无性繁殖的方法取下，从此可以长期保持灌木性。这一类有特殊观赏性的针叶灌木，在某些国家已经用作园林植物。

图12-1 雪松

图12-2 落羽杉

3）阔叶乔木

阔叶乔木在园林中占有较大的比重。中国南方园林常种植常绿阔叶树，如广玉兰、榕树等作为庇荫树或观花树木，如图12-4所示榕树。北方园林大量种植落叶阔叶树，如杨属、柳属、榆属、槐属等的树木。一部分小乔木如李属、苹果属、蜡梅属的许多树种，均有美丽的花朵或果实，也是园林中的观赏树木。

图12-3 铺地柏盆景

图12-4 榕树

4）阔叶灌木

阔叶灌木植株较低矮，接近视平线，叶、花、果可供欣赏，使人感到亲切愉快，是增添园林美的主要树种。如北方常见的榆叶梅、连翘，南方常见的夹竹桃（见图12-5）、马缨丹等。无论常绿或落叶灌木在园林中孤植、丛植、列植或片植，都很适宜，同各种乔木混植，效果更佳。

5）阔叶藤本植物

攀附在墙壁、棚架或大树上的藤本植物常用于园林攀缘绿化，如图12-6所示。这类植物在热带雨林中种类很多。园林中常见的常绿藤本植物有龟背竹、络石、叶子花等。落叶藤本植物有紫藤、爬山虎、凌霄花等。藤本植物中有的可以自行攀缘，如爬山虎；有些必须人工辅助支撑，才能向上生长，如紫藤等。

图12-5 夹竹桃

图12-6 藤本植物

2. 草本园林植物

1）草花

（1）一、二年生花卉。

这种花卉大部分用种子繁殖，春播后当年开花然后死亡的称为一年生草花，如矮牵牛等。秋播后次年开花然后死亡的称为二年生花卉，如金盏菊等。这两类草花的整个生长发育期一般不超过12个月，合称一、二年生花卉。这类草花花朵鲜艳，装饰效果强，但生命短促，栽培管理费工，在园林中只用在重点地区，装饰各式花坛，如图12-7所示。

（2）多年生花卉。

多年生花卉又称宿根花卉，可以连续生长多年。冬季地上部分枯萎，次年春季继续抽芽生长。在温暖地带，有些品种终年不凋，或凋落后又很快发芽，如：芍药、楼斗菜等。这一类草花花期较长，栽培管理省工，常用来布置花径，如图12-8所示。

（3）球根类花卉。

这类花卉地下部均有肥大的变态茎或变态根，形成各种块状、球状、鳞片状。栽种后，利用地下部分贮存的养分开花结果，地下部分又继续贮存养分供次年生长，属于多年生宿根植物。球根类花卉种类繁多，花朵美丽，栽培比较省工，常混植在其他多年生花卉中，或散植在草地上。常见的如水仙、百合、唐菖蒲、大丽菊等。

图12-7 花卉

图12-8 郁金香花径

2）草皮植物

草皮植物又称草坪植物。单子叶植物中禾本科、莎草科的许多植物，植株矮小，生长紧密，耐修剪，耐践踏，叶片绿色的季节较长，常用来覆盖地面。常见的有早熟禾属、结缕草属、剪股颖属、狗牙根属、野牛草属、羊茅属、苔草属的植物。经过人工选育，已经培育出几百个草皮植物品种，能适应园林中各种生长条件，如耐荫、耐旱、耐湿、耐石灰土、耐践踏等。因此，各种不良的环境都可以选择适当的草种。铺设草皮植物，可使园林不暴露地面，减少冲刷、尘埃和辐射热，增加空气湿度，降低温度和风速等。

双子叶草本植物有些种类如百里香属、景天属、美女樱属、堇菜属的植物，也可以用来覆盖地面，起到水土保持和装饰作用。但这些植物不耐践踏，不耐修剪，所以又称地被植物。

12.1.2 植物的功能

在园林设计中，常通过各种不同植物之间的组合配置，创造出千变万化的不同景观。从园林规划设计的角度出发，根据外部形态，通常可将园林植物分为乔木、灌木、藤本、竹类、花卉、草皮六类。由于受气候等自然条件的影响，乔木、灌木、花卉、草皮在北京地区的景观设计中运用较多，藤本和竹类常作为点缀出现，因此园林植物在园林景观中的作用可谓举足轻重。

1. 构成景物，创建观赏景点

园林植物作为营造园林景观的主要材料，本身具有独特的姿态、色彩，风韵之美。不同的园林植物形态各异，变化万千，既可孤植以展示个体之美，又能按照一定的构图方式配置，表现植物的群体美，还可根据各自生态习性，合理安排，巧妙搭配，营造出乔、灌、草结合的群落景观。

就拿乔木来说，银杏、毛白杨树干通直，油松曲虬苍劲，铅笔柏则亭亭玉立，这些树木可孤立栽培或群植，如图12-9所示为群植银杏。而秋季变色叶树种如枫香、银杏、重阳木等大片种植可形成"霜叶红于二月花"的景观。许多观赏树种如海棠、山楂、石榴等的累累硕果可呈现一派丰收的景象。

色彩缤纷的草本花卉更是创造观赏景观的好材料，由于花卉种类繁多，色彩丰富，株体矮小，园林应用十分普遍，形式也是多种多样。既可露地栽植，又能盆栽摆放组成花坛、花带，如图12-10所示。或采用各种形式的种植钵，点缀城市环境，创造赏心悦目的自然景观，烘托喜庆气氛，装点人们的生活。

2. 丰富精神享受

园林设计中，常通过各类植物的合理搭配，创造出景致各异的景观，愉悦人们的身心。由于地理位置、生活文化以及历史习俗等原因，对不同植物常形成带有一定思想感情的看法，甚至将植物人格化。例如我国常以四季常青的松柏代表坚贞不屈的革命精神，并且象征长寿、永年；欧洲许多国家认为月桂树代表光荣，橄榄枝象征和平。一些文学家、画家、诗人更常用园林树木这种特性来借喻，因此，园林树木又常成为美好理想的象征。最为人们所知的如松竹梅被称为"岁寒三友"，象征坚贞、气节和理想，代表着高尚的品质。一些地区，传统上有过年要有"玉、堂、春、富、贵"的观念，既要在家中摆放玉兰、海棠、迎春、牡丹、桂花，借以寄托对来年美好生活的期盼。"几处早莺争暖树，谁家新燕啄春泥。乱花渐欲迷人眼，浅草才能没马蹄。最爱湖东行不足，绿杨荫里白沙堤。"这是诗人白居易对园林植物形成春光明媚景色的描绘。"独坐幽篁里，弹琴复长啸。深林人不知，明月来相照。"这是诗人王维对园林植物形成"静"的感受。

图12-9　群植银杏

图12-10　花带

3. 改观地形，装点山水建筑

高低大小不同植物配置造成林冠线起伏变化，可以改观地形。如平坦地植高矮有变的树木，远观形成起伏有变的地形。若高处植大树、低处植小树，便可增加地势的变化。

在堆山、叠石及各类水岸或水面之中，常用植物来美化风景构图，起补充和加强山水气韵的作用。亭、廊、轩、榭等建筑的内外空间，也需植物的衬托。所谓"山得草木而华、水得草木而秀、建筑得草木而媚"。

4. 组合空间，控制风景视线

植物本身是一个三维实体，是园林景观营造过程中组成空间结构的主要成分。枝繁叶茂的高大乔木可视为单体建筑，各种藤本植物爬满棚架及屋顶，绿篱整形修剪后颇似墙体，平坦整齐的草坪铺展于水平地面，因此植物也像其他建筑、山水一样，具有构成空间、分隔空间、引起空间变化的功能。

（1）开敞空间（开放空间）：开敞空间是指在一定区域范围内，人的视线高于四周景物的植物空间，一般用低矮的灌木、地被植物、草本花卉、草坪可以形成开敞空间。开敞空间在开放式绿地、城市公园等园林类型中非常多见，像草坪、开阔水面等，视线通透，视野辽阔，容易让人心胸开阔，心情舒畅，产生轻松自由的满足感，如图12-11所示。

（2）半开敞空间：半开敞空间就是指在一定区域范围内，四周不全敞开，而是有部分视角用植物阻挡了人的视线。根据功能和设计需要，开敞的区域有大有小。从一个开敞空间到封闭空间的过渡就是半开敞空间，如图12-12所示。它也可以借助地形、山石、小品等园林要素与植物配置共同完成。半开敞空间的封闭面能够抑制人们的视线，从而引导空间的方向，获得"障景"的效果。比如从公园的入口进入另一个区域，设计者常会采用先抑后扬的手法，在开敞的入口某一朝向用植物小品来阻挡人们的视线，使人们一眼难以穷尽，待人们绕过障景物，进入另一个区域就会豁然开朗，心情愉悦。

图12-11　开敞空间

图12-12　半开敞空间

（3）封闭空间（闭合空间）：封闭空间是指人处于一定的区域范围内，周围用植物材料封闭，这时人的视距缩短，视线受到制约，近景的感染力加强，景物历历在目容易产生亲切感和宁静感。小庭园的植物配置宜采用这种较封闭的空间造景手法，而在一般的绿地中，这样小尺度的空间私密性较强，适宜于年轻人私语或者人们独处和安静休息。

（4）覆盖空间：覆盖空间通常位于树冠下与地面之间，通过植物树干的分枝点高低，浓密的树冠来形成空间感。高大的常绿乔木是形成覆盖空间的良好材料，此类植物不仅分枝点较高，树冠庞大，而且具有很好的遮阴效果，树干占据的空间较小，所以无论是一棵还是一群成片，都能够为人们提供较大的活动空间和遮阴休息的区域。此外，攀缘植物利用花架、拱门、木廊等攀附在其上生长，也能够构成有效的覆盖空间。

（5）相对全封闭空间：植物空间的六合方向全部封闭，视线均不可透，如密林空间。

植物组合空间的形式丰富多样，其安排灵活、虚实透漏、四季有变、年年不同。因此，在各种园林空间中（山水空间、建筑空间、植物空间等）由植物组合或植物复合的空间是最多见的。

5. 改善环境和净化空气

植物通过光合作用，可吸收二氧化碳、释放出氧气。科学数据显示，每公顷森林每天可消耗1000千克二氧化碳，释放出730千克氧气。这就是人们到公园中后感觉神清气爽的原因。城市中，园林植物是空气中二氧化碳和氧气的调节器。在光合作用中，植物每吸收44克二氧化碳可释放出32克氧气，园林植物为保护人们的健康默默地做着贡献。不同植物光合作用的强度是不同的，如每1克重的新鲜松树针叶在1小时内能吸收二氧化碳3.3毫克，同等条件下柳树却能吸收8.0毫克。通常，阔叶树种吸收二氧化碳的能力强于针叶树种。在居住区园林植物的应用中，就充分考虑到了这个因素，合理地进行配置。此外，还要给习惯早锻炼的人提个醒，早晨日出前植物尚未进行光合作用，此时空气中含氧量较低，最好在日出后再进行锻炼，相比较而言，下午空气中氧气含量较高，此时锻炼最佳。

6. 分泌杀菌素、吸收有毒气体

据统计数据显示，城市中空气的细菌数比公园绿地多7倍以上。公园绿地中细菌少的原因之一是很多植物能分泌杀菌素。根据科学家对植物分泌杀菌素的系列科学研究得知，具有杀灭细菌、真菌和原生动物能力的主要园林植物有：雪松、侧柏、圆柏、黄栌、大叶黄杨、合欢、刺槐、紫薇、广玉兰、木槿、茉莉、洋丁香、悬铃木、石榴、枣、钻天杨、垂柳、栾树、臭椿及一些蔷薇属植物。此外，植物中一些芳香性挥发物质还可以起到使人们精神愉悦的作用。

城市中的空气中含有许多有毒物质，某些植物的叶片可以吸收解毒，从而减少空气中有毒物质的含量。当然，吸收和分解有毒物质时，植物的叶片也会受到一定影响，产生卷叶或焦叶等现象。经过实验可知，汽车尾气排放而产生的大量二氧化硫，臭椿、旱柳、榆、忍冬、卫矛、山桃既有较强的吸毒能力又有较强的抗性，是良好的净化二氧化硫的树种。此外，丁香、连翘、刺槐、银杏、油松也具有一定的吸收二氧化硫的功能。普遍来说，落叶植物的吸硫能力强于常绿阔叶植物。对于氯气，如臭椿、旱柳、卫矛、忍冬、丁香、银杏、刺槐、珍珠花等也具有一定的吸收能力。

7. 阻滞尘埃

城市中的尘埃除含有土壤微粒外，还含有细菌和其他金属性粉尘、矿物粉尘等，它们既会影响人体健康又会造成环境的污染。园林植物的枝叶可以阻滞空气中的尘埃，相当于一个滤尘器，使空气清洁。各种植物的滞尘能力差别很大，其中榆树、朴树、广玉兰、女贞、大叶黄杨、刺槐、臭椿、紫薇、悬铃木、蜡梅、加杨等植物具有较强的滞尘作用。通常，树冠大而浓密、叶面多毛或粗糙以及分泌有油脂或黏液的植物都具有较强滞尘能力。

8. 改善空气湿度

一株中等大小的杨树，在夏季白天每小时可由叶片蒸腾5千克水到空气中，一天即达半吨。如果在一块场地种植100株杨树，相当于每天在该处洒50吨水的效果。不同的植物具有不同的蒸腾能力。

不同植物的蒸腾度相差很大，有目标地选择蒸腾度较强的植物种植对提高空气湿度有明显作用。北京电视台播放的一则节水广告中，表现的是通过用塑料袋罩住一盆绿色植物来收集水，就是利用了植物的蒸腾力。

9. 减弱光照和降低噪声

阳光照射到植物上时，一部分被叶面反射，一部分被枝叶吸收，还有一部分透过枝叶投射到林下。由于植物吸收的光波段主要是红橙光和蓝紫光，反射的部分主要是绿光，所以从光质上说，园林植物下和草坪上的光具有大量绿色波段的光，这种绿光要比铺装地面上的光线柔和得多，对眼睛有良好的保健作用。在夏季还能使人在精神上觉得爽快和宁静。城市生活中有很多噪声，如汽车行驶声、空调外机声等，园林植物具有降低这些噪声的作用。单棵树木的隔音效果虽较小，丛植的树阵和枝叶浓密的绿篱墙隔音效果就十分显著了。实践证明，隔音效果较好的园林植物有：雪松、松柏、悬铃木、梧桐、垂柳、臭椿、榕树等。

12.2 园林植物配置基础

园林植物是园林工程建设中最重要的材料。植物配置的优劣直接影响到园林工程的质量及园林功能的发挥。园林植物配置不仅要遵循科学性，而且要讲究艺术性，力求科学合理的配置，创造出优美的景观效果，从而使生态、经济、社会三者效益并举。

12.2.1 植物配置方式

自然界的山岭岗阜上和河湖溪涧旁的植物群落，具有天然的植物组成和自然景观，是自然式植物配置的艺术创作源泉。中国古典园林和较大的公园、风景区中，植物配置通常采用自然式，但在局部地区特别是主体建筑物附近和主干道路旁侧也采用规则式。园林植物的布置方法主要有孤植、对植、列植、丛植和群植等几种。

1. 孤植

孤植主要显示树木的个体美，常作为园林空间的主景。对孤植树木的要求是：姿态优美，色彩鲜明，体形略大，寿命长而有特色。周围配置其他树木，应保持合适的观赏距离。在珍贵的古树名木周围，不可栽植其他乔木和灌木，以保持它的独特风姿。用于庇荫和孤植的树木，要求树冠宽大，枝叶浓密，叶片大，病虫害少，以圆球形、伞形树冠为好，如图12-13所示。

2. 对植

对植即对称地种植大致相等数量的树木，多应用于园门，建筑物入口，广场或桥头的两旁。在自然式种植中，则不要求绝对对称，对植时也应保持形态的均衡。

3. 列植

列植也称带植，是成行成带栽植树木，多应用于街道、公路的两旁，或规则式广场的周围。如用作园林景物的背景或隔离措施，一般宜密植，形成树屏，如图12-14所示。

图12-13　孤植

图12-14　列植

4. 丛植

丛植为三株以上不同树种的组合，是园林中普遍应用的方式，可用作主景或配景，也可用作背景或隔离措施。配置宜自然，符合艺术构图规律，务求既能表现植物的群体美，也能看出树种的个体美，如图12-15所示。

5. 群植

群植是相同树种的群体组合，树木的数量较多，以表现群体美为主，具有"成林"之趣，如图12-16所示。

图12-15　丛植

图12-16　群植

12.2.2　植物配置的艺术手法

在园林空间中，无论是以植物为主景，或植物与其他园林要素共同构成主景，在植物种类的选择，数量的确定，位置的安排和方式的采用上都应强调主体，做到主次分明，以表现园林空间景观的特色和风格。植物配置的一些常用艺术手法如下。

1. 对比和衬托

利用植物不同的形态特征，运用高低、姿态、叶形叶色、花形花色的对比手法，表现一定的艺术构思，衬托出美的植物景观。在树丛组合时，要注意相互间的协调，不宜将形态差异很大的树种组合在一起。

2. 动势和均衡

各种植物姿态不同，有的比较规整，如石楠、臭椿；有的有一种动势，如松树、榆树、合欢。配置时，要讲求植物相互之间或植物与环境中其他要素之间的和谐；同时还要考虑植物在不同的生长阶段和季节的变化，不要因此产生不平衡的现象。

3. 起伏和韵律

道路两旁和狭长形地带的植物配置，要注意纵向的立体轮廓线和空间变换，做到高低搭配，有起有伏，产生节奏韵律，避免布局呆板。

4. 层次和背景

为克服景观的单调，宜以乔木、灌木、花卉、地被植物进行多层次的配置。不同花色花期的植物相间分层配置，可以使植物景观丰富多彩。背景树一般宜高于前景树，栽植密度宜大，最好形成绿色屏障，色调宜深，或与前景有较大的色调和色度上的差异，以增强衬托效果。

5. 色彩和季相

植物的干、叶、花、果，色彩十分丰富。可运用单色表现、多色配合、对比色处理以及色调和色度逐层过渡等不同的配置方式，实现园林景物色彩构图。将叶色、花色进行分级，有助于组织优美的植物色彩构图。要体现春、夏、秋、冬四季的植物季相，尤其是春、秋的季相。在同一个植物空间内，一般以体现一季或两季的季相，效果较为明显。因为树木的花期或色叶变化期，一般只能持续一两个月，往往会出现偏枯偏荣的现象。所以，需要采用不同花期的花木分层配置，以延长花期；或将不同花期的花木和显示一季季相的花木混栽；或用草本花卉（特别是宿根花卉）弥补木本花卉花期较短的缺陷等方法。

大型的园林和风景区，往往表现一季的特色，给游人以强烈的季候感。中国人有某时某地观赏某花的传统，如图12-17所示"灵峰探梅"、如图12-18所示"西山红叶"等时令美景很受欢迎。在小型园林里，也有樱花林、玉兰林等配置方式，以产生具有时令特色的艺术效果。

图12-17　灵峰探梅　　　　　　　　　　　图12-18　西山红叶

12.2.3　园林植物配置原则

1. 整体优先原则

城市园林植物配置要遵循自然规律，充分利用城市所处的环境、地形、地貌等特征和自然景观，城市性质等进行科学建设或改建。要高度重视保护自然景观、历史文化景观，以及物种的多样性，把握好它们与城市园林的关系，使城市建设与自然和谐，在城市建设中可以回味历史，保障历史文脉的延续。充分研究和借鉴城市所处地带的自然植被类型、景观格局和特征特色，在科学合理的基础上，适当增加植物配置的艺术性、趣味性，使之具有人性化和亲近感。

2. 生态优先原则

在植物材料的选择、树种的搭配、草本花卉的点缀，草坪的衬托以及新品种的选择等必须最大限度地以改善生态环境、提高生态质量为出发点，也应该尽量选择和使用乡土树种，创造出稳定的植物群落；充分应用生态位原理和植物他感作用，合理配置植物，只有最适合的才是最好的，才能发挥出最大的生态效益。

3. 可持续发展原则

以自然环境为出发点，按照生态学原理，在充分了解各植物种类的生物学、生态学特性的基础上，合理布局、科学搭配，使各植物物种和谐共存，群落稳定发展，达到调节自然环境与城市环境关系的目的，在城市中实现社会、经济和环境效益的协调发展。

4. 文化原则

在植物配置中坚持文化原则，可以使城市园林向充满人文内涵的高品位方向发展，使不断演变起伏的城市历史文化脉络在城市园林中得到体现。在城市园林中把反映某种人文内涵、象征某种精神品格、代表着某个历史时期的植物科学合理地进行配置，形成具有特色的城市园林景观。

12.3 园林植物表现方法

园林植物是园林设计中应用最多，也是最重要的造园元素。园林植物的分类方法较多，这里根据各自特征，将其分为乔木、灌木、攀援植物、竹类、花卉、绿篱和草地七大类。这些园林植物的种类不同，形态各异，因此画法也不同。但一般都是根据不同的植物特征，抽象其本质，形成"约定俗成"的图例来表现的。

12.3.1 园林植物平面表现方法

园林植物平面图是指园林植物的水平投影图，如图12-19所示。一般采用图例概括地表示，其方法为：用圆圈表示树冠的形状和大小，用黑点表示树干的位置及树干粗细，树冠的大小应根据树龄按比例画出，成龄的树冠大小如表12-1所示。

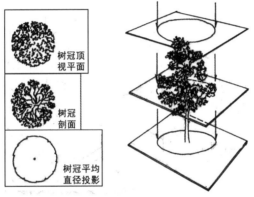

图12-19　园林植物平面表示

表 12-1　成龄树的树冠冠径

树种	孤植树	高大乔木	中小乔木	常绿乔木	花灌丛	绿篱
冠径	10～15	5～10	3～7	4～8	1～3	单行宽度：0.5～1.0 双行宽度：1.0～1.5

乔灌木平面表现画法如下所述。

➢　如图12-20所示为常见乔木树种的平面画法。

图12-20　乔木的平面画法

➢　相同相连植物群落平面画法如图12-21所示。

➢　大片树林的画法如图12-22所示。

➢　灌木丛和绿篱平面表现方法如图12-23所示。

图12-21　植物群落的平面画法

图12-22　大片树林的平面画法

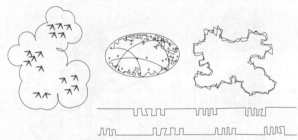

图12-23　灌木丛和绿篱的画法

12.3.2　园林植物立面表现方法

　　植物的立面图比较写实，但也不必完全按照具体植物的外形进行绘制。树冠轮廓线因树种而不同，针叶树用锯齿形表示，阔叶树则用弧线形表示。只需大致表现出该植物所属类别即可，如常绿植物、落叶植物、棕榈科植物等，如图12-24所示。

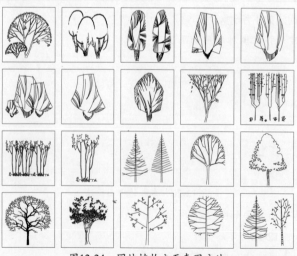

图12-24　园林植物立面表现方法

12.4 绘制植物图例

在总平面图中，没有特定的图例表示某种乔木或者灌木，下面介绍几种图例的绘制方法。

12.4.1 绘制乔木图例

乔木在园林设计中被大量运用，在本节介绍几种绘制乔木图例的方法。

【练习12-1】：绘制乔木1

	介绍绘制乔木1的方法，难度：☆☆
	素材文件路径：无
	效果文件路径：素材\第12章\12-1 绘制乔木1-OK.dwg
	视频文件路径：视频\第12章\12-1 绘制乔木1.MP4

下面介绍绘制乔木1的操作步骤。

01 调用C【圆】命令，绘制半径为750、128的同心圆，如图12-25所示。

02 调用A【圆弧】命令，绘制圆弧，效果如图12-26所示。

图12-25 绘制同心圆

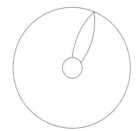

图12-26 绘制圆弧

03 执行【修改】|【阵列】|【环形阵列】命令，选择圆弧，指定同心圆的圆心为阵列中心，设置阵列项目数为9，阵列复制的效果如图12-27所示。

04 调用E【删除】命令，删除同心圆，如图12-28所示。

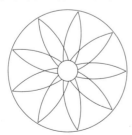

图12-27 阵列复制图形

图12-28 删除同心圆

05 调用F【圆角】命令，设置圆角半径为0，修剪弧线，如图12-29所示。

06 调用B【创建块】命令，在【块定义】对话框中设置名称，如图12-30所示，将绘制好的图例创建为块。

图12-29 圆角修剪结果   图12-30 设置名称

| 【练习12-2】：绘制乔木2 | |

| 介绍绘制乔木2的方法，难度：☆☆ |
| 素材文件路径：无 |
| 效果文件路径：素材\第12章\12-2 绘制乔木2-OK.dwg |
| 视频文件路径：视频\第12章\12-2 绘制乔木2.MP4 |

下面介绍绘制乔木2的操作步骤。

01 调用C【圆】命令，绘制半径为650的圆。

02 调用L【直线】命令，绘制如图12-31所示的图形。

03 调用CO【复制】命令，多次复制图形，如图12-32所示。

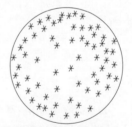

图12-31 绘制线段   图12-32 复制图形

04 调用E【删除】命令，删除圆形，如图12-33所示。

05 调用B【创建块】命令，打开【块定义】对话框。设置块名称，如图12-34所示。单击【确定】按钮，将图形创建为块。

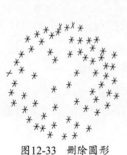

图12-33 删除圆形   图12-34 设置名称

【练习12-3】： 绘制乔木3

介绍绘制乔木3的方法，难度： ☆ ☆	
素材文件路径： 无	
效果文件路径： 素材\第12章\12-3 绘制乔木3-OK.dwg	
视频文件路径： 视频\第12章\12-3 绘制乔木3.MP4	

下面介绍绘制乔木3的操作步骤。

01 调用C【圆】命令，绘制半径为655的圆。

02 调用L【直线】命令，绘制如图12-35所示的图形。

03 调用C【圆】命令，绘制半径为45的圆，如图12-36所示。

图12-35　绘制图形　　　　　　　图12-36　绘制圆形

04 调用L【直线】命令，拾取半径为45的圆形上方的象限点，向下绘制长度为33的直线，如图12-37所示。

05 执行【修改】|【阵列】|【环形阵列】命令，选择线段，指定圆心为阵列中心点，设置项目数为10，复制线段的效果如图12-38所示。

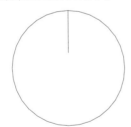

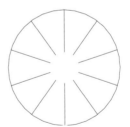

图12-37　绘制线段　　　　　　　图12-38　复制线段

06 调用E【删除】命令，删除半径45的圆形，如图12-39所示。

07 调用CO【复制】命令，移动复制线段图形，如图12-40所示。

图12-39　删除圆形　　　　　　　图12-40　复制图形

08 调用E【删除】命令，删除半径为655的圆形，如图12-41所示。

09 调用B【创建块】命令，打开【块定义】对话框。设置图例名称，如图12-42所示。单击【确定】按钮，将图形创建为块。

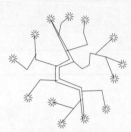

图12-41　删除圆形

图12-42　设置名称

【练习12-4】：绘制乔木4

介绍绘制乔木4的方法，难度：☆☆	
📁 素材文件路径：无	
◎ 效果文件路径：素材\第12章\12-4 绘制乔木4-OK.dwg	
📥 视频文件路径：视频\第12章\12-4 绘制乔木4.MP4	

　　下面介绍绘制乔木4的操作步骤。

01 调用C【圆】命令，绘制半径为580、54的同心圆，如图12-43所示。

02 调用SPL【样条曲线】命令，绕大圆绘制样条曲线。绘制完成后，执行【夹点编辑】命令，稍做整理，效果如图12-44所示。

图12-43　绘制同心圆

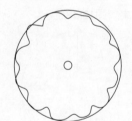

图12-44　绘制样条曲线

03 调用L【直线】命令，绘制直线，如图12-45所示。

04 调用E【删除】命令，删除半径为580的圆形，如图12-46所示。

05 调用B【创建块】命令，将图形创建成块。

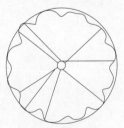

图12-45　绘制直线

图12-46　删除圆形

12.4.2 灌木

灌木,是指那些没有明显的主干、呈丛生状态、比较矮小的树木,一般可分为观花、观果、观枝干等几类,是多年生矮小而丛生的木本植物。

常见的灌木有玫瑰、杜鹃、牡丹、构骨球、黄杨、沙地柏、铺地柏、连翘、迎春、月季、茉莉、沙柳等,如图12-47、图12-48所示。

图12-47 构骨球

图12-48 连翘

【练习12-5】: 绘制灌木

介绍绘制灌木的方法,难度: ☆ ☆
素材文件路径:无
效果文件路径:素材\第12章\12-5 绘制灌木-OK.dwg
视频文件路径:视频\第12章\12-5 绘制灌木.MP4

表示灌木丛的图例,可不用单独植物图例表示,下面介绍灌木丛的操作步骤。

01 调用PL【多段线】命令,绘制如图12-49所示的图形。

02 调用CO【复制】命令,随意复制图形,效果如图12-50所示。

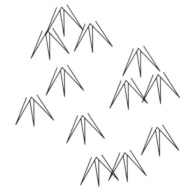

图12-49 绘制图形　　　　图12-50 复制图形

03 调用C【圆】命令,绘制半径为30的圆,如图12-51所示。

04 调用CO【复制】命令,创建圆形副本,如图12-52所示。

05 调用B【创建块】命令,在【块定义】对话框中设置块名称,将图形创建成图块。

图12-51　绘制圆形

图12-52　复制圆形

12.5　布置别墅总平图植物图例

总平面图中植物的布置，不需要明确到植物种类，适当地区分绿地植物与硬质铺装区域即可。

【练习12-6】：布置庭院植物

介绍布置庭院植物的方法，难度：☆☆
素材文件路径：素材\第12章\12-6 布置庭院植物.dwg
效果文件路径：素材\第12章\12-6 布置庭院植物-OK.dwg
视频文件路径：视频\第12章\12-6 布置庭院植物.MP4

下面介绍布置庭院植物的操作步骤。

01 单击快速访问工具栏中的【打开】按钮，打开"素材\第12章\12-6 布置庭院植物.dwg"文件，如图12-53所示。

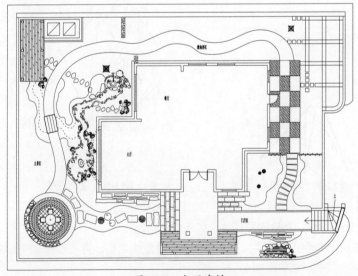

图12-53　打开素材

02 调用SPL【样条曲线】命令，绘制样条曲线，表示灌木丛、地被线，如图12-54所示。

03 填充菜园。调用H【图案填充】命令，在命令行中输入T，选择【设置】选项，打开【图案填充和渐变色】对话框。在其中选择预定义CROSS图案，设置填充比例为30，如图12-55所示。

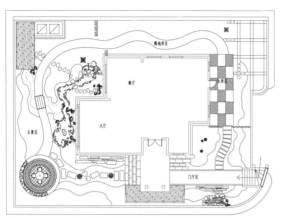

图12-54　绘制样条曲线

图12-55　设置参数

04 填充图案的效果如图12-56所示。

05 调用CO【复制】命令，从图例表中复制行道树植物图例到木平台区域，如图12-57所示。

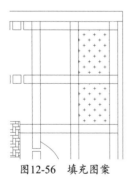

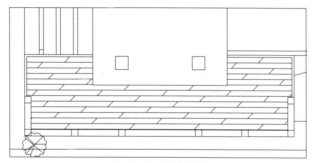

图12-56　填充图案

图12-57　复制图例

06 执行【修改】|【阵列】|【矩形阵列】命令，选择行道树图例，设置行数为1，列数为11，列距为570，阵列结果如图12-58所示。

07 布置主景区植物。调用CO【复制】命令，复制植物图例至主景区，连续复制5次；排列时注意植物的配置方式，效果如图12-59所示。

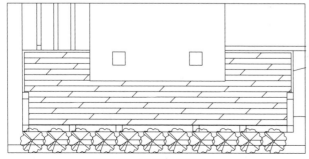

图12-58　阵列复制图形

图12-59　复制图例

08 调用SC【缩放】命令、M【移动】命令，整理图例，使其更加美观、合理，效果如图12-60所示。

09 使用相同的方法，布置主景区其他植物，效果如图12-61所示。

10 继续使用相同的方法，布置整个庭院的植物，效果如图12-62所示。

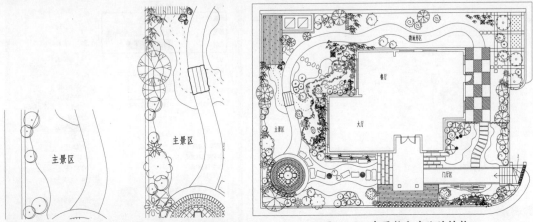

图12-60 调整图例大小　图12-61 布置其他植物　图12-62 布置整个庭院的植物

　　至此，某别墅景观设计总平面图就绘制完成了，最后进行文字的标注，绘制指北针和图名，最终结果如图12-63所示。从第7章至12章，均是以某别墅景观设计总平面图为例，对园林道路、园林水体、园林山石、园林建筑小品、园林铺装及园林植物配置一些基础知识进行讲解。

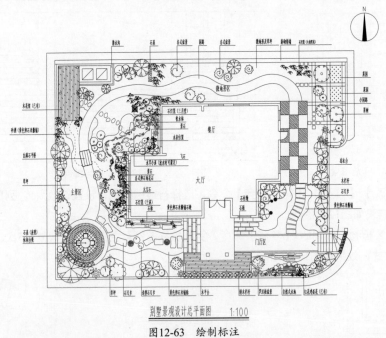

别墅景观设计总平面图　　1:100

图12-63 绘制标注

12.6 绘制小别墅植物种植设计平面图

　　进行植物种植设计时，需要注意植物之间的搭配，乔灌木搭配层次需丰富，四季皆有景可赏。植物种植设计图主要有乔木种植设计和灌木地被种植设计，下面介绍其绘制方法。

12.6.1　绘制乔木种植设计图

乔木种植设计过程中，要根据各乔木之间的色彩、生态特征等进行配置。

【练习12-7】：绘制乔木种植图	
	介绍绘制乔木种植图的方法，难度：☆☆
	素材文件路径：素材\第12章\小别墅原始平面图.dwg
	效果文件路径：素材\第12章\12-7 绘制乔木种植图-OK.dwg
	视频文件路径：视频\第12章\12-7 绘制乔木种植图.MP4

下面介绍绘制乔木种植图的操作步骤。

01 单击快速访问工具栏中的打开按钮，打开"素材\第12章\小别墅原始平面图.dwg"素材文件，如图12-64所示。

02 将【绿篱线】图层置为当前，此处绿篱线所设置的线型为ZIGZAG。调用PL【多段线】命令，沿围墙内墙线绘制多段线，并调用O【偏移】命令，设置偏移距离为250，偏移多段线，完成靠墙绿篱的绘制，效果如图12-65所示。

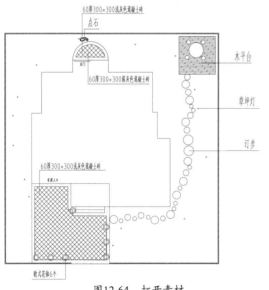

图12-64　打开素材

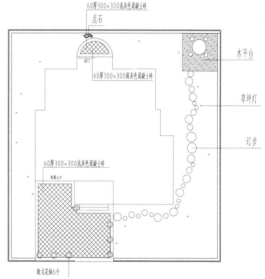

图12-65　绘制靠墙绿篱

03 调用SPL【样条曲线】命令，设置当前线型比例为15，继续绘制绿篱线，绘制效果如图12-66所示。

04 调用REVCLOUD【修订云线】命令，完成剩余绿篱线，效果如图12-67所示。

05 调用I【插入】命令，在【插入】对话框中单击浏览按钮，选择"素材\第12章\植物图例\樱花.dwg"文件，单击【确定】按钮，将"樱花"图例插入平面图相应位置，如图12-68所示。

06 调用SC【缩放】命令，将"樱花"图例放大2.7倍，如图12-69所示。

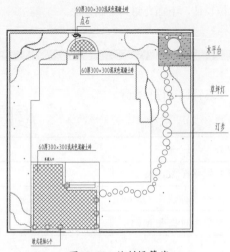

图12-66 绘制绿篱线

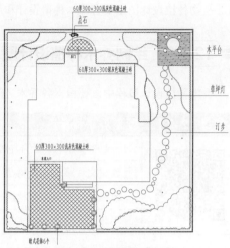

图12-67 绘制修订云线

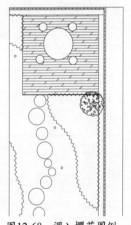

图12-68 调入樱花图例

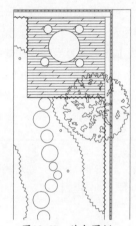

图12-69 放大图例

07 此处是樱花、山茶及鸡爪槭三种植物搭配，四季有景可赏。继续调用I【插入】命令、CO【复制】命令、SC【缩放】等命令完成植物配置，效果如图12-70所示。

08 使用相同的方法，完成植物配置，效果如图12-71所示。

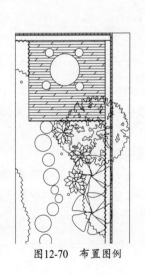

图12-70 布置图例

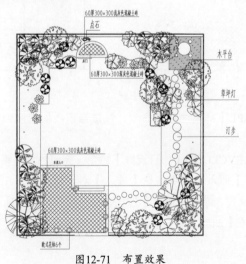

图12-71 布置效果

09 调用MLD【多重引线】命令，进行文字标注，并调用PL【多段线】命令、MT【多行文字】命令，绘制图名，结果如图12-72所示，乔木种植设计平面图绘制完成。

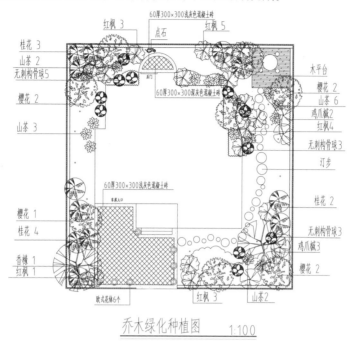

图12-72　绘制标注

12.6.2　灌木及地被种植设计图

在灌木和地被种植设计过程中，要注意植物种类的选择。地被植物尽量选择较耐阴的植物，如八爪金盘、麦冬等。

【练习12-8】：绘制灌木及地被种植设计图

介绍绘制灌木及地被种植设计图的方法，难度：☆ ☆
素材文件路径：素材\第12章\12-7 绘制乔木种植图-OK.dwg
效果文件路径：素材\第12章\12-8 绘制灌木及地被种植设计图-OK.dwg
视频文件路径：视频\第12章\12-8 绘制灌木及地被种植设计图.MP4

下面介绍绘制灌木及地被种植设计图的操作步骤。

01 整理图形。将乔木种植设计图复制一份至绘图区域一侧，删除其中的乔木图例，保留绿篱线，整理结果如图12-73所示。

02 将【灌木】图层置为当前。调用H【图案填充】命令，在命令行中输入T，选择【设置】选项，打开【图案填充和渐变色】对话框。在其中选择预定义BOX图案，设置填充比例为180，角度为-45°，如图12-74所示。

03 拾取靠墙绿篱为填充区域，填充图案，表示法国冬青绿篱墙，如图12-75所示。

04 按Enter键，继续调用H【图案填充】命令。选择预定义图案FLEX图案，设置比例为400，角度为-45°，如图12-76所示。

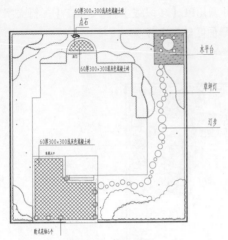

图12-73　整理图形

图12-74　设置参数

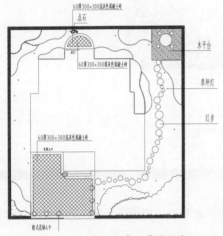

图12-75　填充冬青绿篱墙图案

图12-76　设置参数

05 拾取填充区域，填充图案，表示毛鹃，如图12-77所示。

06 继续调用H【图案填充】命令，选择预定义NET3图案，设置填充比例为1000，角度为45°，如图12-78所示。

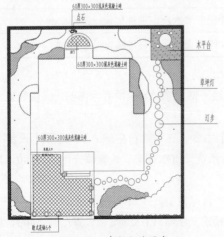

图12-77　填充毛鹃图案

图12-78　设置参数

07 拾取填充区域，填充图案，表示丰花月季的图例，如图12-79所示。

08 按Enter键，调用H【图案填充】命令，选择预定义HEX图案，设置填充比例为600，角度为-45°，如图12-80所示。

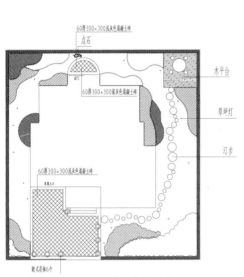

图12-79　填充丰花月季

图12-80　设置参数

09 在绘图区域中拾取填充区域，填充图案，表示茶梅，如图12-81所示。

10 调用MLD【多重引线】命令、PL【多段线】命令及MT【多行文字】命令，标注文字说明，绘制图名，最终效果如图12-82所示，灌木地被种植设计图绘制完成。

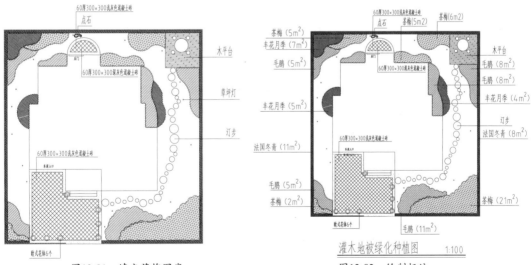

图12-81　填充茶梅图案

图12-82　绘制标注

11 调用TB【表格】命令，绘制绿化苗木表，如图12-83所示。

12 调用MT【多行文字】命令，绘制种植设计说明，如图12-84所示。

绿化苗木表

序号	苗木名称	数量	图例	单位	规 格	备 注
1	香樟	2		棵	胸径10cm	全冠
2	樱花	8		棵	地径6cm	全冠，晚樱
3	桂花	12		棵	蓬径150-180cm	
4	鸡爪槭	5		棵	地径4cm	
5	红枫	16		棵	地径3cm	
6	山茶	16		棵	蓬径80-100cm	
7	无刺枸骨球	11		棵	蓬径80-100cm	
8	法国冬青	19		m²	高度150cm 双排	
9	毛鹃	36		m²	蓬径20-30cm	30株/m²
10	茶梅	39		m²	蓬径20-30cm	30株/m²
11	丰花月季	18		m²	蓬径20-30cm	30株/m²
12	吉灵草	133		m²	满铺	

图12-83 绘制表格

种植设计说明：

1. 地形整理利于排水，回填土要求有一定肥力，利于植物生长。局部大乔木下面要求施足
基肥以保证植物具有良好的长势。

2. 苗木选择要求无病虫害，健壮，树形完整，姿态优美，购买时应带有土球，种植中大
小高低苗木搭配有序，花灌木根据要求修剪整形。

3. 图中未注明为草坪，采用天堂草，秋后加播黑麦草。原则上黄土不露天，所有软地
（除灌木丛外）均为地被植物满铺。

4. 施工中苗木规格未达要求或者苗木采购不到，请增加苗木株数或用相近苗木替代或
与设计人员联系。

5. 如遇不明处，请按施工规范进行或与设计人联系。

6. 具体苗木规格统计详见表。

图12-84 绘制设计说明

12.7 思考与练习

（1）调用C【圆】命令、A【圆弧】命令，绘制灰莉球植物图例。调用H【图案填充】命令，
在【图案填充和渐变色】对话框中选择图案，设置填充比例，填充图案的效果如图12-85所示。

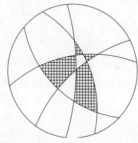

图12-85 绘制植物图例

（2）调用CO【复制】命令，创建灰莉球植物图例副本，布置效果如图12-86所示。

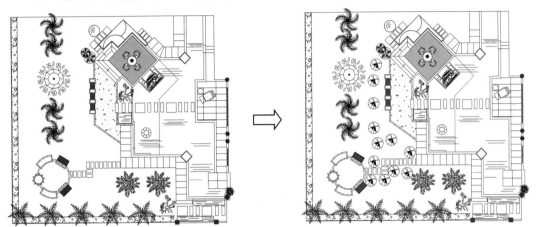

图12-86　布置植物图例

竖向设计是构成园林的骨架，是园林设计平面图绘制中最基本的一步。掌握竖向设计方式是进行园林设计的一个必备环节，它涉及园林空间的围合，地形的丰富性。

13

第13章
园林竖向设计

13.1　竖向设计概述

　　园林竖向设计中的地形，是指园林绿地地表各种起伏形状的地貌。在规则式园林中，一般表现为不同标高的地坪、层次；在自然式园林中，往往因为地形的起伏，形成平原、丘陵、山峰、盆地等地貌。

13.1.1　地形的分类

1. 平地式

　　平地是指坡度比较平缓的用地，是平原景观的再现。当所有的景观都处于同一水平面上时，视野开阔，而且其延缓性和整体感会给人一种强烈的视觉冲击力，如图13-1所示的天安门广场。此类地形的优势在于可以接纳和疏散人群，方便园林施工、植物浇灌和绿化带的整形修剪。园林中的平地大致有草地、集散广场、交通广场、建筑用地等几种类型。

2. 斜坡式

　　斜坡常常是结合地形原貌进行设置，是地形处理中的常用手法，如图13-2所示为武汉木兰天池风景区。在此类地形上种植植物，并对其整形修剪，可以组成文字、花纹图案等，立体感强，便于观赏。斜坡上的植物也能够在充分利用光能的情况下良好地生长。

3. 土丘式

　　土丘为自然起伏的地形，其断面的曲线较为平缓，被称为微地形。土丘一般较为低矮，通常2~3m，坡面倾斜度为8%~12%。在山地和丘陵地区，可直接利用自然地地形地貌；而在平原地区，则需要人工堆置。塑造土丘要尽量自然，也就是掌握土壤的基本特性和植物的生态规律，如图13-3所示的上海延中绿地微地形景观。

4. 沟壑式

　　与土丘相比，沟壑式地形空间起伏较大。高度通常为6~10m，坡面倾斜度为13%~30%，其外形更像是巨大的假山。

5. 下沉式

对于某些广场、绿地，可以降低高程，做下沉式处理。如在各城市地铁出入口、商场前庭设置下沉广场。下沉广场的四周往往被建筑或墙体围绕，构成围合的空间。它集休闲、购物、娱乐、文化和交通等功能为一体，广场气氛更加浓厚，因此使用率更高。另外下沉广场在隔绝噪声方面也优于地面广场，如图13-4所示静安寺下沉广场。

图13-1　天安门广场

图13-2　木兰天池风景区

图13-3　上海延中绿地微地形景观

图13-4　静安寺下沉广场

13.1.2 园林地形的作用

地形的设计是园林设计的基本工作之一，因为地形是园林景观的骨架，植物、人体、建筑等景观都是依附于地形而存在的。地形的变化直接影响到空间的效果和人们的感受，还影响到园林种种要素的布置。在现代园林设计中，对原有地形进行利用或重新塑造，可以有效地改善植物种植环境、利用地形自然排水、分隔园林空间及丰富园林景观等。

1. 改善植物种植环境

利用和改善种植环境，可以为植物创造有利的生长环境。坡度和坡向不同，受到的阳光照射也就不同，其光线、温度和湿度条件有明显差异。地形有平坦、起伏、凹凸、阶梯形等不同类型，可形成阴、阳、向、背等不同。又可以使沼生、水生植物各得其所。通常认为坡度5%~20%的斜坡接受阳光充足，湿度适中，是最适合植物生长的良好坡地。

2. 利用地形自然排水

利用地形的起伏变化，可以及时排除雨水，防止积涝成灾，避免引起地表径流，产生坡面泥土滑动，从而有效地保证土壤稳定，巩固建筑和道路的基础。同时，也可减少修筑人工排水沟渠的工程量。从长远考虑，还可将雨水引入附近绿地，采用自然水灌溉，形成水的生态良性循环。地形排水的效果与坡度有很大的联系，只有设计适度的起伏，适中的坡长才具有较好的排水条件。除坡度以外，土壤渗水性也会对排水效果造成一定影响。

3. 分隔园林空间

利用地形可以有效地、自然而然地分隔园林空间，使之形成功能各异的区域，为人们不同的活动需要提供场所。地形的分隔方式与其他分隔方式不同，不像围墙和栏杆那样把空间生硬地分割出来。它的空间分割性不明显，是一种缓慢的过渡。在视线上几乎没有物体阻挡，景观连续较强。当人行走在高低起伏的地势上，会不断地变换视点。即便是同样的景观，处在不同位置观赏，也会得到不同的感受。

4. 丰富园林景观

虽然地形并不是主要的观赏对象，在园林中也不十分突出，但它对景观的表现起到了决定性的作用。如果园林所有的景观都处在同一平面上，就会显得单调乏味。经过精心设计和处理过的地形，则能够打破沉闷的格局，丰富景观层次，如图13-5所示的流水别墅，依地势而建，高低起伏，利用地形丰富了立面构图。

图13-5　流水别墅

13.1.3　园林竖向设计的任务

竖向设计的目的是改造和利用地形，使确定的设计标高和设计地面能够满足园林道路场地、建筑及其他建设工程对地形的合理要求，保证地面水能够有组织地排除，并力争使土石方量最小。园林竖向设计的基本任务主要有下列几个方面。

- ➢ 根据有关规范要求，确定园林中道路、场地的标高和坡度，使之与场地内外的建筑物、构筑物的有关标高相适应，使场地标高与道路连接处的标高相适应。
- ➢ 确定原有地形的各处坡地、平地标高和坡度是否继续适用，如不能满足规划的功能要求，则确定相应的地面设计标高和场地的整平标高。
- ➢ 应用设计等高线法、纵横断面设计法等，对园林内的湖区、土山区、草坪区等进行竖向设计，使这些区域的地形能够适应各自造景和功能的需要。
- ➢ 拟定园林各处场地的排水组织方式，确立全园的排水系统，保证排水通畅，保证地面不积水，不受山洪冲刷。
- ➢ 计算土石方工程量，并进行设计标高的调整，使挖方量和填方量接近平衡；并做好挖、填土方量的调配安装，尽量使土石方工程总量达到最小。
- ➢ 根据排水和护坡的实际需要，合理配置必要的排水构筑物如截水沟、排洪沟、排水渠和工程构筑物如挡土墙、护坡等，建立完整的排水管渠系统和土地保护系统。
- ➢ 园林中不同功能的设施用地，在进行竖向布置时其侧重点是有所不同的。如游乐场用地主要应满足多种游乐机械顺利安装和安全运转的需要，园景广场的竖向设计则主要应考虑场地整平和通畅排水的需要等，都要在设计中分别对待。

13.1.4 地形的表示方法

地形的表示采用图示和标注的方法。等高线法是地形最基本的图示表示方法，在此基础上可获得地形的其他直观表示法。标注法则主要用来标注地形上某些特殊点的高程。

1. 等高线法

等高线法在园林设计中使用最多，一般地形测绘图都是用等高线或点标高表示的。在绘有原地形等高线的底图上用设计等高线进行地形改造或创作，在同一张图纸上便可表达原有地形、设计地形状况及公园的平面布置、各部分的高程关系。

等高线是一组垂直间距相等、平行于水平面的假想面，与自然地貌相交所得到的交线在平面上的投影如图13-6所示。给这组投影线标注上相应的数值，便可用它在图纸上表示地形的高低陡缓、峰峦位置、坡谷走向及溪池的深度等内容。

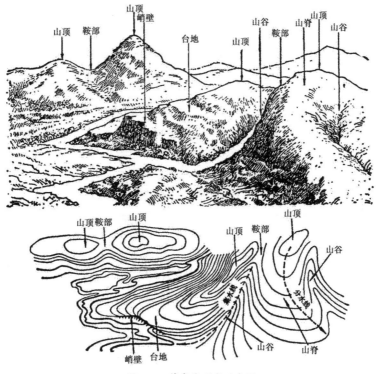

图13-6 等高线形成示意图

等高线有以下特点。

➢ 在同一条等高线上的所有的点，其高程都相等。每一条等高线都是闭合的。
➢ 由于园界或图框的限制，在图纸上不一定每根等高线都能闭合，但实际上它们还是闭合的。
➢ 等高线的水平间距的大小，表示地形的缓或陡。如疏则缓，密则陡。等高线的间距相等，表示该坡面的角度相等，如果该组等高线平直，则表示该地形是一处平整过的同一坡度的斜坡。
➢ 等高线一般不相交或重叠，只有在悬崖处等高线才可能出现相交情况。在某些垂直于地平面的峭壁、地坎或挡土墙驳岸处等高线才会重合在一起。
➢ 等高线在图纸上不能直穿横过河谷、堤岸和道路等。

2. 坡级法

在地形图上，用坡度等级表示地形的陡缓和分布的方法称作坡级法。这种图示方法较直观，便于了解和分析地形，常用于基地现状和坡度分析图中。坡度等级根据等高距的大小、地形的复杂程度以及各种活动内容对坡度的要求进行划分。

3. 分布法

分布法是地形的另一种直观表示法，将整个地形的高程划分成间距相等的几个等级，并用单色加以渲染，各高度等级的色度随着高程从低到高的变化也逐渐由浅变深。地形分布图主要用于表示基地范围内地变化的程度、地形的分布和走向。

4. 高程标注法

当需表示地形图中某些特殊的地形点时，可用十字或圆点标记这些点，并在标记旁注上该点到参照面的高程，高程常注写到小数点后第二位，这些点常处于等高线之间，这种地形表示法称为高程标注法。高程标注法适用于标注建筑物的转角、墙体和坡面等顶面和底面的高程，以及地形图中最高和最低等特殊点的高程。因此，场地平整、场地规划等施工图中常用高程标注法。

13.2　竖向设计基础

园林竖向设计应与园林绿地总体规划同时进行。在设计中，必须处理好自然地形和园林建筑工程中各单项工程（如园路、工程管线、园桥、构筑物、建筑等）之间的空间关系，做到园林工程经济合理、环境质量舒适良好、风景景观优美动人。这是园林竖向设计的基本工程目标所在，而不仅仅是安排若干竖向标高数字以及使土方平衡的问题。

13.2.1　地形设计原则

竖向设计是直接塑造园林立面形象的重要工作。其设计质量的好坏，设计所定各项技术经济指标的高低，设计的艺术水平如何，都将对园林建设的全局造成影响。因此，在设计中除了要反复比较、深入研究、审慎落笔之外，还要遵循以下几方面的设计原则。

1. 功能优先，造景并重

进行竖向设计时，首先要考虑使园林地形的起伏高低变化能够适应各种功能设施的需要。对建筑、场地等的用地，要设计为平地地形；对水体用地，要调整好水底标高、水面标高和岸边标高；对园路用地，则应依山随势，灵活掌握，控制好最大纵坡、最小排水坡度等关键的地形要素。在此基础上，同时注重地形的造景作用，尽量使地形变化适合造景需要。

2. 利用为主，改造为辅

对原有的自然地形、地势、地貌要深入分析，能够利用的就尽量利用；做到尽量不动或少动原有地形与现状植被，以便更好地体现原有乡土风貌和地方的环境特色。在结合园林各种设施的功能需要、工程投资和景观要求等多方面综合因素的基础上，采取必要的措施，进行局部的、小范围的地形改造。

3. 因地制宜，顺应自然

造园应因地制宜，宜平地处不要设计为坡地，不宜种植处也不要设计为林地。地形设计要顺应自然，自成天趣。景物的安排、空间的处理、意境的表达都要力求依山就势，高低起伏，前后错落，疏密有致，灵活自由。就低挖池，就高堆山，使园林地形合乎自然山水规律，达到"虽由人作，宛自天开"的境界。同时，也要使园林建筑与自然地形紧密结合，浑然一体，仿佛天然生就，难寻人为痕迹。

4. 就地取材，就近施工

园林地形改造工程在现有的技术条件下，是造园经费开支比较大的项目，如能够在这方面节约经费，其经济上的意义就比较大。就地取材无疑是最为经济的做法。自然植被的直接利用、建筑用石材、河砂等的就地取用，都能够节省大量的经费开支。因此，地形设计中，要优先考虑使用自有的天然材料和本地生产的材料。

5. 填挖结合，土方平衡

地形竖向设计必须与园林总体规划及主要建设项目的设计同步进行。不论在规划中还是在竖向设计中，都要考虑使地形改造中的挖方工程量和填方工程量基本相等，也就是要使土方平衡。当挖方量大于填方量很多时，也要坚持就地平衡，在园林内部进行堆填处理。当挖方量小于应有的填方量时，也还是要坚持就近取土，就近填方。

13.2.2 不同类型的地形处理技巧

地形设计往往和竖向设计相结合，包括确定高程、坡度、朝向、排水方式等。园林地形丰富多样，处理方法也各不相同。具体情况具体分析，不能以偏概全。下面将以广场、山丘、园路、街道和滨水绿地为例，讲解不同类型的地形处理技巧。

1. 广场地形

广场是园林中面积最大的公共空间，它能够反映一种园林环境甚至是一个城市的文化特征，被赋予"城市客厅"的美誉。在广场设计中，常常将其地形进行抬高或下沉处理。对于以纪念性为主题的园林来说，适合用抬高处理，抬高的纪念塔、纪念碑等主题性建筑的基座，可以使人们在瞻仰时，油然而生一种崇敬之情。抬高地形后，最好在两侧种植植物，对灌木进行整形修剪，使其随台阶高低起伏产生节奏感。

对于没有明显主景的休闲广场来说，常常做下沉地形处理，形成下沉式广场，如果举办文艺表演，地形四周可以设置坐凳，如图13-4所示为静安寺的下沉广场。当人们坐在看台上时，视线的汇集处正好是下沉广场的中心，另外还可以作为交通缓冲地段。

2. 山丘

对于起伏较小的山丘、坡地等微地形来说，最好不要大面积地调整，应该尽量利用原有的地形。这样不但可以减少土方工程量，还可以避免对原地形的破坏。如果原本就是抬高的地形，可以考虑设计成高低起伏的土丘；如果原来是低洼地形，可以就势做成水池。如果地形的坡度大于8%，应该使用台阶连接不同高程的地坪。

3. 园路

对于园路的设计，可以处理成高低起伏的状态，或者可以使用步道、台阶缓冲平坦的路面。使人们在游览过程中，因地势的变化放慢步伐，增加观赏时间，同时也能缓解疲劳。园路随地形和景物而曲折起伏，若隐若现，可以遮挡游人视线，造成"山重水复疑无路，柳暗花明又一村"的情趣，如图13-7所示。园路两侧的地势抬高，呈坡状延伸到排水沟渠，还可以满足排水的要求。

4. 街道绿地

街道绿地是街道景观的要素，也是城市的形象工程。街道两旁提高绿化率有诸多好处，如降低噪声、吸附尾气和粉尘，还可以遮阴纳凉。为了营造良好的视觉效果，除了合理搭配各种植物，形成丰富的种植层次以外，适当的地形处理也非常重要。处理地形时可做成一定的坡度，可以丰富景观的层次，还可以更加有效地发挥植物阻止尾气、粉尘、噪声扩散的作用，如图13-8所示。

图13-7　台阶路面

图13-8　街道绿地

5. 滨水绿地

路堤、河岸等滨水绿地连接着水与路面。高速公路的路堤常常做成斜坡状，或者做成台阶，缓慢延伸到低处的绿地或水面。而河岸线蜿蜒起伏，随地形发生变化，常常采用沙滩或者草地模式使其缓慢过渡，使绿地或水体与路面没有过于清晰的边界。如果水体较为宽阔，还可人工建造出岛、洲、滩等景观。在路堤、河岸上种植植物，增加绿化，还可以固土护坡，防止冲刷，如图13-9所示。

图13-9　滨河绿地

13.3　绘制竖向设计图

在制图过程中，要将其单独作为一个图层，便于修改、管理，统一设置图线的颜色、线型、线宽等参数，以使图纸规范、统一、美观。

13.3.1 标高符号

在注明园林设计图纸中图形标高的时候，需要调用标高符号。本节介绍绘制标高符号的方法。

【练习13-1】：绘制标高符号
介绍绘制标高符号的方法，难度：☆☆
素材文件路径：无
效果文件路径：素材\第13章\13-1 绘制标高符号-OK.dwg
视频文件路径：视频\第13章\13-1 绘制标高符号.MP4

下面介绍绘制标高符号的操作步骤。

01 调用L【直线】命令，绘制宽度为1200的水平线段，高度为600的垂直线段，如图13-10所示。

02 按Enter键，继续调用L【直线】命令，绘制斜线段，得到一个等腰三角形，如图13-11所示。

03 调用E【删除】命令，删除垂直线段，如图13-12所示。

图13-10　绘制线段

图13-11　绘制等腰三角形

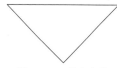

图13-12　删除线段

04 调用H【图案填充】命令，在命令行中输入T，选择【设置】选项，打开【图案填充和渐变色】对话框。在其中选择SOLID图案，如图13-13所示。

05 拾取三角形为填充区域，填充绘制的三角形，效果如图13-14所示。

图13-13　选择图案

图13-14　填充图案

06 调用ATT【定义属性】命令，打开如图13-15所示的【属性定义】对话框。

07 分别在【属性】选项组与【文字设置】选项组中设置参数，如图13-16所示。

图13-15 【属性定义】对话框

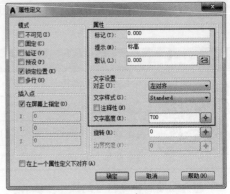

图13-16 设置参数

08 单击【确定】按钮，将属性数值指定至标高符号正上方，如图13-17所示。

09 调用B【创建块】命令，打开【块定义】对话框。设置名称为【道路标高】，如图13-18所示。单击【确定】按钮，将绘制好的标高符号创建为块。

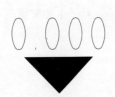

图13-17 放置属性文字

图13-18 【块定义】对话框

参考本节内容，利用相同的方法绘制等高线标高、水体标高，并将其定义为属性块。标高符号绘制完成，效果如图13-19、图13-20所示。

图13-19 等高线标高

图13-20 水体标高

13.3.2 标注标高

执行I【插入】命令，可以将创建成属性块的标高符号插入图形中。本节介绍标注图形标高的方法。

【练习13-2】： 标注标高

介绍标注标高的方法，难度：☆☆
素材文件路径：素材\第13章\13-2 标注标高.dwg
效果文件路径：素材\第13章\13-2 标注标高-OK.dwg
视频文件路径：视频\第13章\13-2 标注标高.MP4

下面介绍标注标高的操作步骤。

01 单击快速访问工具栏中的【打开】按钮，打开"素材\第13章\13-2 标注标高.dwg"素材文件，如图13-21所示。

02 将【等高线】图层置为当前。设置线型全局比例为50。调用SPL【样条曲线】命令，绘制等高线。执行【夹点编辑】命令稍微整理样条曲线，效果如图13-22所示。

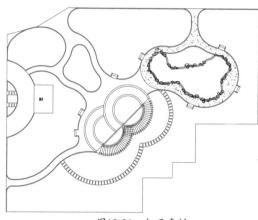

图13-21 打开素材

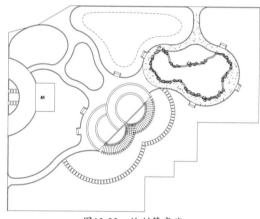

图13-22 绘制等高线

03 按Enter键，继续调用SPL【样条曲线】命令，绘制等高线，完成效果如图13-23所示。

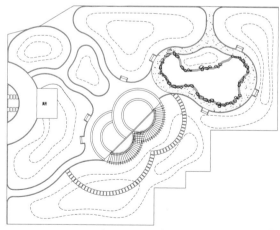

图13-23 绘制结果

04 将【标注】图层置为当前。调用I【插入】命令，选择【等高线标高】图块，在平面图中指定合适插入点，指定插入点后在弹出的【编辑属性】对话框中输入0.45，如图13-24所示。

05 插入标高块的效果如图13-25所示。

图13-24　设置参数

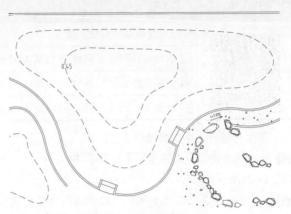

图13-25　标注等高线

06 利用相同的方法完成等高线标高的标注，效果如图13-26所示。

07 调用I【插入】命令，选择【道路标高】图块，设置插入比例为200，在平面图中指定合适的插入点；指定插入点后在【编辑属性】对话框中输入0.400，如图13-27所示。

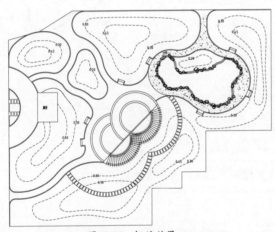

图13-26　标注效果

图13-27　设置参数

08 单击【确定】按钮，完成插入效果如图13-28所示。

09 利用相同的方法，完成道路和广场的标高，效果如图13-29所示。

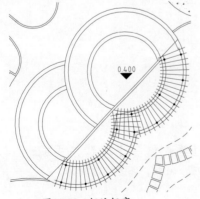

图13-28　标注标高

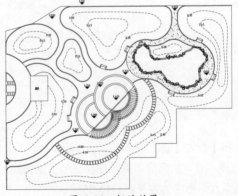

图13-29　标注效果

10 调用I【插入】命令，选择"水体标高"图块，设置插入比例为200，在平面图中指定相应的位置作为插入点，指定插入点后，在弹出的【编辑属性】对话框中输入参数，如图13-30所示。

11 插入效果如图13-31所示。

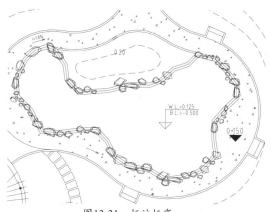

图13-30 设置参数   图13-31 标注标高

12 调用MT【多行文字】命令，PL【多段线】命令，绘制图名和指北针，并移动至合适的位置，最终效果如图13-32所示，竖向设计图绘制完成。

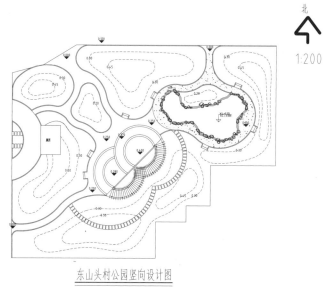

东山头村公园竖向设计图

图13-32 绘制标注

13.4 思考与练习

调用I【插入】命令，打开【插入】对话框。选择"标高"图块，单击【确定】按钮。在平面图中指定插入点，插入标高图块。

　　双击【标高】图块，打开【增强属性编辑器】对话框，修改标高值，绘制标高标注的效果如图13-33所示。

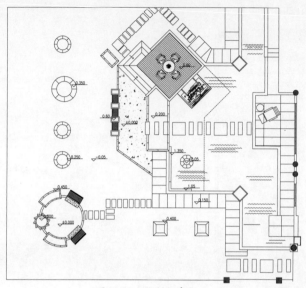

图13-33　绘制标高标注

在初步设计被批准后，进行施工图设计。施工详图主要有土方工程、建筑小品工程、植物种植工程、管线工程等几大类，下面将分类介绍。所有工程施工图都要标出图名、比例及方位。

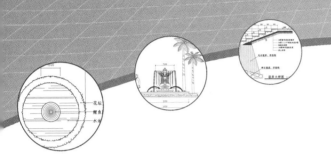

第14章
园林施工详图

14.1 水景工程

水是构成景观的重要元素。水极具可塑性，可静止、可活动、可发出声音，还可以映射周围景物，所以既可以单独作为艺术品的主体，也可以与建筑物、雕塑、植物或其他艺术品组合，创造出独具风格的作品。

14.1.1 水景施工图的实际要求

水景工程是由建筑工程和驳岸工程两部分合成的。湖、河、池塘等水体施工，除土方外，均为驳岸施工加底部防水层铺设。而立体建筑物（跌水、喷泉）的施工则为建筑施工加防水层铺设。

1. 生态水池

生态水池是指既适合水下动植物生长，又能美化环境、调节小气候供人观赏的水景。在居住区里，生态水池多饲养观赏鱼、虫和水生植物（如鱼草、芦苇、荷花等），营造动物和植物互生互养的生态环境。水池的深度应根据饲养鱼的种类、数量和水草在水下生存的深度而确定。一般为0.3～1.5m，为了防止陆上动物的侵扰，池边平面与水面需保证有适当的高差。水池壁与池底需平整，以免伤鱼。池壁与池底以深色为佳。不足0.3m的浅水池，池底可做艺术处理，显示水的清澈透明。池底与池畔宜设隔水层，池底隔水层覆盖0.3～0.5m厚土，种植水草。

2. 人工溪流

为了使居住区内环境景观在视觉上更为开阔，可适当地增大宽度或使溪流蜿蜒曲折。溪流水岸宜采用散石和块石，并与水生或湿地植物的配置相结合，减少人工造景的痕迹。溪流的形态应根据环境条件、水量、流速、水深、水面宽和所用材料进行合理的设计。溪流可分为可涉入式和不可涉入式两种。可涉入式溪流的深度应小于0.3m，以防儿童溺水，同时水底应做防滑处理。可供儿童戏水的溪流，应安装水循环和过滤装置。不可涉入式溪流宜种养适应当地气候条件的水生动植物，增强观赏性和趣味性。

溪流的坡度应根据地理条件及排水要求而定。普通溪流的坡度宜为0.5%，急流处为3%左右，缓流处不超过1%。溪流宽度宜为1～2m，水深应为0.3～1m，超过0.4m时，应在溪流边采取防护措施（如石栏、木栏、矮墙等）。

3. 人工瀑布

人工瀑布按其跌落形式可分为滑落式、阶梯式、幕布式、丝带式等多种，并模仿自然景观，采用天然石材或仿石材设置瀑布的背景和引导水的流向（如景石、分流式、承瀑石等）。考虑到观赏效果，不宜采用平整饰面的白色花岗岩作为落水墙体。为了确保瀑布沿墙体、山体平稳滑落，应对落水口处出石做卷边处理，或对墙面做坡面处理。人工瀑布因其水量不同，会产生不同的视觉、听觉效果，因此，落水口的水流量和落水高差的控制成为设计的关键参数，居住区内的人工瀑布落差宜在1m以下。

4. 跌水

跌水是呈阶梯式的多级跌落瀑布，其梯级宽高比宜为3：2～1：1，梯面宽度宜为0.3～1.0m。

5. 游泳池

居住区泳池设计必须符合游泳池设计的相关规定。泳池平面不宜做成正规比赛用池，池边尽可能采用优美的曲线，以增强水的动感。泳池根据功能需要应尽可能分为儿童泳池和成人泳池，儿童泳池深度以0.6～0.9m为宜，成人泳池为1.2～2.0m。儿童池与成人池可统一考虑设计，一般应将儿童泳池放在较高位置，水经阶梯式或斜坡式跌水流入成人泳池，既保证了安全又可丰富泳池的造型。池岸必须做圆角处理，铺设软质渗水地面或防滑地砖。泳池周围多种灌木和乔木，并可提供休息和遮阳设施，有条件的可设计更衣室和供野餐的设备及区域。

6. 驳岸工程

驳岸施工图包括驳岸平面图及纵断面（剖面）详图。

平面图表示的是水体边界线的位置及形状。纵断面图要标出驳岸的材料、构造、尺寸、施工做法及一些主要部位（如岸顶、最高水位、基础底面）的标高。

对构造不同的驳岸应分段绘制纵断面图。在平面图上应逐渐标注详图索引符号。

由于驳岸线平面形状多为自然曲线，无法标注各部分尺寸，为了便于施工，一般采用方格网控制。方格网的轴线编号应与总平面图相符。

14.1.2 绘制喷泉

喷泉是园林景观中常见的主景，不仅是视线的焦点，也是整个景观十分重要的组成部分。

【练习14-1】： 绘制雕塑喷泉平面图

	介绍绘制雕塑喷泉平面图的方法，难度： ☆☆
	素材文件路径：无
	效果文件路径：素材\第14章\14-1 绘制雕塑喷泉平面图-OK.dwg
	视频文件路径：视频\第14章\14-1 绘制雕塑喷泉平面图.MP4

下面介绍绘制雕塑喷泉的操作步骤。

01 单击快速访问工具栏中的【新建】按钮 ，新建空白文件。

02 调用LA【图层特性管理器】命令，打开【图层特性管理器】选项板，在其中新建图层，如图14-1所示。

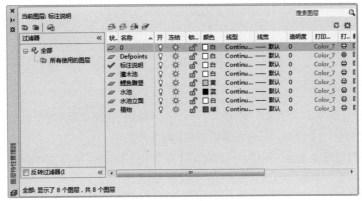

图14-1 创建图层

03 将【鲤鱼雕塑】图层置为当前图层，调用C【圆】命令，绘制半径依次为116、150、191、238、292、353、414、495、604、711、750的同心圆。

04 调用L【直线】命令，绘制十字交叉线段，表示喷泉口，并将半径为711的圆和交叉线段颜色修改为蓝色，如图14-2所示。

05 将【灌木池】图层置为当前图层，继续调用C【圆】命令，绘制半径为2000、2500的同心圆，表示灌木池，如图14-3所示。

图14-2 绘制同心圆

图14-3 绘制圆形

06 将【水池】图层置为当前图层，调用H【图案填充】命令，选择预定义的AR-RROOF图案，设置填充比例为30，其他参数保持默认，如图14-4所示。

07 拾取水池区域，填充图案，如图14-5所示。

图14-4 设置参数

图14-5 填充图案

08 将【植物】图层置为当前图层，调用PL【多段线】命令，绘制绿篱内轮廓，如图14-6所示。

09 利用相同的方法，绘制绿篱外侧轮廓，完成绿篱的绘制，结构如图14-7所示。

 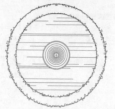

图14-6　绘制绿篱内轮廓　　　　　图14-7　绘制绿篱外侧轮廓

10 调用DLI【线性标注】命令，标注图形，如图14-8所示。

11 将【标注说明】图层置为当前图层，调用MLD【多重引线】命令，标注文字说明，如图14-9所示。

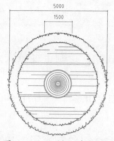 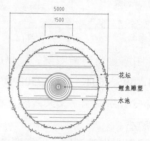

图14-8　绘制尺寸标注　　　　　　图14-9　绘制引线标注

12 调用I【插入】命令，打开【插入】对话框，选择【图名】属性块，如图14-10所示。

13 单击【确定】按钮，打开【编辑属性】对话框。在其中输入参数，如图14-11所示。

图14-10　选择块　　　　　　　　　图14-11　输入参数

14 单击【确定】按钮，将块插入平面图中合适的位置，完成平面图的绘制，效果如图14-12所示。

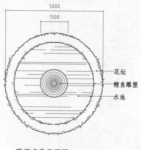

图14-12　绘制图名标注

【练习14-2】：　**绘制雕塑喷泉立面图**

介绍绘制雕塑喷泉立面图的方法，难度：☆☆
素材文件路径：无
效果文件路径：素材\第14章\14-2 绘制雕塑喷泉立面图-OK.dwg
视频文件路径：视频\第14章\14-2 绘制雕塑喷泉立面图.MP4

下面介绍绘制雕塑喷泉立面图的操作步骤。

01 将【灌木池】图层置为当前图层，调用PL【多段线】命令，绘制长度约为7000，宽度为20的多段线，表示地平线。

02 调用REC【矩形】命令，绘制尺寸分别为5000×88、5000×228、3590×56、3645×50的矩形，并依次移动至合适的位置，将上面两个矩形转换至【水池】图层，如图14-13所示。

图14-13　绘制图形

03 将【水池立面】图层置为当前图层，继续调用REC【矩形】命令，绘制尺寸为1205×20、1255×50的矩形，将其移动至上一步绘制的矩形正上方距离为40的位置，如图14-14所示。

图14-14　绘制矩形

04 调用A【圆弧】命令，绘制圆弧连接矩形，并调用MI【镜像】命令，镜像复制圆弧，如图14-15所示。

图14-15　绘制圆弧

05 调用F【圆角】命令，设置圆角半径为25，修剪最上方的矩形和从上至下第三个矩形，如图14-16所示。

图14-16　圆角修剪

06 调用L【直线】命令，绘制直线，并将其颜色修改为蓝色，效果如图14-17所示。

图14-17　绘制直线

07 将【植物】图层置为当前图层，调用PL【多段线】命令，绘制绿篱轮廓，效果如图14-18所示。

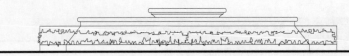

图14-18　绘制绿篱轮廓

08 调用I【插入】命令，选择【鲤鱼雕塑】图块，指定合适的插入点，将其插入立面图中，效果如图14-19所示。

图14-19　调入块

09 继续调用I【插入】命令，插入【人】、【植物】等图块，并修剪相交部分的线段，效果如图14-20所示。

图14-20　操作效果

10 将【标注说明】图层置为当前图层。调用DLI【线性标注】命令，标注图形尺寸，效果如图14-21所示。

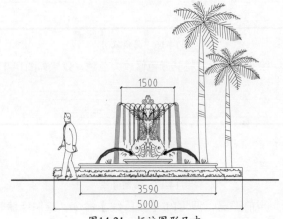

图14-21　标注图形尺寸

11 调用I【插入】命令，插入【标高】图块，完成效果如图14-22所示。

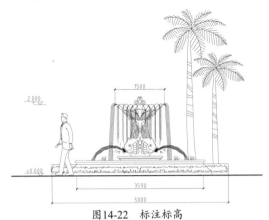

图14-22　标注标高

12 按Enter键，重复调用I【插入】命令，选择【图名】图块，插入图名，完成立面图的绘制，如图14-23所示。

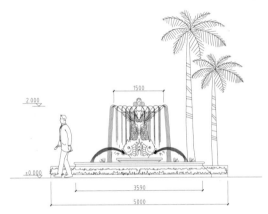

雕塑喷泉立面图　　1:50

图14-23　绘制图名标注

14.1.3　驳岸大样图

驳岸不仅可起到亲水的作用，同时也能防止事故的发生，所以驳岸设计必须严谨，以使其起到美化景观的作用。

【练习14-3】：绘制驳岸大样图	
	介绍绘制驳岸大样图的方法，难度：☆☆☆
	素材文件路径：无
	效果文件路径：素材\第14章\14-3 绘制驳岸大样图-OK.dwg
	视频文件路径：视频\第14章\14-3 绘制驳岸大样图.MP4

下面介绍绘制驳岸大样图的操作步骤。

01 按Ctrl+N快捷键，新建空白文件。

02 调用LA【图层特性管理器】命令，打开【图层特性管理器】选项板，新建图层，结果如图14-24所示。

03 将【轮廓】图层置为当前图层，调用L【直线】命令，绘制如图14-25所示的直线。

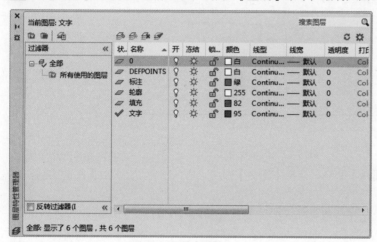

图14-24　创建图层

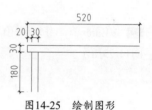

图14-25　绘制图形

04 按Enter键，调用L【直线】命令，绘制驳岸阶梯，如图14-26所示。

05 调用PL【多段线】命令，沿踏步下侧边绘制多段线。调用O【偏移】命令，设置偏移距离为30，偏移线段。最后调用TR【修剪】命令，修剪图形，效果如图14-27所示。

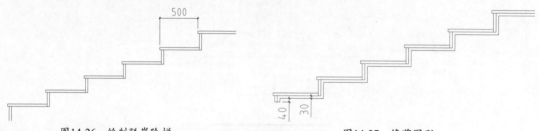

图14-26　绘制驳岸阶梯

图14-27　修剪图形

06 调用PL【多段线】命令，绘制多段线，如图14-28所示。

07 调用【夹点编辑】命令，选择上一步绘制的多段线，执行夹点拉伸操作，如图14-29所示。

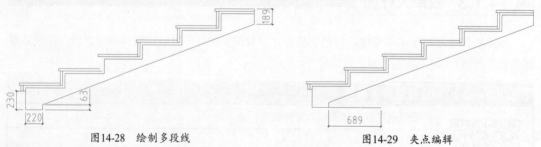

图14-28　绘制多段线

图14-29　夹点编辑

08 调用PL【多段线】命令，绘制驳岸详图结构，如图14-30所示。

09 调用L【直线】命令，绘制线段，连接角点，如图14-31所示。

10 调用L【直线】命令、O【偏移】命令，偏移如图14-32所示的线段。

11 调用PL【多段线】命令，绘制折断线，如图14-33所示。

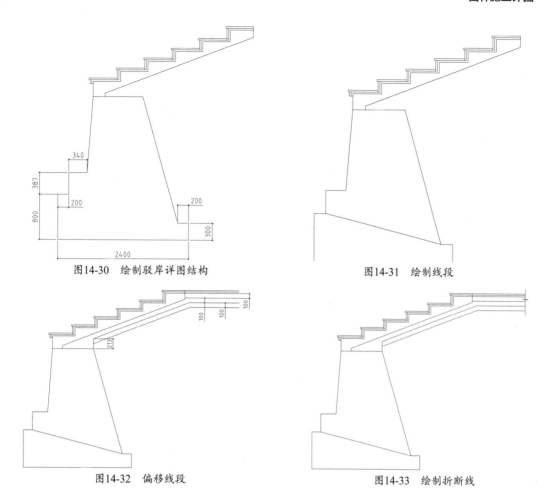

图14-30　绘制驳岸详图结构　　　　　　　　图14-31　绘制线段

图14-32　偏移线段　　　　　　　　　　图14-33　绘制折断线

12 调用H【图案填充】命令，在命令行中输入T，选择【设置】选项，打开【图案填充和渐变色】对话框。选择预定义的ANSI33图案，设置填充比例为5，其他参数保持默认，如图14-34所示。

13 拾取填充区域，填充图案的效果如图14-35所示。

图14-34　设置参数

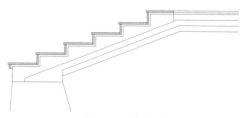

图14-35　填充图案

14 按Enter键，重复调用【图案填充】命令。在【图案填充和渐变色】对话框中选择图案，设置填充比例，如图14-36所示。

15 拾取填充区域，绘制填充图案的效果如图14-37所示。

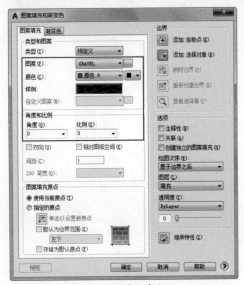

图14-36　设置填充参数

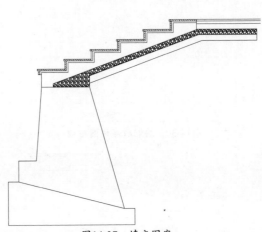

图14-37　填充图案

16 在【图案填充和渐变色】对话框中选择填充图案，设置填充角度与填充比例，如图14-38所示。

17 单击【添加: 拾取点】按钮，在绘图区域拾取填充区域，填充图案的效果如图14-39所示。

图14-38　设置参数

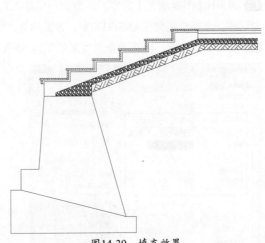

图14-39　填充效果

18 在【图案填充和渐变色】对话框中选择名称为**AR-CONC**的图案，设置比例为1，如图14-40所示。

19 拾取填充区域，填充效果如图14-41所示。

20 选择**FLEX**图案，修改填充比例为5，如图14-42所示。

21 单击【添加: 拾取点】按钮，拾取填充区域，填充效果如图14-43所示。

图14-40　设置参数

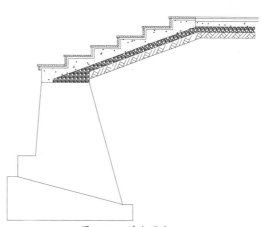

图14-41　填充图案

图14-42　修改参数

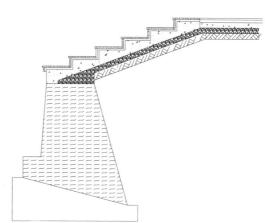

图14-43　填充效果

22 执行EL【椭圆】命令，绘制不同大小的椭圆形，如图14-44所示。

23 执行L【直线】、A【圆弧】、H【图案填充】等命令，绘制常水位线和水底线，如图14-45所示。

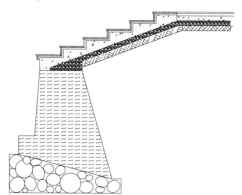

图14-44　绘制椭圆形

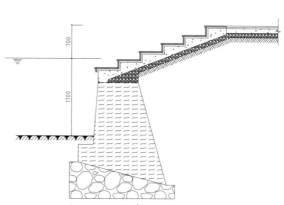

图14-45　绘制常水位线和水底线

24 调用I【插入】命令，在【插入】对话框中选择【标高】图块，在立面图中指定点，插入块的结果如图14-46所示。

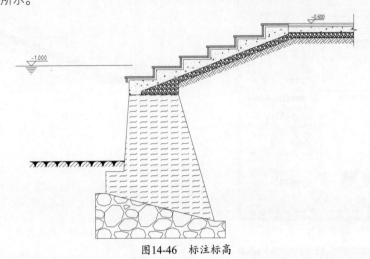

图14-46 标注标高

25 参考前面介绍的方法，相继调用DLI【线性标注】命令、MLD【多重引线】命令、I【插入】命令，完成驳岸大样图的绘制，最终效果如图14-47所示。

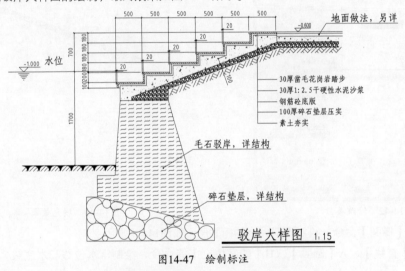

图14-47 绘制标注

14.2 建筑小品工程

景观建筑是园林景观的五官，它们按照各自的功能布局共同组成和谐、生动的面容。之所以称为建筑小品，是因为目前国内园林工程施工中设计的建筑，均为简单建筑，而结构复杂的承重大、造价高的大型建筑，均由专门建筑公司或古建公司承担。

14.2.1 建筑小品施工图设计

建筑小品工程主要包括亭、廊、花架、柱廊、桥、墙、假山、石景等。这一类工程的结构有简有繁，材料可以是木材、金属、水泥或者混合材料，但共同的特点是均为突出于地面之上的立体建筑物。

因此这类工程的图纸需要标明建筑物的形体、结构以及材料。其基本的图，需要有顶平面图、立面图、底平面图3种。如结构较复杂，就需要加画剖面图、特殊结构的构造图、细部详图等。

1. 平面图

平面图要明确施工体平面形状和大小及间距尺寸；柱或墙的位置及横断面形状；内部设施的位置；台阶的位置；地面铺装等。建筑小品的结构一般不太复杂，因此平面图一般有顶平面图与底平面图两幅即可。如为变化的多层结构，还需要各层的平面图。

2. 立面图

立面图着重反映施工体立面的形态和层次的变化。应标明施工体外貌形状和内部构造情况及主要部位标高，并说明各部位装修材料情况等。

3. 剖面图

剖面图使用于园林土方工程、园林建筑、园林小品、园林水景等。它主要揭示内部空间布置、分层情况、结构内容、构造形式、断面轮廓、位置关系以及造型尺度，是具体施工的重要依据。

4. 特殊结构的构造图

如亭子需标明亭顶平面及亭顶仰视图，明确亭顶平面及亭顶的形状和构造形式。

5. 细部详图（或局部放大图）

结构复杂的建筑，仅靠平面图和剖面图无法介绍清楚的，需对其局部进行放大制图，明确各细部的形状、构造。在园林设计中，除了各种设计图纸外，还需要加设计说明，以此弥补设计图纸上无法表达的意图。

14.2.2　绘制凉亭施工图

园林建筑小品类型丰富多彩，主要有凉亭、花架、景墙、牌坊等。本节主要介绍凉亭施工图的绘制。

【练习14-4】：绘 制 凉 亭 平 面 图

介绍绘制凉亭平面图的方法，难度：☆☆☆
素材文件路径：无
效果文件路径：素材\第14章\14-4 绘制凉亭平面图-OK.dwg
视频文件路径：视频\第14章\14-4 绘制凉亭平面图.MP4

下面介绍绘制凉亭平面图的操作步骤。

01 按Ctrl+N快捷键，新建空白文件。

02 调用LA【图层特性管理器】命令，打开【图层特性管理器】选项板，单击【新建图层】按钮，新建图层，如图14-48所示。

03 将【地面拼花】图层置为当前，调用REC【矩形】命令，绘制尺寸为3600×3600的矩形，表示凉亭平面轮廓。

04 调用O【偏移】命令，设置偏移距离为100、600、200，选择矩形依次向内偏移，如图14-49所示。

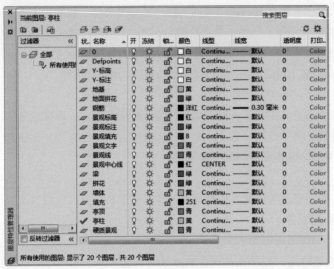

图14-48　创建图层

图14-49　绘制并偏移矩形

05 调用X【分解】命令，分解最外侧矩形。调用O【偏移】命令，将分解后的矩形各边向内偏移800，如图14-50所示。

06 调用【夹点编辑】命令，将偏移直线端点向外拉伸250，如图14-51所示。

07 选择偏移得到的线段，将其切换至【景观中心线】图层。

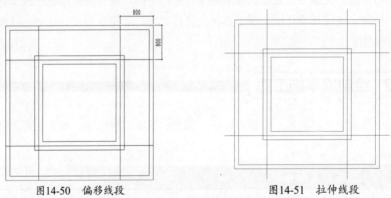

図14-50　偏移线段　　　　　　　　　　図14-51　拉伸线段

08 将【亭柱】图层置为当前图层。调用REC【矩形】命令，绘制尺寸为400×400的矩形，如图14-52所示。

09 调用O【偏移】命令，设置偏移距离为75，选择矩形向内偏移，如图14-53所示。

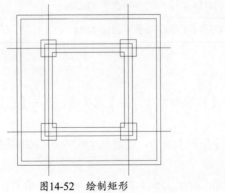

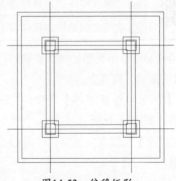

图14-52　绘制矩形　　　　　　　　　　图14-53　偏移矩形

10 调用TR【修剪】命令，修剪图形，如图14-54所示。

11 将【景观填充】图层置为当前图层。调用H【图案填充】命令，在命令行中输入T，选择【设置】选项，打开【图案填充和渐变色】对话框。选择填充图案的类型为【用户定义】，设置【间距】参数，如图14-55所示。

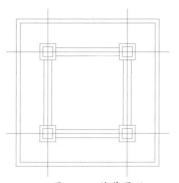

图14-54　修剪图形

图14-55　设置参数

12 在平面图中拾取填充区域，填充图案的效果如图14-56所示。

13 按Enter键，继续调用H【图案填充】命令。打开【图案填充和渐变色】对话框，保持图案类型不变，修改【间距】为600，填充图案如图14-57所示。

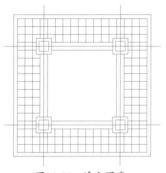

图14-56　填充图案

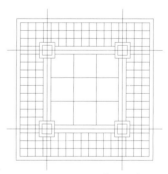

图14-57　继续填充图案

14 调用DLI【线性标注】命令、DCO【连续标注】命令，标注尺寸如图14-58所示。

15 重复执行标注命令，为平面图绘制尺寸标注，效果如图14-59所示。

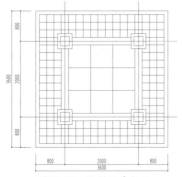

图14-58　绘制尺寸标注

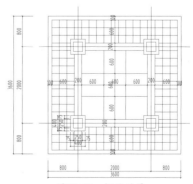

图14-59　标注效果

16 调用DT【单行文字】命令、PL【多段线】命令，绘制剖面剖切符号，如图14-60所示。

17 调用MLD【多重引线】命令，绘制引线标注，如图14-61所示。

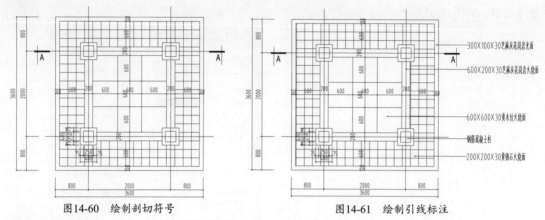

图14-60　绘制剖切符号　　　　　　图14-61　绘制引线标注

18 调用I【插入】命令，插入【图名】图块，完成凉亭平面图的绘制，如图14-62所示。

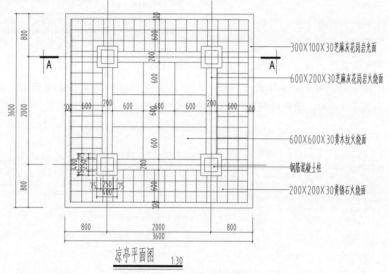

凉亭平面图 1:30

图14-62　绘制图名标注

【练习14-5】：绘制凉亭顶平面图

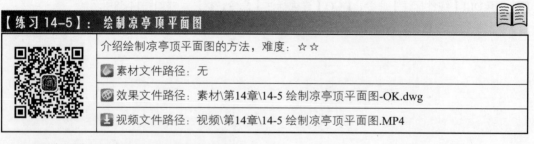

介绍绘制凉亭顶平面图的方法，难度：☆☆

素材文件路径：无

效果文件路径：素材\第14章\14-5 绘制凉亭顶平面图-OK.dwg

视频文件路径：视频\第14章\14-5 绘制凉亭顶平面图.MP4

下面介绍绘制凉亭顶平面图的操作步骤。

01 将【亭顶】图层置为当前图层，调用REC【矩形】命令，绘制尺寸为3600×3600的矩形；调用L【直线】命令，绘制矩形对角线，如图14-63所示。

02 调用O【偏移】命令，将对角线向上下分别偏移40，如图14-64所示。

图14-63　绘制图形

图14-64　偏移线段

03 调用E【删除】命令，删除对角线，如图14-65所示。

04 调用L【直线】命令，绘制直线并连接偏移后的直线。调用TR【修剪】命令，修剪线段，如图14-66所示。

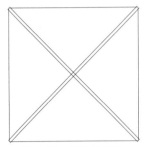

图14-65　删除对角线

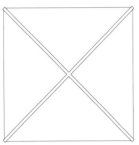

图14-66　修剪图形

05 调用H【图案填充】命令，在命令行中输入T，选择【设置】选项，打开【图案填充和渐变色】对话框。选择预定义的AR-RSHKE图案，设置填充比例为0.4，如图14-67所示。

06 填充图案效果如图14-68所示。

图14-67　设置参数

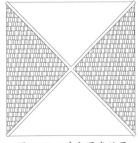

图14-68　填充图案效果

07 按Enter键，重复调用【图案填充】命令。在【图案填充和渐变色】对话框中修改填充角度，如图14-69所示。

08 拾取填充区域，填充图案的效果如图14-70所示。

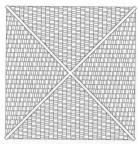

图14-69　修改参数　　　　　　图14-70　填充图案效果

09 调用DLI【线性标注】命令，标注亭顶平面图，如图14-71所示。

10 调用MLD【多重引线】命令，绘制引线标注。调用I【插入】命令，插入图名标注，标注结果如图14-72所示。

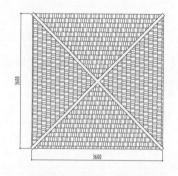

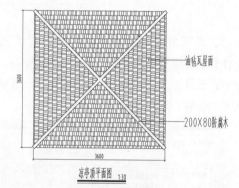

图14-71　尺寸标注　　　　　　图14-72　标注结果

【练习14-6】：绘制凉亭立面图

介绍绘制凉亭立面图的方法，难度：☆☆	
素材文件路径：无	
效果文件路径：素材\第14章\14-6 绘制凉亭立面图-OK.dwg	
视频文件路径：视频\第14章\14-6 绘制凉亭立面图.MP4	

下面介绍绘制凉亭立面图的操作步骤。

01 将【景观线】图层置为当前图层，调用PL【多段线】命令，绘制地平线。

02 调用REC【矩形】命令，绘制尺寸为400×450的矩形，如图14-73所示。

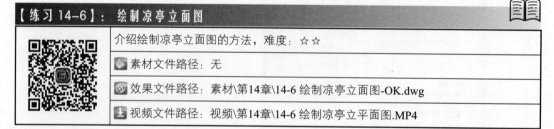

图14-73　绘制图形

03 调用H【图案填充】命令，在命令行中输入T，选择【设置】选项，打开【图案填充和渐变色】对话框。选择预定义的AR-SAND图案，如图14-74所示。

04 拾取矩形为填充区域，填充图案的效果如图14-75所示。

图14-74　设置参数

图14-75　填充图案效果

05 调用L【直线】命令，拾取柱墩上边中点，绘制两条长度为2010的线段，如图14-76所示。

06 调用O【偏移】命令，向左右偏移直线，偏移距离为125，如图14-77所示。

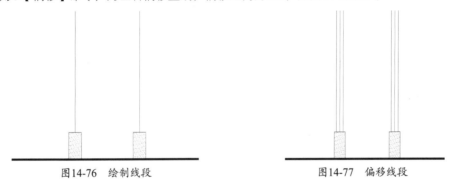

图14-76　绘制线段

图14-77　偏移线段

07 调用REC【矩形】命令，绘制尺寸为3540×120的矩形，并移动至合适的位置，如图14-78所示。

08 按Enter键，继续调用REC【矩形】命令，绘制一个尺寸为2470×200的矩形，绘制两个尺寸为150×200的矩形，并移动至合适的位置，如图14-79所示。

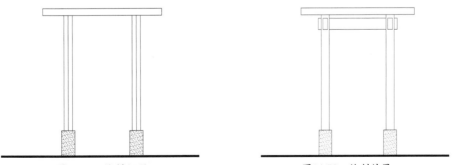

图14-78　绘制矩形

图14-79　绘制结果

09 调用L【直线】命令，绘制亭顶立面轮廓，如图14-80所示。

10 调用H【图案填充】命令，填充亭顶，图案及参数与亭顶平面图相同，填充效果如图14-81所示。

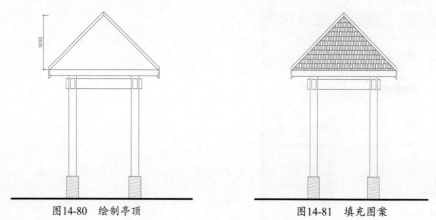

图14-80　绘制亭顶　　　　　　　　　图14-81　填充图案

11 参考前面介绍的方法，为立面图标注尺寸、文字说明、图名，结果如图14-82所示。

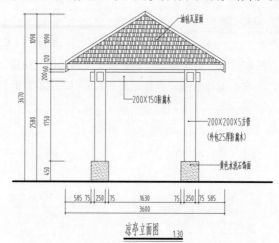

图14-82　绘制标注

剖面图的绘制方法，与前面所介绍的方法大同小异，这里不再赘述，效果如图14-83所示。

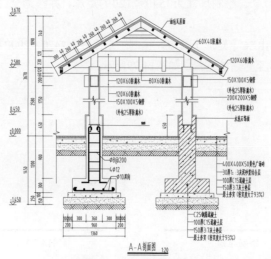

图14-83　A-A剖面效果图

14.2.3 绘制景墙详图

园林设计中，景墙可以起到画龙点睛的作用，并通过周边环境的衬托，形成主要景观。

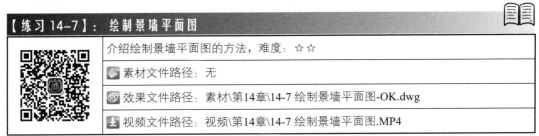

【练习14-7】： 绘制景墙平面图

	介绍绘制景墙平面图的方法，难度：☆☆
素材文件路径：	无
效果文件路径：	素材\第14章\14-7 绘制景墙平面图-OK.dwg
视频文件路径：	视频\第14章\14-7 绘制景墙平面图.MP4

下面介绍绘制景墙平面图的操作步骤。

01 按Ctrl+N快捷键，新建空白文件。

02 调用LA【图层特性管理器】命令，打开【图层特性管理器】选项板，创建图层，如图14-84所示。

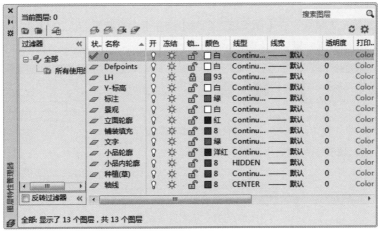

图14-84　创建图层

03 将【轴线】图层置为当前图层，调用L【直线】命令，绘制长度约为12000的直线。

04 调用L【直线】命令，绘制垂直线段。调用O【偏移】命令，偏移轴线和垂直线段。并调用TR【修剪】命令，修剪图形。最后将修剪后的景墙外轮廓线置为【小品轮廓】图层，效果如图14-85所示。

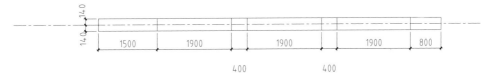

图14-85　绘制轮廓线

05 继续调用O【偏移】命令，偏移轴线。然后调用TR【修剪】命令，修剪图形，如图14-86所示。

图14-86　修剪图形

06 将【小品内轮廓】图层置为当前图层，调用REC【矩形】命令，绘制尺寸为100×100的矩形。

然后调用CO【复制】命令,将矩形进行多次复制至景墙合适的位置,如图14-87所示。

图14-87 复制矩形

07 调用O【偏移】命令,设置偏移距离为10,上下偏移轴线。调用TR【修剪】命令,修剪偏移得到的线段,如图14-88所示。

图14-88 修剪线段

08 调用REC【矩形】命令,绘制矩形,并将其移动至合适的位置。调用X【分解】命令,分解矩形,将矩形上边向下偏移,如图14-89所示。

图14-89 偏移矩形边

09 调用H【图案填充】命令,在【图案填充创建】选项卡中选择预定义的AR-RROOF图案,设置填充比例为3,其他参数保持默认,如图14-90所示。

图14-90 设置参数

10 拾取填充区域,填充图案的效果如图14-91所示。

图14-91 填充图案效果

11 调用REC【矩形】命令,绘制尺寸为2000×2000的矩形。并调用O【偏移】命令,设置偏移距离为430。偏移矩形,表示树池轮廓,如图14-92所示。

12 调用H【图案填充】命令,选择预定义的GRASS图案,设置填充比例为5,其他参数保持默认,如图14-93所示。

图14-92 偏移矩形

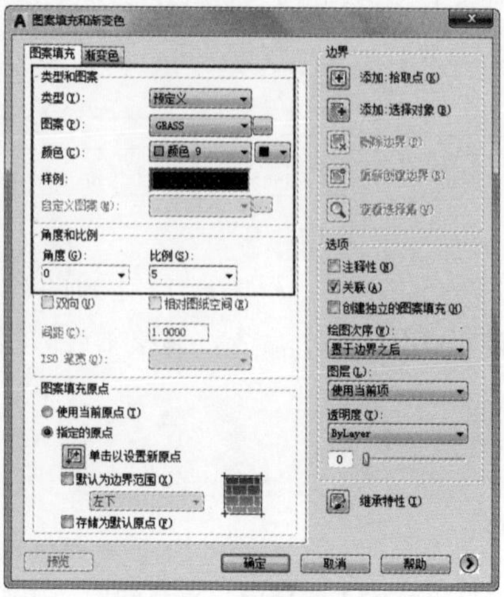

图14-93 设置参数

13 拾取花坛为填充区域，填充图案。并将全部图形移动至合适的位置，如图14-94所示。

14 利用相同的方法绘制另一个树池，并移动至合适的位置，如图14-95所示。

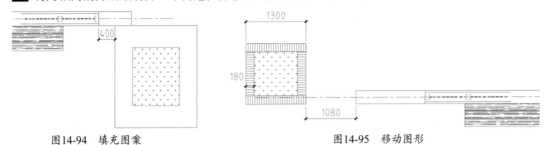

图14-94 填充图案　　　　　　　　　图14-95 移动图形

15 调用I【插入】命令，插入【标高】图块，并根据命令行提示输入相应的参数，效果如图14-96所示。

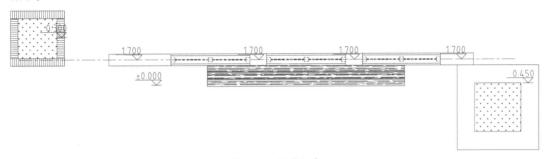

图14-96 标注标高

16 调用C【圆】命令、L【直线】命令，绘制剖切索引符号，如图14-97所示。

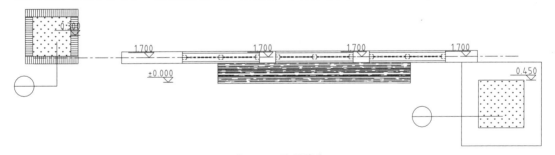

图14-97 绘制符号

17 调用DT【单行文字】命令，绘制说明文字，效果如图14-98所示。

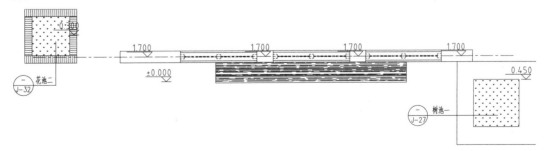

图14-98 绘制说明文字

18 调用MLD【多重引线】命令，绘制引线标注，如图14-99所示。

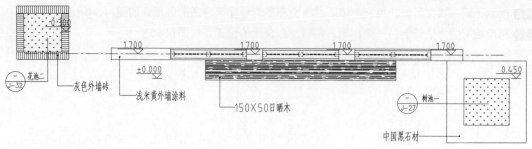

图14-99 绘制引线标注

19 调用DLI【线性标注】命令，绘制尺寸标注，如图14-100所示。

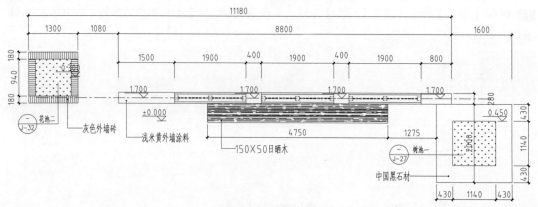

图14-100 绘制尺寸标注

20 调用I【插入】命令，打开【插入】对话框，选择【图名】图块。指定插入基点，并输入图名与比例，如图14-101所示。

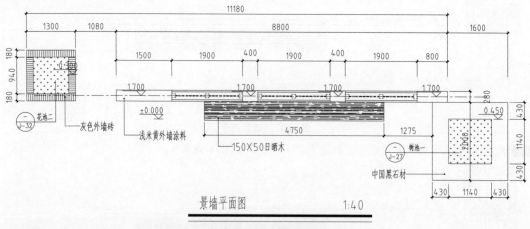

景墙平面图 1:40

图14-101 绘制图名标注

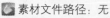**【练习14-8】：绘制景墙立面图**

介绍绘制景墙立面图的方法，难度：☆☆☆
素材文件路径：无
效果文件路径：素材\第14章\14-8 绘制景墙立面图-OK.dwg
视频文件路径：视频\第14章\14-8 绘制景墙立面图.MP4

下面介绍绘制景墙立面图的操作步骤。

01 将【立面轮廓】图层置为当前图层。

02 调用REC【矩形】命令，绘制树池立面轮廓，如图14-102所示。

03 调用F【圆角】命令，设置圆角半径为20，对树池进行圆角，如图14-103所示。

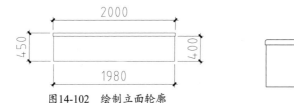

图14-102　绘制立面轮廓　　　　　　　　　　　　　　　图14-103　圆角修剪

04 调用X【分解】命令，分解下侧矩形。然后调用O【偏移】命令，偏移矩形边，效果如图14-104所示。

05 调用H【图案填充】命令，在命令行中输入T，选择【设置】选项，打开【图案填充和渐变色】对话框。选择预定义的LINE图案，设置填充角度与比例，如图14-105所示。

图14-104　偏移矩形边　　　　　　　　　　　　　　　　　图14-105　设置参数

06 拾取填充区域，填充图案的效果如图14-106所示。

07 按Enter键，再次调用【图案填充】命令。在对话框中选择预定义的GRATE图案，设置填充比例为63，如图14-107所示。

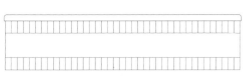

图14-106　填充图案效果　　　　　　　　　　　　　　　图14-107　设置参数

08 填充图案的效果如图14-108所示。

09 调用PL【多段线】命令，设置线宽为50，绘制地面线，并将树池移动至地面线合适的位置，如图14-109所示。

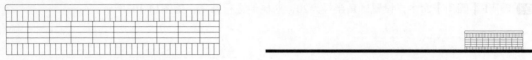

图14-108　填充图案效果　　　　　　　　　　　　图14-109　绘制地面线

10 调用PL【多段线】命令，绘制景墙立面轮廓线，如图14-110所示。

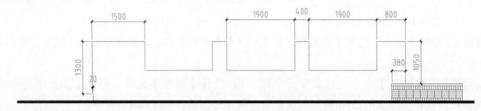

图14-110　绘制轮廓线

11 调用L【直线】命令，绘制直线。调用O【偏移】命令，选择直线向下偏移，偏移效果如图14-111所示。

图14-111　偏移线段

12 调用TR【修剪】命令，修剪图形，效果如图14-112所示。

图14-112　修剪图形

13 调用L【直线】命令，绘制垂直线段。然后调用O【偏移】命令，设置偏移距离为100，偏移直线。最后调用TR【修剪】命令，整理图形，效果如图14-113所示。

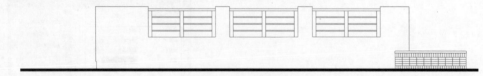

图14-113　绘制效果

14 调用H【图案填充】命令，选择预定义的AR-RROOF图案，设置比例为3，填充图案时注意竖直方向和水平方向角度的设置，效果如图14-114所示。

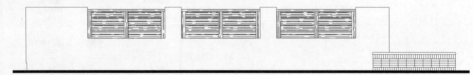

图14-114　填充图案

15 调用L【直线】命令、O【偏移】命令，绘制如图14-115所示的图形。

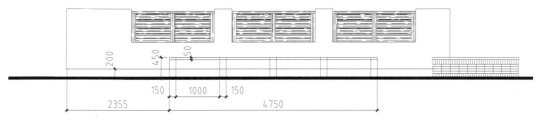

图14-115　绘制图形

16 调用TR【修剪】命令，修剪图形。

17 调用H【图案填充】命令，在【图案填充创建】选项卡中设置参数，如图14-116所示。

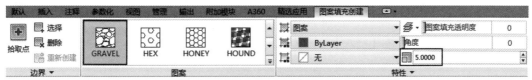

图14-116　设置参数

18 填充图案的效果如图14-117所示。

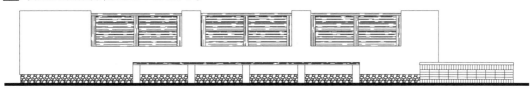

图14-117　填充图案效果

19 调用C【圆】命令，在景墙合适的位置绘制半径为180的圆，表示壁灯，如图14-118所示。

20 参考前面步骤所介绍的绘制方法及填充参数，绘制树池，如图14-119所示。

图14-118　绘制圆形　　　　　　　　　　图14-119　绘制树池

21 调用I【插入】命令，插入【竹子】、【景观树】图块，效果如图14-120所示。

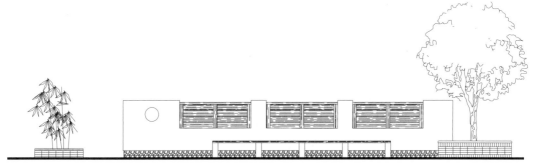

图14-120　调入图块

22 调用DLI【线性标注】命令、DCO【连续标注】命令，标注景墙立面图，效果如图14-121所示。

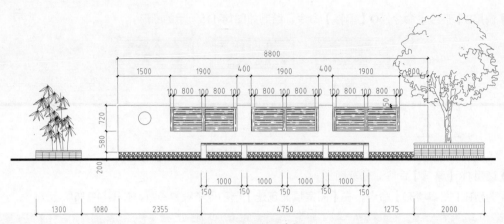

图14-121　绘制尺寸标注

23 调用I【插入】命令，在【插入】对话框中选择标高块。指定插入基点，输入标高值，标注立面标高。

24 调用C【圆】命令、L【直线】命令，绘制索引符号。调用DT【单行文字】命令，绘制标注文字，如图14-122所示。

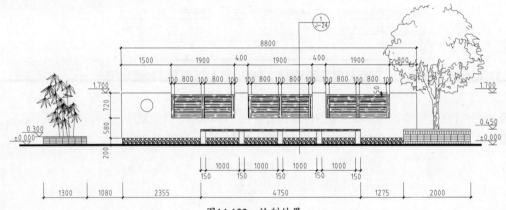

图14-122　绘制结果

25 调用MLD【多重引线】命令，绘制引线标注。调用I【插入】命令，指定基点，插入图名块，并输入图名与比例，如图14-123所示。

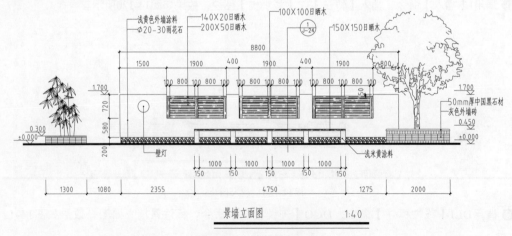

图14-123　绘制图形标注

14.3 道路景观工程

道路是园林景观的筋脉，筋脉畅通与否是整个景区顺畅有活力的标志。道路系统是景区的构成框架，一方面起到疏导景区交通、组织景区空间的作用；另一方面，好的道路设计本身也可以构成景区的一道亮丽风景线。

14.3.1 道路景观施工图设计

道路景观施工图主要有平面图和断面图两种，断面图又分横断面图和纵断面图。

平面图主要表示园路的平面布置情况，内容包括园路所在范围内的地形及建筑设施，路面宽度与高程。对于结构不同的路段，应以细虚线分界，虚线应垂直于园路的纵向轴线，并在各段标注横断面详图索引符号。对于自然式园路，平面曲线复杂，交点和曲线半径都难以确定，不便单独绘制平面曲线，为了便于施工，其平面形状可用平面图中的方格网控制。其轴线编号应与总平面图相符，以表示它在总平面图中的位置。

横断面图是假设平面垂直园路路面剖切而形成的断面图。一般与局部平面图配合，表示园路的断面形状、尺寸、各层材料、做法、施工要求、路面布置形式及艺术效果。

道路有特殊要求，或路面起伏较大的园路，应绘制纵断面图。纵断面图是假设用铅垂线沿园路中心轴线剖切，然后将所有断面图展开而成的立面图，它表示某一区段园路各部分的起伏变化情况。绘制纵断面图时，由于路线的高差一般采用不同比例绘制。为了详细反映道路的全部情况，纵断面图还可以附资料表。资料表的内容主要包括区段和变坡点的位置、原地面高程、设计线高程、坡度和坡长等内容。

为了便于施工，对具有艺术性的铺装图案，应绘制平面大样图，并标注尺寸。

14.3.2 绘制道路施工图

园林道路是园林中连接景点的主要媒介，没有园林道路，所有的景观都是一盘散沙，不连贯。

【练习14-9】: 绘制道路平面图	
	介绍绘制道路平面图的方法，难度：☆☆☆
	素材文件路径：无
	效果文件路径：素材\第14章\14-9 绘制道路平面图-OK.dwg
	视频文件路径：视频\第14章\14-9 绘制道路平面图.MP4

下面介绍绘制道路平面图的操作步骤。

01 按Ctrl+N快捷键，新建空白文件。

02 调用LA【图层特性管理器】命令，在【图层特性管理器】选项板中新建【道路】、【铺地】、【标注】、【文字】等图层，然后读者可根据自身作图习惯修改颜色。

03 将【道路】图层置为当前图层，调用REC【矩形】命令，绘制尺寸为6000×1500的矩形。

04 调用X【分解】命令，分解矩形。调用O【偏移】命令，偏移矩形边，效果如图14-124所示。

05 调用TR【修剪】命令，修剪图形，如图14-125所示。

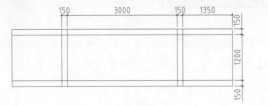

图14-124 偏移矩形边

图14-125 修剪图形

06 将【铺地】图层置为当前图层，调用H【图案填充】命令，在命令行中输入T，选择【设置】选项。在弹出的【图案填充和渐变色】对话框中设置参数，如图14-126所示。

07 填充图案完成后，选择图案，将其线型修改为DASHED，最终效果如图14-127所示。

图14-126 设置参数

图14-127 填充效果

08 按Enter键，重复调用【图案填充】命令。在【图案填充编辑器】选项卡中选择预定义的GRAVEL图案，设置填充比例为12，其他参数保持默认，如图14-128所示。

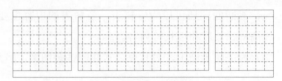

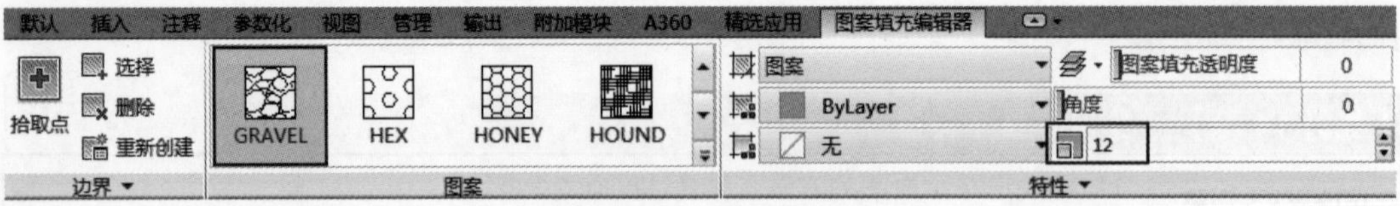

图14-128 设置参数

09 拾取填充区域，填充图案的效果如图14-129所示。

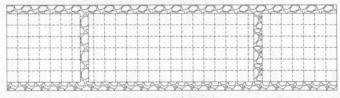

图14-129 填充图案

10 将【标注】图层置为当前图层，调用DLI【线性标注】命令、DCO【连续标注】命令，标注图形，并修改标注文字，如图14-130所示。

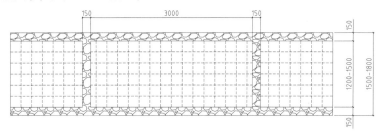

图14-130　绘制尺寸标注

11 将【文字】图层置为当前图层，调用MLD【多重引线】命令，绘制文字说明，如图14-131所示。

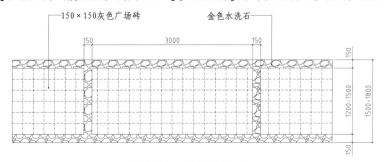

图14-131　绘制引线标注

12 调用PL【多段线】命令、DT【单行文字】命令，绘制排水方向指示箭头，并标注坡度值，效果如图14-132所示。

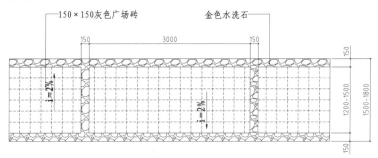

图14-132　绘制坡度标注

13 调用C【圆】命令、PL【多段线】命令、DT【单行文字】命令，绘制索引符号，并移动至平面图合适的位置，如图14-133所示。

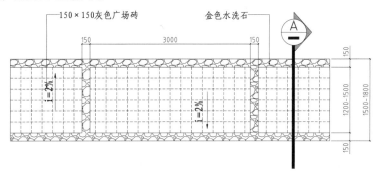

图14-133　绘制图形标注

14 调用I【插入】命令，插入【图名】图块，根据命令行提示输入图名和比例，最终效果如图14-134

所示。道路铺装平面图绘制完成。

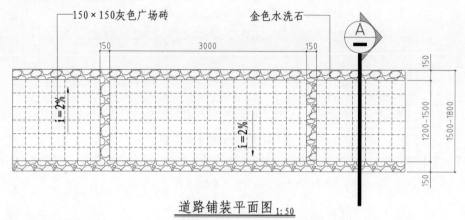

图14-134 绘制结果

【练习14-10】: 绘制道路断面图

介绍绘制道路断面图的方法，难度：☆☆

素材文件路径：无

效果文件路径：素材\第14章\14-10 绘制道路断面图-OK.dwg

视频文件路径：视频\第14章\14-10 绘制道路断面图.MP4

下面介绍绘制道路断面图的操作步骤。

01 新建【断面】图层，颜色设置为【青色】。调用REC【矩形】命令，绘制矩形，如图14-135 所示。

02 调用X【分解】命令，分解矩形。调用O【偏移】命令，偏移图形，偏移参数可根据平面图获得，效果如图14-136所示。

图14-135 绘制矩形

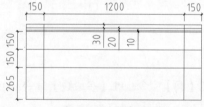

图14-136 偏移矩形边

03 调用TR【修剪】命令，修剪图形，如图14-137所示。

04 调用O【偏移】命令，偏移直线。调用TR【修剪】命令，修剪图形，如图14-138所示。

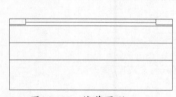

图14-137 修剪图形

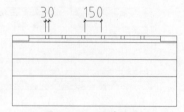

图14-138 操作结果

05 新建【填充】图层，并将其置为当前图层。调用H【图案填充】命令，在【图案填充创建】选项卡中选择预定义的AR-CONC图案，设置填充比例为0.1，如图14-139所示。

图14-139　设置参数

06 拾取填充区域，填充图案的效果如图14-140所示。

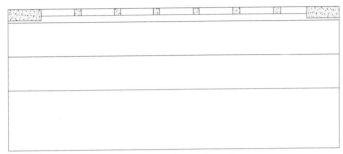

图14-140　填充图案效果

07 按Enter键，再次调用【图案填充和渐变色】命令。在对话框中选择预定义的AR-CONC图案，设置比例为0.3，如图14-141所示。

08 拾取填充区域，填充图案的效果如图14-142所示。

图14-141　设置参数

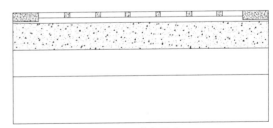

图14-142　填充图案

09 在【图案填充和渐变色】对话框中选择预定义的DOTS图案，设置比例为5，如图14-143所示。

10 填充图案的效果如图14-144所示。

11 在【图案填充和渐变色】对话框中选择预定义的GRAVEL图案，设置比例为7，如图14-145所示。

12 单击【添加: 拾取点】按钮，拾取填充区域，填充图案的效果如图14-146所示。

图14-143 设置参数

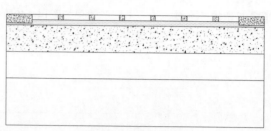

图14-144 填充结果

图14-145 修改参数

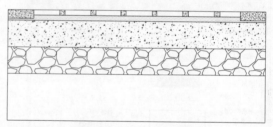

图14-146 填充图案效果

13 在对话框中选择预定义的EARTH图案，设置比例为40，角度为45°，如图14-147所示。

14 填充图案的效果如图14-148所示。

图14-147 设置参数

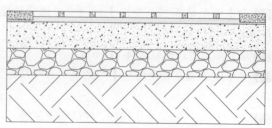

图14-148 填充图案效果

⓯ 调用PL【多重引线】命令，绘制如图14-149所示的轮廓线。

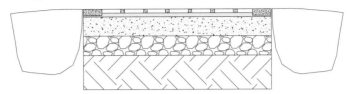

图14-149 绘制轮廓线

⓰ 调用H【图案填充】命令，在【图案填充创建】选项卡中选择SACNCR图案，设置填充比例为30，如图14-150所示。

图14-150 设置参数

⓱ 在绘图区域中拾取填充区域，填充图案的效果如图14-151所示。

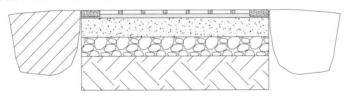

图14-151 填充图案

⓲ 按Enter键，重复指定【图案填充】命令。修改填充角度为90°，其他参数保持不变，如图14-152所示。

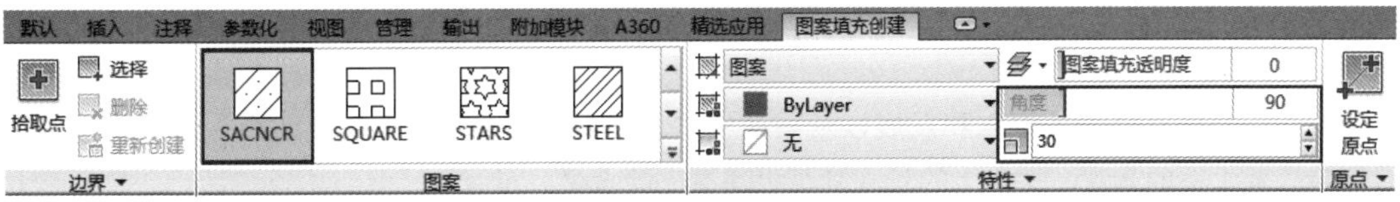

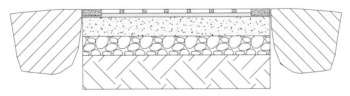

图14-152 修改参数

⓳ 填充图案的效果如图14-153所示。

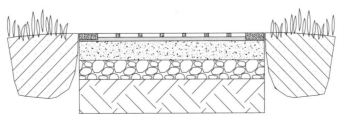

图14-153 填充图案

⓴ 调用PL【多段线】命令，绘制周边草地，如图14-154所示。

图14-154 绘制图形

21 调用MLD【多重引线】命令、DLI【线性标注】命令、I【插入】命令，绘制尺寸标注、说明文字、图名等，完成断面图的绘制，如图14-155所示。

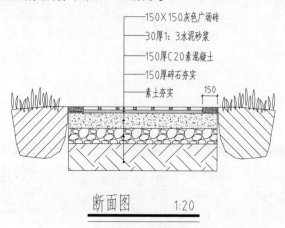

图14-155　绘制图形标注

14.4　植物景观工程

植物景观工程，是园林景观施工的精髓，也是园林工程公司区别于一般建筑工程公司的招牌手艺。植物景观工程的设计施工水平是衡量园林工程公司资质的第一要素。

14.4.1　植物景观工程的趋势

随着生态园林建设的深入和发展以及景观生态学、全球生态学等多学科的引入，植物造景同时还包含着生态的景观、文化上的景观甚至更深更广的含义。

众所周知，绿化具有调节光照、温度，改善气候，美化环境，消除身心疲惫，有益居者身心健康的功能。尤其是在绿色住宅呼声日益高涨的当下，住宅小区的绿化设计，更应兼具观赏性和实用性。

现代住宅小区的园林绿化工程一般呈现下述几种趋势。

➤ 乔、灌、花、草结合，将丛栽的球状灌木和颜色鲜艳的花卉，高低错落、远近分明、疏密有致地排布，使绿化景观层次更丰富。

➤ 种植绿化平面与立体结合，居住区绿化已从水平方向转向水平和垂直相结合，根据绿化位置不同，垂直绿化可分为围墙绿化、阳台绿化、屋顶绿化、悬挂绿化、攀爬绿化等。

➤ 种植绿化实用性与艺术性相结合，追求构图、颜色、对比、质感，形成绿点、绿带、绿廊、绿坡、绿面、绿窗等绿色景观，同时讲究和硬质景观的结合使用，也注意绿化的维护和保养。

14.4.2　植物景观工程设计思路

在局部的植物景观设计中，有以下几种思路。

1. 主题型

即以某一种植物为主体，其他植物作为陪衬的设计思路，如玫瑰园、牡丹园、梅园、紫藤阴深等，主要表现某一种植物的美。

2. 风情型

即综合把握某一生态区域的植物景观要素，再现该地景观，如热带风情、沙漠风情、竹林、水乡风情等，主要表现某一种植物的美。

3. 中国传统园林型

我国传统园林的植物造景是对自然景观的凝练。如池中的莲花、河畔的垂柳、岭上的青松、假山上的薜荔、房前的槐荫、墙头的凌霄等，既体现了四季的变化，又展示了生态特色。

4. 西方规则园林型

此种园林主要以修剪、造型为特色。这种修剪、造型在我国园林中并不是全面应用的，而是仅用于绿篱及草坪上的灌木球修剪。这与中国园林乔木种类丰富，很少有以针叶为主的园林有关。

5. 普通型

现代普通型的设计讲究乔木、灌木、花草的科学搭配。一般主要应用当地的乡土乔木、花灌木树种，结合引进一些草本观花植物，创造"春花、夏荫、秋实、冬青"的四季景观。在居住区常采用这种设计方式。

6. 生态型

生态型提倡"林荫型"的立体化模式，利用墙壁种植攀缘植物，弱化建筑形体生硬的几何线条，使这部分空间增加美化、彩化的效果，从而提高生态效应。在植物的选择上注重配置组合，倡导以乡土植物为主，还可适当选用一些适应性强、观赏价值高的外地植物，尽量选用叶面积系数大，释放有益离子能力强的植物，构成人工生态植物群落。例如，有益身心健康的保健植物群落：松柏林、银杏林、槐树林等；有益消除疲劳的香花植物群落：月季灌丛、松竹梅三友丛、合欢丛林等；有益于招引鸟类的植物群落：海棠林、松柏林等。

7. 现代型

植物景观在现代设计中强调主次分明和疏朗有序，要求合理应用植物围合空间，根据不同的地形、不同的组团绿地，创造不同的空间围合。现代设计特别强调人性化，做到景为人用，富有人情味；要善于运用透视变形几何视错觉原理进行植物造景，充分考虑树木的立体感和树形轮廓，通过里外错落的种植，以及对曲折起伏的地形的合理应用，使林缘线、林冠线有高低起伏的变化韵律，形成景观的韵律美。在绿化系统中形成开放性格局，布置文化娱乐设施，使休闲运动等人性化的空间与设施融合在景观中，营造有利于发展人际关系的公共空间。通过与周围环境的色彩、质感等的对比，突出园林小品以及铺装、坐凳处的特定空间，起到点景的作用。同时充分考虑绿化的系统性、生物发展的多样性、以植物造景为主题，达到平面上的系统性、空间上的层次性、时间上的相关性，从而发挥最佳的生态效益。

14.5　园林装饰小品

小品是园林景观的饰物，是装点景区的物件，在景区硬质景观中具有举足轻重的作用。精心设计的小品往往能成为人们视觉的焦点和景区的标识。

园林小品的种类很多，如雕塑、景墙、假山石、桌凳、花架等。

14.5.1 雕塑小品

雕塑小品又可分为抽象雕塑和具象雕塑，使用的材料有石雕、钢雕、铜雕、木雕、玻璃钢雕等。雕塑设计要同基地环境和居住区风格主题相协调，优秀的雕塑小品往往具有画龙点睛、活跃空间气氛的功效。

雕塑与园林有着密切的关系，在西方园林的历史上，雕塑一直作为园林中的装饰物存在，到了现代社会，这一传统依然保留。与现代雕塑相比，现代绘画由于自身线条、块面和色彩似乎很容易被转化为设计平面图中的一些元素，因而在现代主义的初期，便对景观设计的发展产生了重要的影响，追求创新的景观设计师们已从现代绘画中获得了无穷的灵感，如锯齿线、阿米巴曲线、肾形等立体派和超现实派的形式语言在"二战"前的景观设计中常常被借用。而现代雕塑对景观的实质性影响，是随着它自身某些方面的发展才产生的。

14.5.2 山石小品

山石小品的运用大体可分为两部分：实境和虚境。

实境，就是将石材构筑成具体的景物，如筑山型景石。园林中常用的构筑岩、壁、峡、洞之手法将水引入园景，以形成河流、小溪、瀑布等。溪涧及河流都属于流动的水体，由其形成的溪和涧，都应有不同的落差，可造成不同的流速和涡旋及多股小瀑布等。这种依水景观的形成对石的要求很高，特别是石的形状要有丰富的变化，以小取胜，效仿自然，展现水景主体空间迂回曲折和开合收放的韵律，形成"一峰华山千寻，一勺江湖万里"的意境。

虚境，是指石材本身并不具备固定的实用价值，而是通过对其的欣赏，使游人产生想象、联想，从而产生跨越时空的美的意境，如雕塑型景石。这类石材本身就具有一定的形状特征，或酷似风物禽鱼，或若兽若人，神貌兼有；或稍做加工，寄意于形。塑物型景石作为庭院中观赏的孤赏石时，一般布置在入口、前庭、廊侧、路端、景窗旁、水池边或景栽下，以一定的主题来表达景石一定的意境，置于庭中，往往成为庭院的景观中心，从而可以深化园意，丰润园景。

14.5.3 设施小品

设施设计是环境的进一步细化设计，是一个多功能的综合服务系统，它可满足人的生活需求，方便人的行动，在调节人、环境、社会三者之间的关系等方面具有不可忽视的作用。

园林设施是指游人观赏、游览之外，日常生活中经常使用的一些基础设施，包含硬件和软件两方面内容。

硬件方面主要包括五大系统：信息交流系统（如园区导游图、公共标识、留言板等），交通安全系统（如道路标志、交通信号、停车场、消火栓等），生活服务系统（如饮水装置、公共厕所、垃圾箱等），商品服务系统（如售货亭、自动售货机等），环境艺术系统（如照明灯具、音响装置等）。此外，还有供残疾人或行动不便者使用的无障碍系统等。

软件设施主要是为了使硬件设施能够协调工作，为游人服务而与之配套的智能化管理系统，如安全防范系统（如闭路电视监控、可视对讲、出入口管理等），信息管理系统（如远程抄收与管理、公共设备监控、紧急广播、背景音乐等），信息网络系统（如电话与闭路电视、宽带数据网及宽带光纤接入网等）。

14.5.4 绘制树池坐凳详图

树池坐凳是设施小品中的一种，设计师通过巧妙的设计，使之不仅具有实用的功能，也能起到美化景观的作用，如图14-156所示。

图14-156 树池坐凳

【练习14-11】：绘制树池坐凳平面图

	介绍绘制树池坐凳平面图的方法，难度：☆☆
	素材文件路径：无
	效果文件路径：素材\第14章\14-11 绘制树池坐凳平面图-OK.dwg
	视频文件路径：视频\第14章\14-11 绘制树池坐凳平面图.MP4

下面介绍绘制树池坐凳平面图的操作步骤。

01 按Ctrl+N快捷键，新建空白文件。

02 调用LA【图层特性管理器】命令，打开【图层特性管理器】选项板，新建相关图层，如图14-157所示。

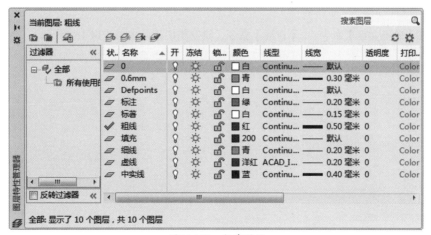

图14-157 新建图层

03 将【细线】图层置为当前图层,调用REC【矩形】命令,绘制尺寸为1600×1600的矩形。调用O【偏移】命令,选择矩形,依次向内偏移30、270、50、60,如图14-158所示。

04 调用F【圆角】命令,设置圆角半径为100,圆角修剪最外侧两个矩形;修改圆角半径为50,圆角修剪内侧三个矩形。并将从外到内的第二个矩形切换至【虚线】图层,效果如图14-159所示。

图14-158 绘制并偏移矩形

图14-159 圆角修剪

05 调用H【图案填充】命令,在命令行中输入T,选择【设置】选项,打开【图案填充和渐变色】对话框。选择预定义的GRAVEL图案,设置填充比例为10,其他参数保持默认,如图14-160所示。

06 拾取树池作为填充区域,填充图案的效果如图14-161所示。

图14-160 定义参数

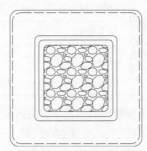

图14-161 填充图案效果

07 调用DLI【线性标注】命令、DCO【连续标注】命令,标注树池坐凳平面图,效果如图14-162所示。

08 调用DT【单行文字】命令、L【直线】命令,绘制剖切符号,如图14-163所示。

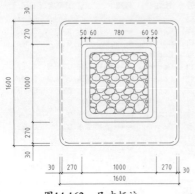

图14-162 尺寸标注

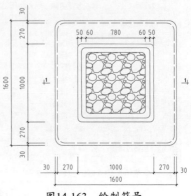

图14-163 绘制符号

09 调用MLD【多重引线】命令，绘制说明文字，如图14-164所示。

10 调用I【插入】命令，选择【图名】图块，指定合适的插入点，插入图名，树池坐凳平面图绘制完成，如图14-165所示。

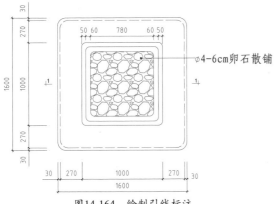

图14-164　绘制引线标注

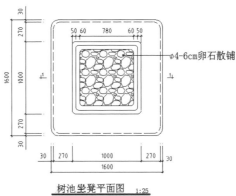

图14-165　绘制图名标注

【练习14-12】：绘制树池坐凳立面图

	介绍绘制树池坐凳立面图的方法，难度：☆☆
	素材文件路径：无
	效果文件路径：素材\第14章\14-12 绘制树池坐凳立面图-OK.dwg
	视频文件路径：视频\第14章\14-12 绘制树池坐凳立面图.MP4

下面介绍绘制树池坐凳立面图的操作步骤。

01 将【粗线】图层置为当前图层，调用L【直线】命令，绘制直线，表示地平线。

02 将【中实线】图层置为当前图层，调用REC【矩形】命令，绘制尺寸为1540×380、1600×20的矩形，并移动至相应的位置，如图14-166所示。

图14-166　绘制矩形

03 调用F【圆角】命令，设置圆角半径为10，选择最上方的矩形，进行圆角操作，效果如图14-167所示。

图14-167　圆角修剪

04 调用X【分解】命令，将上方的矩形进行分解。调用O【偏移】命令，将分解矩形的上边向上偏移300，如图14-168所示。

05 调用L【直线】命令，绘制角度为80°的线段，如图14-169所示。

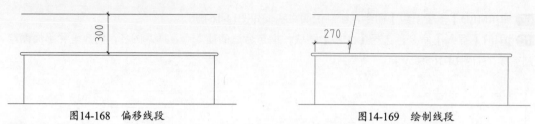

图14-168　偏移线段　　　　　　　　　　　　图14-169　绘制线段

06 调用MI【镜像】命令，设置过矩形边中点的垂直线段为镜像线，镜像复制线段，如图14-170
所示。

07 调用F【圆角】命令，设置圆角半径为50，圆角修剪图形，如图14-171所示。

图14-170　镜像复制线段　　　　　　　　　　图14-171　圆角修剪图形

08 将【填充】图层置为当前图层，调用SPL【样条曲线】命令，随意绘制鹅卵石轮廓，如图14-172所示。

09 调用I【插入】命令，选择【树】图块，插入立面图中合适的位置，如图14-173所示。

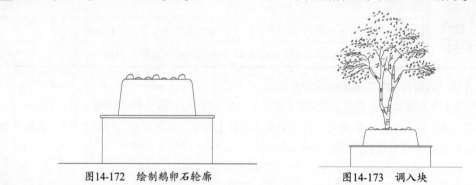

图14-172　绘制鹅卵石轮廓　　　　　　　　　　图14-173　调入块

10 调用DLI【线性标注】命令、DCO【连续标注】命令，标注立面图形，效果如图14-174所示。

11 调用MLD【多重引线】命令，绘制引线标注，效果如图14-175所示。

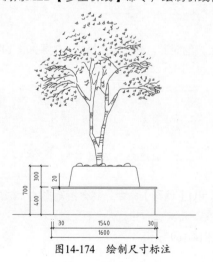

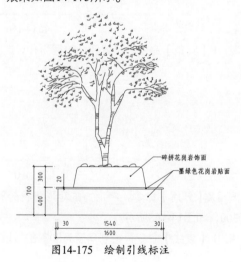

图14-174　绘制尺寸标注　　　　　　　　　　图14-175　绘制引线标注

12 调用I【插入】命令，插入【图名】图块，完成树池坐凳立面图的绘制，效果如图14-176所示。

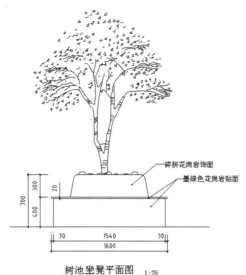

碎拼花岗岩饰面

墨绿色花岗岩贴面

树池坐凳平面图　1:25

图14-176　绘制图名标注

【练习14-13】：**绘制树池坐凳剖面图**

	介绍绘制树池坐凳剖面图的方法，难度：☆☆☆
素材文件路径：	无
效果文件路径：	素材\第14章\14-13 绘制树池坐凳剖面图-OK.dwg
视频文件路径：	视频\第14章\14-13 绘制树池坐凳剖面图.MP4

下面介绍绘制树池坐凳剖面图的操作步骤。

01 将【粗线】图层置为当前图层，调用L【直线】命令，绘制地平线。

02 将【中实线】图层置为当前图层，调用REC【矩形】命令，绘制尺寸为1600×60、1540×380、1600×20的矩形，并移动至合适的位置，如图14-177所示。

03 调用F【圆角】命令，设置圆角半径为10，选择最上方的矩形，执行圆角修剪，效果如图14-178所示。

图14-177　绘制矩形

图14-178　圆角修剪

04 调用X【分解】命令，分解中间的矩形。调用O【偏移】命令，向内偏移矩形边，效果如图14-179所示。

05 按Enter键，重复调用O【偏移】命令，偏移矩形边，如图14-180所示。

图14-179　偏移线段

图14-180　操作效果

06 调用O【偏移】命令、L【直线】命令,偏移线段并绘制直线。调用F【圆角】命令,设置圆角半径为50,对线段执行圆角操作,如图14-181所示。

07 调用O【偏移】命令,设置偏移距离为25,向内偏移线段,如图14-182所示。

图14-181 圆角图形

图14-182 偏移线段

08 调用L【直线】命令,在距离水平线段中点390的位置绘制垂直线段,如图14-183所示。

09 调用TR【修剪】命令,修剪线段,如图14-184所示。

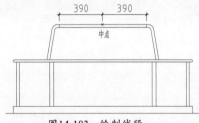

图14-183 绘制线段

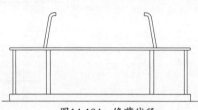

图14-184 修剪线段

10 调用O【偏移】命令,设置偏移距离为20,向上偏移水平线段,如图14-185所示。

11 调用EX【延伸】命令,向上延伸垂直线段,如图14-186所示。

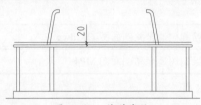

图14-185 偏移线段

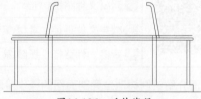

图14-186 延伸线段

12 调用L【直线】命令,绘制直线,如图14-187所示。

13 调用TR【修剪】命令,修剪线段,如图14-188所示。

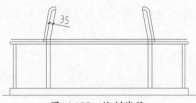

图14-187 绘制线段

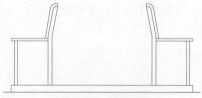

图14-188 修剪线段

14 绘制主筋。调用O【偏移】命令,设置偏移距离为14,偏移线段如图14-189所示。

15 调用C【圆】命令,设置半径值为3,绘制圆形,如图14-190所示。

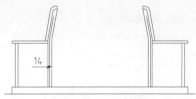

图14-189 偏移线段

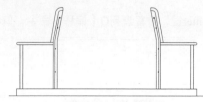

图14-190 绘制圆形

16 调用L【直线】命令，绘制辅助线，如图14-191所示。

17 将【填充】图层置为当前图层，调用H【图案填充】命令，选择预定义的AR-SAND图案，其他参数保持默认，填充图案如图14-192所示。

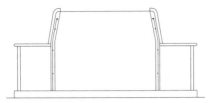

图14-191　绘制辅助线

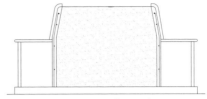

图14-192　填充图案

18 调用E【删除】命令，删除辅助线。

19 按Enter键，继续调用H【图案填充】命令。选择预定义的ANSI31图案，设置填充比例为15，其他参数保持默认，如图14-193所示。

20 填充图案的效果如图14-194所示。

图14-193　设置参数

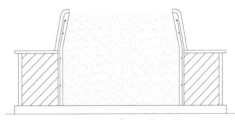

图14-194　填充图案效果

21 继续调用H【图案填充】命令，选择预定义的AR-CONC图案，设置填充比例为0.7，其他参数保持默认，如图14-195所示。

22 填充图案的效果如图14-196所示。

图14-195　修改参数

图14-196　填充图案效果

23 调用SPL【样条曲线】命令，绘制鹅卵石，效果如图14-197所示。

24 调用I【插入】命令，选择【树】图块、【标高】图块，插入当前视图中，效果如图14-198所示。

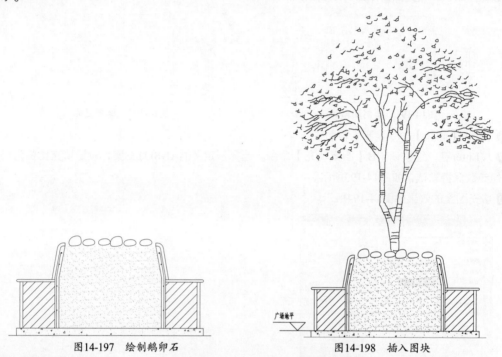

图14-197　绘制鹅卵石　　　　　　　　　　图14-198　插入图块

25 调用DLI【线性标注】命令、DCO【连续标注】命令，标注剖面图，如图14-199所示。

26 调用MLD【多重引线】命令，绘制说明文字，如图14-200所示。

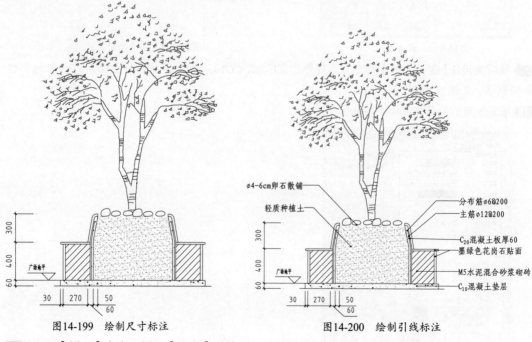

图14-199　绘制尺寸标注　　　　　　　　　　图14-200　绘制引线标注

27 调用I【插入】命令，插入【图名】图块，1-1剖面图绘制完成，效果如图14-201所示。

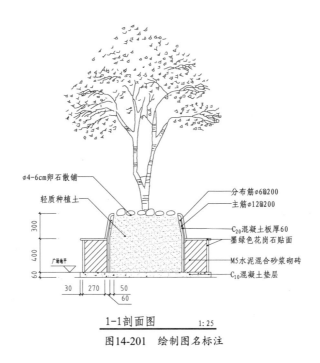

1-1剖面图　　　1:25

图14-201　绘制图名标注

14.6　思考与练习

　　沿用本章介绍的方法，调用L【直线】、O【偏移】、TR【修剪】、H【填充】等命令，绘制地面集水井大样图，如图14-202所示。

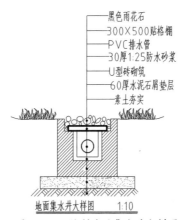

地面集水井大样图　　1:10

图14-202　绘制地面集水井大样图

居住小区是指以住宅楼房为主体并配有商业网点、文化教育、娱乐、绿化、公用和公共设施等而形成的居民生活区，一般称小区。是被城市道路或自然分界线所围合，并与居住人口规模（10000~15000人）相对应，配建有一套能满足该区居民基本的物质与文化生活所需的公共服务设施的居住生活聚居地。

第15章
居住小区景观设计

15.1　居住小区景观设计概述

居住小区在城市规划中的概念是指由城市道路或城市道路和自然界线划分的，具有一定规模的，并不为城市交通干道所穿越的完整地段，区内设有一整套满足居民日常生活需要的基本公共服务设施和机构，如图15-1所示为居住小区鸟瞰图。而建筑给水排水方面定义为：含有教育、医疗、文体、经济、商业服务及其他公共建筑的城镇居民住宅建筑区。

图15-1　居住小区鸟瞰图

15.1.1　居住小区景观设计基本特征和内容

居住小区的基本特征和内容主要有下述各点。

➢ 居住小区由城市干道、绿地、水面、沟渠、陡坡、铁路或其他专用地界划分，用地的界线明确，地段完整，不被全市性或地区性的干道所分割。

> 居住小区的规模根据城市道路交通条件、自然地形条件、住宅层数、人口密度、生活服务设施的服务半径和配置的合理性等因素确定。
> 居住小区内设置一套为日常生活服务的设施，包括小学、托幼机构、粮店、副食店、日用品商店和修理店等。规模较大的小区可设中学。除学校和托幼机构外，居住小区内公共建筑可以集中设置公共活动中心，也可分散或成组地布置在小区的主要出入口。
> 居住小区内的道路应形成系统，具有相对的独立性和封闭性，避免将城市干道上的汽车交通引入小区。
> 居住小区要有一定面积的公共绿地，其布置应同小区的公共活动中心、儿童游戏场和老年人活动场所等相结合。

15.1.2 居住小区景观功能区

居住小区的功能大致可分为入口区、老人活动区、儿童活动区、运动区、亲水区等。具体分区情况应根据具体的景观设计划分。

1. 入口区

居住小区入口空间是居住小区与城市之间的过渡空间，也是小区与外部联系的重要中介，如图15-2所示。一方面，它影响着小区整体的布局规划，标识出小区在其所在地段和城市中的区位，同时它还是人们对居住小区认知的重要节点；另一方面，它作为居住小区的外部空间，还与城市景观息息相关，是提高城市环境整体质量的重要组成部分。

居住小区入口主要功能包括交通功能及安全防卫功能，后来衍生出来的功能包括精神功能，为小区提供交往空间。

图15-2　居住小区入口

2. 老年活动区

老年活动区的规划和设计的要旨在于体现适合老年人生活的社区物质结构、网络结构和住宅之于老人的适应性处理。老年活动区域内场地需平整，无高差变化，以确保老年人行动安全。社区为围合社区，区域周围需考虑与机动车道的组合，以保证老年人出行安全。可以草坪为主，并设计环通的游廊和亭子等设施供老人休闲健身之用。

3. 儿童活动区

户外活动是儿童智能、体能、心理、精神方面健康发展的重要基础之一。儿童活动区的设计可遵循以下几点。

> 为儿童的自由探索提供更多的机会。
> 形式易改变、不固定。
> 儿童所利用的范围可以随着儿童的成长而增大。

在遵循以上原则的同时，儿童游乐场地还需要便于看护，铺装最好是软质铺装，同时也可为看护的家长提供休息场所。

4. 运动区

居住小区运动场所的设计，不宜采用大场地，如足球场等。但可设计篮球场或羽毛球场等小范围的运动场地，或者是专门为晨跑的步道。

5. 亲水区

水景是小区景观中重要的组成元素，对小区的整体环境影响非常大。如图15-3所示游泳池和亲水平台，既满足了人们亲水的心理，也可为居民提供休憩的地方。亲水区的设计主要是从水景设计的形式着手，同时注重考虑安全性原则。

图15-3　亲水区

15.1.3　居住小区景观设计原则

居住小区景观设计原则主要有以下几点。

1. 安全性原则

安全性是景观设计的第一准则，其他一切因素都要建立在安全性基础上，没有了安全作保证，一切都无从谈起。在居住区户外交往空间的人性化景观设计中，植物的选择要充分考虑人的安全性这个最基本的需求，以管理粗放，冠大荫浓，无污物、无飞絮、无毒、无刺等为宜，同时，有座椅的地方要尽可能设置一些有靠背或者背后有可以遮挡的乔灌木。这样人们的庇护心理才会得到满足。

2. 生态性原则

生态性原则就是要尽量保持现存的良好生态，改善原有的不良生态环境，将人工环境与自然环境有机协调，提倡将先进的生态技术运用到环境景观的塑造中去，在满足人类回归自然精神渴望的同时，促进自然环境系统的平衡发展，从而有利于人类可持续发展。

3. 地域性原则

设计应充分尊重所在地方的自然资源和传统地方文化，而不应为了片面追求所谓的主题设计，忽视了其景观设计的本土性、自然化。从人性化角度上考虑，设计者在景观设计之初要对居住小区所在区域人们对于景观的理解、要求进行深刻的领悟，从而在景观设计中对这种文化底蕴进行诠释，使居住者在居住小区内得到一种精神上的回归。

4. 以人为本原则

"以人为本"的原则表现为从居民的身心健康及审美要求出发，创造方便、舒适、优美的绿色环境，努力实现人与人之间，人与环境之间的和谐共处。赋予公众参与的结果必然大大提升公众自身的园林审美趣味与欣赏水准，使环境和人的关系更契合、更和谐。

5. 关怀性原则

在居住区的公共环境中无障碍是必不可少的设施，其对人的关怀性设计应体现到细部的处理上，因为身体障碍者更需要享受户外运动的乐趣和舒适使用的环境空间，这样会使居住区的环境更体现人性化。

15.2　绘制居住小区景观设计总平面图

本小节主要讲解居住小区中心绿地景观设计总平面图的绘制。

15.2.1　定位轴线

借助定位轴线，可以在确定景观位置的过程中提供参考作用。本节介绍绘制定位轴线的方法。

【练习15-1】：绘制定位轴线

	介绍绘制定位轴线的方法，难度：☆ ☆
	🔵 素材文件路径：素材\第15章\居住小区景观设计原始图.dwg
	⚪ 效果文件路径：素材\第15章\15-1 绘制定位轴线-OK.dwg
	⬇ 视频文件路径：视频\第15章\15-1 绘制定位轴线.MP4

下面介绍绘制定位轴线的操作步骤。

01 单击快速访问工具栏中的【打开】按钮，打开 "素材\第15章\居住小区景观设计原始图.dwg" 素材文件，如图15-4所示。

02 新建【定位轴线】图层，设置图层颜色为【红色】。调用L【直线】命令，绘制比总平面图略宽的垂直线段和水平线段，效果如图15-5所示。

图15-4　打开素材

图15-5　绘制轴线

[03] 调用O【偏移】命令，设置偏移距离为4000，偏移水平轴线和垂直轴线，绘制轴网，效果如图15-6所示。

[04] 调用DT【单行文字】命令，依次绘制轴号，轴网的绘制效果如图15-7所示。

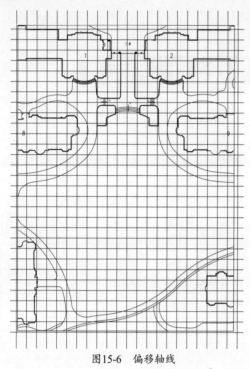

图15-6　偏移轴线

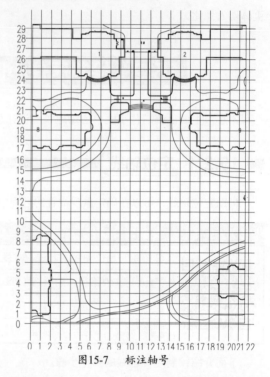

图15-7　标注轴号

15.2.2　中心旱喷

绘制中心旱喷图形，主要利用C【圆】命令、【环形阵列】命令以及TR【修剪】命令，本节介绍绘制方法。

【练习15-2】：　绘制中心旱喷

介绍绘制中心旱喷的方法，难度：☆☆☆
📁 素材文件路径：素材\第15章\15-1 绘制定位轴线-OK.dwg
💿 效果文件路径：素材\第15章\15-2 绘制中心旱喷-OK.dwg
⬇ 视频文件路径：视频\第15章\15-2 绘制中心旱喷.MP4

下面介绍绘制中心旱喷的操作步骤。

[01] 单击快速访问工具栏中的【打开】按钮，打开"素材\第15章\15-1 绘制定位轴线-OK.dwg"素材文件。

[02] 新建【旱喷】图层。调用C【圆】命令，绘制半径为5000的圆，表示旱喷最外侧轮廓。

[03] 调用O【偏移】命令，设置偏移距离为300、200、637、1600、563、200，选择旱喷最外侧轮廓，依次向内偏移，效果如图15-8所示。

[04] 调用REC【矩形】命令，绘制尺寸为600×600的矩形，并将其移动至旱喷中心位置，如图15-9

所示。

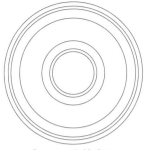

图15-8　绘制圆形

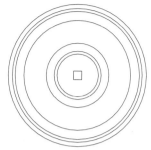

图15-9　绘制矩形

05 调用C【圆】命令，绘制半径为105、55的圆，并将其移动至矩形的中心位置，效果如图15-10所示。

06 调用L【直线】命令，绘制对角线，如图15-11所示。

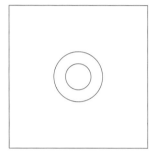

图15-10　绘制圆形

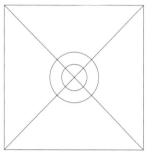

图15-11　绘制对角线

07 调用L【直线】命令，绘制垂直线段，如图15-12所示。

08 执行【修改】|【阵列】|【环形阵列】命令，选择直线，拾取圆心为阵列中心，设置阵列项目数为8，复制效果如图15-13所示。

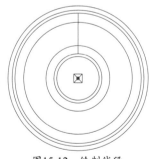

图15-12　绘制线段

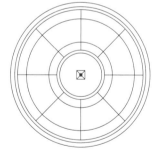

图15-13　复制线段

09 调用C【圆】命令，在上一步阵列直线与圆交点处绘制半径为100的圆形，表示喷泉眼，如图15-14所示。

10 执行【修改】|【阵列】|【环形阵列】命令，选择半径为100的圆形，拾取大圆圆心为阵列中心，设置阵列项目数为8，复制效果如图15-15所示。

11 重复上述操作，在圆形与线段的交点处绘制半径为100的圆。调用【环形阵列】命令，设置项目数为8，阵列复制圆形，如图15-16所示。

12 调用C【圆】命令，拾取大圆圆心，设置半径为1175，绘制虚线圆，如图15-17所示。

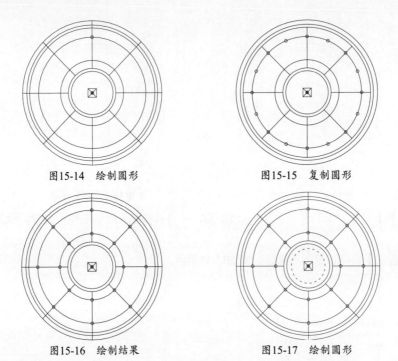

图15-14　绘制圆形　　　　　　　　　　　图15-15　复制圆形

图15-16　绘制结果　　　　　　　　　　　图15-17　绘制圆形

13 调用EX【延伸】命令，选择斜线段，延伸至虚线圆之上，如图15-18所示。

14 调用C【圆】命令，设置半径值为100，绘制圆形，如图15-19所示。

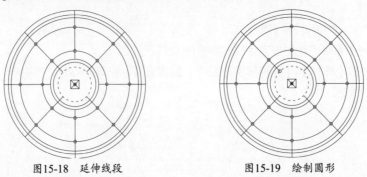

图15-18　延伸线段　　　　　　　　　　　图15-19　绘制圆形

15 执行【修改】|【阵列】|【环形阵列】命令，选择半径为100的圆形，拾取大圆圆心为阵列中心，设置项目数为4，复制圆形的效果如图15-20所示。

16 调用E【删除】命令，删除虚线圆。调用TR【修剪】命令，修剪线段，如图15-21所示。

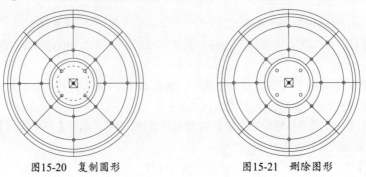

图15-20　复制圆形　　　　　　　　　　　图15-21　删除图形

17 调用M【移动】命令，根据轴网确定移动位置，将旱喷全部图形移动至原始图中，效果如

图15-22所示。

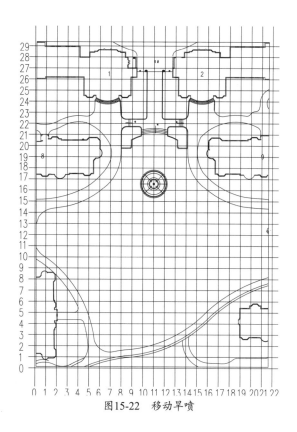

图15-22　移动旱喷

15.2.3　铺地广场

在绘制铺地广场中的花坛时，需要配合执行CO【复制】命令、RO【旋转】命令以及MI【镜像】命令。通过利用定位轴线，能够帮助确定花坛以及其他图形的位置。

【练习15-3】：　绘制铺地广场	
介绍绘制铺地广场的方法，难度：☆☆☆	
素材文件路径：素材\第15章\15-2 绘制中心旱喷-OK.dwg	
效果文件路径：素材\第15章\15-3 绘制铺地广场-OK.dwg	
视频文件路径：视频\第15章\15-3 绘制铺地广场.MP4	

下面介绍绘制铺地广场的操作步骤。

01 新建【铺地广场】图层，然后绘制花坛。调用EL【椭圆】命令，绘制长轴为7200，短轴为3200的椭圆。调用O【偏移】命令，设置偏移距离为240，选择椭圆向内偏移，如图15-23所示。

02 调用A【圆弧】命令，绘制花坛内部轮廓，如图15-24所示。

03 调用H【图案填充】命令，在命令行中输入T，选择【设置】选项，打开【图案填充和渐变色】对话框。选择预定义STARS图案，设置填充比例为30，如图15-25所示。

04 拾取填充区域，填充花坛，如图15-26所示。

图15-23　绘制椭圆　　　　　　　图15-24　绘制内部轮廓

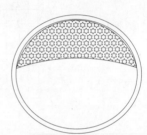

图15-25　设置参数　　　　　　　图15-26　填充花坛

05 按Enter键，继续调用H【图案填充】命令。在对话框中选择预定义CROSS图案，设置填充比例为30，如图15-27所示。

06 填充花坛的效果如图15-28所示。

图15-27　设置参数　　　　　　　图15-28　填充效果

07 调用M【移动】命令，将花坛移动至合适的位置，效果如图15-29所示。

08 调用CO【复制】命令，移动复制花坛，如图15-30所示。

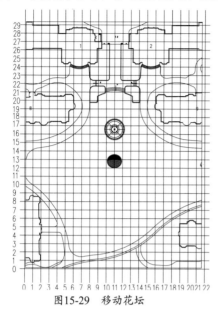

图15-29　移动花坛

图15-30　复制花坛

09 调用RO【旋转】命令，旋转花坛，效果如图15-31所示。

10 调用MI【镜像】命令，选择花坛，镜像复制至右侧，如图15-32所示。

图15-31　旋转图形　　　　　　　　　图15-32　镜像复制图形

11 调用A【圆弧】命令，绘制圆弧，表示台阶边，效果如图15-33所示。

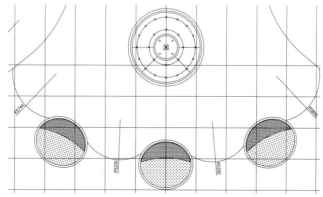

图15-33　绘制圆弧

⓬ 隐藏【定位轴线】图层。调用O【偏移】命令，设置偏移距离为600，选择圆弧，向下偏移4次，效果如图15-34所示。

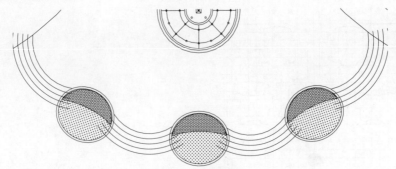

图15-34　偏移圆弧

⓭ 调用O【偏移】命令，设置偏移距离依次为1800、200，依次偏移道路边。调用A【圆弧】命令，绘制半径为10736、4736的圆弧连接线段。最后调用C【圆】命令，绘制半径为450的圆，完善台阶，效果如图15-35所示。

⓮ 重复上述操作，继续绘制右侧的台阶，如图15-36所示。

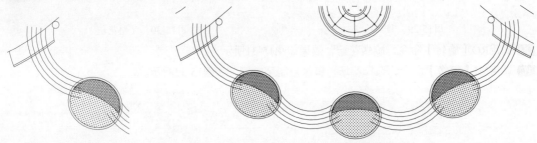

图15-35　绘制图形　　　　　　　　　图15-36　镜像复制图形

⓯ 调用A【圆弧】命令，绘制圆弧，细化台阶结构。调用TR【修剪】命令，修剪线段，整理图形的效果如图15-37所示。

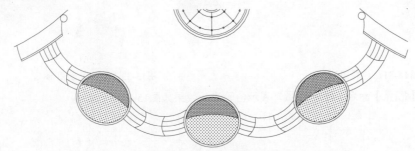

图15-37　绘制圆弧

⓰ 绘制花钵。调用C【圆】命令，绘制半径为700的圆。调用O【偏移】命令，设置偏移距离为100，选择圆向内偏移，如图15-38所示。

⓱ 调用H【图案填充】命令，选择预定义TRIANG图案，设置比例为15，如图15-39所示。

⓲ 拾取填充区域，填充图案，绘制花钵的效果如图15-40所示。

⓳ 调用CO【复制】命令，将绘制好的花钵向下复制四次，效果如图15-41所示。

⓴ 调用MI【镜像】命令，向右镜像复制花钵图形，如图15-42所示。

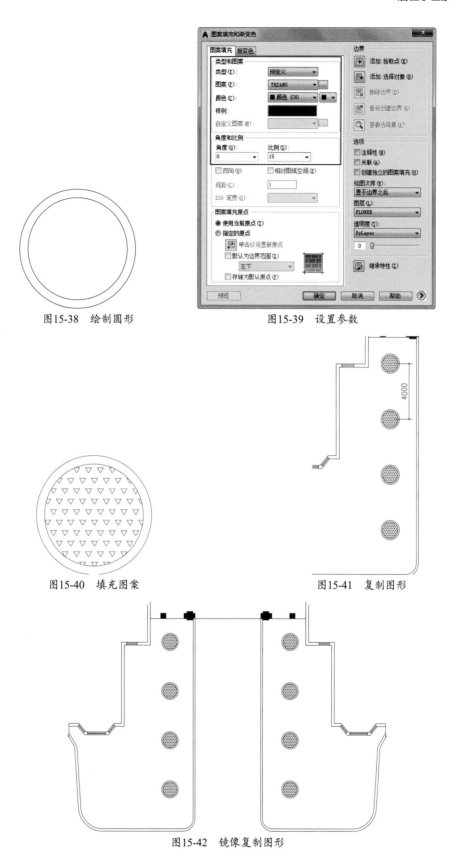

图15-38 绘制圆形

图15-39 设置参数

图15-40 填充图案

图15-41 复制图形

图15-42 镜像复制图形

21 绘制树池。调用C【圆】命令，在旱喷的两侧绘制半径为1000的圆形。调用O【偏移】命令，设置偏移距离为100，选择圆形向内偏移，如图15-43所示。

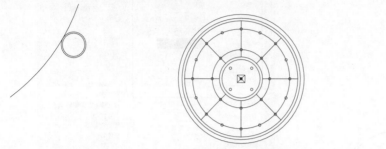

图15-43 绘制圆形

22 调用L【直线】命令、O【偏移】命令以及TR【修剪】命令，绘制并偏移轮廓线，如图15-44所示。

图15-44 绘制轮廓线

23 调用H【图案填充】命令，在【图案填充创建】选项卡中选择预定义GRASS图案，设置比例为15，如图15-45所示。

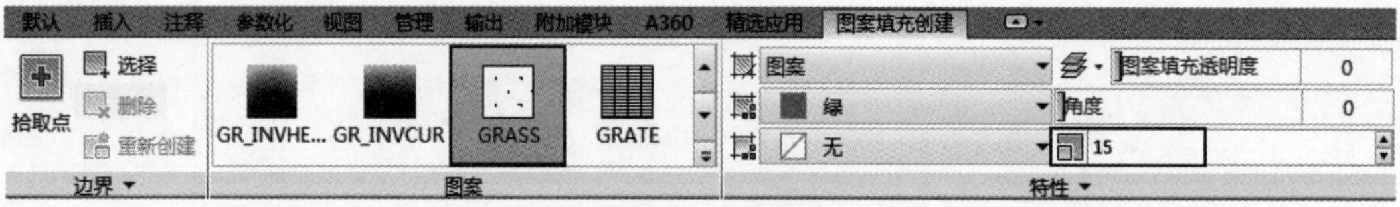

图15-45 设置参数

24 拾取填充区域，填充图案的效果如图15-46所示。

图15-46 填充图案

25 调用L【直线】命令，绘制竖直直线和水平直线。调用O【偏移】命令，偏移直线，表示广场铺装，如图15-47所示。

26 调用REC【矩形】命令，绘制尺寸为900×900的矩形。并调用CO【复制】命令，多次复制矩形至合适的位置，如图15-48所示。

27 调用TR【修剪】命令，修剪图形，完成广场铺装的绘制，如图15-49所示。

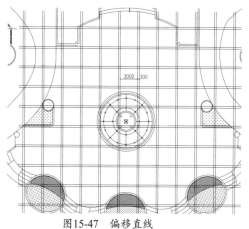

图15-47　偏移直线

图15-48　复制图形

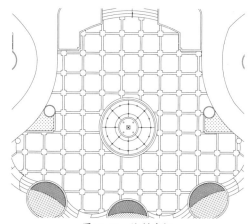

图15-49　绘制广场

15.2.4　坡道与水体

绘制坡道时，可以先绘制边界线，再调用编辑命令，在边界线的基础上进一步细化，得到坡道图形。水体为不规则的形状，可以利用SPL【样条曲线】绘制。

【练习15-4】：绘制坡道和水体

介绍绘制坡道和水体的方法，难度：☆☆
素材文件路径：素材\第15章\15-3 绘制铺地广场-OK.dwg
效果文件路径：素材\第15章\15-4 绘制坡道与水体-OK.dwg
视频文件路径：视频\第15章\15-4 绘制坡道与水体.MP4

下面介绍绘制坡道与水体的操作步骤。

01 绘制坡道。新建【坡道】图层，调用PL【多段线】命令，绘制坡道边界，如图15-50所示。

02 调用O【偏移】命令，设置偏移距离为2000，向内偏移边界线，效果如图15-51所示。

03 调用EX【延伸】命令、TR【修剪】命令，修剪偏移得到的线段，如图15-52所示。

04 调用L【直线】命令，绘制线段，如图15-53所示。

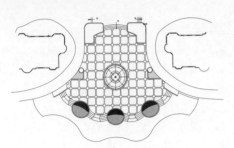

图15-50　绘制边界线

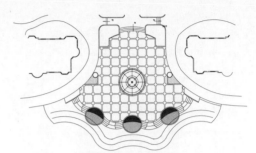

图15-51　偏移边界线

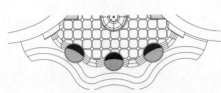

图15-52　编辑线段

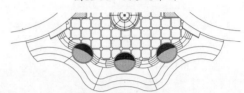

图15-53　绘制线段

05 新建【水体】图层，设置颜色为【蓝色】，线宽为0.3。根据定位轴网，调用SPL【样条曲线】命令，绘制水体轮廓，如图15-54所示。

06 调用O【偏移】命令，设置偏移距离为500，向内偏移水体轮廓线，表示驳岸线，并修改偏移线段宽度为【默认】类型，水体绘制效果如图15-55所示。

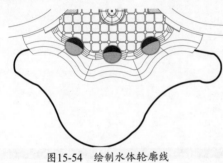

图15-54　绘制水体轮廓线

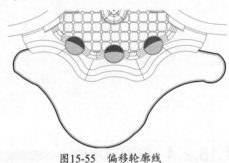

图15-55　偏移轮廓线

15.2.5　其他小品

其他小品包括景墙、卧石等。利用PL【多段线】命令以及H【填充】命令绘制景墙，参考定位轴线，确定景墙的位置。利用I【插入】命令，调入卧石图例。再利用CO【复制】命令以及SC【缩放】命令，创建卧石副本，并调整其大小。

【练习15-5】：绘制其他小品

	介绍绘制其他小品的方法，难度：☆ ☆
	素材文件路径：素材\第15章\15-4 绘制坡道与水体-OK.dwg
	效果文件路径：素材\第15章\15-5 绘制其他小品-OK.dwg
	视频文件路径：视频\第15章\15-5 绘制其他小品.MP4

下面介绍绘制其他小品的操作步骤。

01 新建【小品】图层。调用A【圆弧】命令、L【直线】命令，绘制景墙轮廓，效果如图15-56

所示。

02 将绘制完的景墙轮廓线转化为多段线，然后修改其线宽为100。

03 调用H【图案填充】命令，在命令行中输入T，选择【设置】选项，打开【图案填充和渐变色】对话框。在其中选择预定义AR-B88图案，设置比例为2，效果如图15-57所示。

图15-56 绘制轮廓线

图15-57 设置参数

04 拾取填充区域，绘制填充图案的效果如图15-58所示。

05 调用RO【旋转】命令、M【移动】命令，将景墙移动至总平面图相应的位置，如图15-59所示。

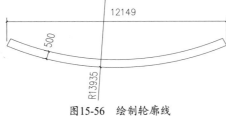

图15-58 填充图案

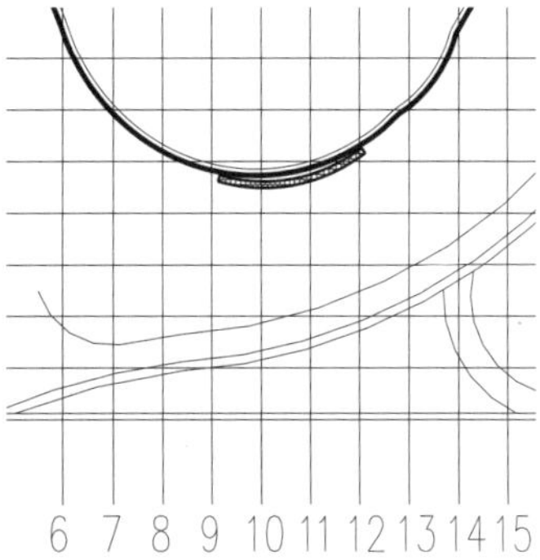

图15-59 移动位置

06 调用PL【多段线】命令，绘制汀步石，如图15-60所示。

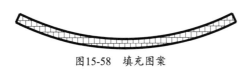

图15-60 绘制汀步石

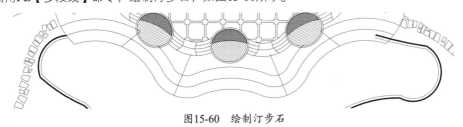

07 调用I【插入】命令，插入【卧石1】、【卧石2】至平面图中，效果如图15-61所示。

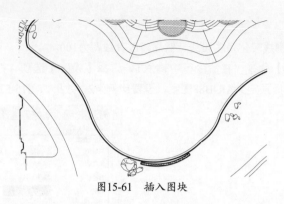

图15-61　插入图块

15.2.6　植物

通过从图例文件中选择植物图例，并将植物图例调入平面图，可以节省绘制图例的时间。为了使植物的布置效果错落有致，可以使用SC【缩放】命令。

【练习15-6】： 绘制植物	
	介绍绘制植物的方法，难度：☆☆
	素材文件路径：素材\第15章\15-5 绘制其他小品-OK .dwg
	效果文件路径：素材\第15章\15-6 绘制植物-OK.dwg
	视频文件路径：视频\第15章\15-6 绘制植物.MP4

下面介绍绘制植物的操作步骤。

01 单击快速访问工具栏中的【打开】按钮，打开"素材\第15章\植物图例.dwg"文件，如图15-62所示。

02 新建【植物】图层并置为当前。绘制入口植物，调用CO【复制】命令，选择图例表中最后一行的第一个植物图例，将其复制至平面图中。调用SC【缩放】命令，设置缩放比例为0.5，效果如图15-63所示。

图15-62　打开文件

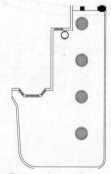

图15-63　插入图例

03 按Enter键，继续使用CO【复制】命令，复制图例，如图15-64所示。

04 使用相同的方法，将其他的植物图例配置至合适的位置，并调整其大小，使植物配置整体错落有致，效果如图15-65所示。

图15-64　复制图例　　　图15-65　操作效果

05 调用REVCLOUD【修订云线】命令，绘制灌木丛，如图15-66所示。

06 调用MI【镜像】命令，将绘制好的入口左侧植物镜像至入口右侧，如图15-67所示。

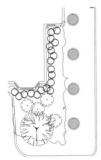 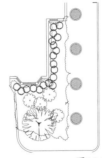

图15-66　绘制灌木　　　　　　图15-67　复制图形

07 使用相同的方法，完成总平面图植物的绘制，如图15-68所示。

08 调用DT【单行文字】命令，标注文字说明，效果如图15-69所示。

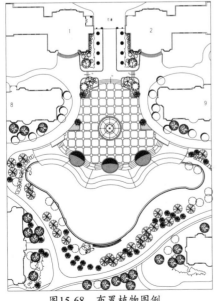 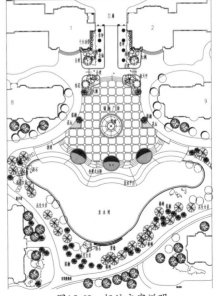

图15-68　布置植物图例　　　　　图15-69　标注文字说明

09 调用C【圆】、PL【多段线】、DT【单行文字】等命令，绘制指北针和图名，至此居住小区景观设计总平面图绘制完成，如图15-70所示。

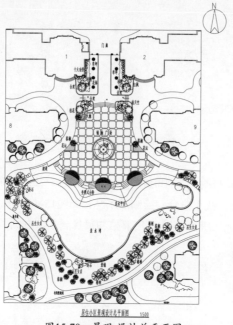

图15-70 景观设计总平面图

15.3 思考与练习

调用I【插入】命令，在【插入】对话框中选择植物图例，在绘图区域中指定插入点，将植物图例插入平面图中。再调用CO【复制】命令，复制图例。调用SC【缩放】命令，调整图例的大小。布置植物的效果如图15-71所示。

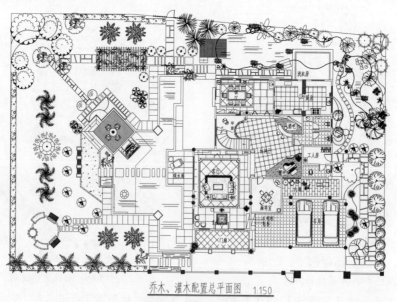

乔木、灌木配置总平面图 1:150

图15-71 布置植物图例

随着城市化进程的加快，建筑用地日趋紧张，人口密集区不断增加，这些由于定居、建设带来的负面生态效应，使人们不得不充分、合理利用有限的生存空间，这就使屋顶花园成为现代建筑发展的必然趋势。

16

第16章
屋顶花园景观设计

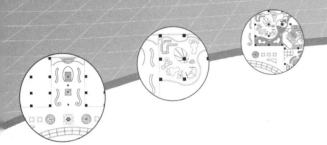

16.1 屋顶花园景观设计概述

16.1.1 屋顶花园景观的概念

屋顶花园是指在各类建筑、构筑物、桥梁等的屋顶，露台、天台等上栽植花草树木，建造各种园林小品所形成的绿地，如图16-1所示。屋顶花园是在发展现代生态观念的推动下逐渐孕育出的一种特殊的园林形式，其以建筑物顶部平台为依托，进行蓄水，覆土营造园林景观的一种空间绿化的空间美化形式，涉及建筑、农林和园林等专业科学，是一个系统工程。它使建筑物的空间潜能与绿化植物的多种效益得到完美的结合和充分发挥，在现代城市建设中发挥着重大作用，是人类可持续发展战略的重要组成部分。

图16-1　屋顶花园

16.1.2 屋顶花园的功能

屋顶绿化对增加城市绿地面积，改善日趋恶化的人类生存环境空间；改善城市高楼大厦林立，改善众多道路的硬质铺装而取代的自然土地和植物的现状；改善过度砍伐自然森林，各种废气污染而形成的城市热岛效应，沙尘暴等对人类的危害；开拓人类绿化空间，建造田园城市，改善人们的居住条件，提高生活质量，以及对美化城市环境，改善生态效应有着极其重要的意义。主要体现在以下几个方面。

1. 生态效应

1）缓解城市"热岛效应"，调解城市小气候

环保专家认为，"热岛效应"80%的因素归咎于绿地的减少，20%才是城市热量的排放，因此植树有利于吸收城市热量，保持城市气温平衡。大面积的屋顶绿化之后城市将形成一片"空中森林"，成功实现绿地资源再生，将极大地改善城市的小气候，缓解城区的"热岛效应"。

2）改善城市的空中景观，改善视觉条件，调节心理

可以想象，当大面积推行屋顶花园之后，城市上层空间不再是简单的单调水泥屋面，充满了绿色及其他丰富多彩的颜色。底层建筑屋顶花园和高层屋顶花园形成一种层次对比，可同时满足高层建筑内人的心理需求，丰富城市的空间层次，改变原来那种呆板的毫无生机的空间印象，形成多层次的空中美景。众所周知，人眼观看最舒适的颜色是绿色，在人的视觉中，当绿色达到了25%时人的心情最为舒畅，精神感觉最佳，因此屋顶花园能有效地调节人的心理，陶冶情操，改变人们的精神面貌。

3）改善屋顶眩光

随着城市建筑越来越高，更多的人将生活在城市的高空，不可避免地会俯视矮下或者远眺，结果他们可能仅仅看到一点点绿色，而更多的是冰冷的毫无创意的建筑，灰色的水泥路面，在强烈的太阳光照射下反射刺目的眩光，当屋顶花园建设好之后，由于绿色对太阳光的吸收，进入人眼的将是另外一种景色，使人不会有在高空中的感觉，因为绿色离他们那么近。

4）净化城市高空空气，提高生态效应

绿化植物对许多有害气体都具有吸收和净化作用。城市空气中有害物质最普遍的是二氧化硫和粉尘，在工业区二氧化硫和粉尘是对空气污染较严重的一种气体。利用绿地防止有害气体的危害是保护良好生态环境的一项重要措施。

2. 经济效应

1）保护建筑物

屋顶花园的建造可以吸附雨水，保护屋顶的防水层，防止屋顶漏水。绿化覆盖的屋顶可吸收夏季阳光的辐射热量，有效地阻止屋顶表面温度的升高，从而降低屋顶下的室内温度。这种由于绿色覆盖而减轻阳光暴晒引起的热胀冷缩和风吹雨淋，可以保护建筑防水层、屋面等，从而延长建筑的寿命。

2）隔热保湿、节能

绿地和水体的减少，使城市对微气候的调节能力减弱，树木和草坪对太阳的辐射反射率大，土壤含水多，蒸发耗热多，植被覆盖的热容量大，因而绿地在夏季起到降温的作用，在冬季起到保温的作用。

没有屋顶绿化覆盖的平屋顶，夏季由于太阳的直接照射，屋面温度比气温高出很多，不同颜色和材料的屋顶温度升高幅度不一样，最高的可达到80℃以上，而经过绿化的屋顶面，夏季绿化较好的屋顶，其种植层下屋顶表面温度仅为20～25℃，有效地阻止了屋顶表面温度升高，从而降低了屋顶下室内温度。如果屋顶是地毯式草坪，墙壁爬满凌霄、常春藤和爬山虎，那么在夏季室内温度可下降2～4℃，可节约空调电量消耗的20%～40%；相反在冬季，可起到保湿作用，平均

气温要高2～4℃。

3. 社会效应

1）聚集游客，宣传、美化形象

随着城市高层建筑的兴起，更多的人将工作与生活转移到城市的高空，不可避免地要经常俯视楼下的景物。无论哪种屋顶材料，在强烈的太阳照射下都会反射眩光，损害人的视力。屋顶花园和垂直墙面的绿化代替了不受视觉欢迎的灰色混凝土和各类墙面。对于身居高层的人们，无论是俯视大地还是仰视上空，都如同置身于绿化环保的园林美景之中。绿色建筑有益于人的身心健康，又丰富美化了环境，属于景观建筑，它创造的绿色空间具有宣传效果，对商业设施和娱乐设施的聚集和吸引游客也有很大的作用。

2）增加城市绿化面积

正是由于城市发展加快，建筑物密度越来越大，从而侵吞了大量的绿地面积，加剧了城市环境的恶化。而建筑物屋顶花园几乎能够以等面积偿还支撑建筑物所占的地面，从而解决这种争地局面，合理地利用和分配城市上层空间，美化城市高层建筑周围环境，创造与周围环境协调的城市景观。同时，可以软化硬质建筑线条给人带来的烦躁感，使城市更自然、更人性化，为人们开拓更多的休闲空间。

16.2 屋顶花园景观设计基础

16.2.1 屋顶花园景观设计要素

屋顶花园景观设计要素主要涉及视觉形象方面、生态绿化设计方面、满足大众行为心理方面。

1. 视觉形象方面

遵循精致美观的原则选用花木，与比拟、寓意联系在一起，同时路径、主景、建筑小品等位置和尺度，应仔细推敲，既要与主建筑物及周围大环境协调一致，又要有独特新颖的园林风格，不仅在设计时而且在施工管理和选用材料上应处处精心。此外，还应在草坪、路口及高低错落地段安放各种园林专用灯具。这些灯具不仅可以起照明作用，而且还可以作为一种饰品增添美观和情调。

规划要有系统性，克服随意性，运用"美学"统一规划，以植物造景为主，尽量丰富绿色植物的种类，同时在植物的选择上不单纯为观赏，要模拟自然。选择的园林植被抗逆性、抗污性和吸污性要强，易栽易活易管护。

2. 生态绿化设计

在屋面上种植绿色植物，并配有给、排水设施，使屋面具备隔热保温、净化空气、阻噪吸尘、增加氧气的功能，从而提高人们的生活品质。生态屋面不但能有效增加绿地面积，更能有效维持生态平衡，减轻城市热岛效应。有些房地产商以为搞"屋顶花园"只是花钱不赚钱，这是不对的，绿色环保已经深入人心，崇尚自然已成为当今潮流，让灰白色的屋顶"沙漠"变成"绿洲"，不仅能够提高整个楼房的档次，还可以让屋顶变成"金顶"，贱卖屋变为热卖屋，因为热爱生活的人们最能体会环境，贴近自然，珍惜生命。

3. 满足大众行为心理方面

合理、经济地利用城市空间环境，始终是城市规划者、建设者、管理者追求的目标。屋顶花园除满足不同的使用要求外，应以绿色植物为主，营造出多种环境气氛，以精品园林小景新颖多变的布局，达到生态效益、环境效益和经济效益的组合。

现代化城市高楼大厦林立，更多的人将工作和生活在城市高空，俯视到的多是黑色沥青，灰色混凝土，各类墙面。人的视野中，只有当绿色达到25%时，才会心情舒畅，精神状态最佳。所以，柔和、丰富和充满生机的屋顶花园是现代都市的一道风景。

▌16.2.2 屋顶花园景观细节设计

屋顶花园景观细节设计主要包括屋顶结构设计、屋顶花园防水设计、屋顶花园植物设计。

1. 屋顶结构设计要点

屋顶花园一般种植层的构造、剖面分层是：植物层、种植土层、过滤层、排水层、防水层、保温隔热层和结构承重层等。

➤ 种植土：为减轻屋顶的附加荷重，常选用经过人工配置的，即含有植物生长必需的各类元素，又含有比陆地耕土容重小的种植土。

➤ 过滤层：过滤层的材料种类很多。美国1959年在加州建造的凯则大楼屋顶花园，过滤层采用30mm厚的稻草；1962年美国建造的另一个屋顶花园，则采用玻璃纤维布作过滤层。日本也有用50mm厚的粗沙作屋顶过滤层的。北京长城饭店和新北京饭店屋顶花园，过滤层选用玻璃化纤布，这种材料既能渗漏水分又能隔绝种植土中的细小颗粒，而且耐腐蚀、易施工，造价也便宜。

➤ 排水层：屋顶花园的排水层设在防水层之上，过滤层之下。屋顶花园种植土积水和渗水可通过排水层有组织地排出屋顶。通常的做法是在过滤层下做100~200mm厚的轻质骨料材料铺成排水层，骨料可用砾石、焦渣和陶粒等。屋顶种植土的下渗水和雨水，通过排水层排入暗沟或管网，此排水系统可与屋顶雨水管道统一考虑。它应有较大的管径，以利清除堵塞。在排水层骨料选择上要尽量采用轻质材料，以减轻屋顶自重，并能起到一定的屋顶保温作用。

➤ 防水层：屋顶花园防水处理成败与否将直接影响建筑物的正常使用。屋顶防水处理一旦失败，必须将防水层以上的排水层、过滤层、种植土、各类植物和园林小品等全部取出，才能彻底发现漏水的原因和部位。因此，建造屋顶花园必须确保防水层的防水质量。传统屋面防水材料多用油毡。

➤ 屋顶花园的荷载：对于新建屋顶花园，需按屋顶花园的各层构造做法和设施，计算出单位面积上的荷载，然后进行结构梁板、柱、基础等的结构计算。至于在原有屋顶上改建的屋顶花园，则应根据原有的建筑屋顶构造，逐项进行结构验算。不经技术鉴定或任意改建，将给建筑物安全使用带来隐患。

2. 屋顶花园防水设计要点

重视防水层的施工质量。目前屋顶花园的防水处理方法主要有刚、柔之分，两者各有特点。由于蛭石栽培对屋盖有很好的养护作用，此时屋顶防水最好采用刚性防水。宜先做涂膜防水层，再做刚性防水层，其做法可参照标准设计的构造详图。这种防水层比较坚硬，不仅能防止根系发达的乔灌木穿透，起到保护屋顶的作用，而且可使整个屋顶有较好的整体性，不易产生裂缝，使用寿命也较长。屋面四周应设置砖砌挡墙，挡墙下部设泄水孔和天沟。当种植屋面为柔性防水层时，上面还应设置一层刚性保护层。也就是说，屋面可以采用一道或多道（复合）防水设施，但最上面一道应为刚性防水层，屋面泛水的防水层高度应高出溢水口100mm。刚性防水层因受屋顶热胀冷缩和结构楼板受力变形等影响，易出现不规则的裂缝，从而导致刚性屋顶防水的失败。

由于刚性防水层的分格缝施工质量往往不易保证。屋面刚性防水层最好一次全部浇筑完成，以免渗漏。防水层表面必须光洁平整，待施工完毕，刷两道防水涂料，以保证防水层的保护层设计与施工质量。要特别注意防水层的防腐蚀处理，防水层上的分格缝可用"一布四涂"盖缝，并选用耐腐蚀性能好的嵌缝油膏。不宜种植根系发达，对防水层有较强侵蚀作用的植物，如松、柏、榕树等。

3. 屋顶花园植物设计

屋顶花园植物设计中的植物选择上需要注意的要点如下所述。

➤ 选择耐旱、抗寒性强的矮灌木和草本植物。屋顶花园夏季气温高、风大、土层保湿性能差，冬季则保温性差，因而应选择耐干旱、抗寒性强的植物，同时，考虑到屋顶的特殊地理环境和承重的要求，应注意多选矮小的灌木和草本植物，以利于植物的运输、栽种护理。

➤ 选择阳性、耐瘠薄的浅根性植物。屋顶花园大部分地方为全日照射，光照强度大，植物应尽量选用阳性植物，但在某些特定的小环境中，如花架下面或靠墙边的地方，日照时间较短，可适当选用一些半阳性的植物种类，以丰富屋顶花园的植物品种。屋顶的种植层较薄，为了防止根系对屋顶建筑结构的侵蚀，应尽量选择浅根系的植物。因施用肥料会影响周围环境的卫生状况，故屋顶花园应尽量种植耐瘠薄的植物种类。

➤ 选择抗风、不易倒伏、耐积水的植物种类。在屋顶上空风力一般较地面大，特别是雨季或有台风来临时，风雨交加对植物的生存危害最大，加上屋顶种植层薄，土壤的蓄水性能差，一旦下暴雨，易造成短时积水，故尽可能选择一些抗风、不易倒伏，同时又能耐短时积水的植物。

➤ 选择以常绿为主，冬季能露地越冬的植物。营建屋顶花园的目的是增加城市的绿化面积，美化"第五立面"，屋顶花园的植物应尽可能以常绿为主，宜用叶形和株形秀丽的品种，为了使屋顶花园更加绚丽多彩，体现花园的变化，还可适当栽植一些色叶树种；在条件许可的情况下，可布置一些盆栽的花卉，使花园四季有花。

➤ 尽量选用乡土植物，适当引种绿化新品种。乡土植物对当地的气候有高度的适应性，在环境相对恶劣的屋顶花园，选用乡土植物有事半功倍之效，同时考虑到屋顶花园的面积一般较小，故应将其布置得较为精致。

16.3 绘制屋顶花园景观设计平面图

本小节主要介绍屋顶花园景观设计平面布置图的绘制方法，主要是讲解中心景观区、儿童游乐区、娱乐休息区等区域的绘制方法。

16.3.1 绘制中心景观区

中心景观区包括的内容有叠水池、喷泉、树池以及花池、雕塑等。在绘制这些图形的时候，主要调用到相关的绘制命令以及编辑命令。此外，将较难绘制的雕塑创建成块，需要的时候调用I【插入】命令，插入块即可。

【练习 16-1】： 绘制中心景观区

介绍绘制中心景观区的方法，难度：☆☆☆
📁 素材文件路径：素材\第16章\屋顶花园原始平面图.dwg
🎬 效果文件路径：素材\第16章\屋顶花园景观设计平面图.dwg
⬇ 视频文件路径：视频\第16章\16-1 绘制中心景观区.MP4

下面介绍绘制中心景观区的操作步骤。

01 单击快速访问工具栏中的【打开】按钮，打开"素材\屋顶花园原始平面图.dwg"，如图16-2所示。

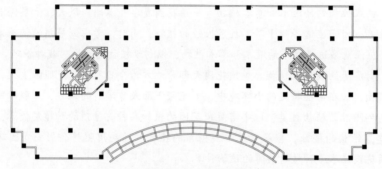

图16-2 打开素材文件

02 调用L【直线】命令，绘制中心景观区分隔线，效果如图16-3所示。

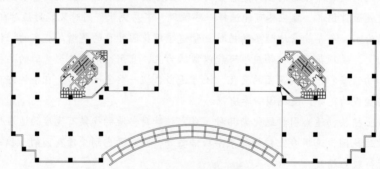

图16-3 绘制分隔线

03 调用REC【矩形】命令，绘制两个矩形，效果如图16-4所示。

04 调用A【圆弧】命令，绘制半径为2400的圆弧。调用O【偏移】命令，设置偏移距离分别为200、1455，选择圆弧，向上依次偏移两次表示叠水池，效果如图16-5所示。

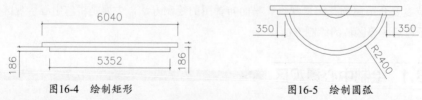

图16-4 绘制矩形

图16-5 绘制圆弧

05 调用TR【修剪】命令，修剪叠水池，效果如图16-6所示。

06 调用H【图案填充】命令，在命令行中输入T，选择【设置】选项，打开【图案填充和渐变色】对话框。选择预定义AR-RROOF图案，设置比例为400，如图16-7所示。

图16-6　修剪图形　　　　图16-7　设置参数

07 填充叠水池的效果如图16-8所示。

08 调用PL【多段线】命令，绘制树池轮廓。然后调用O【偏移】命令，设置偏移距离为200，选择轮廓线向上偏移。调用TR【修剪】命令，整理树池图形，如图16-9所示。

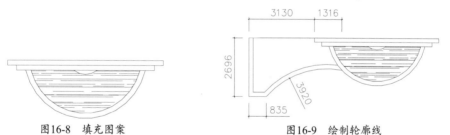

图16-8　填充图案　　　　图16-9　绘制轮廓线

09 调用MI【镜像】命令，镜像复制树池图形，如图16-10所示。

图16-10　复制图形

10 调用M【移动】命令，将整个叠水背景墙图形移动至屋顶花园原始平面图中，效果如图16-11所示。

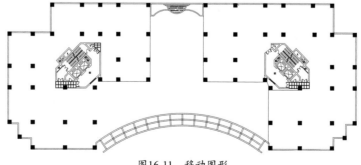

图16-11　移动图形

11 绘制喷泉。调用EL【椭圆】命令，绘制喷泉外轮廓。调用O【偏移】命令，设置偏移距离为150，向内偏移椭圆，如图16-12所示。

12 调用REC【矩形】命令，绘制矩形，表示水池轮廓。调用O【偏移】命令，设置偏移距离为150，向内偏移矩形。然后将水池轮廓移动至喷泉外轮廓合适的位置，如图16-13所示。

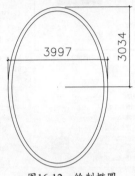
图16-12 绘制椭圆

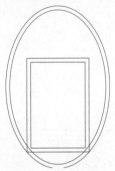
图16-13 绘制矩形

13 调用TR【修剪】命令，修剪图形，如图16-14所示。

14 调用EL【椭圆】命令，绘制喷泉口，如图16-15所示。

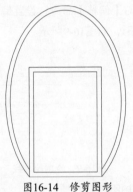
图16-14 修剪图形

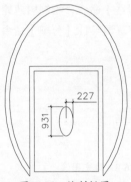
图16-15 绘制椭圆

15 调用L【直线】命令，在椭圆内部过圆心绘制水平线段与垂直线段，如图16-16所示。

16 调用RO【旋转】命令，选择垂直线段，指定圆心为旋转基点；输入C，选择【复制】选项；指定旋转角度为26°，旋转复制线段，如图16-17所示。

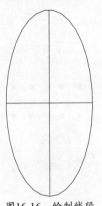
图16-16 绘制线段

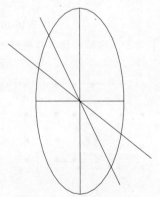
图16-17 旋转复制线段

17 调用TR【修剪】命令，修剪超出椭圆边界的线，如图16-18所示。

18 调用MI【镜像】命令，选择斜线段，指定镜像线，向右镜像复制线段，如图16-19所示。

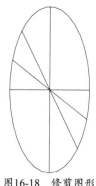

图16-18　修剪图形

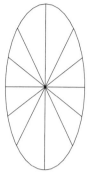

图16-19　复制线段

⓳ 调用H【图案填充】命令，选择预定义AR-RROOF图案，设置比例为300，填充水池，效果如图16-20所示。

⓴ 调用M【移动】命令，将喷泉全部图形移动至平面图中，如图16-21所示。

图16-20　填充水池

图16-21　移动图形

㉑ 调用L【直线】命令、SPL【样条曲线】命令，绘制曲线花池，效果如图16-22所示。

㉒ 调用CO【复制】命令，将曲线花池复制至平面图中，效果如图16-23所示。

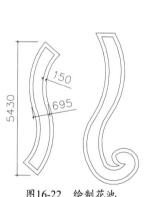

图16-22　绘制花池

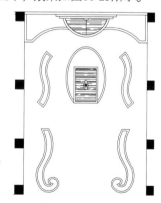

图16-23　复制图形

㉓ 绘制雕塑。调用REC【矩形】命令，绘制雕塑底座。调用O【偏移】命令，偏移雕塑底座，如图16-24所示。

㉔ 调用L【直线】命令，细化雕塑底座，如图16-25所示。

㉕ 调用I【插入】命令，打开【插入】对话框。选择【雕塑】图块，单击【确定】按钮，指定插入点，插入块的效果如图16-26所示。

㉖ 调用M【移动】命令，将雕塑移动至平面图合适的位置，如图16-27所示。

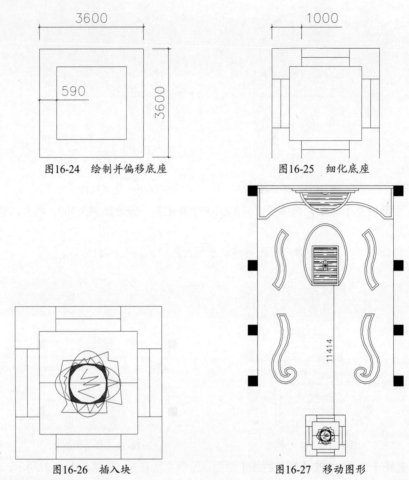

图16-24 绘制并偏移底座

图16-25 细化底座

图16-26 插入块

图16-27 移动图形

27 继续绘制其他图形，如喷泉、树池、花台等，并将其移动复制至平面图相应的位置，效果如图16-28所示，中心景观区绘制完成。

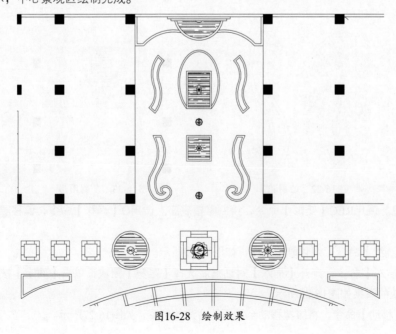

图16-28 绘制效果

16.3.2 绘制儿童游乐区

儿童游乐区的设施包括游戏器具、装饰架以及沙坑等。遇到相同样式的图形，可以调用CO 【复制】命令，创建图形的副本。利用RO【旋转】命令，调整图形的角度，丰富画面效果。

【练习16-2】：绘制儿童游乐区	
	介绍绘制儿童游乐区的方法，难度：☆☆
	📄 素材文件路径：素材\第16章\屋顶花园原始平面图.dwg
	✳ 效果文件路径：素材\第16章\屋顶花园景观设计平面图.dwg
	⬇ 视频文件路径：视频\第16章\16-2 绘制儿童游乐区.MP4

下面介绍绘制儿童游乐区的操作步骤。

01 调用SPL【样条曲线】命令和O【偏移】命令，绘制儿童游乐区分隔线，如图16-29所示。

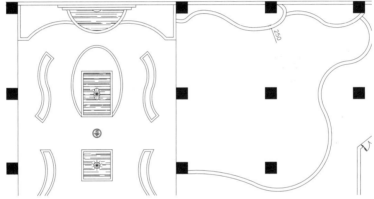

图16-29　绘制儿童区游乐分隔线

02 绘制儿童游戏器具。调用REC【矩形】命令，绘制边长为900的正方形。并调用L【直线】命令，在矩形内部绘制对角线，如图16-30所示。

03 调用REC【矩形】命令、L【直线】命令、O【偏移】命令，绘制器具局部，如图16-31所示。

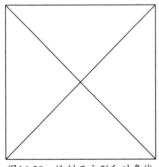

图16-30　绘制正方形和对角线

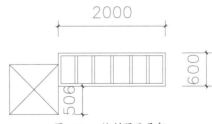

图16-31　绘制器具局部

04 绘制装饰架。调用EL【椭圆】命令，绘制外轮廓，并调用RO【旋转】命令，将外轮廓旋转45°，效果如图16-32所示。

05 调用REC【矩形】命令，绘制边长为900的矩形，并调用H【图案填充】命令，选择SOLID图案，填充矩形，如图16-33所示。

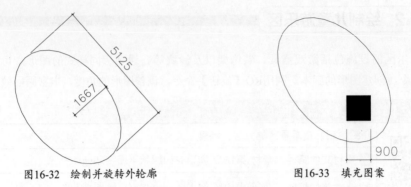

图16-32　绘制并旋转外轮廓　　　　　　图16-33　填充图案

06 调用L【直线】命令，绘制装饰架细节，完成装饰架的绘制，如图16-34所示。

07 调用C【圆】命令、L【直线】命令，绘制儿童游乐器具，如图16-35所示。

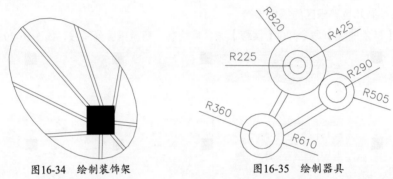

图16-34　绘制装饰架　　　　　　　　　图16-35　绘制器具

08 调用SPL【样条曲线】命令、H【图案填充】命令，绘制仿脚板沙坑，如图16-36所示。

09 利用相同的方法完成其他器具的绘制，并将绘制好的儿童游乐器具移动至平面图中，效果如图16-37所示。

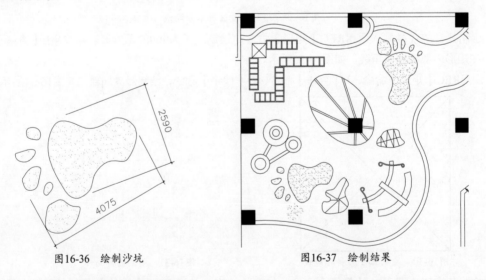

图16-36　绘制沙坑　　　　　　　　　　图16-37　绘制结果

16.3.3　绘制娱乐休憩区

娱乐休憩区包括的设备有观景亭廊架、溪水长廊、木板栈道等。在绘制图形的过程中，常常需要调用H【填充】命令。在拾取填充区域的过程中，假如出现无法识别区域轮廓线的情况，需要先退出命令，检查轮廓线是否为闭合的状态。闭合轮廓线后，系统才能够拾取轮廓为填充区域。

【练习16-3】：绘制娱乐休憩区	
	介绍绘制娱乐休憩区的方法，难度：☆☆☆
	素材文件路径：素材\屋顶花园原始平面图.dwg
	效果文件路径：素材\第16章\屋顶花园景观设计平面图.dwg
	视频文件路径：视频\第16章\16-3 绘制娱乐休憩区.MP4

下面介绍绘制娱乐休憩区的操作步骤。

01 绘制观景亭廊架。调用C【圆】命令，依次绘制半径为1300、550、250的同心圆，如图16-38所示。

02 调用L【直线】命令，绘制线段，连接内侧两圆，如图16-39所示。

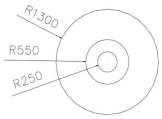

图16-38 绘制圆形　　　　　　图16-39 绘制线段

03 执行【修改】|【阵列】|【环形阵列】命令，选择直线，指定圆心为阵列中心，设置阵列项目数为20，操作效果如图16-40所示。

04 调用H【图案填充】命令，在命令行中输入T，选择【设置】选项，打开【图案填充和渐变色】对话框。选择预定义ANSI31图案，设置比例为100，效果如图16-41所示。

图16-40 阵列线段　　　　　　图16-41 设置参数

05 拾取最内侧圆为填充区域，填充图案的效果如图16-42所示。

06 调用O【偏移】命令，选择最外侧圆，依次向外偏移150、1350、200，如图16-43所示。

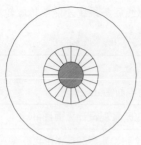

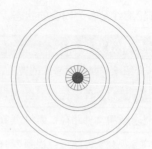

图16-42　填充图案　　　　　　　图16-43　偏移圆形

07 调用L【直线】命令，绘制角度为135°的直线，作为辅助线，并修剪图形，如图16-44所示。

08 调用REC【矩形】命令，绘制矩形，并将其旋转45°，然后移动至合适的位置，并删除辅助线，效果如图16-45所示。

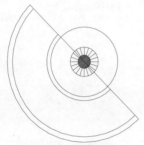

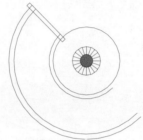

图16-44　修剪图形　　　　　　　图16-45　绘制结果

09 执行【修改】|【阵列】|【环形阵列】命令，选择矩形，设置阵列角度为180°，阵列项目数为10，效果如图16-46所示。

10 调用TR【修剪】命令，修剪图形，完成观景亭廊架的绘制，如图16-47所示。

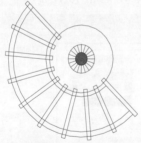

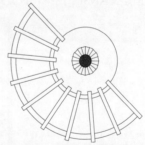

图16-46　复制图形　　　　　　　图16-47　修剪图形

11 绘制溪水长廊。调用SPL【样条曲线】命令，绘制如图16-48所示的样条曲线。

12 调用O【偏移】命令，设置偏移距离分别为100、600、100，选择样条曲线向下偏移三次。并调用L【直线】命令，连接样条曲线的端点，效果如图16-49所示。

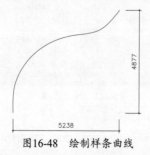

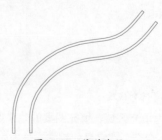

图16-48　绘制样条曲线　　　　　图16-49　偏移线段

13 调用REC【矩形】命令，绘制溪水长廊的梁，并将其移动至合适的位置，效果如图16-50所示。

14 执行【修改】|【阵列】|【路径阵列】命令，选择矩形为阵列对象，选择最左侧曲线为阵列路径，设置阵列距离为500，阵列项目数为16，绘制溪水长廊效果如图16-51所示。

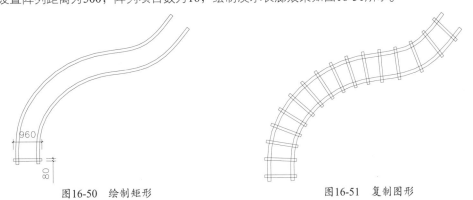

图16-50　绘制矩形　　　　　　　　　　　　　　图16-51　复制图形

15 绘制木板栈道。调用L【直线】命令，绘制木板栈道分隔线，效果如图16-52所示。

16 绘制三角亭。调用PL【多段线】命令，绘制三角亭外轮廓线，如图16-53所示。

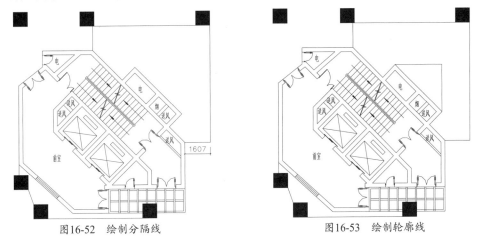

图16-52　绘制分隔线　　　　　　　　　　　　　图16-53　绘制轮廓线

17 调用L【直线】命令、O【偏移】命令、EX【延伸】命令，绘制三角亭的内部结构，效果如图16-54所示。

18 调用TR【修剪】命令，整理三角亭图形，最终效果如图16-55所示。

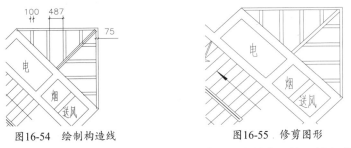

图16-54　绘制构造线　　　　　　　　　　　　　图16-55　修剪图形

19 调用I【插入】命令，打开【插入】对话框，选择【休息桌椅】图块。单击【确定】按钮，指定插入基点，插入图例到木板栈道中，如图16-56所示。

20 调用H【图案填充】命令，在【图案填充和渐变色】对话框中选择预定义DOLMIT图案，设置比例为1000，如图16-57所示。

图16-56 插入图例 　　　　　　　　　　图16-57 设置参数

21 填充木板栈道，效果如图16-58所示。

22 调用M【移动】命令，将之前绘制好的【观景亭廊架】和【溪水长廊】移动至平面图合适的位置。调用CO【复制】命令，将【溪水长廊】复制一份至另一侧，然后整理其形态，分成两段，效果如图16-59所示。

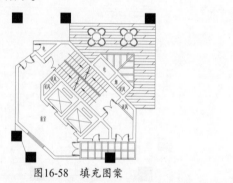

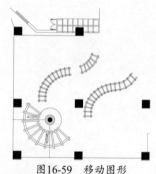

图16-58 填充图案 　　　　　　　　　　图16-59 移动图形

23 调用SPL【样条曲线】命令，绘制人工小溪轮廓，效果如图16-60所示。

24 调用I【插入】命令，在【插入】对话框中选择驳岸自然景石，插入图例如图16-61所示。

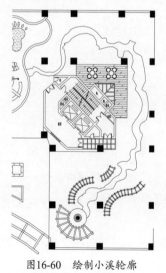

图16-60 绘制小溪轮廓 　　　　　　　　图16-61 插入图例

25 按Enter键，重复调用I【插入】命令，插入跌水假山石图例，如图16-62所示。

26 调用SPL【样条曲线】命令，绘制另一处水景轮廓。调用O【偏移】命令，设置偏移距离为250，偏移样条曲线，效果如图16-63所示。

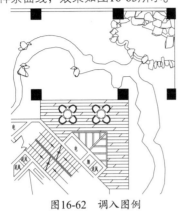

图16-62 调入图例

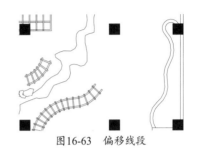

图16-63 偏移线段

27 调用H【图案填充】命令，在【图案填充和渐变色】对话框中选择预定义AR-RROOF图案，设置填充比例为400，如图16-64所示。

28 拾取填充区域，填充水体图案，效果如图16-65所示。

图16-64 设置参数

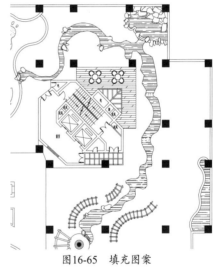

图16-65 填充图案

29 调用SPL【样条曲线】命令，绘制草地与硬质铺装的分隔线。调用O【偏移】命令，设置偏移距离为150，偏移分隔线，效果如图16-66所示。

30 调用L【直线】命令、O【偏移】命令以及TR【修剪】命令，绘制铺装图案，效果如图16-67所示。

31 绘制木地板地台。调用REC【矩形】命令，绘制尺寸为1500×450的休息座椅。并调用CO【复制】命令，选择矩形，创建两个矩形副本至地台中其他的区域。

32 调用RO【旋转】命令，旋转座椅方向。调用SPL【样条曲线】命令，绘制自然形状树池，效果如图16-68所示。

33 调用H【图案填充】命令，选择预定义DOLMIT图案，设置填充比例为600，填充木地板地台的效果如图16-69所示。

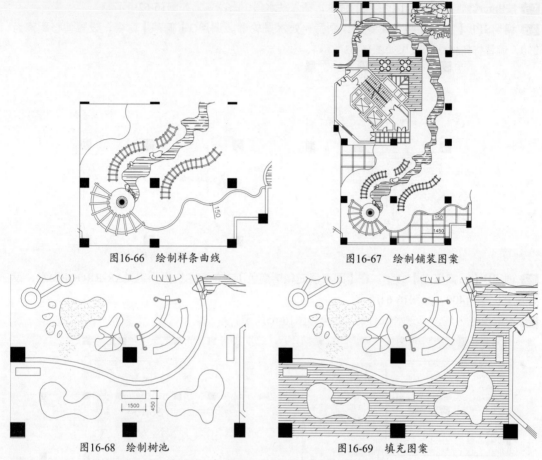

图16-66 绘制样条曲线　　　　　　图16-67 绘制铺装图案

图16-68 绘制树池　　　　　　　　图16-69 填充图案

34 使用类似的方法，完善娱乐休憩区图形的绘制，最终效果如图16-70所示。

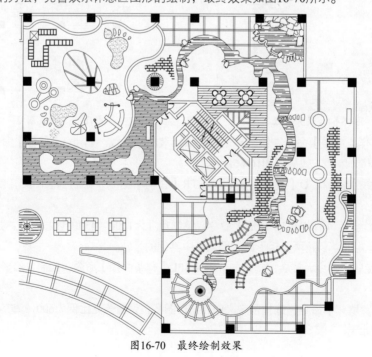

图16-70 最终绘制效果

　　本节挑选屋顶花园右侧区域，对屋顶花园绘制技法进行讲解，左侧区域的绘制方法与右侧的绘制方法大同小异，这里就不赘述了，屋顶花园绘制效果如图16-71所示。

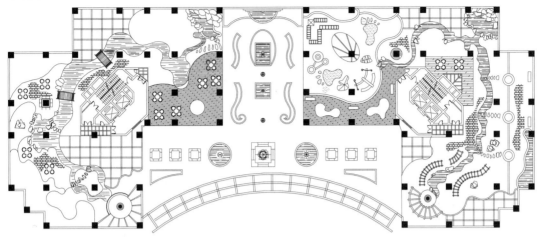

图16-71　屋顶花园

16.3.4　绘制植物

　　植物的绘制方法，在之前的章节都有详细的介绍，乔灌木的绘制主要是插入植物图块，而地被的绘制则是通过图案填充的方式进行绘制，效果如图16-72所示。具体的绘制方法这里就不再详细介绍了，读者可参照之前的章节，从相关的网站下载植物图例，完成植物的绘制。

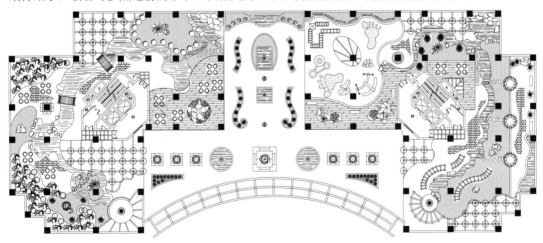

图16-72　布置植物

16.3.5　标注

　　标注的内容有尺寸标注、图名标注、文字说明等，方法在前面章节已有详细介绍，屋顶花园最终效果图如图16-73所示。

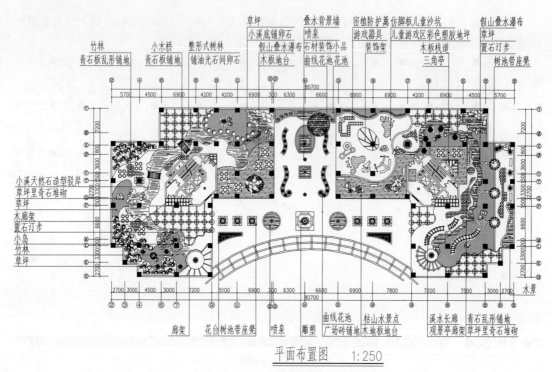

草坪
小溪底铺卵石　　叠水背景墙　密植防护蔷薇仿脚板儿童沙坑
竹林　　　小木桥　整形式树林　假山叠水瀑布　喷泉　游戏器具　儿童游戏区彩色塑胶地坪　假山叠水瀑布
青石板乱形铺地　青石板铺地　铺油光石间卵石　木板地台　石材装饰小品　装饰架　　木板栈道　　　　草坪
　　　　　　　　　　　　　　　　　　曲线花池花池　　　　　三角亭　　　置石汀步
　　　　　　　　　　　　　　　　　　　　　　　　　　　　　　　　树池带座凳

小溪天然石造型驳岸
草坪里奇石堆砌
草坪
木廊架
置石汀步
小岛
竹林
草坪

廊架　　花台树池带座凳　喷泉　雕塑　曲线花池　枯山水景点　溪水长廊　　青石乱形铺地
　　　　　　　　　　　　　　　广场砖铺地　木地板地台　观景亭廊架　草坪里奇石堆砌

水景

平面布置图　　1:250

图16-73　绘制标注

16.4　思考与练习

沿用本章介绍的方法，调用C【圆】命令、O【偏移】命令，以及TR【修剪】命令、H【填充】命令，绘制游园小广场平面图，如图16-74所示。

游园总平面请查看本书配备资源中的"素材\第16章\习题\16.4 游园总平面图.dwg"文件。

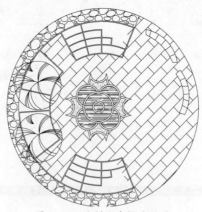

图16-74　绘制小广场平面图

随着时代的发展，广场是人类生存环境的重要组成部分，是现代城市空间环境中最具公共性、最富艺术魅力的开放空间。

17

第 17 章
城市广场景观设计

17.1　城市广场概述

　　广场是城市空间构成的重要组成部分，它不仅可以满足城市空间构图的需要，更重要的是它在现代社会快节奏的生活里能为市民提供交往、娱乐、休闲和集会的场所。

　　城市广场及其代表的文化是城市文明建设的一个缩影，它作为城市的客厅，可以集中体现城市风貌、文化内涵和景观特色，并能增强城市本身的凝聚力和对外吸引力，进而可以促进城市建设，完善城市服务体系。正是由于其诸多优点，使广场成为当前城市建设的一个热点，在这股热潮的推动下，各个城市纷纷建立了自己的广场。

17.1.1　城市广场的分类

　　城市广场按其性质功能分类可分为集会广场、纪念广场、商业广场、交通广场、娱乐休闲广场及建筑广场等。

1. 集会广场

　　集会广场是指用于政治、文化、宗教集会、庆典、游行、检阅、礼仪以及传统民间节日活动的广场，主要分为市政广场和宗教广场两种类型。

　　1）市政广场

　　市政广场多修建在市政厅和城市政治中心的所在地，为城市的核心，有着强烈的城市标志作用，是市民参与市政和城市管理的象征。通常这类广场还兼有游览、休闲、形象等多种象征功能。市政广场能提高市政府的威望，增强市民的凝聚力和自豪感，起到其他因素所不能取代的作用。因此，对建筑与广场环境有着宏伟壮观的要求。这类广场通常尺度较大，长宽比例以4：3、3：2或2：1为宜。周围的建筑往往是对称布局，轴线明显，附近娱乐建筑和设施较少，主体建筑是广场空间序列的对景。在规划设计时，应根据群众集会、游行检阅、节日联欢的规模和其他设置用地需要，同时合理地组织广场内和相连接道路的交通路线，保证人流和车流安全、迅速地汇集或疏散。典型的市政广场有如图17-1所示的北京天安门广场。

2）宗教广场

宗教广场多修建在教堂、寺庙前方，主要为举行宗教庆典仪式服务。这是最早期广场的主要类型，在广场上一般设有尖塔、台阶、敞廊等构筑设施，以便进行宗教礼仪活动。历史上的宗教广场有时与商业广场结合在一起，而现代的宗教广场已逐渐具备了市政或娱乐休闲广场的功能，多出现在宗教发达国家的城市。如图17-2所示为罗马的圣彼得广场。

图17-1　天安门广场

图17-2　圣彼得广场

2. 纪念广场

纪念性广场是为了缅怀历史事件和历史人物而修建的一种主要用于纪念性活动的广场。纪念广场应突出某一主题，营造与主题相一致的环境氛围。它的构成要素主要是碑刻、雕塑、纪念建筑等，主体标志物通常位于构图中心，前庭或四周多有园林，供群众瞻仰、纪念或进行传统教育活动，如图17-3所示是南昌八一广场等。这类广场的特点是主体建筑物突出，比例协调，庄严肃穆，感染力强。

3. 商业广场

现代商业环境既需要具备舒适、便捷的购物条件，也能够举办充满生机的街道活动，特别是广场空间，能为这种活动提供更为合理的场所。商业广场通常设置于商场、餐饮、旅馆及文化娱乐设施集中的城市商业繁华地区，集购物、休息、娱乐、观赏、饮食、社会交往于一体，是最能体现城市生活特色的广场之一。在现代大型城市商业区中，通过商业广场组织空间，吸引人流，已成为一种发展趋势。

商业广场多结合商业街布局，建筑内外空间相互渗透，娱乐与服务设施齐全，在座椅、雕塑、绿化、喷泉、铺装、灯具等建筑小品的尺度和内容上，更注重商业化、生活化考虑，富于人情味。如图17-4所示为即将建成开放的上海周浦万达商业广场，其很有可能成为上海的又一新兴商业中心，周边居民可以"足不出户"就能享受到衣食住行玩乐一体化的休闲生活。

图17-3　南昌八一广场

图17-4　上海周浦万达广场

4. 交通广场

交通广场是指几条道路交汇围合成的广场或建筑物前主要用于交通目的的广场，是交通的连接枢纽，起到交通、集散、联系、过渡及停车作用，可分为道路交通广场和交通集散广场两类。

1）道路交通广场

它是道路交叉口的扩大，用以疏导多条道路交汇所产生的不同流向的车流与人流交通，例如大型的环形岛、立体交叉广场和桥头广场等，如图17-5所示为武汉鲁巷广场。道路交通广场常被精心绿化，或设有标志性建筑、雕塑、喷泉等，形成道路的对景，美化、丰富城市景观，一般不涉及人的公共活动。

2）交通集散广场

交通集散广场是指火车站、飞机场、码头、长途车站、地铁等交通枢纽站前的广场或剧场、体育馆、展览馆等大型公共建筑物前的广场，主要作用是解决人流、车流的交通集散，实现广场上车辆与行人互不干扰，畅通无阻。如图17-6所示的是号称"世界上最漂亮"的柏林中央火车站站前广场。

图17-5　武汉鲁巷广场

图17-6　柏林中央火车站前广场

5. 娱乐休闲广场

娱乐休闲广场是城市中供人们休憩、游玩、演出及举行各种娱乐活动的重要场所，也是最使人轻松愉悦的一种广场形式。它们不仅可以满足健身、游戏、交往、娱乐的功能要求，还代表一个城市的文化传统和风貌特色。娱乐休闲广场的规模可大可小，形式最为多样，布局最为灵活，在城市内分布也最为广泛，既可以位于城市的中心区，也可以位于居住小区之内，或位于一般的街道旁。著名的娱乐休闲广场有日本横滨山户公园广场，如图17-7所示为美国新奥尔良意大利广场等。

6. 建筑广场

建筑广场又称为附属广场，指为衬托重要建筑或作为建筑物组成部分布置的广场。这类广场作为建筑的有机组成部分，各具不同特色，对改善该处的空间品质和环境质量都有积极的意义。这类广场的代表有北京展览馆广场、西安大雁塔广场等。图17-8所示为西安大雁塔广场。

图17-7　新奥尔良意大利广场

图17-8　西安大雁塔广场

17.1.2 城市广场的设计原则

在广场设计中应因地制宜，在满足生理需求、安全需求的基础上，满足人们更高级的需求，我们需要创造具有场所精神、有特色、有文化内涵的人性化广场空间。广场设计应遵循以下原则。

1. 以人为本

以人为本就是要充分考虑人的情感、人的心理及生理的需要。比如，景观及公共设施的布局与尺度要符合人的视觉观赏习惯、角度以及人体工程学的要求，座椅的摆放位置要考虑人对私密空间的需要等。

都江堰广场位于四川省成都的都江堰市，设计始终强调广场之于当地人的含义和使用功能，把体现广场的人性化放在第一位。广场设计从总体到局部都考虑人的使用需要，使广场真正成为人与人交流聚会的场所。比如，结合地面铺装和座凳，设计了树阵提供荫凉；避免光滑的地面等。水景的多样性和可戏性是都江堰广场设计的一大特色。玩水是人性中最根深蒂固的一种习性，广场进行了可亲可玩的水景设计，把水的亲切与缠绵带给每一个流连于广场的人。都江堰广场的形式语言、空间语言都从当地的历史和地域及人们的日常生活中获得，使市民有很好的认同感和归属感。

2. 效益兼顾

首先，城市广场是城市中两种最具价值的开放空间之一。城市广场是城市中重要的建筑、空间和枢纽，是市民社会生活的中心，起着当地市民的"起居室"，外来旅 游者"客厅"的作用。城市广场是城市中最具公共性、最富艺术感染力，也最能反映现代都市文明魅力的开放空间。城市对这种有高度开发价值的开放空间应予优先的开发权。其次，城市文化广场建设是一项系统工程，涉及建筑空间形态、立体环境设施、园林绿化布局、道路交通系统衔接等方面。在进行城市广场设计中还应遵循经济效益、社会效益和环境效益并重的原则。

3. 文化内涵

不同文化，不同地域，不同时代孕育的广场也会有不同的风格内涵。把握好广场的主题、风格取向，形成广场鲜明的特色和内聚力与外引力，将直接影响广场的生命力。根据地方特色展现地方文化是一个空间的精神内涵所在，仅仅有形式和功能是不够的，内涵才是一个作品的灵魂，中国的文化源远流长、任何带有人文主题的公共开放空间都是耐人寻味、使人流连忘返的好场所。能够挖掘和提炼具有地方特色的风情、风俗、并恰到好处地表现在景观意象中，是城市广场景观规划设计成功的关键。

注重文化内涵的城市广场设计在我国也有很多成功的例子，例如西安钟鼓楼广场的设计，首先突出了两座古楼的形象，保持它们的通视效果，采用了绿化广场、下沉式广场、下沉式商业街、传统商业建筑、地下商城等多元化空间设计，创造了具有个性的场所，增加了钟鼓楼作为"城市客厅"的吸引力和包容性。其次，钟鼓楼广场在设计元素上采用有隐喻中国传统文化的多项设计，使在广场上交往的人们可以享受到传统文化的气息，创造了一个完整的、富有历史文化内涵，又面向未来的城市文化广场。

综上所述，在设计城市广场时，应提倡"以人为本、效益兼顾、突出文化、内外兼顾"的原则，更好地发挥广场聚会、休闲、锻炼、娱乐等功能，体现现代人的价值观、审美观和趣味性。改善居民生活环境，塑造城市形象，提高城市品位，优化城市空间，才是城市广场建设的目的，也是设计者追求的终极目标。

17.2　广场景观设计要点

广场景观设计的要点主要包括植物景观设计、水体景观设计及照明景观设计等。

17.2.1　植物景观设计

注重广场的多层次绿化，实现人与绿色植物的对话。经过细致种植规划所创造出的纹理、色彩、密度、声音和芳香效果的多样性和品质能够极大地提升广场的使用效率。园林绿化建设中的植物是绿化的主体，利用生态学的观点和美学法则，营造植物景观，是环境景观设计的核心，也是现代城市广场建设中必不可少的组成部分。植物配置成功与否，直接影响广场的环境质量和艺术水平，植物景观布局既是一门科学，又是一门艺术。

17.2.2　水体景观设计

在水景的设计中形、声、色是三大要素。所谓形是指水景的形式和形态，水景的形式有溪流、瀑布、池塘、喷泉、游泳池等。水景的形态又可分为静态水与动态水。造型还可分为规则式与不规则式。形是水景设计中最重要的元素，设计水景的形的灵感来自大自然，大自然用各种各样的结合方式来塑造水之美韵。声是指各种水体发出的声音，如溪水的潺潺水流声，泉水的喷涌声等。色也可称为水的质感，它往往同水中的动植物和岸边的倒影结合构成动人的水景。特别是近年来的灯光艺术使水景更加灿烂妩媚。

广场水景设计的基本原则主要有以下两点。

一是满足功能性要求。水景的基本功能是供人观赏，因此它必须能够给人带来美感，使人赏心悦目，所以设计首先要满足艺术美感。不同的水景还能满足人们的亲水、嬉水、娱乐和健身的功能。

二是满足环境的整体性要求。一个好的水景作品，要根据它所处的环境氛围、建筑功能要求进行设计，达到与整个景观设计的风格协调统一。喷泉不是一个独立的艺术体，不能只追求喷泉本身的规模和造价，应根据特定的场地、空间、建筑风格、城市风貌和当地的社会环境、文化特色来设计。

17.2.3　照明景观设计

现代人的夜生活越来越丰富，城市广场的亮化已经成为城市建设中亟待解决的问题。城市广场照明是利用灯光塑造城市夜景的一种照明技术，对于美化城市，展现城市个性，提高市民生活质量，改善投资环境，促进旅游业的发展等均起着积极的作用。只有因地制宜、科学规划、精心设计，才能取得良好的效果。

广场夜景照明设计与其他照明设计相比有诸多不同之处，广场照明设计的重点是突出广场雕塑、树木及建筑物，在夜晚漆黑的背景下，用灯光把被照物的美感充分体现出来。另外要保证广场的照度达到规范指标，起到指示道路的作用。广场中各种元素，包括道路、建筑物、雕塑、艺术作品、标志物等的照明在很大程度上影响着城市广场的夜景，而各元素之间只有相互和谐才能共同创造出富有魅力的夜景。

因此，广场的夜景照明需要在把握整体设计原则的基础上，根据广场的现实条件，分析各景观元素的具体特征，通过整合空间内各种元素，协调好相互关系。

17.3　绘制城市广场景观设计平面图

本节讲解某城市中心广场景观设计平面图的绘制。

17.3.1　绘制西入口

西入口的轮廓线为半圆样式，可以利用C【圆】命令绘制。为了将半圆与道路轮廓线相连接，需要绘制弧线。广场地面铺装，通过利用【路径阵列】命令，可以快速地布置广场砖。

【练习17-1】：绘制西入口	
介绍绘制西入口的方法，难度：☆☆	
◎ 素材文件路径：素材\第17章\原始平面图.dwg	
◎ 效果文件路径：素材\第17章\城市广场景观设计总平面图.dwg	
◎ 视频文件路径：视频\第17章\17-1绘制西入口.MP4	

下面介绍绘制西入口的操作步骤。

01 单击快速访问工具栏中的【打开】按钮▣，打开"素材\第17章\原始平面图.dwg"，如图17-9所示。

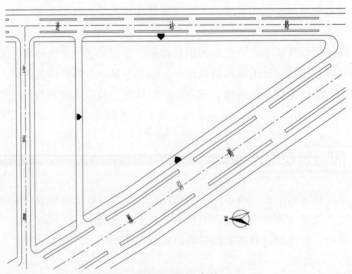

图17-9　打开素材

02 调用C【圆】命令，绘制半径为15263、15096的同心圆，表示西入口广场轮廓，圆心位置如图17-10所示。

03 调用TR【修剪】命令，修剪圆，并调用PL【多段线】命令，绘制多段线，如图17-11所示。

图17-10　绘制圆形

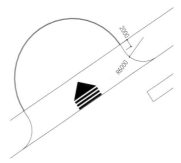

图17-11　绘制弧线段

04 绘制西入口广场铺装，调用O【偏移】命令，偏移广场内轮廓线，如图17-12所示。

05 调用REC【矩形】命令，绘制尺寸为1027×1666的矩形，表示广场砖。调用RO【旋转】命令、M【移动】命令，移动至合适的位置，如图17-13所示。

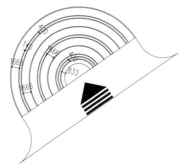

图17-12　偏移轮廓线

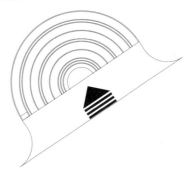

图17-13　绘制矩形

06 执行【修改】|【阵列】|【路径】命令，选择广场砖，指定外侧圆弧为阵列路径，设置阵列数为39，阵列距离为1230，阵列复制的结果如图17-14所示。

07 利用相同的方法完成西入口广场铺装的绘制，效果如图17-15所示。

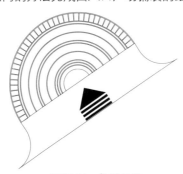

图17-14　复制矩形

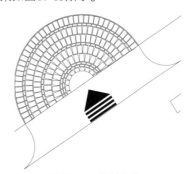

图17-15　绘制效果

17.3.2　绘制中心广场

　　中心广场的外轮廓样式为圆形，需要调用C【圆】命令绘制。在绘制圆形轮廓内部的造型线时，可以利用L【直线】命令。通过调用RO【旋转】命令，可以快速地调整图形的角度，或者创建图形副本。

【练习 17-2】: 绘制中心广场

介绍绘制中心广场的方法，难度：☆☆☆

素材文件路径：素材\第17章\原始平面图.dwg

效果文件路径：素材\第17章\城市广场景观设计总平面图.dwg

视频文件路径：视频\第17章\17-2 绘制中心广场.MP4

　　下面介绍绘制中心广场的操作步骤。

01 调用C【圆】命令，依次绘制半径为5000、4180、1589、692、335的同心圆。

02 调用H【图案填充】命令，在【图案填充和渐变色】对话框中选择SOLID图案，选择半径为335的圆为填充区域，填充图案的效果如图17-16所示。

03 调用L【直线】命令，捕捉圆上方象限点，绘制直线，连接半径为5000和4180的圆，如图17-17所示。

图17-16　填充图案

图17-17　绘制线段

04 调用【修改】|【阵列】|【环形阵列】命令，选择直线，指定圆心为阵列中心，设置阵列项目数为18，操作效果如图17-18所示。

05 调用L【直线】命令，绘制直线，连接半径为4180和1589的圆，如图17-19所示。

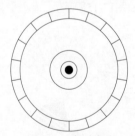

图17-18　复制线段

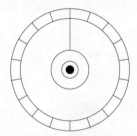

图17-19　绘制线段

06 调用RO【旋转】命令，在命令行中输入C，选择【复制】选项；指定旋转角度为11°和-11°，旋转复制直线，如图17-20所示。

07 调用EX【延伸】命令，延伸旋转直线，效果如图17-21所示。

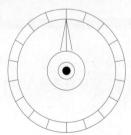

图17-20　旋转复制线段

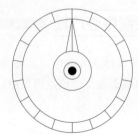

图17-21　延伸直线

08 调用E【删除】命令，删除连接直线，如图17-22所示。

09 执行【修改】|【阵列】|【环形阵列】命令，选择直线，指定圆心为阵列中心，设置阵列项目数为9，操作效果如图17-23所示。

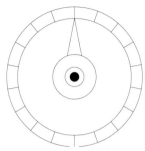

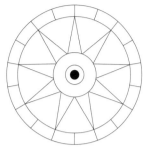

图17-22　删除线段　　　　　　　　　图17-23　复制效果

10 调用O【偏移】命令，设置偏移距离为400，选择半径为5000的圆形，向外偏移五次，效果如图17-24所示。

11 调用C【圆】命令，拾取半径为5000的圆心，绘制半径为29359的圆。调用O【偏移】命令，选择圆向内偏移150，效果如图17-25所示。

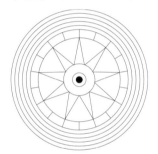

图17-24　偏移圆形　　　　　　　　　图17-25　绘制效果

12 调用L【直线】命令，捕捉圆象限点，绘制直线连接圆。调用TR【修剪】命令，修剪图形，如图17-26所示。

13 调用C【圆】命令，绘制半径为13810的圆。调用O【偏移】命令，将其向外偏移，如图17-27所示。

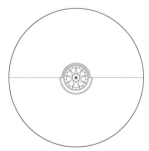

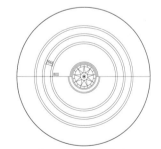

图17-26　修剪图形　　　　　　　　　图17-27　偏移图形

14 调用TR【修剪】命令，修剪圆。调用L【直线】命令，捕捉圆象限点，绘制辅助线。调用O【偏移】命令，设置偏移距离为200，将直线左右偏移，效果如图17-28所示。

15 调用RO【旋转】命令，设置旋转角度为30°，旋转复制中间的辅助线，效果如图17-29所示。

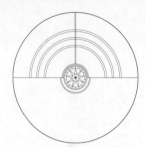

图17-28　绘制并偏移线段

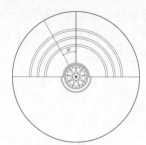

图17-29　旋转复制线段

16 调用RO【旋转】命令、O【偏移】命令，旋转复制线段，并偏移线段，如图17-30所示。

17 调用MI【镜像】命令，指定过圆心的垂直直线为镜像线，向右镜像复制图形，如图17-31所示。

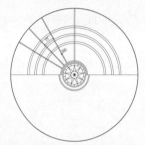

图17-30　旋转复制并偏移线段

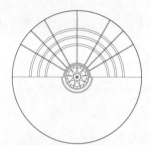

图17-31　复制图形

18 调用REC【矩形】命令，绘制尺寸为1900×1900的矩形。调用O【偏移】命令，选择矩形，向内偏移240，表示树池。

19 调用RO【旋转】命令，设置旋转角度-15°，旋转图形。调用M【移动】命令，移动树池至合适的位置，如图17-32所示。

20 调用CO【复制】命令，复制树池，如图17-33所示。

图17-32　移动树池

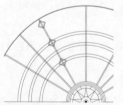

图17-33　复制树池

21 调用【旋转】命令，指定同心圆的圆心为基点，旋转复制树池图形，效果如图17-34所示。

22 调用MI【镜像】命令，向右镜像复制树池，效果如图17-35所示。

图17-34　复制树池

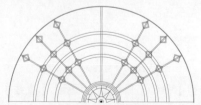

图17-35　镜像复制树池

23 调用TR【修剪】命令，修剪树池与广场铺装交叉处图形，修剪效果如图17-36所示。

24 使用类似的方法，绘制中心广场其他位置的树池，铺装，效果如图17-37所示。

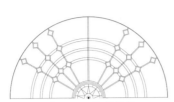

图17-36　修剪效果

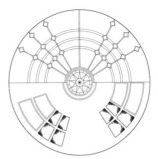

图17-37　绘制效果

㉕ 调用O【偏移】命令，绘制辅助线，如图17-38所示。

㉖ 调用M【移动】命令，以中心广场图形的中心为基点，将其移动至辅助线交点处。调用TR【修剪】命令，对图形进行整理，中心广场最终效果如图17-39所示。

图17-38　绘制辅助线

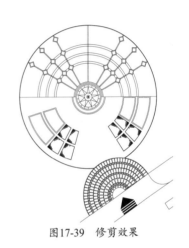

图17-39　修剪效果

17.3.3　绘制北入口

　　北入口的轮廓线样式为弧形，通过利用C【圆】命令与TR【修剪】命令绘制。在利用SPL【样条曲线】命令绘制地面铺装图案时，可以先绘制一侧的图案。再调用MI【镜像】命令，复制图形的副本，得到另一侧的铺装图案。

【练习17-3】：绘制北入口

介绍绘制北入口的方法，难度：☆☆
素材文件路径：素材\第17章\原始平面图.dwg
效果文件路径：素材\第17章\城市广场景观设计总平面图.dwg
视频文件路径：视频\第17章\17-3 绘制北入口.MP4

　　下面介绍绘制北入口的操作步骤。

01 调用L【直线】命令，绘制过中心广场外圆左侧象限点的水平直线。调用O【偏移】命令，偏移辅助线。调用C【圆】命令，绘制半径为14303的圆，表示北入口广场轮廓，并以圆右侧象限点为基点，将圆移动至辅助线与水平直线的交点处，如图17-40所示。

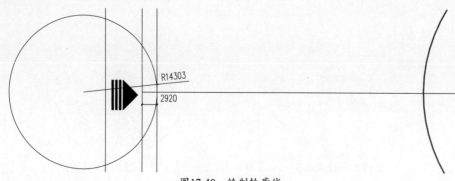

图17-40　绘制轮廓线

02 调用TR【修剪】命令，修剪北入口广场轮廓，如图17-41所示。

03 调用O【偏移】命令，设置偏移距离为1668，偏移修剪后的轮廓线。执行EX【延伸】命令，延伸偏移圆弧，如图17-42所示。

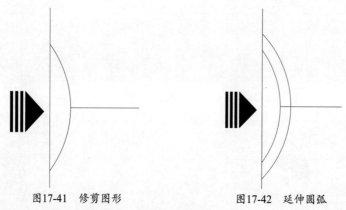

图17-41　修剪图形　　　　　　　　　　　　图17-42　延伸圆弧

04 调用PL【多段线】命令，绘制如图17-43所示的弧线。

05 调用O【偏移】命令，设置偏移距离为167，将绘制的图形向内偏移。执行MI【镜像】命令，镜像复制图形，如图17-44所示。

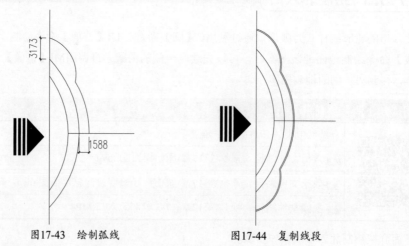

图17-43　绘制弧线　　　　　　　　　　　　图17-44　复制线段

06 调用H【图案填充】命令，选择预定义图案AR-B88，设置比例为3，角度为90°，如图17-45所示。

07 拾取填充区域，填充入口地面铺装图案，如图17-46所示。

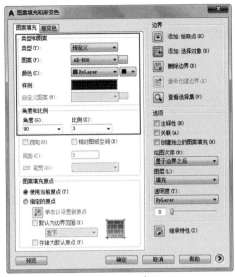

图17-45　设置参数

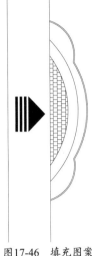

图17-46　填充图案

08 调用SPL【样条曲线】命令，绘制铺装图案，效果如图17-47所示。

09 调用O【偏移】命令，设置偏移距离为167，偏移样条曲线，如图17-48所示。

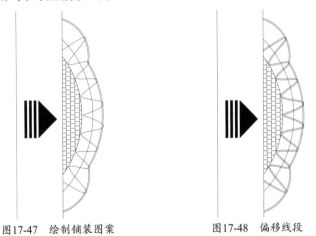

图17-47　绘制铺装图案　　　　　　　　图17-48　偏移线段

17.3.4　绘制东入口及小广场铺装

在绘制小广场的时候，首先应绘制广场的外轮廓线。例如鸽子广场的外轮廓样式为矩形，可以调用REC【矩形】命令绘制。休闲小广场的外轮廓样式为圆形，可以调用C【圆】命令绘制。确定好外轮廓后，就可以调用各类绘制或者编辑命令，在轮廓线内部绘制图形。

【练习17-4】：绘制东入口及小广场铺装

介绍绘制东入口及小广场铺装的方法，难度：☆☆☆
素材文件路径：素材\第17章\原始平面图.dwg
效果文件路径：素材\第17章\城市广场景观设计总平面图.dwg
视频文件路径：视频\第17章\17-4 绘制东入口及小广场铺装.MP4

下面介绍绘制东入口及小广场铺装的操作步骤。

01 绘制东入口广场轮廓线。调用C【圆】命令，绘制半径为21085的圆形。调用TR【修剪】命令，修剪图形。

02 调用O【偏移】命令，设置偏移距离为300，选择弧线向内偏移，绘制效果如图17-49所示。

03 绘制鸽子广场。调用REC【矩形】命令，绘制矩形。然后调用O【偏移】命令，设置偏移距离为167，偏移矩形表示鸽子广场外轮廓，如图17-50所示。

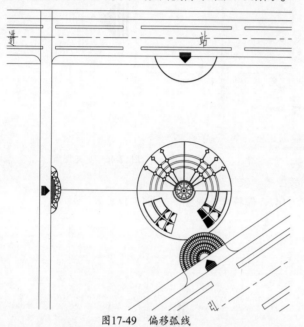

图17-49　偏移弧线

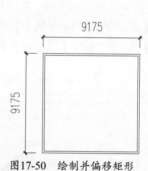

图17-50　绘制并偏移矩形

04 调用REC【矩形】命令，拾取鸽子广场最外侧轮廓右下角点为第一个角点，绘制矩形。

05 调用O【偏移】命令，设置偏移距离为167，向内偏移矩形。调用TR【修剪】命令，整理图形，如图17-51所示。

06 调用REC【矩形】命令，绘制尺寸为1000×1000的矩形。调用O【偏移】命令，选择矩形向内偏移100。

07 然后调用L【直线】命令，在矩形内部绘制对角线。调用CO【复制】命令，复制图形，效果如图17-52所示。

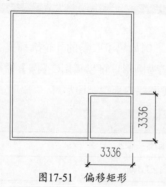

图17-51　偏移矩形

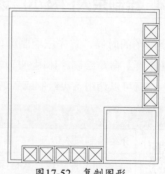

图17-52　复制图形

08 调用PL【多段线】命令，绘制线段连接图形，如图17-53所示。

09 调用L【直线】命令、O【偏移】命令，绘制辅助线，如图17-54所示。

图17-53　绘制多段线

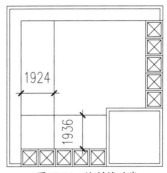

图17-54　绘制辅助线

10 调用L【直线】命令，以辅助线交点为基点，绘制发散直线，效果如图17-55所示，鸽子广场绘制完成。

11 绘制休闲小广场。调用C【圆】命令，绘制半径分别为225、1696、2446的同心圆，如图17-56所示。

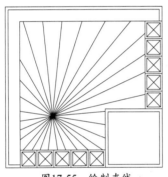

图17-55　绘制直线

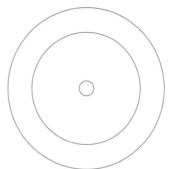

图17-56　绘制圆形

12 调用EL【椭圆】命令，随意绘制椭圆。调用CO【复制】命令，复制椭圆，表示广场铺装，如图17-57所示。

13 调用A【圆弧】命令，绘制圆弧，表示广场图案样式，如图17-58所示。

图17-57　绘制并复制椭圆

图17-58　绘制圆弧

14 调用【修改】|【阵列】|【环形阵列】命令，选择在上一步骤所绘制的圆弧；指定同心圆的圆心为阵列中心，设置阵列项目数为12，操作效果如图17-59所示。

15 调用REC【矩形】命令，绘制尺寸为510×500的矩形，并移动其至合适位置，如图17-60所示。

图17-59 复制图形

图17-60 绘制并移动矩形

16 调用【修改】|【阵列】|【环形阵列】命令，选择在上一步骤所绘制的矩形；指定同心圆的圆心为阵列中心，设置阵列项目数为36，操作效果如图17-61所示。

17 调用REC【矩形】命令，绘制尺寸为530×2405的矩形。然后将其进行环形阵列，设置阵列项目数为36，如图17-62所示。

图17-61 复制矩形

图17-62 绘制矩形

18 调用C【圆】命令，绘制半径为6450的圆，并将其向内偏移322，如图17-63所示。

19 调用L【直线】命令，绘制直线，如图17-64所示。

图17-63 绘制圆形

图17-64 绘制线段

20 执行【修改】|【阵列】|【环形阵列】命令，选择在上一步骤所绘制的线段；指定同心圆的圆心为阵列中心，设置阵列项目数为72，操作结果如图17-65所示。

21 调用TR【修剪】命令，修剪图形，如图17-66所示。

22 调用C【圆】命令，绘制半径为8918的圆形，如图17-67所示。

23 调用O【偏移】命令，设置偏移距离分别为60、1440，选择圆形向内偏移，如图17-68所示。

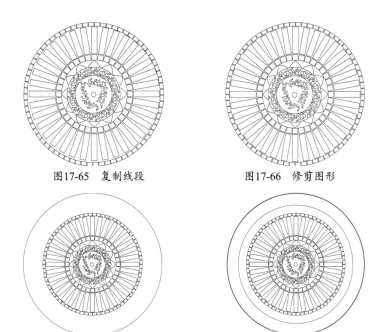

图17-65　复制线段　　　　　　　　　图17-66　修剪图形

图17-67　绘制圆形　　　　　　　　　图17-68　偏移圆形

24 调用L【直线】命令，绘制线段，如图17-69所示。

25 调用【修改】|【阵列】|【环形阵列】命令，选择在上一步骤所绘制的线段；指定同心圆的圆心为阵列中心，设置阵列项目数为36，操作结果如图17-70所示。

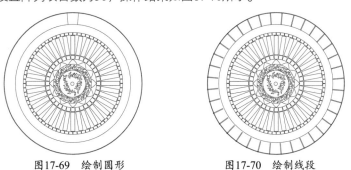

图17-69　绘制圆形　　　　　　　　　图17-70　绘制线段

26 调用X【分解】命令，分解阵列结果。调用EX【延伸】命令、TR【修剪】命令，编辑图形，效果如图17-71所示。

27 调用C【圆】命令，绘制半径为9764的圆形。调用O【偏移】命令，设置偏移距离为166，选择圆形向内偏移，效果如图17-72所示。休闲小广场绘制完毕。

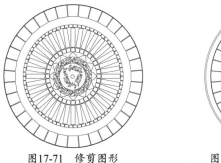

图17-71　修剪图形　　　　　　　　　图17-72　绘制并偏移圆形

梯形绿地和晨练广场的绘制方法大同小异，读者可以灵活运用前面所学的方法自行绘制，这里不再赘述，最后可调用M【移动】、RO【旋转】等命令，将绘制好的小广场移动至平面图中合适的位置，效果如图17-73所示。

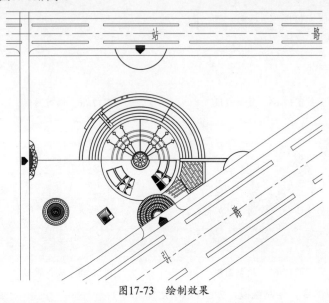

图17-73　绘制效果

17.3.5　绘制停车场

绘制停车场，主要利用REC【矩形】命令绘制外轮廓。接着利用O【偏移】命令、TR【修剪】命令，绘制停车位。

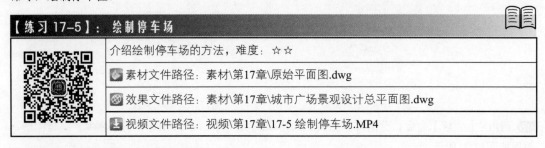

【练习17-5】：绘制停车场

介绍绘制停车场的方法，难度：☆☆
素材文件路径：素材\第17章\原始平面图.dwg
效果文件路径：素材\第17章\城市广场景观设计总平面图.dwg
视频文件路径：视频\第17章\17-5 绘制停车场.MP4

下面介绍绘制停车场的操作步骤。

01 调用REC【矩形】命令，绘制停车场外轮廓，调用X【分解】命令，分解矩形。然后调用O【偏移】命令，将矩形右侧边和下侧边向内偏移500，结果如图17-74所示。

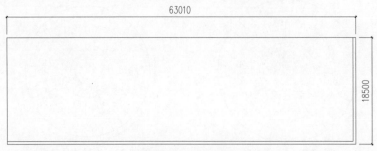

图17-74　绘制结果

02 调用O【偏移】命令，将偏移得到的垂直线段依次向左偏移，结果如图17-75所示。

2000 5000　4010　5000 1480 5000　4020　5000 1480 5000　4020　5000 1480 5000　4020　5000 500

图17-75　偏移线段

03 调用O【偏移】命令，依次将偏移得到的水平线段向上偏移3000，绘制结果如图17-76所示。

图17-76　偏移线段

04 调用TR【修剪】命令，修剪多余直线。再调用E【删除】命令删除多余线段，绘制结果如图17-77所示。

图17-77　绘制结果

05 调用REC【矩形】命令，绘制1480×1480的矩形，表示树池轮廓。调用O【偏移】命令，选择轮廓向内偏移240。

06 调用CO【复制】命令，将树池图形复制至停车场各处。最后图形绘制完成后，将其移动至平面图东北方向，效果如图17-78所示。

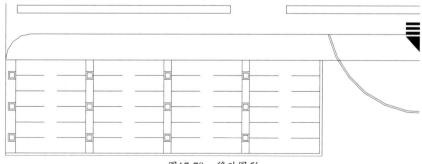

图17-78　移动图形

另一处停车位位于平面图西北方向，绘制方法比较简单，前面均有介绍，这里就不一一介绍了，效果如图17-79所示。

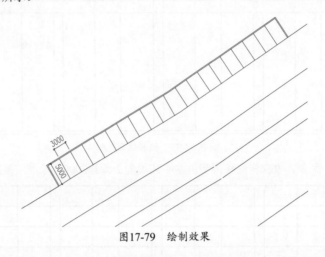

图17-79　绘制效果

17.3.6　绘制园路

绘制横平竖直的园路，主要利用L【直线】命令。绘制弯曲的园路，需要调用SPL【样条曲线】命令。调用O【偏移】命令，偏移直线或者曲线，即可完成园路的绘制。

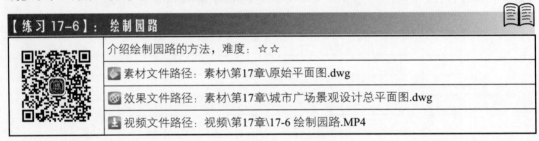

【练习17-6】：　绘制园路	
介绍绘制园路的方法，难度：☆☆	
素材文件路径：素材\第17章\原始平面图.dwg	
效果文件路径：素材\第17章\城市广场景观设计总平面图.dwg	
视频文件路径：视频\第17章\17-6 绘制园路.MP4	

下面介绍绘制园路的操作步骤。

01 绘制北入口道路。调用O【偏移】命令，偏移直线，如图17-80所示。

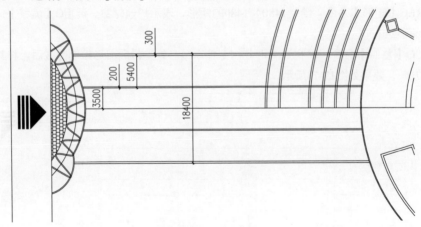

图17-80　偏移直线

02 调用E【删除】命令，删除多余直线。调用H【图案填充】命令，选择预定义AR-B88图案，设置填充比例为3，角度为90°，填充路面，如图17-81所示。

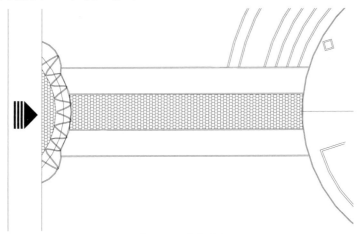

图17-81　填充图案

03 调用REC【矩形】命令、O【偏移】命令以及CO【复制】命令，绘制树池，效果如图17-82所示。

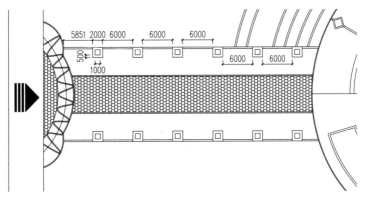

图17-82　绘制树池

04 绘制东入口道路。调用L【直线】命令，过中心广场绘制垂直直线，如图17-83所示。

05 调用O【偏移】命令，左右偏移垂直直线，如图17-84所示。

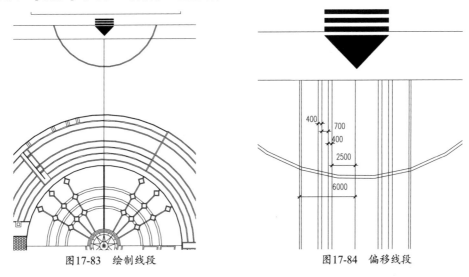

图17-83　绘制线段　　　　　　　图17-84　偏移线段

06 调用TR【修剪】命令，修剪多余直线，效果如图17-85所示。

07 调用L【直线】命令、O【偏移】命令，绘制直线，效果如图17-86所示。

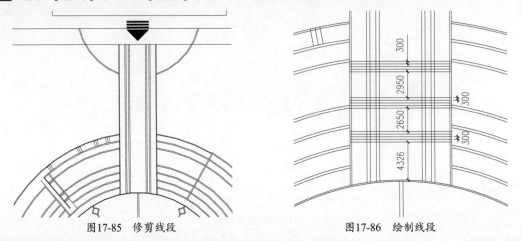

图17-85　修剪线段　　　　　　　　　　　图17-86　绘制线段

08 调用REC【矩形】命令、O【偏移】命令以及CO【复制】命令，绘制矩形树池，绘制效果如图17-87所示。

09 绘制次级园路。调用L【直线】命令，过中心广场圆心，绘制角度为30°的直线。调用O【偏移】命令，依次上下偏移直线1800、200，如图17-88所示。

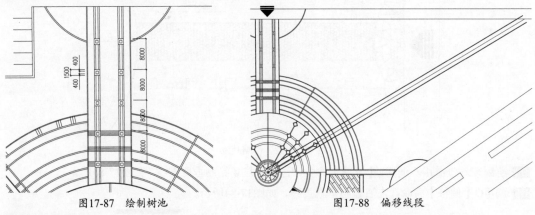

图17-87　绘制树池　　　　　　　　　　　图17-88　偏移线段

10 调用TR【修剪】命令，修剪多余直线，完成此条园路的绘制，如图17-89所示。

11 绘制自然园路。调用A【圆弧】命令，绘制圆弧。调用O【偏移】命令，选择圆弧向外偏移200，表示园路入口，如图17-90所示。

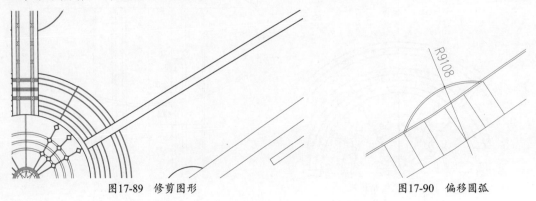

图17-89　修剪图形　　　　　　　　　　　图17-90　偏移圆弧

12 调用SPL【样条曲线】命令，绘制道路轴线，如图17-91所示。

13 此处，自然园路宽度为2000，道牙宽度为250。调用O【偏移】命令，将道路轴线向左右偏移，并做适当的修剪整理，绘制效果如图17-92所示。

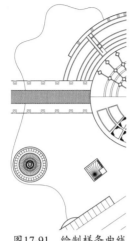

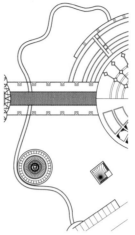

图17-91　绘制样条曲线　　　　　　　　图17-92　偏移曲线

14 绘制汀步小径。调用C【圆】命令，绘制小圆，表示汀步，连接梯形绿地和自然园路，如图17-93所示。

15 使用相同的方法，绘制其他区域的汀步小径，如图17-94所示。

图17-93　绘制汀步　　　　　　　　图17-94　绘制结果

　　主要的园路绘制完成后，可使用类似的方法，完成小园路及一些铺地的绘制，如台地、健康步道、嵌草铺地等，效果如图17-95所示。

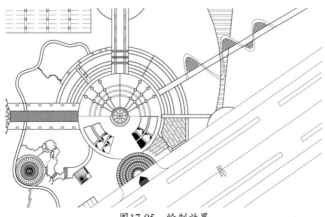

图17-95　绘制效果

17.3.7　绘制园林建筑小品

园林建筑小品的类型包括卫生间、凉亭、灯具以及廊架、山石等。调用绘制命令与编辑命令可以绘制这些图形。一些较为复杂的图形，在绘制完毕后，可以将图形创建成块，方便以后在制图的过程中调用。

【练习17-7】：绘制园林建筑小品	
	介绍绘制园林建筑小品的方法，难度：☆☆☆
	素材文件路径：素材\第17章\原始平面图.dwg
	效果文件路径：素材\第17章\城市广场景观设计总平面图.dwg
	视频文件路径：视频\第17章\17-7 绘制园林建筑小品.MP4

下面介绍绘制园林建筑小品的操作步骤。

01 绘制公厕。调用REC【矩形】命令，绘制矩形。调用RO【旋转】命令，将矩形旋转45°。

02 调用O【偏移】命令，选择矩形向内偏移300，如图17-96所示。

03 调用PL【多段线】命令，绘制多段线。调用O【偏移】命令，选择多段线向内偏移300。

04 调用TR【修剪】命令，修剪多段线与矩形相交的部分，结果如图17-97所示。

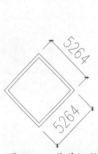

图17-96　偏移矩形

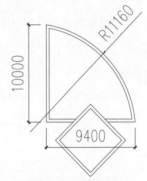

图17-97　修剪图形

05 调用PL【多段线】命令，绘制如图17-98所示的多段线。

06 调用M【移动】命令，将图形移动至合适的位置。调用O【偏移】命令，选择多段线向内偏移200。调用TR【修剪】命令，修剪多余线条，如图17-99所示。

图17-98　绘制多段线

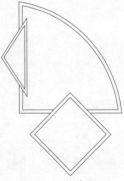

图17-99　修剪图形

07 调用L【直线】命令，绘制图形。调用O【偏移】命令，设置偏移距离为200，偏移线段，如

图17-100所示。

08 调用MI【镜像】命令，镜像复制图形，公厕图形绘制完成，如图17-101所示。

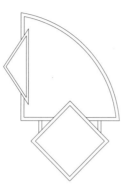
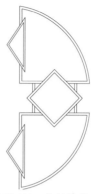

图17-100　偏移线段　　　　　　　　图17-101　复制图形

09 调用M【移动】命令，将绘制好的公厕移动至平面图中。调用REC【矩形】命令，绘制入口踏步，如图17-102所示。

10 绘制凉亭。调用REC【矩形】命令，绘制尺寸为3500×3500的矩形。

11 调用O【偏移】命令，设置偏移距离分别为120、300、120、300、120、300、120，选择矩形依次向内偏移，如图17-103所示。

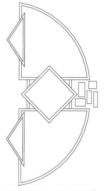
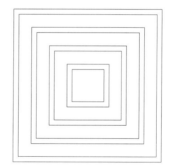

图17-102　绘制踏步　　　　　　图17-103　偏移矩形

12 调用L【直线】命令，绘制对角线。执行【修改】|【拉长】命令，将对角线拉长354，如图17-104所示。

13 调用O【偏移】命令，选择对角线左右偏移75。调用L【直线】命令，绘制直线将连接对角线。调用TR【修剪】命令，修剪多余线段，结果如图17-105所示。结束凉亭的绘制。

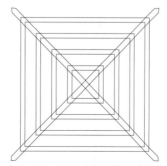

图17-104　绘制对角线　　　　　图17-105　偏移对角线并修剪线段

▐14▌ 调用SPL【样条曲线】命令、O【偏移】命令，绘制凉亭地面铺装轮廓线，如图17-106所示。

▐15▌ 调用H【图案填充】命令，在命令行中输入T，选择【设置】选项，打开【图案填充和渐变色】对话框。选择图案，设置填充参数，如图17-107所示。

图17-106　绘制轮廓线　　　　　　　　　　图17-107　设置参数

▐16▌ 拾取填充区域，填充图案的效果如图17-108所示。

▐17▌ 调用CO【复制】命令、RO【旋转】命令，将凉亭复制至地面铺装合适的位置，如图17-109所示。

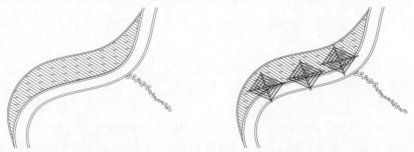

图17-108　填充图案　　　　　　　　图17-109　复制图形

　　灯具、廊架、山石等的绘制方法，前面章节均有介绍，这里就不一一讲解了，其插入平面图中的效果如图17-110、图17-111、图17-112所示。

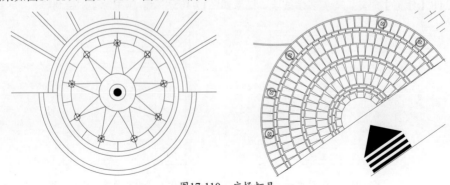

图17-110　广场灯具

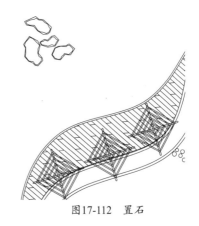

图17-111 廊架 图17-112 置石

17.3.8 绘制水体和等高线

绘制水体与等高线都可以利用SPL【样条曲线】功能来绘制。绘制完毕外轮廓后，可以调用O【偏移】命令，偏移轮廓线，即可完成水体或等高线的绘制。在绘制等高线的时候，要注意线型的设置。

【练习17-8】： 绘制水体和等高线	
介绍绘制水体和等高线的方法，难度：☆☆	
📄 素材文件路径： 素材\第17章\原始平面图.dwg	
🎯 效果文件路径： 素材\第17章\城市广场景观设计总平面图.dwg	
⬇ 视频文件路径： 视频\第17章\17-8 绘制水体和等高线.MP4	

下面介绍绘制水体和等高线的操作步骤。

01 绘制水体。调用SPL【样条曲线线】命令，绘制轮廓线，并调整其形状，表示水体轮廓，如图17-113所示。

02 调用O【偏移】命令，设置偏移距离为500，选择轮廓线向内偏移两次，并将最外侧轮廓线的线宽修改为0.3mm，水体绘制效果如图17-114所示。

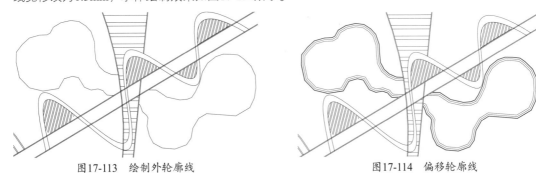

图17-113 绘制外轮廓线 图17-114 偏移轮廓线

03 绘制等高线。绘制等高线的方法与绘制水体的方法类似，这里调用SPL【样条曲线】命令绘制，并注意等高线的线型，效果如图17-115所示。

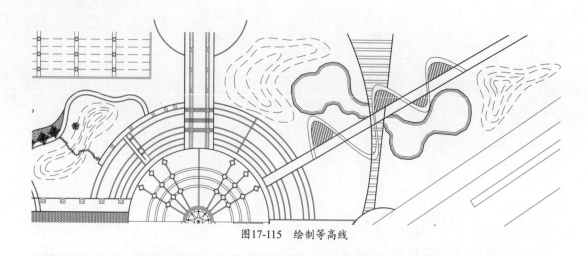

图17-115 绘制等高线

17.3.9 绘制植物

在园林平面图的绘制过程中，植物的绘制，主要是乔木图例的插入和灌木丛的绘制，灌木丛的绘制主要使用【修订云线】命令或SPL【样条曲线】命令绘制，乔木则一般不一一绘制，而是通过插入已经创建好的植物图块，植物最终绘制效果如图17-116所示。

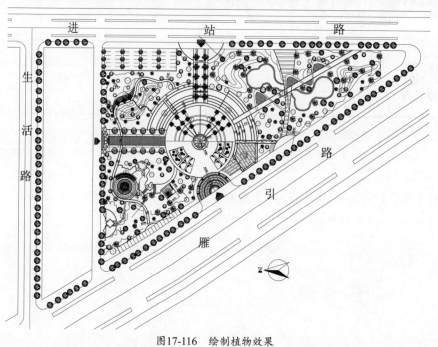

图17-116 绘制植物效果

17.3.10 标注

标注内容主要有文字说明的标注、道路转弯半径及道路宽度的标注、图名标注等，至此城市广场景观设计总平面图绘制完成，效果如图17-117所示。

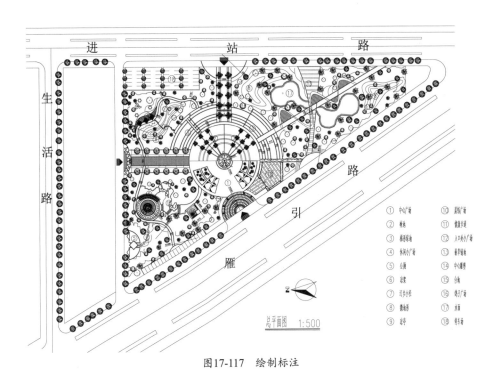

图17-117　绘制标注

17.4　思考与练习

沿用本章介绍的方法，调用L【直线】命令、C【圆】命令以及TR【修剪】命令，绘制规划路左侧的多边形花园，如图17-118所示。

道路植被的布置结果以及地面铺装图案的绘制结果，请查看本书配备资源中的"素材\第17章\习题\17.4 道路植被及铺装图案.dwg"文件。

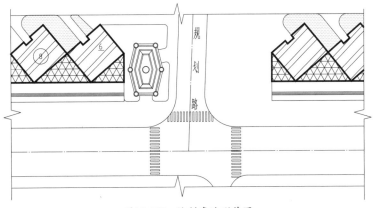

图17-118　绘制多边形花园

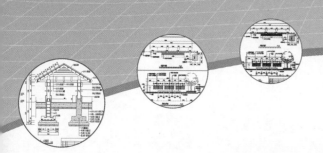

对园林景观施工图而言，输出工具主要为打印机，打印输出的图纸将成为施工人员施工的依据。

园林景观施工图使用的图纸规格有多种，一般采用A2和A3图纸进行打印，当然也可根据需要选用其他不同规格的纸张。在打印之前，需要做的准备工作是确定纸张大小、输出比例以及打印线宽、颜色等相关内容。图形的打印线宽、颜色等属性，均可通过打印样式进行控制。在打印之前，需要对图形进行认真检查、核对，在确定正确无误之后方可打印。

18.1　模型空间打印

打印有模型空间打印和图纸空间打印两种方式。模型空间打印指的是在模型空间进行打印设置和打印；图纸空间打印指的是在布局中进行打印设置和打印。

第一次启动AutoCAD时，默认进入的是模型空间，平时的绘图工作也都是在模型空间完成的。单击AutoCAD窗口底部状态栏快速查看布局按钮，即可打开快速查看面板，该面板显示了当前图形所有布局预览图和一个模型空间预览图，如图18-1所示，单击某个预览图即可快速进入该工作空间。

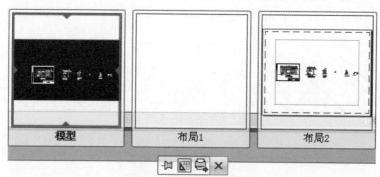

模型　　　　　　　　布局1　　　　　　　　布局2

图18-1　快速查看面板

18.1.1　调用图签

施工图在打印输出时，需要为其加上图框，以注明图纸名称、设计人员、绘图人员、绘图日期等内容。图框在前面的章节中已经绘制，并定义成块，这里可以直接将其复制过来。

介绍调用图签的方法，难度：☆

素材文件路径：素材\第14章\凉亭A-A剖面图.dwg

效果文件路径：素材\第18章\18-1 调用图签-OK.dwg

视频文件路径：视频\第18章\18-1 调用图签.MP4

下面介绍调用图签的操作步骤。

01 单击快速访问工具栏中的【打开】按钮，打开"素材\第14章\凉亭A-A剖面图.dwg"图形。

02 打开"素材\第18章\图框.dwg"文件，如图18-2所示，并将其复制至剖面图中。

03 调用SC【缩放】命令，设置比例为30，将图框放大30倍，并移动至合适的位置，最终效果如图18-3所示，图框调用完成。

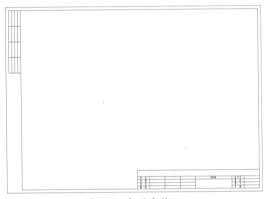

图18-2　打开文件　　　　　　　　　　图18-3　调入图签

由于图框是按1：1的比例绘制的，即图框大小为420×297（A3图纸），而本平面布置图的绘图比例同样是1：1，其图形尺寸约为5600×7000。为了使图形能够打印在图框之内，需要将图框放大，或者将图形缩小，缩放比例为1：30（与该图的尺寸标注比例相同）。

为了保持图形的实际尺寸不变，这里将图框放大，放大比例为30。

18.1.2　模型空间页面设置

通过页面设置，可以控制纸张大小、打印范围、打印样式等，下面介绍具体操作方法。

介绍页面设置的方法，难度：☆☆

素材文件路径：素材\第18章\18-1 调用图签-OK.dwg

效果文件路径：素材\第18章\18-2 页面设置-OK.dwg

视频文件路径：视频\第18章\18-2 页面设置.MP4

页面设置延续使用练习18-1完成后的图形。

01 选择【文件】|【页面设置管理器】命令，打开【页面设置管理器】对话框，如图18-4所示。

02 单击【新建】按钮，打开【新建页面设置】对话框。在【新页面设置名】文本框中输入

"A3"为页面设置名称，如图18-5所示。

图18-4　【页面设置管理器】对话框

图18-5　设置名称

03 单击【确定】按钮，打开【页面设置-模型】对话框。在对话框的【打印机/绘图仪】选项区中选择用于打印当前图纸的打印机，在【图纸尺寸】选项区中选择A3类图纸，如图18-6所示。

04 在【打印样式表（画笔指定）】下拉列表中选择系统自带的monochrome.ctb，如图18-7所示，使打印出的图形线条全部为黑色。在随后弹出的【问题】对话框中单击【是】按钮。

图18-6　选择打印机和尺寸

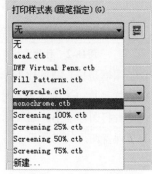

图18-7　选择打印样式

05 设置可打印区域。单击【打印机/绘图仪】选项组中的【特性】按钮，系统弹出如图18-8所示的【绘图仪配置编辑器-DWG To PDF.pc3】对话框。

06 选择【设备和文档设置】选项卡，选择【修改标准图纸尺寸（可打印区域）】选项，然后在【修改标准图纸尺寸】下拉列表中选择ISOA3选项，如图18-9所示。

07 单击【修改】按钮，系统弹出【自定义图纸尺寸-可打印区域】对话框，修改可打印区域参数，效果如图18-10所示。

08 单击【下一步】按钮，然后单击【完成】按钮，系统返回【绘图仪配置编辑器】对话框，单击【确定】按钮，完成可打印区域的设置。

09 选中【打印选项】选项组中的【按样式打印】复选框，使打印样式生效，否则图形将按其自身的特性进行打印，如图18-11所示。

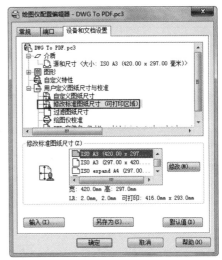

图18-8　绘图仪配置编辑器对话框　　　　　图18-9　选择图纸尺寸

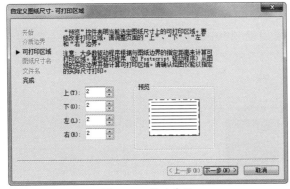

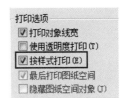

图18-10　修改参数　　　　　　　图18-11　选择选项

10 选中【打印比例】选项组中的【布满图纸】复选框，图形将根据图纸尺寸和图形在图纸中的位置成比例缩放，在【图形方向】选项组中设置图形打印方向为横向，如图18-12所示。

11 单击【确定】按钮，返回【页面设置管理器】对话框，此时在该对话框中已增加了页面设置A3，选择该页面设置，单击【置为当前】按钮，如图18-13所示。

12 单击【关闭】按钮，关闭【页面设置管理器】对话框。

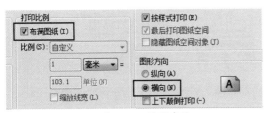

图18-12　设置参数　　　　　　　　图18-13　创建样式

18.1.3 打印输出

当图形绘制完成，图框插入后，这时候再经过页面设置，就可以将图纸打印出图了。下面介绍打印出图的具体方法。

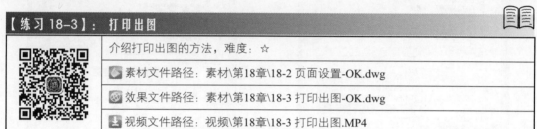

【练习18-3】：	打印出图
	介绍打印出图的方法，难度：☆
	素材文件路径：素材\第18章\18-2 页面设置-OK.dwg
	效果文件路径：素材\第18章\18-3 打印出图-OK.dwg
	视频文件路径：视频\第18章\18-3 打印出图.MP4

打印出图延续使用页面设置后的图形。

01 选择【文件】|【打印】命令，打开【打印-模型】对话框，在【页面设置】选项组的【名称】下拉列表框中选择前面创建的A3，在【打印机/绘图仪】选项组的【名称】下拉列表框中选择配置的打印机型号，如图18-14所示。

02 在【打印偏移（原点设置在可打印区域）】选项组中选中【居中打印】复选框，如图18-15所示。

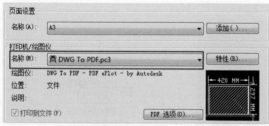

图18-14　选择打印机

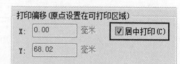

图18-15　选择选项

03 在【打印区域】选项组中单击【打印范围】下拉按钮，选择【窗口】选项，如图18-16所示。

04 系统返回绘图区域中，拾取图框的左上角点和右下角点作为打印范围角点，返回【打印-模型】对话框。单击【预览】按钮，预览打印效果，如图18-17所示。

05 如果预览效果满意，即可单击鼠标右键，在弹出的快捷菜单中选择【打印】命令，打印图形。

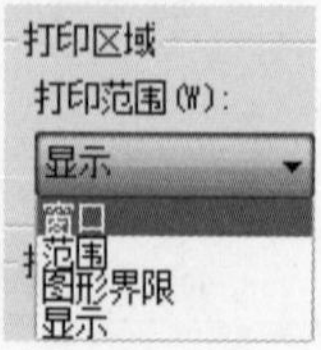

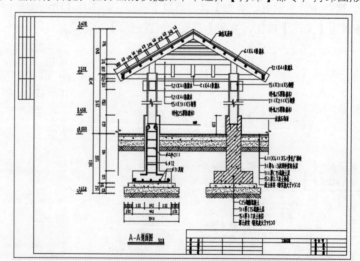

图18-16　选择【窗口】选项

图18-17　打印预览

18.2　图纸空间打印

模型空间打印方式用于单比例图形打印比较方便，当需要在一张图纸中打印输出不同比例的图形时，可使用图纸空间打印方式。本节以第16章的花架详图为例，介绍图形在图纸空间中的打印方法。

18.2.1　进入布局空间

要在图纸空间打印图形，必须在布局中对图形进行设置。单击绘图区域左下角的【布局1】按钮，快速进入布局空间。或者在"布局"按钮上单击鼠标右键，在弹出的快捷菜单中选择【新建布局】命令，如图18-18所示，创建新的布局。

当第一次进入布局时，系统会自动创建一个视口，该视口一般不符合我们的要求，可以将其删除，删除后的效果如图18-19所示。

图18-18　选择命令

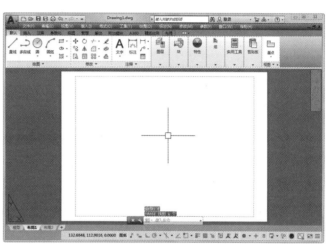

图18-19　进入布局空间

18.2.2　图纸空间页面设置

在图纸空间打印，需要重新进行页面设置。

【练习18-4】：页面设置

| 介绍页面设置的方法，难度：☆ |
| 素材文件路径：素材\第14章\景墙详图.dwg |
| 效果文件路径：素材\第18章\18-4 页面设置-OK.dwg |
| 视频文件路径：视频\第18章\18-4 页面设置.MP4 |

下面介绍页面设置的操作步骤。

01 单击快速访问工具栏中的【打开】按钮，打开"素材\第14章\景墙详图.dwg"素材文件。

02 在【布局1】选项卡上单击鼠标右键，从弹出的快捷菜单中选择【页面设置管理器】命令，如图18-20所示。

03 弹出【页面设置管理器】对话框，单击【新建】按钮，弹出【新建页面设置】对话框，创建新的页面设置【A3-图纸空间】，如图18-21所示。

图18-20　选择命令

图18-21　设置名称

04 单击【确定】按钮，打开【页面设置-布局1】对话框，设置参数，如图18-22所示。

图18-22　设置参数

05 设置完成后单击【确定】按钮，关闭页面设置对话框。在【页面设置管理器】对话框中选择【A3-图纸空间】选项，如图18-23所示。单击【置为当前】按钮，将该页面设置应用到当前布局。

图18-23　将样式置为当前

18.2.3 创建多个视口

通过创建视口，可将多个图形以不同的打印比例布置在同一张图纸上。创建视口的命令有
VPORTS与SOLVIEW，下面介绍使用VPORTS命令创建视口的方法，将花架详图用不同比例打印在同
一张图纸内。

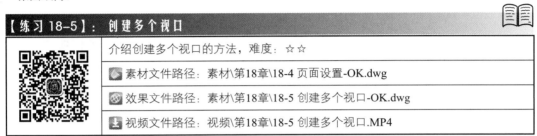

【练习18-5】：创建多个视口	
	介绍创建多个视口的方法，难度：☆☆
	素材文件路径：素材\第18章\18-4 页面设置-OK.dwg
	效果文件路径：素材\第18章\18-5 创建多个视口-OK.dwg
	视频文件路径：视频\第18章\18-5 创建多个视口.MP4

下面介绍创建多个视口的操作步骤。

01 创建一个【视口】图层，并设置为当前图层，如图18-24所示。

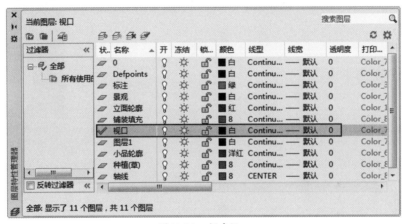

图18-24　新建视口

02 创建第一个视口。调用VPORTS【创建视口】命令，打开【视口】对话框，如图18-25所示。

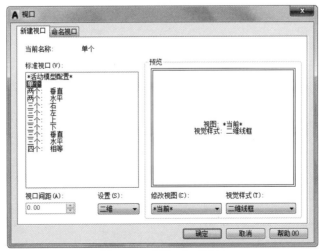

图18-25　【视口】对话框

03 在【标准视口】列表框中选择【单个】选项，单击【确定】按钮，在布局内拖动鼠标创建一个
视口，如图18-26所示，该视口用于显示【景墙平面图】。

04 在创建的视口中双击鼠标，进入模型空间状态，处于模型空间状态的视口边框以粗线显示。

05 在【视口】工具栏中将图形比例调整为1∶50，调用PAN命令平移视图，使【景墙平面图】在
视口中显示出来。视口的比例应根据图纸的尺寸进行适当设置。这里设置为1∶50，如图18-27所
示。以适合于A3图纸。如果为其他尺寸图纸，则应做相应调整。

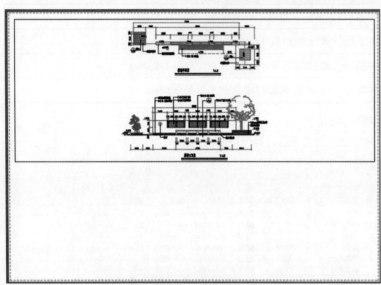

图18-26　创建视口　　　　　　　　　　　　　　　　图18-27　选择比例

06 调整比例的效果如图18-28所示。

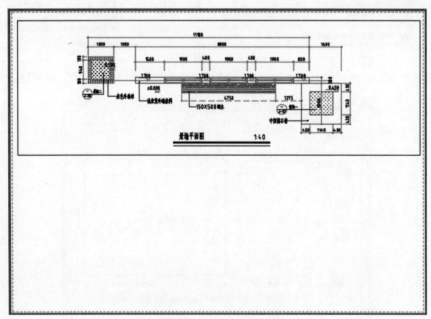

图18-28　调整比例的效果

07 调用CO【复制】命令，复制视口，用于显示【景墙立面图】，最终效果如图18-29所示。

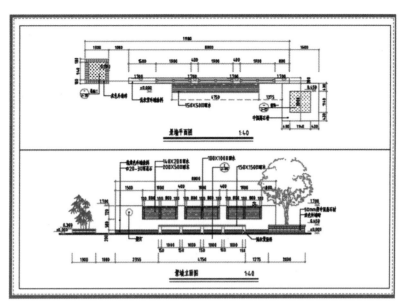

图18-29 最终效果

18.2.4 插入图框

在图纸空间中，同样可以为图形加上图签，方法同样是调用INSERT命令插入图框图块。

【练习18-6】：插入图框

	介绍插入图框的方法，难度：☆
	素材文件路径：素材\第18章\18-5 创建多个视口-OK.dwg
	效果文件路径：素材\第18章\18-6 插入图框-OK.dwg
	视频文件路径：视频\第18章\18-6 插入图框.MP4

下面介绍插入图框的操作步骤。

01 调用I【插入】命令，在打开的【插入】对话框中选择【图框】图块，如图18-30所示。

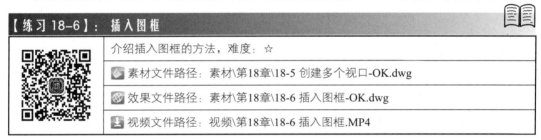

图18-30 【插入】对话框

02 单击【确定】按钮，关闭【插入】对话框，在图形窗口中拾取一点确定图签位置。

03 在命令行中输入S，选择【比例】选项。输入比例因子为0.95，按Enter键，插入图框效果如图18-31所示。

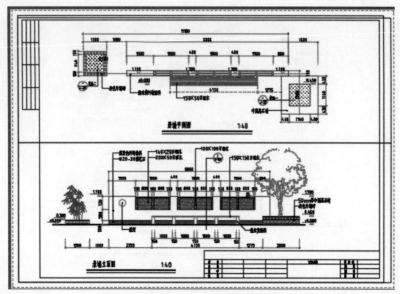

图18-31　插入图框效果

18.2.5　打印输出

创建好视口并加入图签后，接下来就可以打印了。

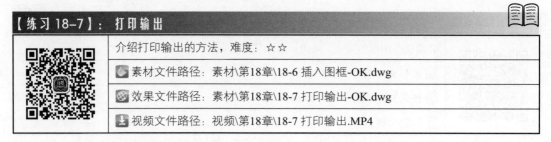

【练习18-7】：打印输出

介绍打印输出的方法，难度：☆☆

素材文件路径：素材\第18章\18-6 插入图框-OK.dwg

效果文件路径：素材\第18章\18-7 打印输出-OK.dwg

视频文件路径：视频\第18章\18-7 打印输出.MP4

下面介绍打印输出图形的操作步骤。

01 执行【文件】|【打印】命令，如图18-32所示。

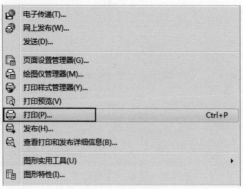

图18-32　选择命令

02 打开【打印-布局1】对话框，保持参数不变，单击左下角的【预览】按钮，如图18-33所示。

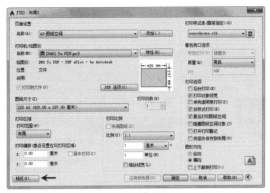

图18-33　单击按钮

03 进入打印预览窗口，查看打印效果。此时即可发现视口边框显示在图纸上，如图18-34所示。
视口边框是不需要打印输出的，所以先暂时退出预览窗口。

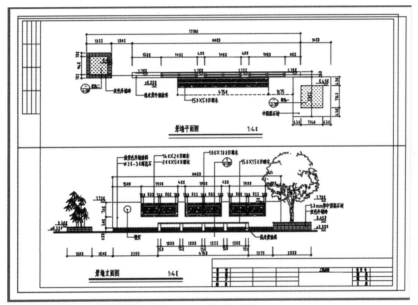

图18-34　打印预览

04 调用LA【图层特性管理器】命令，打开【图层特性管理器】选项板。选择【视口】图层，单
击【打印】按钮，将视口设置为【不打印】模式，如图18-35所示。

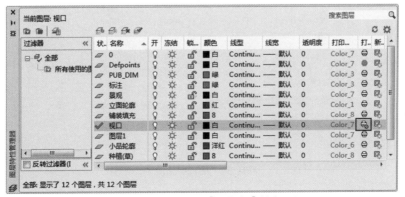

图18-35　设置为【不打印】模式

05 重新进入预览窗口，此时即可发现视口边框已被隐藏，如图18-36所示。

06 按Ctrl+P快捷键，开始打印文件。

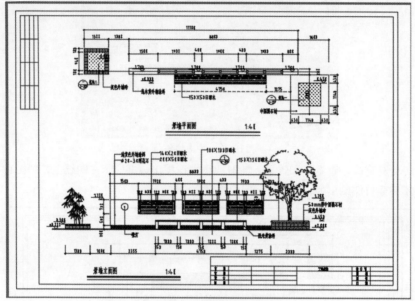

图18-36　隐藏视口边框

18.3　思考与练习

沿用本章介绍的方法，在模型空间中打印输出如图18-37所示的植物布置图。

图18-37　植物布置图

附录I 课堂答疑

1. 创建个人工作空间的方法是什么？

答：单击快速访问工具栏中的【工作空间】选项，在弹出的列表中选择【自定义】选项，如附图1所示，打开【自定义用户界面】对话框。

附图1　选择命令

在左上角的【所有自定义文件】列表框中选择【工作空间】选项，单击鼠标右键，在弹出的快捷菜单中选择【新建工作空间】命令，如附图2所示。新建空间后，用户可以自定义空间名称，以及空间所包含的内容。

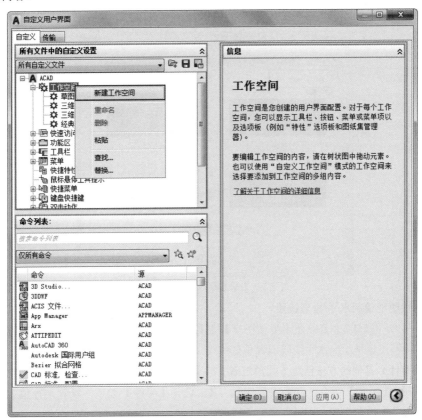

附图2　【自定义用户界面】对话框

2. 新建图形文件的快捷方法是什么？

答：单击工作界面左上角文件标签中的【新图形】按钮，如附图3所示，可以快速新建图形文件。利用此种方式新建图形文件，可以跳过【选择样板】对话框，直接创建空白文件。

附图3　单击按钮

3. 在命令行中输入命令快捷键首字母，没有在命令行的上方弹出命令列表，为什么？

答：假如没有在命令行的上方弹出命令列表，可能是用户启用了【动态输入】功能。此时，可以在光标的右下角显示命令列表，如附图4所示。

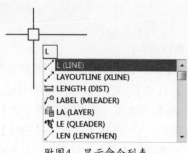

附图4　显示命令列表

如果需要在命令行的上方显示命令列表，可以在【草图设置】对话框中选择【动态输入】选项卡，取消选中【启用指针输入】复选框即可，如附图5所示。

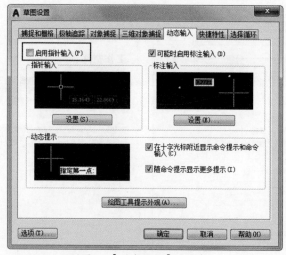

附图5　【动态输入】选项卡

4. 如何快速地绘制水平/垂直线段？

答：在第2章的2.7.2小节中介绍了【正交】工具的使用方法。在绘制线段时，配合使用【正交】功能，能够迅速地绘制水平线段或者垂直线段。

5. 有没有什么其他的方法创建【圆角矩形】与【倒角矩形】？

答：调用F【圆角】命令，在命令行中输入R，选择【半径】选项，设置半径值。选择矩形边，执行【圆角】修剪操作，可以创建圆角矩形。

调用CHA【倒角】命令，在命令行中输入D，选择【距离】选项，设置【距离1】、【距离2】参数。选择矩形边，执行【倒角】操作，可以创建倒角矩形。

6. 利用【特匹匹配】功能填充图案的方法是什么？

答：调用H【图案填充】命令，进入【填充图案创建】选项卡。单击【选项】面板中的【特性匹配】按钮，命令行提示如下。

```
命令： HATCH↙                                        //调用命令
选择对象或 [拾取内部点(K)/放弃(U)/设置(T)]：_MA↙     //启用【特性匹配】功能
选择图案填充对象：                                    //选择已有的填充图案
拾取内部点或 [选择对象(S)/放弃(U)/设置(T)]：正在选择所有对象...
```

//在新的填充范围内单击鼠标左键

```
正在选择所有可见对象...
正在分析所选数据...
正在分析内部孤岛...
```

执行上述操作后，系统拾取已有的填充图案的信息，并且以拾取到的信息为基准，在新的范围中创建填充图案。

7. 仅【偏移】对象，不产生对象副本的方法是什么？

答：调用O【偏移】命令，命令行提示如下。

```
命令：O↙                                                    //调用【偏移】命令
OFFSET
当前设置：删除源=否  图层=源  OFFSETGAPTYPE=0
指定偏移距离或 [通过(T)/删除(E)/图层(L)] <通过>：E↙      //选择【删除】选项
要在偏移后删除源对象吗？[是(Y)/否(N)] <否>：Y↙          //选择【是】选项
指定偏移距离或 [通过(T)/删除(E)/图层(L)] <通过>：500↙    //指定偏移距离
选择要偏移的对象，或 [退出(E)/放弃(U)] <退出>：          //选择对象
```

执行上述操作后，选中的对象被偏移至指定的位置，同时源对象被删除。

8. 在【缩放】对象的时候，可以保留源对象供参考吗？

答：可以。调用SC【缩放】命令，命令行提示如下。

```
命令：SC↙                                                   //调用【缩放】命令
SCALE
选择对象：找到 1 个                                          //选择对象
选择对象：
指定基点：                                                  //指定基点
指定比例因子或 [复制(C)/参照(R)]：C↙                        //选择【复制】选项
缩放一组选定对象。
指定比例因子或 [复制(C)/参照(R)]：0.5↙                      //输入比例因子
```

执行上述操作后，源图形被保留，供用户与副本对象对比。

9. 为什么明明是【拉伸】对象，结果却是【移动】对象？

答：调用【拉伸】命令后，需要在图形的右下角点单击鼠标左键，指定起点，按住左键不放，向左上角点移动光标，绘制虚线选框，选择要拉伸的图形。

选择图形后，再指定基点与第二点，即可【拉伸】图形。

如果在启用【拉伸】命令后，点选图形，结果就是只能【移动】图形，不能【拉伸】图形。

10. 在绘制【多行文字】的时候，可以不显示标尺吗？

答：可以。启用MT【多行文字】命令，可以进入【文字编辑器】选项卡。取消选择【选项】面板中的【标尺】按钮，可以隐藏标尺，如附图6所示。

附图6　单击按钮

11. 尺寸标注距离太近，结果难以辨认怎么办？

答：调整尺寸标注的间距就能够解决问题。选择【注释】选项卡，单击【标注】面板中的【调整间距】按钮，如附图7所示。

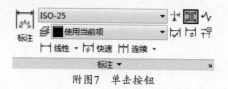

附图7 单击按钮

命令行提示如下。

命令：_DIMSPACE✓	//调用命令
选择基准标注：	
选择要产生间距的标注:找到 1 个	//选择127尺寸标注
选择要产生间距的标注:找到 1 个，总计 2 个	//选择其余两个标注
选择要产生间距的标注：	
输入值或 [自动(A)] <自动>：50✓	//输入间距值

执行上述操作后，按照指定的距离调整尺寸标注的位置，效果如附图8所示。

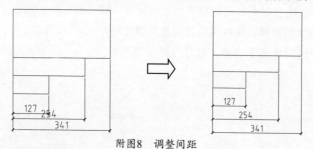

附图8 调整间距

12. 如何修改已创建的多重引线标注的内容？

答：双击多重引线标注，即可进入在位编辑模式。在文本框中输入新内容，即可在空白区域单击鼠标左键，完成修改内容的操作，如附图9所示。

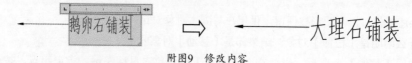

附图9 修改内容

13. 块的内容不同，但是块的名称相同可以吗？

答：不可以。如果在【块定义】对话框中输入已有的块名称，将会弹出如附图10所示的【块-重新定义块】对话框，询问用户接下来的操作。

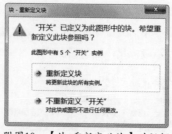

附图10 【块-重新定义块】对话框

如果需要应用已有的块名称，可以在名称后添加编号，例如【开关1】、【开关2】。

14. 能否将块属性设置为文字？

答：可以。在【属性定义】对话框中设置参数，如附图11所示。单击【确定】按钮，将属性文字放置图形之上，如附图12所示，即可创建属性文字。

附图11　【属性定义】对话框

附图12　放置属性文字

15. 想要通过【设计中心】查看打开图形的相关信息，但是又不想在文件夹里翻找怎么办？

答：在【设计中心】窗体中选择【打开的图形】选项卡，即可显示当前打开图形的信息，如附图13所示。选择选项，即可在右侧的预览窗口中查看选项内容。

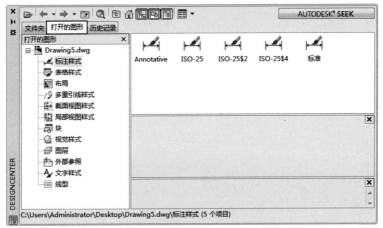

附图13　选择【打开的图形】选项卡

附录II 习题答案

第1章
（1）D   （2）B   （3）D   （4）C   （5）D

第2章
1.选择题

（1）D   （2）B   （3）C   （4）A   （5）A

（6）D   （7）A   （8）A   （9）A   （10）D

第3章
1.选择题

（1）A   （2）A   （3）B   （4）D   （5）A

（6）C   （7）A   （8）D   （9）A   （10）ABCD

第4章
1.选择题

（1）C   （2）A   （3）A   （4）D   （5）D

第5章
1.选择题

（1）B   （2）A   （3）A   （4）A   （5）B

第6章
1.选择题

（1）C   （2）A   （3）B   （4）B   （5）D